JULIA AHAMER & GERDA LECHLEITNER
(Hrsg.)

Um-Feld-Forschung

Erfahrungen – Erlebnisse – Ergebnisse

ÖSTERREICHISCHE AKADEMIE DER WISSENSCHAFTEN
PHILOSOPHISCH-HISTORISCHE KLASSE
SITZUNGSBERICHTE, 755. BAND

Mitteilungen des Phonogrammarchivs
Nr. 93

ÖSTERREICHISCHE AKADEMIE DER WISSENSCHAFTEN
PHILOSOPHISCH-HISTORISCHE KLASSE
SITZUNGSBERICHTE, 755. BAND

JULIA AHAMER & GERDA LECHLEITNER
(Hrsg.)

Um-Feld-Forschung

Erfahrungen – Erlebnisse – Ergebnisse

Vorgelegt von w. M. ANDRE GINGRICH in der Sitzung am 15. Dezember 2006

Umschlaggestaltung:
Hannes Weinberger, ÖAW

Die verwendete Papiersorte ist aus chlorfrei gebleichtem Zellstoff hergestellt,
frei von säurebildenden Bestandteilen und alterungsbeständig.

ISBN 978-3-7001-3820-4

Layout und Satz: Crossdesign Weitzer GmbH, A-8042 Graz
Druck und Bindung: Grasl Druck und Neue Medien, A-2540 Bad Vöslau

http://hw.oeaw.ac.at/3820-4
http://verlag.oeaw.ac.at

INHALTSVERZEICHNIS

3. MEHRDIMENSIONAL: ETHNOMUSIKOLOGIE

4. DOKUMENTIEREN – STANDARDISIEREN – ANALYSIEREN: LINGUISTIK UND DISKURSANALYSE

5. TRADITIONELL STRUKTURIERT – VIRTUELL BENUTZBAR – PERMANENT VERFÜGBAR: ARCHIVISTIK

Anmerkungen der Herausgeberinnen

ZUR ENTSTEHUNG DIESES BANDES

Der Titel des vorliegenden Sammelbandes spiegelt die Ambivalenz des Begriffs „Feldforschung" wider: Es geht um (klassische) Feldforschung, die Erforschung eines Umfeldes, um ein Forschungsfeld an sich. Erklärungen dazu bzw. Diskurse darüber basieren auf Erfahrungen, Erlebnissen und daraus resultierenden Ergebnissen. Analog zur Terminologie in der Physik, wo ein „Versuchsfeld" ein klar begrenzter Raum mit verschiedenen Elementen ist, die untereinander in Beziehung stehen, können in der (kulturwissenschaftlichen) Feldforschung einzelne Personen, Personengruppen oder Ethnien – in abgeschlossenen Gegenden oder auf (nicht angestammte) Gebiete verstreut – als „Versuchsfeld" gesehen werden, wobei deren (kulturelle) Handlungen und die Stellung derselben untersucht und in Kontext gesetzt werden. Unerlässlich sind meist Aufenthalte in der Fremde und der intensivere, länger andauernde Kontakt mit dem „Anderen". Die teilnehmende Beobachtung als etablierte Methode bringt eine Auseinandersetzung mit dem Unbekannten mit sich und kann eine veränderte Sichtweise der Forscherin/des Forschers zunächst auf die fremde, andere Kultur, aber in der Folge auch auf die eigene, bewirken, wodurch ein Diskurs über die Position und Betrachtungsweise des Forschers/der Forscherin sowie über sein/ihr Tun in Gang kommt. Zur Gewinnung neuer Erkenntnisse bzw. einer Dokumentation derselben werden verschiedene Medien (Audio, Video und schriftliche Notizen) eingesetzt. Die reflektierende, wissenschaftliche Darstellung erfolgt weitgehend in schriftlicher Form – so wie auch in dieser Publikation –, doch gibt es erste Versuche, neue Medien (v.a. Video) für die Publikation nutzbar zu machen, was in einem der Beiträge ausführlich diskutiert wird.

Im Idealfall werden die audiovisuellen Dokumentationen in Archiven professionell gesichert, gelagert, dokumentiert und zugänglich gemacht und somit für zukünftige Forschung bereit gehalten. Genau diese Aufgabe obliegt dem Phonogrammarchiv der Österreichischen Akademie der Wissenschaften, dem weltweit ältesten wissenschaftlichen Schallarchiv. Im Phonogrammarchiv werden Audio-

und Videodokumente, die aus wissenschaftlichen Fragestellungen unter kontrollierten und dokumentierten Bedingungen entstanden sind, gesammelt und fachgerecht archiviert. Hinter all diesen Aufnahmen steckt somit das „Zauberwort“ Feldforschung, integrativer Bestandteil der wissenschaftlichen Zielsetzungen des Phonogrammarchivs seit der Zeit seiner Gründung 1899.

Die Unterstützung von Feldforschungstätigkeiten durch das Phonogrammarchiv begann 1901, als Expeditionen erstmals mit dem vom Archiv entwickelten Archivphonographen zu Aufnahmezwecken ausgestattet wurden. Rudolf Pöch, ein Pionier der modernen Feldforschung, war sowohl mit Tonaufnahmegerät als auch mit Foto- und Filmkamera ausgerüstet, um die bis dahin auf schriftlichen Aufzeichnungen basierende Dokumentationsmethode um die audiovisuelle Seite zu erweitern. Er verkörperte gleichzeitig den Forscher und den Archivar, da er ab 1910 für knapp drei Jahre als Assistent am Phonogrammarchiv arbeitete, seine Aufzeichnungen überprüfte und archivarische Strategien entwickelte. Pöch, Arzt und Kulturwissenschafter, vereinigte in seiner Person geistes- und naturwissenschaftliche Denkweisen, analog der Organisationsform des Phonogrammarchivs als Kommission beider Klassen der damaligen Kaiserlichen Akademie der Wissenschaften.

Die Sammlungen des Phonogrammarchivs setzen sich bis heute aus Aufnahmen zusammen, bei denen österreichische Forscherinnen und Forscher die professionell gewarteten Geräte des Archivs benützen, aus Feldforschungsprojekten der Archivmitarbeiter und -mitarbeiterinnen, wobei die Aufnahmetechnik gemäß der wissenschaftlichen Fragestellungen weiterentwickelt wird, sowie aus Sammlungen, die zwar ohne Unterstützung des Phonogrammarchivs zustande kamen, aber inhaltlich eine wertvolle Ergänzung zu den übrigen Beständen darstellen. Alle im Phonogrammarchiv bewahrten Aufnahmen entspringen – im weitesten Sinn – einer Feldforschung: Die Archivierung bildet das Bindeglied zwischen den aus der Feldforschung gewonnenen Aufnahmen und ihrer geordneten Sicherung und Bereitstellung.

Daraus entstand 2001 die Idee, eine von Gerda Lechleitner organisierte Vortrags- und Diskussionsrunde zum Thema „Feldforschung in Theorie und Praxis“ im Seminarraum des Phonogrammarchivs zu veranstalten. Es wurde das Gespräch zwischen ForscherIn und ArchivarIn gesucht – bei der/dem einen oder anderen kann die „Rolle“, der Beruf, im Laufe eines Lebens auch wechseln, wie beim oben genannten Rudolf Pöch und bei einigen anderen ForscherInnen/ArchivarInnen, deren Beiträge auch in diesem Band zu finden sind. Im Zentrum der Vorträge standen das Entwickeln und Realisieren eines Forschungszieles, das Abwägen verschiedener Methoden hinsichtlich der Gewinnung der notwendigen audiovisuellen Quellen, die als Basis zur Realisierung der Zielsetzung des ausgewählten Forschungsvorhabens dienten. Aus dieser Vortrags- und Diskussionsreihe ging der vorliegende Sammelband, in dem verschiedenste Forschungsrichtungen, Methoden und Ausarbeitungen dargelegt werden, hervor.

ZUR INNEREN ORGANISATION DES BUCHES

Es wurde eine Gliederung in fünf Kapitel vorgenommen. Alle Beiträge vermitteln individuell unterschiedliche Darstellungen der sehr persönlichen Erfahrungen, der sich ändernden Sichtweisen im Zuge langjähriger Beschäftigung mit dem Thema und den daraus resultierenden Justierungen der Methoden sowie in manchen Fällen der Etablierung von Forschungsfeldern bzw. -schulen, meist in internationalem Kontakt.

Das erste, einleitende Kapitel umreißt die Bandbreite der Feldforschungsmethoden anhand individueller Forschungsschwerpunkte. Der Bogen der Disziplinen reicht von (Musik-)Ethnologie über Sprachwissenschaft, Soziologie und der Dokumentation von Originaltönen mechanischer Musikinstrumente bis zur Bioakustik – und es wird einmal mehr deutlich, dass gerade solche Forschungsziele nur mittels audio-visueller Dokumentation erreichbar sind. Somit werden allgemeine Aspekte der Feldforschung den persönlichen, wissenschaftlichen Interessen, Erlebnissen und den daraus resultierenden Lösungen zur Seite gestellt. Dieses Kapitel ist gleichzeitig dasjenige, das sich am stärksten reflektierend, in einigen Beiträgen auch erkenntnis- und wissenschaftstheoretisch, mit dem Thema Feldforschung an sich auseinandersetzt.

Mündliche Überlieferung, spirituelle und mythische Welten (dargestellt an traditionellen Heilpraktiken verbunden mit außergewöhnlichen Bewusstseinszuständen als auch an sozialen Kompetenzen durch mythisches Wissen) sowie besondere Kommunikationsstrategien sind die Themen des zweiten, der Ethnologie gewidmeten, Kapitels. Alle Autoren setzen sich intensiv mit Oraltraditionen im jeweiligen Kontext, mit Gesprochenem (epischen Erzählungen, Geschichten oder Legenden und auch Gesprächen) und Gesungenem (Liedern und Musik als transhumaner Kommunikation) der sie interessierenden Ethnien auseinander. Sie gewähren uns Einblicke in die Hermeneutik ihrer Feldforschung, die für das Sehen und Verstehen den Preis der Veränderung jedes Einzelnen einfordert.

Das Kapitel mit ethnomusikologischen Beiträgen ist mehrdimensional, sowohl hinsichtlich der Methoden und Aufnahmegeräte als auch hinsichtlich der beforschten Kulturen. Ein theoretischer Diskurs darüber, wie – je nach Situation – eine Videokamera für musikethnologische Fragestellungen eingesetzt werden kann und welche zweckorientierten Ergebnisse sich damit erzielen lassen, leitet diesen Abschnitt ein. Der abschließende Beitrag dieses Kapitels, der durchaus den theoretischen Überlegungen des ersten Beitrages entsprungen sein könnte und quasi eine Weiterführung darstellt, greift eine sehr persönliche Sichtweise hinsichtlich des Einsatzes von Videographie auf und bildet dadurch gewissermaßen eine Klammer um die unterschiedlichen Beiträge, die Aspekte wie die Prozesse musikalischer Entwicklung, die Aufarbeitung politischer Ereignisse in und mit Musik oder die Erforschung einer bestimmten Gegend im Spiegel sich verändernder Zugänge des Forschers/der Forscherin behandeln.

Die Beschäftigung mit „Sprache" ist Thema dreier methodisch und inhaltlich unterschiedlicher Abhandlungen, bei denen von der Erkenntnis ausgegangen wird, dass Sprache Identität stiftet. Ein Blickwinkel ist derjenige, dass Sprachen aussterben können bzw. Sprachen auch (noch) nicht dokumentiert sind. Neben der Dokumentation und Erforschung noch nicht erfasster Sprachen steht eine Langzeitstudie, die eine langjährige Beziehung zwischen dem Forscher und seinen Partnern in der Gegend der zu untersuchenden Sprache aufzeigt und einer computertechnisch hochmodern ausgestatteten neuen Forschungsmethode gegenüber gestellt wird. Wie sehr Sprache Werkzeug und Abbild offen gezeigter oder Verräterin versteckter Emotionen sein kann, wird in einem weiteren Beitrag über Machtverhältnisse und Identitätsverständnis diskutiert.

Da ja, wie eingangs erwähnt, Feldforschung, Feldforschungsunterstützung durch Aufnahmegeräte und Archivierung im Fall des Phonogrammarchivs eine funktionale Einheit bilden, ist das letzte Kapitel dem Thema „Archivistik" gewidmet. Der erste Beitrag zeigt, wie nach den Erkenntnissen „westlicher" (europäisch-amerikanischer) Archivare und mithilfe ihres Know-hows im beforschten Land ein Archiv eingerichtet, adaptiert und an die Rahmenbedingungen des Landes angepasst wurde. Die Nutzung digitaler Techniken und die Möglichkeit der (weltweiten) Vernetzung stehen im Zentrum der Vorstellung eines virtuellen Archivs im zweiten Beitrag. Hier handelt es sich um die Zusammenführung „verstreuter" Bestände zu einem zusammengehörigen Ganzen, um die Quellenforschung zu erleichtern und auf ein größeres Korpus anwenden zu können. Welche Gefahren für audiovisuelle Quellen existieren und welche Strategien für bereits bestehende Kollektionen von AV-Medien zu entwickeln sind, ist Thema des abschließenden Beitrages.

Im vorliegenden Sammelband wird somit inhaltlich der Bogen von den Aktivitäten der Forschenden und den daraus resultierenden Auswertungen bis hin zu den umfangreichen Beständen, deren Dokumentation, Archivierung, technischer Sicherung und der daraus folgenden Verfügbarmachung auch für zukünftige Forschungen – letztere die Kernaufgaben des Phonogrammarchivs – gespannt. Thematisiert wird hier einerseits die Vorgeschichte, auf der die wissenschaftlichen Ergebnisse basieren, – reflektierend, denn ohne Berücksichtigung der „Begegnungen", die methodisch überlegt und durchdacht und in der aktuellen Situation dann spontan, „menschlich" ablaufen, sind die Ergebnisse nur eine Seite der Medaille. Andererseits sehen wir die Diskussion um „Feldforschung in Theorie und Praxis" auch als Feedback für unsere (archivarischen) Tätigkeiten der Bewahrung, Erschließung und Verfügbarmachung von *cultural heritage* und *intangible heritage* für Gegenwart und Zukunft.

Nicht nur für die „überlebenden" Quellen, die im Archiv gesichert, archiviert, katalogisiert und zugänglich gemacht werden, sondern auch für künftige „Lesarten" so mancher Ergebnisse bedeuten diese Beiträge wertvollen Wissenszuwachs. Der Sammelband soll Mut machen und Anregung geben, sowohl „Zufälle" als auch „Unfälle" als wesentliches Merkmal der Forschung anzuerkennen und diese (aktiv) in den wissenschaftlichen Diskurs einzubinden. Bis jetzt war solch eine Problematik kaum noch Thema einer Publikation. Sie möge daher einen Anstoß liefern, speziell die Diskussion um die Feldforschung als kulturwissenschaftliches Instrument (neu) zu beleben und zu erweitern. Damit verknüpft sind Ergebnisse, basierend auf den audio-visuellen Primärquellen in wissenschaftlichen Archiven und veröffentlicht in fachspezifischen Publikationen, die unter diesen Betrachtungsweisen eine neue, andere Gewichtung erfahren; wie Vieles andere in diesem Band ein Beispiel für die Wirkungsweise des Prinzips der Dekonstruktion.

ZU GUTER LETZT

Wir danken den Personen, die sich um das Zustandekommen dieses Buches verdient gemacht haben: Andre Gingrich, Dietrich Schüller, unseren Kolleginnen und Kollegen, insbesondere Christian Liebl, der mit kritischem Blick auf bibliographische Uneinheitlichkeiten und Ungenauigkeiten aufmerksam machte, und den Autorinnen und Autoren dieses Bandes, die die Basis dazu schufen.

Jeder einzelne Beitrag ist etwas Besonderes, ein Stück Lebenserfahrung und Weltsicht, ein Stück, das man nicht ohne weiteres preisgeben mag, und das sie uns – und der Öffentlichkeit – vertrauensvoll und mutig zur Verfügung gestellt haben. Wir haben uns bemüht, dieses Vertrauen zu rechtfertigen und die Individualität jedes Beitrages zu respektieren. Leichte Inkongruenzen im Erzählstil und im Layout, die sich daraus ergeben haben mögen, bitten wir zu entschuldigen. Wir hoffen, dass wir den Leserinnen und Lesern dieses Bandes die Vielfalt der Stimmen dieser Forscherinnen und Forscher so nahe bringen konnten, wie sie uns noch aus den Vorträgen im Ohr sind ...

Wien, im November 2006 Julia Ahamer & Gerda Lechleitner

Andre Gingrich

Berichte aus der Zukunft? Ein methodologischer Essay zur Einleitung

Die Doppelsinnigkeit des Buchtitels ist bewusst gesetzt. Das „Umfeld“ von „Forschung“ in einem weiteren empirischen Sinn wird in diesem Band anhand der „Feldforschung“ untersucht. Oder auch: „Feldforschung“ wird in ihren Kontexten des gesamten Forschungsprozesses thematisiert.

Feldforschung in ihren engeren und weiteren Zusammenhängen also steht im Zentrum dieses Bandes. Ein Kunstgriff ist es nicht, mit dem die beiden Herausgeberinnen hier etwa versuchen würden, völlig disparate Themen mithilfe eines Wortspiels mühsam unter einen Hut zu bekommen. Es verhält sich geradezu umgekehrt: „Feldforschung“ galt einst als problemloser, eindeutiger und klarer Standardbegriff, der sich quer durch die Wissenschaftsgeschichte des 20. Jahrhunderts aber so weit differenziert und subtil weiter entwickelt hat, dass darauf heute kaum treffender als mit einem mehrdeutigen Titel zu verweisen wäre.

Die scheinbar einheitlichen, klaren und überschaubaren Anfänge der wissenschaftlichen Feldforschung wurzeln im 19. Jahrhundert, als eine explizite Nähe und symmetrische Parallelität zwischen „Geistes- und Naturwissenschaften“ im deutschsprachigen Raum dem Humboldt'schen Ideal von der Gesamt-Universität zu folgen suchte. Bei allen Unterschieden zu den französisch- und englischsprachigen Wissenschaftslandschaften, mit ihren von Anfang an stärkeren Prioritäten für die Naturwissenschaften, lassen sich ähnliche Anfänge auch dort ausloten. Die damaligen Konzepte von „field research“ und „enquête du terrain“ machen sogar noch deutlicher als ihr deutschsprachiges Gegenstück, wo die akademischen Anfänge und Auslöser von „Feldforschungen“ lagen, und von „Feldstudien“ als ihren bescheideneren Versionen. Es waren der „Feldversuch“ und letztlich das „Experiment“, die innerhalb des historischen Wissenschaftsbetriebes das semantische und logistische Vorbild abgaben für das, was sich in Anlehnung daran allmählich in einem Teil der biologischen Fächer und der Geisteswissenschaften als „Feldforschung“ zu entwickeln begann.

Mit Unterscheidungen wie jenen zwischen nomothetischen und idiographischen Zugängen hatten Versuche eingesetzt, die differenten Zugänge zur jeweiligen Erkenntnis besser abzuschätzen. Stärker als andere, und frühzeitiger, verabsolutierte aber gerade die deutschsprachige Tradition die entsprechende Verschiedenartigkeit zwischen „Natur- und Geisteswissenschaften", bis hinein in die institutionellen, organisatorischen und diskursiven Feinheiten des akademischen Lebens. Demnach benötigte auch das Ideal der „Geisteswissenschaften" seine eigenen Kriterien der empirischen Erkenntnis, als gültige und plausible Gütesiegel der Qualität von wissenschaftlicher Wahrheit. Parallel zur abstrakten und logischen Ebene der theoretischen und methodologischen Voraussetzungen und Rahmenbedingungen wurde ein anderes dieser Gütesiegel auf der Ebene der dokumentierten Empirie identifiziert. In ihr waren jene Daten zu erheben, welche Interpretationen, Modelle und Theorien speisten; an ihr waren jene Interpretationen, Modelle und Theorien zu prüfen und zu erproben.

Was das Experiment und der Feldversuch für Physik, Chemie oder Medizin waren, das also wurden Feldstudie und Feldforschung für Teile von Zoologie und physischer Anthropologie, von Völkerkunde und Musikwissenschaften, von Linguistik und regionalen Philologien. Und so wie exakte Messinstrumente und kontrollierte Rahmenbedingungen als notwendig erkannt wurden zur korrekten Durchführung und Auswertung von Experiment und Feldversuch, so wurden verlässliche Gerätschaften geradezu eine conditio sine qua non für gute Feldstudien und Feldforschungen. Aus derartigen historischen Kontexten und Leitorientierungen heraus entwickelte sich in meinem eigenen Fach in jenen Jahrzehnten als eine besonders markante und spezialisiertere Version des Ganzen die ethnologische Feldforschung – mit Wurzeln, die über Heinrich Barth, Alois Musil, Franz Boas und Bronislaw Malinowski deutlich nach Mitteleuropa verweisen. Aus eben diesen weiteren regionalen und wissenschaftsgeschichtlichen Kontexten heraus wurde auch das Phonogrammarchiv der Österreichischen Akademie der Wissenschaften gegen Ende des 19. Jahrhunderts gegründet und aufgebaut, dem die Herausgeberinnen angehören, dessen Kuratoriums-Obmann ich von 2003 bis 2007 war, und das jene Vortragsreihe veranstaltete, aus der dieses Buch hervorgeht.

Was gegen Ende des 19. Jahrhunderts vielleicht selbstverständlicher war, ist heute eine Ausnahme. Heutzutage ist es eine Seltenheit geworden, dass sich Vertreter/innen aus Musikwissenschaften, Linguistik, Zoologie, Politikwissenschaft, Afrikanistik, Turkologie, Philologien, Soziologie, Theaterwissenschaft, Europäischer Ethnologie sowie aus Kultur- und Sozialanthropologie zu einem gemeinsamen *methodischen* Thema in ein und demselben Sammelband zu Wort melden. Dass aus unterschiedlichsten Disziplinen zu diesem oder jenem übergeordneten Thema etwas beigesteuert wird, das kommt alle paar Wochen vor, das ist normaler akademischer Alltag und wäre nicht weiter Aufsehen erregend. Wenn es sich aber um verschiedenste Fachbeiträge zu einem methodischen Thema handelt, dann kann ohne Zögern festgestellt werden: Zu Beginn des 21. Jahrhunderts kommt so etwas höchstens alle paar Jahre vor, egal ob in deutscher oder in einer anderen Sprache. Steckt mehr hinter diesem Publikationsereignis der seltenen Art, als dass hier eben Beiträge versammelt sind aufgrund der Initiative von zwei kreativen Vertreterinnen einer Einrichtung, die sich seit über hundert Jahren der Dokumentation empirischer Forschung verpflichtet hat? Schon die Initiative ist einer Würdigung wert. Es stellt eine besondere, und eine besonders wertvolle Anstrengung dar, die Vertreter/innen dieser unterschiedlichen Fachgebiete dafür zu gewinnen, eine gemeinsame und übergreifende methodische Fragestellung zu reflektieren, welche die methodischen und empirischen Grundlagen des eigenen wissenschaftlichen Arbeitens schlechthin betrifft. Bemerkenswert sind aber vor allem die Ergebnisse dieser Initiative. Sie zeigen Neues an, worüber nachzudenken sich lohnt.

Vielleicht zeigen die vorliegenden Ergebnisse dieses Bandes neben allem Reichtum im Detail um ein weiteres Mal an, dass wir uns dem Ende einer älteren Ära der Wissenschaftsgeschichte nähern, und dass die Elemente einer neuen Ära heranreifen.

Die noch anhaltende, ältere Ära der Wissenschaftsgeschichte war seit dem Ende des zweiten Weltkriegs geprägt vom Schlagwort der „zwei Kulturen“: „Naturwissenschaften“ machen das Eine, „Geistes- und Sozialwissenschaften“ machen das Andere. Die Angehörigen dieser beiden akademischen Großgemeinschaften verstünden sich selbst im Prinzip eher schon, aber die Angehörigen der anderen Großgemeinschaft jeweils überhaupt nicht. Nicht nur Erkenntnisformen und Wahrheitskriterien, sondern auch Arbeitsweisen, Kommunikationsmodi und Lebensstile seien nach außen hin derart verschieden, dass tatsächlich von zwei unterschiedlichen Wissenschaftskulturen zu sprechen sei. Im Inneren dieser beiden Großgemeinschaften würde dies durch zunehmende Arbeitsteilung auf ganz ähnliche Weise dupliziert und repliziert. Das Schlagwort von den „zwei Kulturen“ charakterisierte tatsächlich bis zu einem gewissen Grad seit 1945 über Jahrzehnte charakteristische Aspekte der Realitäten. Dennoch enthielten sowohl das Schlagwort als auch die ihm entsprechenden Realitäten eine geradezu unglaubliche Paradoxie.

Der Nationalsozialismus war eben erst nieder gerungen worden. Zugleich wurde auf diesem Weg eine Sicht und Praxis des Wissenschaftsbetriebes weltweit verallgemeinert, die bis dahin in dieser Absolutheit ein spezifisch-deutschsprachiges Erbe des Wissenschaftsbetriebes gewesen waren. Die Setzung von absoluter Verschiedenheit zwischen „Natur- und Geisteswissenschaften“ war ein globales Novum, das in dieser Form wohl nur als Antithese zur politischen Instrumentalisierung der

Wissenschaften durch totalitäre Regimes zu interpretieren ist: Der liberale Staat beanspruchte eben nicht für eigene Zwecke zu instrumentalisieren, und obwohl er Wissenschaften sponserte, ließ er ihre „eigenen Kulturen“ zu. Die Ära der „zwei Kulturen“ war und ist eine Zeit der paradoxen Getrenntheit. Meiner Ansicht und Hoffnung nach geht diese Ära ihrem Ende entgegen. Die paradoxe Getrenntheit wird von beiden Seiten her zunehmend ausgehöhlt, hinterfragt, durchbrochen. In die eine Richtung hin war einer unter vielen Indikatoren dafür der „Science War“ der anglophonen akademischen Welt in den 1990er Jahren, mit einem für manche peinlichen Auslöser: Ein geisteswissenschaftliches Magazin, das sich der subjektiven Interpretation und der Postmoderne verschrieben hatte, publizierte einen bewusst konstruierten naturwissenschaftlichen Humbug, der sich als kritisch und antipositivistisch getarnt hatte. Ganz andere Indikatoren für die schrittweise Auflösung der „zwei Kulturen“ sehe ich aber auch in die umgekehrte Richtung wirken: dort nämlich, wo seriöse Naturwissenschafter wie etwa Anton Zeilinger darüber nachdenken, inwiefern die heutigen Naturwissenschaften nicht in einer Logik der Ordnung verfangen sein könnten, die durch die Grenzen der europäischen Kulturgeschichte gesetzt sind. Wenn Naturwissenschafter/innen also zu überlegen beginnen, ob ihre eigenen Prämissen nicht euro-zentrisch sind und etwa durch die Axiome asiatischer Philosophien besser zu überschreiten wären, lösen sich die Grenzen der „zwei Kulturen“ auf.

Offensichtlich haben „beide Kulturen“ begonnen, sich ihrer eigenen Beschränktheiten gewahr zu werden, und diese aufzuweichen und zu transformieren. Ich halte diese Transformation der alten „zwei Kulturen“ für eine gute Entwicklung, obwohl ich weiß, dass mächtige Kräfte versuchen, diese Entwicklung für sich zu nutzen, um Budgets einzusparen und Forschungsmöglichkeiten einzuengen. Als genereller Tendenz ist diesem Ansinnen standzuhalten. Solches aber wäre unmöglich mit einer konservativen Orientierung zur Aufrechterhaltung und Verteidigung der alten Welt von „zwei Kulturen“. Das erschöpfte, konservative Verteidigen einer untergehenden Wissenschaftswelt der Nachkriegszeit nach 1945 hat in dieser Form keine Zukunft. In meinem Verständnis kommt die Ära *nach* der Zeit der „zwei Kulturen“ mit Sicherheit, aus innerwissenschaftlichen Gründen. Die entscheidende Frage wird daher nicht sein, ob sie kommt, sondern wer sie wie gestaltet, innerhalb und außerhalb der Wissenschaften.

Das ist der Hauptgrund, warum ich den vorliegenden Band so interessant und zukunftsweisend finde. Das monolithische Wissenschaftsbild des 19. Jahrhunderts ist obsolet, und die Zeit totalitärer Instrumentalisierungen der Wissenschaften ist ebenso vorbei. Die Zeit der „zwei Kulturen“ geht ihrem Ende schneller entgegen als vielen lieb ist. Wem daher die Zukunft guter und kritischer wissenschaftlicher Arbeiten ein Anliegen ist, der engagiert sich auch und vor allem für ihre sachlichen

Prinzipien, ihre methodischen Verfahren, ihre empirischen Grundlagen, ihre diskursiven Kommunikationsformen und ihre interpretativen Spielräume. Wir sind zum einen bescheidener und selbstkritischer geworden in unserem wissenschaftlichen Selbstverständnis. Das bedeutet aber zugleich, dass wir gelernt haben, sorgfältiger, flexibler und genauer zuzuhören und zuzusehen. Selbstreflexive neue Formen von Realismus werden in vielen Beiträgen dieses Bandes angezeigt. Anhand dieses Bandes zeigt sich: Neue Clusters, Bündel und Zentren der Forschungspraxis bilden sich heraus, quer zu den Grenzen der alten „zwei Kulturen". Ähnlich wie die „zwei Blöcke" der politischen Welt nach 1945 untergegangen sind, verschwinden mit Zeitverzögerung auch die „zwei Kulturen" der akademischen Welt nach 1945. An ihrer Stelle wird eine neue Galaxis von beweglichen, großen und kleinen Konstellationen sichtbar, denen in vielen neuen Formen die Feldforschung wesentlich bleibt.

1.

Generell – individuell: Feldforschung

Gerhard Kubik

Gerhard Kubik im Feld: Bekanntschaft mit dem Verborgenen[1]

Abb: „Vamphulu" (Gnus)

Kasona (Ideogramm), im Sand gezeichnet von Jimu Kapandulula, in Chikenge, Kabompo District, Nordwest-Zambia, am 30. September 1987.

(Feldforschungen Kubik/Malamusi 1987 in Zambia)

Ich verdanke den Untertitel dieser kurzen Textsammlung einer Anregung durch den Luchazi-Kulturphilosophen Kayombo kaChinyeka in seinem Buch: *Khonka vyavanda – Search for the Hidden*. Es soll zeigen, was uns in den Wissenschaften der Kulturen des Menschen letzthin antreibt: wir suchen nach dem, was uns allen verborgen ist und manchmal machen wir dessen Bekanntschaft auf überraschende und auch schmerzhafte Weise ...

1. RATSCHLÄGE VON EUROPÄERN IN AFRIKA AN DEN JUNGEN, PER AUTOSTOP REISENDEN ETHNOLOGEN GERHARD KUBIK, 1959-1970

(aus: Kubik 1971: 35-36)

a) „Sie gehen ohne Kopfbedeckung? Das ist Leichtsinn. Kaufen Sie sich einen Hut. (Tropenhelm trägt man heute nicht mehr.) In N. gab es einen Arzt, der machte es so wie Sie! Das hat er nicht lange gemacht. Er bekam einen Tropenkoller und wurde nach Hause geschickt." (1960, Missionar)

[1] Anmerkung der Herausgeberinnen: Auf ausdrücklichen Wunsch des Autors wurde dieser Artikel weitgehend in der alten deutschen Rechtschreibung belassen.

b) „Sie sollten nicht mit den Schulbuben auf dem Sportplatz spielen! Das schwächt Ihre Widerstandskraft. Sie werden Malaria bekommen!“ – Ich sagte: „Wieso? Ich nehme doch Resochin.“ – „Sie werden schon sehen, das Fieber kommt trotzdem.“ (1960, Missionar)
c) „Sie leihen dem Boy, der da mit Ihnen gekommen ist, Ihr Moped? Also, ich würde das nie machen, einem Neger mein Moped leihen.“ (1964, Missionar)
d) „Schaun'S daß S' eine vierrädrige Unterlage krieg'n. Auf *mammie wagons* fahren macht keinen Eindruck, da verlieren'S bei den Schwarzen Ihr Prestige.“ (1963, Diplomat)
e) „Zu Fuß gehen und Ihr Gepäck selber tragen, das geht hier für einen Europäer nicht an. Da verlieren Sie Ihr Prestige bei den Eingeborenen. Die verlieren vor Ihnen jede Achtung.“ (1970, Völkerkundler)
f) „Trinken Sie niemals aus dem selben Glas wie der Boy! Sonst kriegen Sie Syphilis!“ (1967? Völkerkundler, aus zweiter Hand)
g) „Sie dürfen einen Afrikaner nicht zu freundlich behandeln, er nützt es sonst aus.“ (1964, Verwaltungsbeamter)
h) „Sie essen mit den Eingeborenen? Das können Sie zwei bis drei Monate so machen, aber wenn Sie jahrelang in Afrika wären, Sie würden schon sehen, wohin Sie da kämen.“ (1960, Missionar)
i) „In einer Negerhütte schlafen – da sind Zecken drin, die das Rückfallfieber verursachen.“ (1960, Missionar)
j) „Sie wollen in den Dörfern der Vambwela leben? Da sind *mavata* (Zecken), da gibt es viele Krankheiten. Was werden Sie da essen?“ (1965, Verwaltungsbeamter)
k) „Der Europäer darf in den Tropen keine schweren körperlichen Arbeiten verrichten.“ (1960, Laienhelfer in einer Mission)
l) „Wenn Sie als Europäer schuften wie ein Hund, dann lachen Sie die Schwarzen doch nur aus und stellen Ihnen die Arbeit hin.“ (1960, Tischler in einer Mission)
m) „Sie sollten nicht zu viel Feldforschung betreiben! Schließlich müssen Sie doch einmal in geordnete europäische Verhältnisse zurückkommen.“ (1966, Völkerkundler)
n) „Ihre Feldforschungen in Afrika werden eines Tages mit einem Schlag aufhören. Sie werden an mich denken.“ (1964, Völkerkundler)
o) „Wir haben einen Bruder gehabt, der hat anfangs genau wie Sie mit den Eingeborenen fraternisiert, ein Jahr später war er schlimmer als manche andere.“ (1960, Bruder einer Mission)
p) „Sie werden noch anders denken – wenn Sie einmal älter sind.“ (1960, Diplomat)
q) „Sie müssen in den Dörfern Wasser stets abkochen und filtern.“ (1962, Lehrer)

r) „Wenn Sie mit dem Auto auf der Landstraße einen Eingeborenen niederstoßen, dann halten Sie auf keinen Fall an, die Leute bringen Sie sonst um!" (1962, Industrieller)

2. DAS PHÄNOMEN DER ÜBERTRAGUNG BEI DER ETHNOLOGISCHEN FELDFORSCHUNG

(aus: Kubik 1966: 231-232)

... Der Kolonialismus hat in Afrika ungeheure Traumen hinterlassen und eine Ambivalenz der menschlichen Beziehungen erzeugt, die sich beim geringsten Missgeschick auswirken kann. Ein hoher Prozentsatz zeitgenössischer Afrikaner leidet unter Erscheinungen, die man als Kolonialneurosen zusammenfassen kann. Ein europäischer Ethnologe, Tontechniker, Missionar, Kontraktor oder einfach Reisender muss damit rechnen, dass er in Afrika vom Tage seiner Ankunft an, einen Gegenstand der Übertragung von ungelösten seelischen Konflikten der Afrikaner bilden wird. Dazu kommt, dass latente Neurosen des europäischen Besuchers in Afrika durch die Begegnung mit dem „anderen" Menschen immer aktualisiert und dramatisiert werden; weil dieser „andere", „schwarze" Mensch des „dunklen Erdteils" für den Europäer schon seit Jahrhunderten Inhalte seines eigenen Unbewussten symbolisiert. Es handelt sich also um einen doppelten Projektionsvorgang, dem weder der in Afrika ankommende Europäer noch die ihm begegnenden Afrikaner entgehen, obgleich dies den Beteiligten unbewusst und daher unbekannt bleiben mag.

Das praktische Verhalten der Afrikaner zu unserem Tontechniker hängt von ihren Erfahrungen mit anderen Europäern ab, mit denen sie vor ihm zu tun hatten, etwa mit dem Missionar, dem Arbeitgeber und (früher) auch dem Verwaltungsbeamten. Der „neue Weisse" aus Europa entgeht nicht der Identifikation mit dem „Bild vom weissen Mann", welches durch unzählige gleichartige Erfahrungen in dem betreffenden Individuum fixiert wurde, er entgeht nicht dem Phänomen der Übertragung der Affekte, die diesem Bilde innewohnen. Je nach der Art dieser oft archaischen Erfahrungen mit dem weissen Mann, die bis in frühe Lebensalter zurückreichen, werden ihm bestimmte Erwartungen entgegengebracht.

Hat der Kontakt mit Europäern in einem Individuum traumatische Erfahrungen hinterlassen, dann bildete sich oft heraus, was man als Komplex der negativen Erwartung bezeichnen kann. Die Wurzeln dieser Umwelteinstellung liegen in einer auf das Ich zurückgelenkten Aggression, die ursprünglich dem „Peiniger" galt, aber von dessen ungeheurer psychischer Übermacht verdrängt wurde. Individuen (und Gruppen) mit starker Ausbildung dieses Komplexes sind besonders sensibel, *touchy*, und haben den krankhaften Hang, in jedes Wort und in jede Geste Herabsetzendes hineinzulegen. Im Verkehr zwischen Afrikanern und Europäern ist dies heute oft zu einer schweren Belastung geworden, und zwar anscheinend mehr im anglophonen Afrika als anderswo (Nigeria ausgenommen).

... Für die höheren Jahrgänge einer Mittelschule in Uganda[2] gab ich einen Vortrag über afrikanische Musik. Es waren etwa 200 Schüler anwesend. Ich stand auf dem Podium, erzählte mit lebhaften Worten von meinen Begegnungen mit afrikanischen Musikern und führte Tonbänder vor. Als ich schliesslich auf einem Uganda-Instrument selber vorspielte, brach begeisterter Beifall aus. Nun begann der Diskussionsteil. Ein Schüler stand auf und sagte: „Sie werden jetzt sicher afrikanische Musik in Europa unterrichten, nachdem Sie hier so viel gelernt haben." Ich rief belustigt: „Ich glaube, das wäre eine hoffnungslose Angelegenheit."[3]

Kaum hatte ich dies gesagt, wurde es peinlich still. Dann wurden Stimmen der Missbilligung laut. Ich begriff zuerst nicht. Der Vorsitzende klopfte einige Male auf den Tisch und stellte das Missverständnis richtig. – Was war geschehen? In einer seltsamen kollektiven Einmütigkeit hatten die afrikanischen Schüler meinen Satz so ausgelegt: Ich glaube (dies von uns Weissen zu verlangen) wäre eine hoffnungslose Angelegenheit (so weit gehen wir natürlich nicht, dass wir Negermusik in Europa unterrichten).

Zum rein „technischen" Vorgang der Erweckung dieser Assoziation meine ich, dass dem Wort „hoffnungslos" (hopeless) eine besondere Schlüsselposition zukam. Im kolonialistischen Jargon wird es oft in der Zusammensetzung von „a hopeless case" gegenüber Afrikanern herabsetzend verwendet, und die Schüler hatten damit wohl ihre Erfahrungen gemacht. Als Folge davon wurde das Wort „hoffnungslos" selbst emotionell aufwühlend und erweckte seither in jeder beliebigen Satzzusammenstellung Assoziationen in dieser Richtung. Dieses Erlebnis zeigt, welch eine gewaltige psychische Kraft jene negative Erwartung erreichen kann, entgegen aller Logik, die den Schülern doch hätte sagen müssen, dass dieser Europäer nicht plötzlich das Gegenteil meinen kann, nachdem er länger als eine Stunde von afrikanischer Musik schwärmte. Aber die negative Erwartung kann ein Ausmass erreichen, wo nur der eine Gedanke gedacht werden kann: „Europäer sind im Grund ihres

---

[2] Die Geschichte bezieht sich auf einen gemeinsamen Besuch mit Dr. Gerald Moore, damals Direktor des Extra-Mural Departments am Makerere University College, Kampala, in einer Secondary School im damaligen Fort Portal, westliches Uganda, Mai 1962.

[3] Ich wollte ausdrücken, daß die Leute in Europa ohne Lebenserfahrung in afrikanischen Gemeinschaften Schwierigkeiten hätten, diese komplexen Strukturen zu begreifen, aber auch, daß ich nicht meine Aufgaben in der Rolle eines Kulturanwalts sehe.

Herzens immer gegen uns, auch wenn sie das Gegenteil beteuern mögen. Schon morgen kann ihre wahre Einstellung wieder ans Licht kommen."

3. „VIER AUGEN SEHEN MEHR ALS ZWEI": PARALLELE FELDAUFZEICHNUNGEN ZWEIER BEOBACHTER

(aus den Zambia-Aufzeichnungen G. Kubik vom 25. September 1971 in Sangombe, Kabompo District)[4]

Die Idee, die ich hier verfolgte, war, daß mein jugendlicher Gefährte Mose bei den partizipierenden Forschungen im Luchazi-sprachigen Raum von Nordwest-Zambia und ich unsere Beobachtungen ritueller Ereignisse unabhängig voneinander aufzeichnen sollten. Erst danach würden wir unsere Notizen miteinander vergleichen.

Die vorliegenden Aufzeichnungen betreffen eine wichtige Phase der *mukanda*-Seklusion. *Mukanda* ist die Beschneidungsschule für Jungen im Ostangola-Kulturraum, ein Hauptthema meiner sechsmonatigen Forschungen in dem abgelegenen Gebiet von Nordwest-Zambia, 1971. Das Dorf Sangombe war nur zu Fuß erreichbar und lag am Mumbezi-Flußlauf, 12 km von der Angola-Grenze entfernt. Bei den folgenden Texten geht es um das *chikula*-Fest mit dem der *mukanda* in die dritte Phase eintritt (vgl. auch meine anderen umfangreichen Arbeiten zu *mukanda* und den mit ihm assoziierten Masken, Kubik 1993, 2000, etc.).

Das Protokoll auf Luchazi, einer Bantusprache der Zone K/Gruppe 10 in Malcolm Guthrie's Einteilung der Bantusprachen (1948) stammt von dem damals erst 13-jährigen Mitarbeiter Mose Kamwocha (heute: Moses Yotamu), nachdem wir beide im Innern des *mukanda* von Sangombe für den einzigen Initianden, Malesu, Betreuer-Funktionen übernommen hatten. Unabhängig davon notierte ich meine Beobachtungen auf deutsch.

3.1. Protokoll des 13-jährigen Moses Yotamu (Text etwas gekürzt)

Ha 8 o'clock *Ndondo* natuhukile na kutambula vwala linga vakanwe vaze vantu vali ha mukanda; zintsuva zivali. Vaputukile kuzika likisi *Litotola*, kaha havakumuhya njimbu na lisehwa. Kaha

[4] Die maschine-geschriebenen Aufzeichnungen von insgesamt 222 Seiten sind unter folgendem Titel im Phonogrammarchiv der Österreichischen Akademie der Wissenschaften, Wien, hinterlegt: Feldaufzeichnungen Dr. Gerhard Kubik im Luchazi-Gebiet, Nordwestprovinz Zambia, 10. Juli 1971 – 19. Januar 1972. Dazu kommen als separater Band die Protokolle zu den Tonbandaufnahmen. Im Text des allgemeinen Bandes finden sich Hinweise auf alle Photos, Ciné-Aufnahmen und Tonbandaufnahmen dieser Forschungsreise.

halikutuhuka ku ndambi. Kaha vantu havakwimba mwaso ngwavo "Ngungwe ye ngungwe woho" (2x). Kaha havakuya ku chilende, kuze kuvekukinina makisi. Havakasentsa vihemba na njimbu.

Kaha muvanakumisa havakwiza na kwimba mwaso ngwavo "Ngungwe ye, woho, woho" (6x). Kaha vakwiza ha lusumba na chini na mwisi, kaha havakutwa vihemba. Litotola halikutwa vize vihemba. Muvanakumisa kutwa vihemba, kaha havakuya hembo na kuvakwita vanyatundanda vihemba. Kaha havakuvazitula zimpindzo. Vaputikile na chilombola, havakumuzitula zimpindzo; kaha nyakandanda, kaha mukwavo vose vavazitwile vanyatundanda. Malesu ali na vanyatundanda 7. Kaha havakufweta 5 Ngwe, 5 Ngwe vose, havakuhaka ha lisehwa zimpindzo na vihemba. Kaha havakwimba mwaso ngwavo: "Ngungwe ye ..." Zize zimbongo vakulipangela chilombola, chikenzi na kalombola-ntito. Ndowa wakele kalombola-ntito. ...

Muvanafumine ku chilende kaha havakuholomona vanyatundanda, havakufweta. Muvakumisa kuholomona havakuya ku mukanda. Havakusana kandanda, halikutuhuka na kwiza hambanza, havakumuholomona.

Kaha havakumuhya vwala linga akapambele ha ngoma. Vantu vakele noku noku, kaha kandanda halikumumika vwala. Kaha vaze vantu vakwatele misevo ya Myumpa. Vamene oku vantu oku vantu ku chikolo cha kandanda. Havakumusana ngwavo: Twaya uhite! Oku namumika vwala mu kanwa. Halikuhita lusi. Kaha havakumuveta misevo vaze vantu. Kaha halikupambela ha ngoma na kuvetaho ndi, ndi. Kaha chilombola halikumuveta misevo katatu munima. Kaha havakwimba na mwaso ngwavo "Ndo ndo ndo nana yowe ndo" (6x). Halikuhunga na chilombola. Chilombola akumulongesa. Muvanakumisa kuhunga havakumusana mu ngoma, halikutanga. Havakwimba mwaso ngwavo: ... Alikukina vutotola (= *vuyambi*).

Kaha etu tunezile kwimbo na kusoneka. Chikenzi kutusana chahi. Havakukusa kwa lika lyavo.

Kukusa mpoko na vwala, kutila vwala ha lisehwa lyavihemba, kaha kukusa mpoko, kufumisako aze maninga. Ngwe vamane kusentsa vihemba, kaha vakukusa mpoko, vilika vyose vinahu. Ntsimbu makisi kanda vakina kaha vakukusa mpoko ... mukati ka mukanda. Kaha chikenzi akumbata mpoko yeni, linga akasavese tundanda vakwavo mwaka weka. Mpoko yakele kuli chizikamukanda. ...

Übersetzung:

Um 8 Uhr erschien die Maske *Ndondo* und trug zwei Kalebassen mit Hirsebier zu den Leuten im *mukanda*, damit sie trinken sollen. Sie begannen die Maske *Litotola* aufzurichten und gaben ihr eine Feldhaue und eine geflochtene Schüssel. Sie kam dann durch das „Fenster" (*ndambi*) des *mukanda* heraus. Die Leute begannen zu singen: „Ngungwe ye ngungwe woho" (2x). Sie bewegten sich nun in Richtung des Maskentanzplatzes (*chilende*). Auf dem Wege hacken sie Medizinen (aus Baumrinde) mit der Feldhaue ab.

Als sie damit fertig waren, kamen sie singend mit dem Lied „Ngungwe ye ngungwe woho" (6x) zum Beschneidungsort (*ha lusumba*) des Initianden, mit einem Mörserbecken und einer Mörserkeule. Dort stampften sie die Rinden-Medizinen klein. Es ist die Maske *Litotola* , die die Medizinen zerstampft. Sobald sie damit fertig sind, gehen sie ins Dorf, um den Müttern des Initianden diese Medizinen auf die Haut einzureiben. Danach banden sie ihnen ihre rituellen Hölzchen (*zimpindzo*) ab, mit denen sie sich dekoriert hatten. Dabei begannen sie mit dem Betreuer, nahmen ihm die Hölzchen ab; dann den Müttern. Malesu hatte sieben „Mütter". Dann zahlte jede von ihnen die Summe von 5 Ngwe; und sie warfen die Hölzchen und die Medizinen in die geflochtene Schüssel (*lisehwa*). Nun singen sie wieder das Lied: „Ngungwe ye ...". Das Geld wurde zwischen dem Betreuer (*chilombola*) des Initianden, dem Beschneider (*chikenzi*) und einem Hilfsbetreuer (*kalombola-ntito*) aufgeteilt. Der letzte hieß Ndowa. ...

Sobald sie vom Maskentanzplatz weggegangen waren, wurden die Mütter am ganzen Körper mit den Medizinen aus der geflochtenen Schüssel eingerieben. Dann gingen die Männer in den *mukanda* zurück. Dort angekommen rufen sie den Initianden. Er kommt sofort aus dem Gehege heraus und wird auch am Körper mit den Medizinen eingerieben.

Dann geben sie ihm Hirsebier, das er im Mund zwischen die Backen nehmen soll, um damit die Trommel zu besprühen. Die Männer bilden ein Spalier und der Initiand hält das Bier im Mund. Sie nehmen nun Ruten vom Myumpa-Baum in die Hände. Der Initiand steht noch am Eingang für den Initianden (*chikolo cha kandanda*) des *mukanda*. Jetzt rufen sie ihn: „Komm herbei!" Die Backen voll läuft er rasend schnell durch das Spalier, während ihn die Männer mit den Ruten wichsen. Dann sprüht er das Hirsebier auf die Trommel und schlägt sie mit seinen Händen an: *ndi, ndi*. Sein Betreuer schlägt ihm nun mit der Rute dreimal auf den Rücken. Dann beginnen alle zu singen: „Ndo ndo ndo, meine Mutter ist dort drüben! Ndo" (6x). Der Initiand tanzt in einer Worfelbewegung mit seinem Betreuer. Sein Betreuer unterrichtet ihn. Wenn er damit fertig ist, rufen sie ihn mittels der Trommel und er muß rezitieren. ... Schließlich tanzt man *vutotola* (= *vuyambi*, die Jagd).

Danach kamen wir ins Dorf zurück, um zu schreiben. Leider hat uns der Beschneidungs-Operator nicht gerufen, sondern das Messer der Beschneidung allein gewaschen. Sie waschen das Messer mit Hirsebier, sie schütten Hirsebier auf die geflochtene Schüssel mit den Medizinen. So waschen sie das Messer, um jenes Blut der Beschneidung zu entfernen. Sobald sie damit fertig sind, die Medizinen zu filtern, waschen sie das Messer. Damit sind die Riten abgeschlossen. Bevor die Masken zu tanzen anfangen, muß das Messer im Innern des *mukanda* gewaschen sein. Der Beschneider (*chikenzi*) nimmt dann sein Messer an sich, damit er in einem anderen Jahr andere Jungen beschneiden kann. Wo war das Messer vorher? Es war beim Begründer dieses *mukanda* , dem Vater des Initianden, Herrn Kapocho, versteckt.

3.2. Feldbeschreibung desselben Ereignisses durch G. Kubik

(gekürzt; Erklärungen in eckigen Klammern
wurden dem Text jetzt zugefügt)

Um ca. 8 Uhr kam eine *Ndondo*-Maske in das Dorf, um den Leuten, die sich in *mukanda* befanden, den Männern, die vorher gesungen hatten, *vwala* (Hirsebier) zu bringen. Zwei Kalebassen voll trug sie in den *mukanda*. Wir gingen darauf, nach einigen Minuten, in den *mukanda* mit Photo- und Ciné-Kamera und fanden dort mehrere Männer bei verschiedenen Arbeiten vor. Hier beginnt die Dokumentation auf Cinéfilm no. 18:

Erste Bilderserie: Ein Mann, der die große *Chikunza* [Maske], die seinerzeit in diesem *mukanda* gekauft worden war, neu mit *mphemba* und *mukundu* bemalte. Angabe des Begleiters Moses Kamwocha: *Kusona Chikunza*, das ist es, was der Mann tut. *Nakele na kusona na mpemba, kaha mukundu*. Das Bemalen mit *mukundu* wurde nicht mehr gefilmt.

Zweite Bildserie: In einer schattigen Ecke des *mukanda* waren die Männer mit einem anderen Arbeitsvorgang beschäftigt, mit dem Sieben von *vwala* (Hirsebier). Das Sieben dient dazu, den Satz (*visele*) zu entfernen. Moses bezeichnet den Vorgang des Siebens als *kututa vwala* und erklärt: *kufumisako visele, kaha vakuhaka visele na mavu, vya vangulu linga valye* [wenn sie den Satz entfernt haben, dann schütten sie ihn auf den Boden, er gehört den Schweinen, damit sie ihn fressen sollen!]. Das Ausdrücken des Satzes nennt er *kukamuna visele*; das Sieben: *kusála*.

Gegen 9 Uhr waren die Männer bereit, die Zeremonie durchzuführen. Die Aufnahmen vom Morgen und dem Gang zum Fluß sind auf Cinéfilm no. 19 und 20 festgehalten. Die Zeremonie begann folgendermaßen: eine *Litotola*-Maske zog sich im *mukanda* an und ging mit dem *lisehwa*-Teller, der vom *muti* [„Baum" der Ahnen im Zentrum des *mukanda*] weggenommen worden war, zur Hintertür, dem vom Dorf abgewandten Eingang des *mukanda*, hinaus. Dann folgte die ganze Gruppe zum *chana* [Überschwemmungssavanne], indem sie ein Lied sang. Unter den Beteiligten des Umzugs waren der *chikenzi* [Beschneider], der *chilombola* [Betreuer] und die im *mukanda* versammelten Männer. Bei ihrem Marsch zum *chana* umgingen sie das Dorf. Der einzige *kandanda* [Initiand] blieb im *mukanda* zurück; er machte den Zug nicht mit.

Dort im *chana*, in der Nähe des Flusses angelangt, jedoch nicht bis zum Wasser weitergegangen, spuckte der *chikenzi* Hirsebier (*vwala*) aus der Kalebasse von länglicher Form, die ein anderer trug, auf einen Baum, und hackte dann von diesem Baum Rinde ab. Dabei wurde immerfort das Hauptlied dieser Zeremonie, das wir schon am Morgen gehört hatten, gesungen. Dasselbe wiederholte sich unter diesem Gesang bei mehreren Bäumen im *chana*, auch Gräser wurden abgeschnitten. Diese Rindenstücke und Gräser wurden auf die *lisehwa*-Schüssel (eine geflochtene Schüssel) gegeben.

Dann gingen sie in die Mitte des Dorfes, wo die Frauen versammelt waren, die *Litotola* hielt immer das *lisehwa* in den Händen, und nun kam der *chilombola* Isaac Musivi. Ihm wurden diese Hölzchen am Arm, die er die ganze Zeit ebenso wie der *kandanda* getragen hatte (sie heißen *zimpindzo*), vom Arm abgenommen, abgeschnitten und ins *lisehwa* geworfen, dann auch von verschiedenen Frauen, die wahrscheinlich die „Mütter" des *kandanda* sind (*vanyakandanda*). Und jede dieser Frauen warf auch eine Geldmünze in die geflochtene Schüssel.

Nach diesem Abschnitt ging der Umzug der Männer und der Maske zurück in den *mukanda*. Dort vor dem zum Dorf gewandten Eingang wurde nun der *kandanda* herangeführt und draußen vor dem Eingang zuerst mit der Medizin bestrichen. Dann stellten sich die Männer in einer Reihe auf, bildeten Spalier, mit Zweigen in den Händen. Der *kandanda* ging durch die Tür des *mukanda* und damit durch das Spalier – die Männer standen im Innern des *mukanda* – und wurde beim Durchgehen von den Männern mit den Zweigen auf den Rücken geschlagen.

Dann war die Zeremonie offenbar zu Ende; es wurde wieder gesungen und der *kandanda* begann zu tanzen, wobei ihm sein *chilombola* alles vorzeigte, die Tanzschritte vorzeigte, vor ihm tanzte. (Bis dahin ist es auf dem Cinéfilm 19 und 20 festgehalten). Dann fand noch ein Zeremonieabschnitt statt, im *mukanda*, den wir leider versäumten, weil uns dies niemand ankündigte, nämlich das Waschen des Messers der Beschneidung mit den Medizinen. Das soll gleich nachdem wir – in der Meinung, die Zeremonie sei zu Ende – weggegangen waren, stattgefunden haben.

4. „RASHOMON" UND DIE PARALLELITÄT DER WAHRHEITEN

(aus: Kubik 2004: 214, 218ff.)

S. 214-218 (Auszüge)

Im Rahmen meiner Vorlesung „Interkulturelle Tiefenpsychologie" am Institut für Ethnologie, Kultur- und Sozialanthropologie der Universität Wien, zeigte der Kulturanthropologe Moya A. Malamusi am 30 November 2002 ein von uns gemeinsam in Südostafrika gedrehtes Video[5] zur rituellen Heilpraxis: „Besuch beim

[5] Video No. 75, Archiv Kubik/Malamusi, Wien. – Projektnummer P 15007, gefördert vom Fonds zur Förderung der Wissenschaftlichen Forschung, Wien.

Heilpraktiker Timoteyo auf dem Gelände seiner Klinik" in der Nähe des Ortes Lirangwi, Blantyre District, Malawi, 22. August 2002.

Dieser Heilpraktiker hatte sich einen Ruf erarbeitet, der ihm jede Woche an die hundert Patienten zutrug. ... Unter den Patienten mit ihren verschiedensten Anliegen, auch solchen, die durch Pharmazeutika zu behandeln sind, gibt es immer viele mit psychologischen Problemen, u.a. dem Problem durch Verwandte der Hexerei beschuldigt zu werden ...

Das Problem, vor das sich nach der Video-Vorführung die Studierenden gestellt fanden, berührte die wissenschaftstheoretischen Voraussetzungen einer jeden Interpretation. Ich fragte: „Wie würdet ihr als Ethnologen, nachdem ihr die letzten Szenen erlebt habt, das Verhalten der Beteiligten interpretieren?" Die „grundsätzliche Relativität aller Interpretationsaussagen in Abhängigkeit vom theoretischen Standpunkt des Beobachters war leicht einzusehen". ... Nicht unähnlich mancher Gedankenexperimente in Albert Einsteins Spezieller Relativitätstheorie sind auch hier die Ergebnisse der Interpretation eigentlich eine „Funktion" in Abhängigkeit von variablen Standpunkten des Beobachters/der Beobachterin, die von verschiedensten weltanschaulichen Axiomen ausgehen. Sie liegen der Einschätzung oft unreflektiert, manchmal auch unbewußt zugrunde.

Dabei entdeckten wir sehr schnell, daß die möglichen Deutungen sich nicht notwendigerweise nach dem emics/etics-Schema von Kenneth L. Pike (1954) zweiteilen ließen; sie zeigten noch feinere Unterschiede in den Standpunkten. Wir bemerkten ferner, daß die verschiedenen Ergebnisse im Prinzip als koexistent anzusehen sind und daß es dabei letzthin gar nicht um richtig oder falsch geht. Wie in dem berühmten Film von Akira Kurosowa, „Rashomon" (1950), wo ein Mordfall nacheinander von den Beteiligten aus der Erinnerung dargestellt wird, setzt sich die „Wahrheit" aus der Integration der Schilderungen aller zusammen.

S. 218

Im vorliegenden Fall – den Szenen um die Hexer und Hexerinnen beim Heilpraktiker Timoteyo in Malawi – ließen sich zunächst drei Interpretations-Standpunkte herausschälen; es gibt sicher noch weitere. Diese drei mögen aber genügen, um zu zeigen, wie eine interkulturelle Tiefenpsychologie an konkretem Material vorgehen kann.

Beobachter A interpretiert das Geschehen von einem abendländisch-rationalen Standpunkt, der davon ausgeht, daß es so etwas wie Hexerei – also eine Fernwirkung auf andere Menschen durch negative Gedanken oder symbolische Manipulationen (wodurch die Opfer sterben oder krank bzw. gelähmt werden etc.) – n i c h t gibt. Der Glaube daran gehöre in das Gebiet der Superstition. Hexerei lasse sich naturwissenschaftlich nicht nachweisen. Beobachter A kommt auf dieser Ausgangsbasis zum Schluß, daß die Leute, die in Massen zum Heilpraktiker Timoteyo strömen, weil man sie in ihren Heimatdörfern der Hexerei-Praxis beschuldigt und ihnen so das Leben unerträglich gemacht hat, nur Opfer des Aberglaubens und der Ignoranz sind. Diese armen Menschen müßten nun zusammen mit anderen wirklich Kranken (von denen sie noch durch Ansteckung Krankheiten wie TB erwischen könnten) in dieser „Klinik" miserable Wochen verbringen, Wochen der Demütigung, Beleidigung durch andere, Denunzierung etc., bis sie endlich wieder nach Hause dürften, völlig der willkürlichen Entscheidungsmacht dieses selbsternannten Heilpraktikers ausgesetzt. Die Beschuldigten bringen Wochen in Verzweiflung zu, sind unschuldig, haben nie jemanden getötet oder geschädigt; nur deswegen sind sie in der „Klinik", damit sich dieser Heilpraktiker profilieren kann. Hier liege ein Fall von extremer Ausbeutung vor, Ausbeutung der Leichtgläubigkeit der Menschen niedrigen Bildungsstandes und eigentlich eine Verletzung der Menschenrechte.

Beobachter B interpretiert von einem wissenschaftstheoretischen Standpunkt, der sogenannte parapsychologische Phänomene als existent anerkennt und im Einklang mit intrakultureller Wissenschaftstheorie und -erfahrung von der Existenz eines Phänomens wie Hexerei als Faktum ausgeht. Von diesem Standpunkt aus wird, so wie es der Heilpraktiker Timoteyo ausdrücklich sagte, angenommen, daß die Beschuldigten auch genau wissen, was sie tun, und wie viele Menschen sie schon durch ihre Hexerei-Praxis getötet oder geschädigt haben. Dementsprechend werden die meisten Hexer/Hexerinnen vom Heilpraktiker so behandelt wie hartnäckige Diebe, die sich bis zum letzten Moment weigern, ihre bösen Taten zuzugeben. Man könne sie nur Schritt für Schritt durch Beweismaterial überführen. Sie werden nie von sich aus zugeben, daß sie Hexerei praktizierten oder noch praktizieren, und die damit verbundenen Techniken auch niemals preisgeben; denn würden sie das tun, wäre es ein großer Machtverlust. Hexerei ist eine *Technologie.* Man lernt sie, manchmal hat man die Anlage dazu auch schon als Kind im Bauch, ohne es zu wissen (s. Fallbeschreibungen in Malamusi 1999). Und später schließt man sich zu Gilden zusammen, die sich regelmäßig treffen, um ihre Opfer auch zu verzehren und damit noch größeren Energie- und Machtzuwachs zu erreichen. Die Aufgabe des Heilpraktikers, der sich mit der Austreibung der Hexerei beschäftigt (nicht alle tun dies, es gibt verschiedene Spezialisten unter den Heilpraktikern), ist es, solche illegitimen Waffensysteme, zum Beispiel *nyanga* (Hörner, auch „Raketen" genannt) mit denen die Hexer auf ihre Opfer in der Ferne zielen, aufzuspüren und zu vernichten, die Hexer ihrer Technologie zu berauben. Dies sei der ewige Kampf zwischen den beiden, Hexern und Heilpraktikern, in der unsichtbaren Dimension der Hexerei-Praxis.

Beobachter C interpretiert das Geschehen vom Standpunkt tiefenpsychologischer Theorien, die grundsätzlich von der Existenz unbewusster seelischer Vorgänge ausgehen. Man kann Gedanken, Vorstellungen, Wünsche haben, ohne von diesen etwas direkt zu wissen; im Gegenteil man wehrt sich heftig gegen derartige „Unterstellungen". In die Gruppe der Beobachter C fallen nicht nur Personen aus Europa oder anderen Ländern, die in psychoanalytischer Theorie (Freud) oder analytischer Psychologie (Jung) geschult sind, sondern auch Personen in den betreffenden Gesellschaften, die ausdrücklich feststellen, „daß man Hexer sein kann ohne es zu wissen". (Der Heilpraktiker Timoteyo gehört nicht zu dieser Gruppe.) Wer nun aber davon ausgeht, daß man Hexer sein kann, ohne es zu wissen, ist in seinem Standpunkt der tiefenpsychologischen theoretischen Ausgangsbasis nahe.

Vom Standpunkt der psychoanalytischen Theorie stellt sich die Hexerei-Praxis als ein intensives Ausleben negativer Wünsche gegen andere dar, bis zu ihrer ganz bewussten Darstellung durch *Symbolhandlungen* (vgl. auch Kubik 2001). Der Hexer stellt sich etwas intensiv vor, daß er sich mit Hilfe eines selbst konstruierten Apparates in ein alles durchdringendes Wesen verwandeln könne, um den anderen zu töten.

Die *Hexerei-Beschuldigungen* beruhen von diesem theoretischen Standpunkt aus gesehen überwiegend auf Erwartungen, die durch den *Abwehrmechanismus der Projektion* geschürt werden. Eigene, versteckte Aggressionen werden anderen zugeschoben. Unter Projektion versteht man in der Psychoanalyse und in der analytischen Psychologie den Vorgang, daß man eigene, unakzeptable oder nicht realisierbare Tendenzen indirekt befriedigt, indem man sie nicht selbst ausführt, sondern anderen zuschreibt, meist direkten Objekten der Aggression oder der verbotenen Gelüste. Die anderen Personen fungieren als Projektionsschild und „objektivieren" sozusagen die eigenen, geheimen Tendenzen. Auf diese Weise bleibt man zwar „unschuldig", bestraft sich aber auch durch die immense Angst, die man vor dem anderen hat. Projektionen finden auch in die transzendente Sphäre statt, wie C.G. Jung öfters nachgewiesen hat (Jung 1958); dies schließt Erlösungserwartungen mit ein. Projektionen vollziehen sich auch kollektiv; religiöse Gruppen, ja ganze Völker können davon erfaßt werden.

Im Bereich der Familie sind in der Gesellschaft des Timoteyo die Spannungen zwischen maternem Onkel (avunculus) und Neffen ein Problem, das oft zu Hexerei-Beschuldigungen führt. Der Neffe kann sich den Tod des Onkels wünschen, um ihn schnell zu beerben; der Onkel ahnt dies und reagiert mit magischen Abwehrhandlungen, versucht einen *Präventivschlag.* Das gelingt ihm aber nicht; der geringste Anlaß wird dann vom Onkel benützt, die Dorfgemeinschaft dafür zu gewinnen, seinen Neffen zu zwingen, sich einer Verifikation zu unterziehen.

Unter den Beschuldigten gibt es also, von diesem Standpunkt aus gesehen, einige, die tatsächlich Hexer sind und es nicht wissen (Gruppe I), und andere, die wirklich unschuldig sind, Opfer der Projektionen ihrer Mitmenschen (Gruppe II). Aber sie könnten sich rächen. Wer unschuldig als Dieb bezeichnet wurde, der w i r d es manchmal.

5. ZUSAMMENFASSUNG

Den oben aus Publikationen und Feldaufzeichnungen zusammengestellten Texten zu meinen Felderfahrungen seit 1959 in immerhin 18 Staaten Afrikas – abgesehen von Brasilien und dem Süden der U.S.A. (s. Kubik 1999) – habe ich nicht viel hinzuzufügen, da sie für sich selbst sprechen, außer vielleicht eine ironische Bemerkung: ich bin noch nicht „in geordnete europäische Verhältnisse" „zurück"gekehrt! Gerade bemüht sich die Hausspekulation, mich aus meiner Mietwohnung, die ich seit 37 Jahren belege – und seit 1997 mit zwei „Angehörigen einer negroiden Rasse" (wie es in den Worten des Hausverwalters im Gerichtsprotokoll heißt) – hinauszubefördern. Offenbar sollen auf diese Weise etwas mehr marktorientierte „geordnete europäische Verhältnisse" hergestellt werden.

Wir in unserer Forschungsgruppe, mit Dr. Moya A. Malamusi, Kayombo kaChinyeka, Mose Yotamu und anderen, sind nach wie vor jedes Jahr einige Monate im Feld. In diesem Jahr (2005) arbeiten wir in Südostafrika. Die Kurzbeiträge, die ich hier zusammenstellte, beziehen sich auf grundsätzliche, geradezu universelle Situationen der ethnologischen Feldforschung, die niemand auch unter den jungen Leuten umgehen kann. Früher oder später kommt man mit ihnen in Berührung. *Wie man sich dann diesen Herausforderungen stellt, davon hängt nicht nur die zu vollbringende Leistung ab, sondern sogar schlechthin die Integrität der eigenen Persönlichkeit.*

Im Abschnitt 1. dieses Artikels erscheint daher Mephisto in schillernder Gestalt dem jugendlichen G. K. und versucht ihn zu indoktrinieren. Ähnliches, in anderer Terminologie, kann sich auch auf dem Boden einer Universität vollziehen, zum Beispiel, wenn man andere Menschen als entwicklungsbedürftig hinstellt, oder wenn man gleich die ganze Welt in „heiße" und „kalte" Kulturen trennt (Lévi-Strauss 1962, 1973).

In Abschnitt 2. sind dann meine frühen Überlegungen zur Psychodynamik des Kulturkontakts, dessen was sich im Feld unentrinnbar aufrollen muß, zusammengefasst. Das Schlüsselwort heißt *Übertragung* (transference). Man sollte bei Sigmund Freud (1912) den Grundbegriff nochmals nachlesen, und auch bei mir im Kontext von Vorgängen bei der *mukanda*-Initiation (Kubik 1993: 320ff.). Wer sich analoger Reaktionen in der Beziehung Forscher/zu Erforschende im Feld nicht rechtzeitig bewusst wird, ist bald im Nachteil, wird nur zum unverstandenen Spielball seiner eigenen triebhaften Tendenzen und manipulativer Kräfte anderer.

Abschnitt 3. widmet sich schließlich einem Konzept, das auch von George Devereux (1972, 1973, 1978) im Rahmen seiner „komplementaristischen Methode" behandelt wurde. Im vorliegenden Fall stelle ich die Variante vor, bei der eine vor Ort geborene und eine „zugereiste" Person dasselbe zu beobachtende Ereignis erzählerisch beschreiben. Man merkt beim Textvergleich bald, daß beide sehr aufmerksam beobachten, aber doch in den Details verschiedene Schwerpunkte setzen. Gelegentlich bemerkt einer und hält fest, was der andere übergeht oder gar nicht bemerkt hat. Mit insider/outsider-Dichotomie hat das nicht notwendigerweise etwas zu tun, denn zu lange, schon seit Angola 1965 war ich in dieser Kultur zu Hause, und längst kein „outsider" mehr. Auffallend ist dabei in meinem Textteil, daß dieser trotz der Wahl des Deutschen (im Stenogramm) grundsätzlich von den einheimischen Begriffen auf Luchazi ausgeht. Das erleichterte später die Symbol-Interpretation (vgl. Kubik 1993; auch 2000 und 2004a-c zur Technik).

Der komplementäre Ansatz bei der Beobachtung findet sich vielfach bei meinen Feldforschungen. Es gibt dazu weitere, publizierte Beispiele, etwa im gemeinsamen Artikel mit Moya A. Malamusi in der Zeitschrift *American Imago* (Kubik/Malamusi 2002).

Abschnitt 4. widmet sich dann grundsätzlichen Fragen der Interpretation, wobei die Idee „paralleler Wahrheiten", inspiriert durch den japanischen Film „Rashomon", den ich genau am 16. Februar 1955 zum ersten Mal im „Filmtheater Künstlerhaus" in Wien sah, ins Spiel kommt. Dieser Abschnitt soll ein Licht auf die „versteckte" ideologische Ausgangsbasis der Feldforscher werfen, die ja bereits bei der Datenaufnahme, Auswahl etc. wirksam wird; nicht um sie anzuprangern oder gar zu versuchen, sie abzuschaffen – das ginge nicht – sondern um sie sich individuell bewusst und damit tolerierbar zu machen. Eine solche Anstrengung ist allerdings selbst nicht frei von ideologischen Fallen, und spätestens hier muß der Leser aufpassen, daß ihm nicht das Wort „Kulturrelativismus" einfällt, denn in einem solchen Fall verwickelt er sich nur in eine weitere ideologische Ausgangsbasis.

Es ist mir völlig klar – und wahrscheinlich auch meinen lieben Leser-KollegInnen und KollegAußen – daß diese vier Auszüge aus meinen Schriften nur „ankratzen", womit ich mich theoretisch und praktisch in der Feldforschung auseinandersetze; aber es ist ein grundsätzlicher Einstieg, der das Hängenbleiben in Dichotomien, von insider/outsider, bis „kalt" und „heiß", „roh" und „gekocht" (Claude Lévi-Strauss 1962, 1973) transzendiert. Die Relevanz dieser Erfahrungen und Einsichten ist nicht von dem abhängig, was man erkunden will, sei es Musik, sei es Initiation, seien es Gender-Beziehungen oder ein totemistisches Clan-System, sondern sie helfen mit, Hürden zu überspringen und Phantome zu erkennen. „Ankratzen" kann außerdem eine lustvolle, aber nicht selten auch unangenehme, unvermeidliche Handlung sein.

LITERATUR

Devereux, Georges. 1972. *Ethnopsychoanalyse complémentariste*. Paris: Gallimard.

—, 1973. *Angst und Methode in den Verhaltenswissenschaften*. München: Hanser.

—, 1978. *Ethnopsychoanalyse: Die komplementaristische Methode in den Wissenschaften vom Menschen*. Frankfurt/Main: Suhrkamp.

Freud, Anna. 1936. *Das Ich und die Abwehrmechanismen*. München: Kindler.

Freud, Sigmund. 1912. „Zur Dynamik der Übertragung". *Zentralblatt für Psychoanalyse* 2 (4): 167-173. [Reprint 1992, in: Freud, Sigmund. *Zur Dynamik der Übertragung: behandlungstechnische Schriften*. (Fischer Taschenbücher 10445: Psychologie). Frankfurt/Main: Fischer-Taschenbuch-Verlag.

Guthrie, Malcolm. 1948. *The classification of the Bantu languages*. London-New York: Oxford University Press.

Jung, Karl Gustav. 1958. *Ein moderner Mythos: Von Dingen, die am Himmel gesehen werden*. Zürich und Stuttgart: Rascher Verlag.

Kayombo kaChinyeka. 1989. *Khonka vyavanda – Search for the Hidden*. [Ca. 250 Seiten Text (Luchazi and English). Privatbibliothek Kubik/Malamusi Wien, in Publikationsvorbereitung.]

Kubik, Gerhard. 1966. „Probleme der Tonaufnahme afrikanischer Musiker". *Afrika Heute* 15-16: 227-233.

—, 1971. „Zur inneren Kritik ethnographischer Feldberichte aus der kolonialen Periode“. *Wiener Ethnohistorische Blätter* 2: 31-41.

—, 1993. „Die mukanda-Erfahrung: Zur Psychologie der Initiation der Jungen im Ost-Angola-Kulturraum“. In: van de Loo, Marie-José & Margarete Reinhard (Hg.). *Kinder: Ethnologische Forschungen in fünf Kontinenten*. München: Trickster, 309-347.

—, 1999. *Africa and the Blues*. Jackson: The University Press of Mississippi.

—, 2000. “Masks from the lands of dawn: the Ngangela peoples”. In Herreman, Frank (ed.). *In the Presence of Spirits: African Art from the National Museum of Ethnology, Lisbon*. New York: Museum for African Art, 122-143.

—, 2001. „Symbolbildung und Symbolhandlungen: Ethnopsychologische Forschungen bei den Mpyɛmɔ̃ Zentralafrikanische Republik, 1966)“. *Anthropos* 95: 1-23.

—, 2002. “Extraclinical processes of transference and projection in people of different ethnic-linguistic background”. Keynote address given at the *3rd World Congress for Psychotherapy, Vienna, July 14-18*.

—, 2004a. *Totemismus: Ethnopsychologische Forschungsmaterialien und Interpretationen aus Ost- und Zentralafrika, 1962-2002*. (Studien zur Ethnopsychologie und Ethnopsychoanalyse 2). Münster: LIT-Verlag.

—, 2004b. «Inherent patterns – Musiques de l'ancien royaume Buganda: étude de psychologie cognitive». *L'Homme «Musique et anthropologie»* 171/172: 249-266.

—, 2004c. „Hexerei Global: Gedanken zu Hexerei-Beschuldigungen in Afrika, zum Irak und zu den kognitiven Grundlagen einer interkulturellen Tiefenpsychologie“. *Psychoanalyse – Texte zur Sozialforschung* 8 (15): 214-227.

Kubik, Gerhard & Moya Aliya Malamusi. 2002. “Formulas of Defense: A Psychoanalytic Investigation in Southeast Africa”. *American Imago* 59 (2): 171-196.

Kurosawa, Akira. 1950. *Rashomon*. Spielfilm, 35 mm, Ton, schwarz-weiß, Tokyo.

Lévi-Strauss, Claude. 1962. *La pensée sauvage*. Paris: Plon.

—, 1964. *Mythologiques I: Le Cru et le Cuit*. Paris: Plon.

—, 1973. *Anthropologie structurale II*. Paris: Agora.

Malamusi, Moya Aliya. 1999. *Ufiti ndi Using'anga – Witchcraft and Healing Practice: A Culture and Personality Study of Traditional Healers in Southern Malawi*. Diplomarbeit, Universität Wien.

Pike, Kenneth L. 1954. “Emic and etic standpoints for the description of behaviour”. In: Pike, Kenneth L. (ed.). *Language in Relation to a Unified Theory of the Structure of Human Behaviour*. Glendale: Summer Institute of Linguistics, 8-28.

Reichmayr, Johannes. 2003. *Ethnopsychoanalyse: Geschichte, Konzepte, Anwendungen*. Gießen: Psychosozial-Verlag.

Moya Aliya Malamusi

Moya Aliya Malamusi in the field

INTRODUCTION

In this article I would like to introduce the reader to the ways how I work in the field. In order to make this introduction as authentic as possible I am reproducing parts of two field research reports which I have written in other contexts. Both reports concern research I was carrying out in Malawi, southeast Africa.

The first report describes in which way I discovered, by mere chance, Mario Sabuneti, the performer of a home-made drum chime from Mozambique. The text is intended to show that in field work we should not be rigidly attached to just one topic; but we should be open and ready to change the subject of our research any time it is necessary. If we don't find what we are looking for, perhaps we find something else instead, which may be even more important.

The second report shows another aspect of my work. It gives the reader a glimpse of what happened to my life-long friend and co-worker Donald Kachamba (1953-2001) and to me (see also our CD, Malamusi 1999b) on a field trip to the medical practitioner Paulo Luka in Ntcheu district. My narrative shows that we field workers have to be ready to endure all sorts of hardships in order to carry out our work. Sometimes our experiences can also be quite funny.

1. IN SEARCH OF GUITARIST ALAN NAMOKO (1988)

In field work it often happens that as a researcher you travel a long way searching for something you have in mind. In the middle of your search you discover that you cannot get it under any circumstances, but instead you suddenly meet something else that was not at all in your mind... Then you should just work on this and not miss the chance!

This is exactly what happened to me. On the January 12, 1988 I thought of preparing a trip to town where I would see a certain guitar playing group called

Chinvu River Jazz Band, whose leader was a well-known Alan Namoko (cf. Mmeya 1983; Kubik et al. 1987: 29). Asking many people in Blantyre for his whereabouts I was told that nowadays he was not seen very often, but at Bangwe township people might be able to tell me more. In Bangwe I inquired at the *talaveni* (from English "tavern"), the beer garden where he used to play. But there, too, people did not know where he had gone with his band, saying he had not been heard of for long time. Next I went to the tailors and shoemakers in the township to ask whether they had seen him. The shoemaker told me: "If you want that band, ask his relatives who stay at Namatapa area". I did not know where that place was, so he was kind enough to take me there. It was not very far. The relatives told us that Alan Namoko and his band had gone to their home village, and that they did not know when they would come back. Now I asked where that was and they gave me their address. I was still determined to arrive there, even if it was far. I found a man with a car and negotiated a price for taking me to Namoko's home village called Mangazi near Nansadi in Thyolo District.

Just before arriving at Nansadi near Thyolo, we found boys with fishing lines at the Luchenza river and stopped to ask them for the way to Mangazi village. They told us to continue on the road we were driving. I asked whether they knew the Chinvu River Jazz Band and they said: "Yes indeed, we know them, but you will not find them there, because they have just passed here (!) going to the other side of the river where they said they will play at a millet beer party (*mowa wa masese*)."

So then we left the car and began walking and asking people as we were walking on. Everybody said: "Yes, they have just passed here, but we don't know where they went!"

So much for the twists and turns of field work! Now we were very tired and began to think of having failed. Feeling defeated we went back to Bangwe township near Limbe, where we had come from. Suddenly, when we arrived at the market of Bangwe, we found many people assembled at a certain spot. I told the driver to stop, believing that perhaps Namoko was playing here after all. Instead, we heard the sound of a strange style of drumming (*ng'oma za maimbidwe achilendo*). I approached the group; listening carefully, I became enthusiastic about this music to the point that I offered to pay for one song. This is called *kubecha nyimbo* in Chichewa. For musical groups which play in a public place such as a market, or at a bus station, much of the money which they earn comes from *kubecha*. People in the gathering audience pay for songs of their choice.

When the group had finished the song I had paid for, I approached the band leader, asking him about his band, where they came from and what kind of music they were playing. Mário Sabuneti said:

"Gulu lathuli ndilochokela ku Mulanje, ndipo nyimbo zomwe ife tikuimba ndizochokela ku sekhere chamba cha makolo athu, amakonda kuimba pa mowa, ndinsopamasewera ena aliwonse. Koma iwo saimba ngati momwe tikuimbilamu ai, ife timaimba mwina ndipo tinachula dzina lina la chamba chimenechi timati Samba Ng'oma Eight, chifukwa ndimaimba ndekha ng'omazo. Choyamba ine ndinaphunzila ng'oma za sekhere kuchokela kwa bambo wanga ndipo nditadziwa ndinayamba kumaimba nthawi zonse pamodzi ndi bambowo, koma kenaka ndinaganiza kupanga ng'oma zanga zokwanila eight ndipo ndikumayesa kuimba mofanana ndi sekhereyo koma kenaka ndinaona kuti zikukhala bwino ndipo ndinayamba kuphunzitsa anzangawa kufikila lero lino."
(From my original Chichewa field notes).

"This our band comes from Mulanje, and the songs which we are playing are derived from *sekhere*, a type of music and dance of our grandparents which they like to perform at beer parties and also at any other kind of social event. However, they don't play in the style we are playing; we play in another way and also gave this music another name. We call it *Samba Ng'oma Eight*, because I play all these drums alone. First I learned to play the drums of *sekhere* from my father and when I knew well I began to perform all the time together with my father. Eventually I thought of making eight drums of my own, and I was trying to play in a way similar to *sekhere*. When I was satisfied with the instruments I began to teach my friends and this has been so until today."

(see fig. 1 and fig. 2)

2. THE MAGIC BROWN PAPER OF PAULO LUKA (1994)

The information following here is a summary of research data gathered during our second visit to the medical practitioner, Paulo Luka, beginning October 6, 1995. On the first day of this visit, Paulo Luka took me and my companion, Donald Kachamba, to various parts of his clinic and he allowed me to photograph his activities extensively, and also the objects he had collected from people he had identified as wizards and witches (see series of photographs). While Paulo explained to us some of these objects, Donald Kachamba recorded him.

Since there was much other interaction at the same time, visible in some of the photographs, and since we eventually became participant observers, when we were allowed to experience his *vidiyo* (!) (from English "video") I will not transcribe his explanations here literally from our tape, but instead present our data in the form

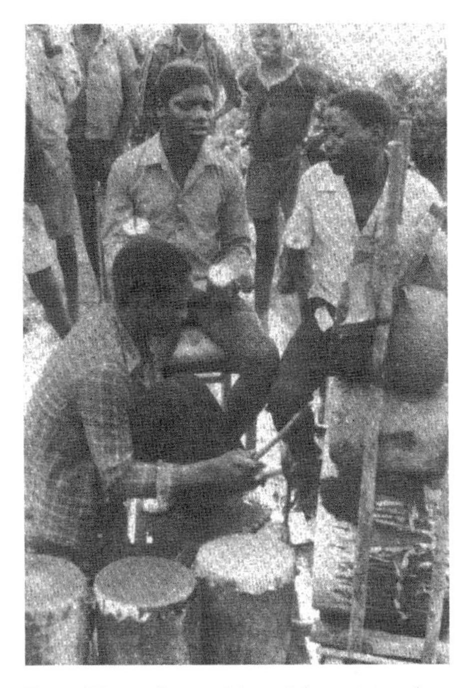

Fig. 1: This is the way Mario Sabuneti sits when playing his drum-chime. The three high pitched drums are set up on his right side. The photograph also shows how the two rattle players use to sing their songs: Julias Sabuneti, who is Mario's brother (left) and Samuel Magwela. January 13, 1988, Chileka.

of a narrative including my own thoughts and interpretations while we were on the spot.

First, Paulo Luka took us to a place in his clinic where he used to keep the witchcraft objects he had confiscated from some of his clients. He was keeping them in a big bag *(chithumba)*. He put them out one by one, placing them on a mat, or holding them in his hand, so that I could photograph while Donald recorded his explanations. All these objects were once in the possession of *amfiti* whom he had denounced, and all were once used as magical instruments to kill. We got an overview of the *amfiti's* "weapons", such as horns (*nyanga*). The term *nyanga* refers quite generally to any lengthy object that is used to keep lethal substances *(chinthu chosungila mankhwala oopsya kuti aphe)*, such as original animal horns – hence the origin of the term – but nowadays also lengthy plastic bottles.

Next he put out some of the *nsupa* (phials), originally always a small calabash, but nowadays also plastic containers of similar shape. He also showed us *afisi* (hyenas) which can be various objects; sometimes an animal tail *(nchila)* can have the function of a "hyena" *(nchila umakhoza kukhala fisi)*. *Fisi* (hyena) is a common transformation employed by a wizard or witch. Then he showed a remarkable example of a wizard's/witch's aeroplane (*ndege*) which is used by the *amfiti* for dislocation, when they want to fly from one place to another, in order to bewitch a person who resides far away. Paulo Luka explained that the *amfiti* also had a "hiring service" (*hayala*). If a *mfiti* lacks transport to another area where he wants to kill his brother or perhaps make him sick *(kukapha kapena kukadwalitsa m'bale wawo)* he will be assisted by other *amfiti* who are in possession of flying facilities and he can hire their plane *(ndege)*. If he wants to move quickly to a remote place he then asks someone with a plane. Paulo Luka continued to explain that there are many different kinds of witchcraft aeroplanes *(zilipo zamitundu-mitundu)*. But the one which we saw and photographed was made from a tortoise shell *(chigabado cha kamba).*

Paulo also pulled out of his collection in the bag the bones of children *(timafupa taana).* The *amfiti* dig out the corpse of a child from the grave, eat the flesh, and what remains – the bones – they keep them for various uses in further witchcraft activities. Then Paulo told us again about the *dziphaliwali* (lightning) used by some wizards/witches and he began to mention his *vidiyo* which he was keeping in a certain house and through which his clients would actually see the witchcraft activities of some others going on in their home villages.

I became very curious about this *vidiyo.* Myself and Donald Kachamba wanted to find out what that was, but when I politely requested Paulo Luka to show it to us, we saw from his facial reaction that in his heart he was not very happy about our request. I had no idea why he should be so reluctant, since he had always been so generous with us. Eventually, when we continued to bring up the issue of the *vidiyo,* he said: "All right, let us go, so that you see some other people who are watching it right now, and get an idea what is going on there!" We then entered a very small house, not subdivided into rooms; it was all just one room *(kanali kopanda chipinda komwe).* Inside there were some people sitting and gazing at a large yellow-brown paper which had been fastened on a wall of that room. The people were quiet; there was no sign that they were in any state of being possessed by spirits, and yet they all were seeing something on that *vidiyo* – the large khaki-brown paper, while neither my companion nor I noticed anything at all! The eyes of three people whom we found inside were fixed on that "screen". When we asked them what they were seeing there, everyone explained what they were seeing; one of them said he was seeing a person standing next to a coffin ready for burial; another one

Fig. 2: From time to time the two rattle players, while they are singing, also use a police whistle. This picture shows one of them whistling. January 13, 1988, Chileka.

said: "I am seeing a certain mother whom I know from our home village sprinkling medicines on my veranda", and the third person told us: "I am seeing a hyena running away with a child it has kidnapped *(ndikuona fisi akuthawitsa mwana)*".

To our dismay, we were seeing nothing at all. We found that it was hard for us to believe everything what those people were saying; but we also had doubts about our own sanity. Was it perhaps we who were stupid *(dzitsiru)*? In our hearts we were overcome by the desire to see on that *vidiyo* what sort of witchcraft activities were going on in our own village in Chileka, but we noticed that Paulo Luka somehow resisted our desire for a personal experience of his *vidiyo*. Within a short while, he left us alone with those people inside the hut.

It gave us quite a bit of worries that Paulo Luka apparently did not want us to learn the truth about his *vidiyo*. When we left the hut in search of Paulo in order to approach him once again with our desire, we heard from other people that he had already left his clinic and gone home! Time had run out, but we did not want to leave his place defeated, so we went back to the Ntcheu administrative post for finding a place in the local rest house to stay overnight, with the aim of seeing Paulo Luka early next morning.

Next morning our thoughts had not changed that we wanted to experience that *vidiyo*, and then, perhaps in the afternoon of that day, return to Blantyre-Chileka. This was in our thoughts. But when we went to the *sing'anga*'s house, we received the surprising news that he had left for Blantyre in the middle of the night, after certain people had come to fetch him. This startled us indeed. When we asked about his wife, we were told that she was here and had already left for the clinic *(chipatala)* of her husband. We knew, of course, that the wife was involved in his medical practice, and that they helped each other; so we thought perhaps she might be willing to reveal to us the secret of seeing something on that khaki-brown paper.

At that stage we did not know why Paulo Luka did not want us to experience his *vidiyo* and that behind it there was his fear, that we as research workers (not clients) might find the experience very uncomfortable. If we actually were subjected to the rite allowing us to experience the *vidiyo* like the others *(ngati ife tichitedi nawo mwambo wowonela nawo vidiyoyo)* we might have to stay in his clinic for two full days. In fact, everything that we had been told that morning, that some people had taken Paulo Luka to Blantyre in the middle of the night, eventually turned out to be a lie. He was seriously hoping that we would get tired waiting and just leave the place, without the *vidiyo* experience.

However, he did not anticipate the determination of those young men we were *(ife anyamata amakani)*! Since we had decided to find out about the secret we went again to his clinic where we found his wife together with some boys who were helping her to administer medicines to their clients. We told her that we had already reached an agreement with her husband to let us experience the *vidiyo*, but since he was absent at the moment, what about her showing it to us, we asked her. Without any hesitation the wife said: "All right", and that we should enter the little hut where the *vidiyo* was. Then she told her assistant that he should go and clean two small cups and come back with them into that hut. In the meantime a woman had arrived in distress crying that her child had been caught last night by a hyena, when it was going outside to urinate; she wanted to know what was really behind it, suspecting witchcraft, and so she also entered the little hut. Paulo Luka's wife was inside and we saw her with a plastic bottle, in which there was a whitish liquid and she began to pour some of it into my cup, then some of it into Donald Kachamba's cup, then she drank some of it herself, probably to demonstrate that it was not poison, and finally she gave some of the liquid to the woman client who now shared the *vidiyo* hut with us. The substance looked like rice water and it reminded me of what we call in Chichewa *chisunje* or *chitiwi*, i.e. the water in which pounded maize is soaked *(kubvika)* and kept for some days until it gets soft, before spreading it out for drying. This water has a characteristic smell. What Paulo's wife gave us to drink had a smell that was somewhat similar. Each of us drank about 0.1l (one decilitre).

Thereafter she said that we should just remain quiet and look at the khaki-brown paper on the wall. We followed her instruction and stayed silent. The entrance to the hut was closed in order to block the disturbing daylight; it was now dim in the little hut, and soon there was not enough air, and also it was unbearably hot, while the eyes of the three of us were just gazing at the wall where that big paper was attached. After about 25 minutes we observed that the woman next to us who was in such distress began to shake violently, and talk various things in a manner that I began to ask her: "Are you fine?" She did not reply at all, and continued to talk things of her own.

After a short time I began to experience a state that was strange *(zachilendo)* with my head working as if I were under the influence of alcohol, and I began to discern things that seemed to pass across the paper *(zinthu zoyenda),* but no subjects such as people or anything in relation to our village. I asked Donald: "Have you started to see anything?" He replied: "Yes, I am beginning to see this and that, but my body is not in good shape, I want some water to drink." So I shouted, calling a person outside to bring some drinking water, but the manner I shouted was as if my head was like that of a mad person *(munthu wamisala).* We began to ask ourselves for how long this mental state of us would continue, and the answer was: we don't know.

Before we got as far as seeing those witchcraft things we had thought we would discover, we decided to get out of there, but what a surprise: we could hardly stand on our feet, we did not get out of that hut walking but crawling, moving out on hands and feet like small children. That we should stand, even for a moment, was very difficult due to dizziness. When we had reached outside, in the fresh air, we were only calling for drinking water; but the water they brought us, I have no idea what kind of water that was and where it came from. I think it was mere luck that we did not catch any serious infection.

We then tried simply to remain quiet, but experiences such as these were really alien to our lives. Donald Kachamba began to raise criticism about our field methods; he said: "But we are idiots indeed! Why did we press for this sort of experience, while our host did not want us to get involved with this so-called video. If it had ended with our death, the people in our village would not even know where we had gone!" He continued to say that the greatest foolishness was that we both had drunk the liquid at the same time, without a control person, leaving our car outside and our research equipment unattended.

Our drugged state continued for a long time, and I began to realise that it was already lunch time, and hunger began to hurt us. I tried to rise up from the ground and walk a bit, at least as far as the place where we had parked our car. Thereafter, Donald also arrived and I noticed that he was in much better shape than I, with a bit more of strength. At this point we tried to say good-bye to all the onlookers who had gathered to watch what we fools had done. It was very hard for me

Fig. 3: The two people in their gowns are the *sing'anga* Paulo Luka and his wife, helping each other in their work to uncover the trouble of the people who come to them for consultation. They wear a kind of uniform with Christian symbols, all in white, upon which the names Yosefe and Petulo are written. At Chipula village, T. A. Njolomole, Ntcheu District, October 6, 1995. Photo no. 95/28, author.

Fig. 4: Consultation of a husband and his wife with conjugal problems, before entering the room to see by themselves on the brown magic paper what has happened to the wife. Eventually she confesses that she had sexual relations (*chigololo*) with another man whose name she reveals to be Njema; this was the man, she admitted, who was all the time after her. In the background of Paulo Luka's consulting room we can see another couple waiting to be attended. At Chipula village, T. A. Njolomole, Ntcheu District, October 6, 1995. Photo no. 95/2/12, author.

Fig. 5: Medicines to be rubbed into scarifications are those which many *asing'anga* rejoice to prescribe. Here we see a young man in Paulo Luka's clinic who has just scarified his father's right foot *(kuchekela)* and rubbed in medicines to cure the disease that has afflicted his legs. At Chipula village, T. A. Njolomole, Ntcheu District, October 6, 1995. Photo no. 95/2/20, author.

to get our car going, because my hands to grasp the steering wheel were too weak, even for any kind of operation. Eventually we drove away very carefully. As we proceeded, Donald said that it would be impossible to arrive in Chileka the same day; he proposed we should drive to Biriwiri store near Ntcheu to his former wife, Mrs. Hanna Kaukonde, eat something and even sleep there.

This was a wise proposal; so we set off there. She received us well, gave us clean water to drink, and something to eat. At that juncture I began to vomit terribly, in contrast to my partner who seemed to have supported that drug much better than I. The same day Donald resumed our research (!) and made tape-recordings of story telling in his former wife's place. Myself I was ill and exhausted. People in that place began to tell lots of unpleasant stories about that drug which Paulo Luka used to give his patients so that they would see on that "video" who had bewitched them or their relatives. Apparently the substance came from Mozambique, Paulo Luka's origin. It was impossible for us to find out what it was, but in any case our research was not pharmacological. We have checked Jessie Williamson's book on plants in Malawi, and so far not discovered any description of a substance that would match with our experience.

In the evening I began to feel better and think normally, but my stomach was still in an awful condition. We then slept at Hanna's place. Next morning we felt that we would be able to drive slowly back to our research base and home in Chileka. Now we knew why our host, the *sing'anga* Paulo Luka had not wanted us to drink that particular "medicine" *(mankhwala)* and why he seemed to run away from us when we insisted upon experiencing the *vidiyo.*

Obviously, Paulo's clients were convinced that the khaki-brown paper was a special video to allow them to watch those wizards and witches who had hurt them, at work. For me, however, the credibility of anybody who would say "I was watching such and such" on Paulo Luka's *vidiyo* had ended that day. We had experienced by ourselves that it was only the power of that drug which induced that hallucinatory experience in the person's brain; that all those things were in their thoughts. The result of our experience was simply my conviction that there were powerful mind-altering drugs, and that everything Luka's clients were believing to see actually took place in their own thoughts. But I know if I gave such a statement before the *sing'anga* Paulo Luka, he would vigorously deny it and accuse me of spreading lies with the intention of denigrating the good reputation of his medical practice *(kuipitsa dzina lawo la using'anga wabwino),* while my statement is simply based on my own experience of what happens to a person after consuming that substance.

3. CONCLUDING REMARKS

Research in cultural anthropology can be described in Chichewa, my first language, as *kafukufuku wa mbiri za wanthu ndi zikhalidwe zawo*. The term *mbiri* includes what can be called in English "tradition", "history", "customs" etc. *Zikhalidwe* refers to the ways people stay and behave within their societies.

Naturally, there are many different methods a researcher can use, and everyone has to find for themselves the answer according to what he or she wants to know through research. In this article I have tried to show how the same person, alone or in company, can choose between different strategies. In the first example I ended up discovering a remarkable group, *Samba ng'oma*, and I put my experience on record for others and the research community to share it. In the second example, Donald Kachamba and I wanted to know what the secret was behind that strange brown paper which the *sing'anga* (medical practitioner) Paulo Luka was using to make his clients see the wizards and witches. What was its magic (*matsenga*)? We soon learned it with considerable discomfort.

But there are also warnings. People whom we meet during fieldwork react differently to our curiosity. Some people in southeast Africa (and anywhere else in the world) will allow us to do our work. Others will think of it as a commercial undertaking, i.e. that we are doing all this in order to make money out of them, their photographs, their voices etc. In such a case one may get this typical question in Chichewa: "*Tsopano mukatero, ndiye m'matani*?" (And now, when you do these things, what is it that remains to be done?) It is a very indirect, even polite way to remind the researchers of something they should not forget. It may happen that a stranger will not understand the meaning behind this phrase. But the answer to this question is: *kulipira* (to pay)! The person wants to say: "And now, if you record on tape the voices of these people, how much money do you normally pay to them?"

We do, of course, recognize the legitimate demands of informants, helpers, interpreters and many others. But the situation can be unpleasant, if we happen to arrive in the footsteps of someone who misbehaved, or a tourist who paid excessively, for example for just one musical performance which he wanted to sponsor. The result can be serious misunderstandings, such as people thinking of us as the next "sponsors" or as "donors" acting on behalf of some organization.

Problems can also be created by the opposite behaviour. It can be that a previous researcher or visitor to the village would take people's hospitality for granted without any consideration of their needs and their social and economic situation. In such a case, the reaction we then get may be frosty. People always transfer their previous experiences upon a newcomer.

Finally, I have to stress that researchers should make themselves acquainted with the language spoken in the place where they want to work. Not being familiar with the language means to be entirely dependent on interpreters to be hired, and the patience of those people may be directly proportional to the money they receive. If they receive too little, they may take revenge, by shortening or distorting the information they give to researchers. It can even happen that false information is given out of pure malice.

Speaking the language not only increases the researchers' chances of being accepted locally – because it demonstrates that they too care about the people –, it also helps to assess the validity of any information.

REFERENCES

Kubik, Gerhard (with Moya Aliya Malamusi, Lidiya Malamusi and Donald Kachamba). 1987. *Malawian Music – A framework for analysis.* Zomba: Centre for Social Research and the Department of Fine and Performing Arts, University of Malawi.

Malamusi, Moya Aliya. 1999a. *Ufiti ndi Using'anga – Witchcraft and Healing Practice: A Culture and Personality Study of Traditional Healers in Southern Malawi.* Diplomarbeit, Universität Wien.

—, 1999b. *From Lake Malawi to the Zambezi: Aspects of music and oral literature in south-east Africa in the 1990s.* CD with liner notes. (Popular African Music 602). Frankfurt/Main: pamap (LC 07203).

Mmeya, Michael. 1983. "Wakhungu adzipangila dzina". *Moni* 20/226: 8-9.

Williamson, Jessie. 1975. *Useful Plants of Malawi.* Zomba: University of Malawi.

Ingeborg Baldauf

Von Menschen und Maschinen in der Feldforschung – Erfahrungen aus Afghanistan und Uzbekistan

In der Feldforschung ist die Tonaufnahmemaschine ein erstrangiges Hilfsgerät: unentbehrliches Werkzeug für die Sprachforscherin, die Dialekte dokumentieren und analysieren möchte; Erleichterung schaffendes Begleitinstrument für die Erzählforscherin, deren Gedächtnis und Notiertechnik mit der Dokumentation folklorischer, literarischer und historischer Texte ansonsten hoffnungslos überfordert wäre; Speicher von Ephemerem, Verwahrinstanz des Gesammelten von heute für Erinnerungen und Einsichten von morgen.

Doch die Maschine ist nicht nur eine Krücke, sondern sie führt in der Forschung auch ein Eigenleben. Als Projektionsobjekt für Wünsche und Ängste schafft sie durch ihre schiere Anwesenheit und weil ihr gewisse Funktionen zugeschrieben werden spezifische Bedingungen für Kommunikation, Repräsentation und Performanz auf Seiten der Gastgeber, die das Vorhaben des Gastes[1] durchkreuzen – sei es, weil sie ihm Wege abschneiden oder weil sie ihm solche auftun. Besondere Möglichkeiten des Erkenntnisgewinns eröffnen sie ihm dadurch allemal. Und nicht zu vergessen die Tücken des Objekts, die Dienstaufkündigung durch den vermeintlichen technischen Sklaven: sogar in seiner Verweigerung steckt üblicherweise eine Chance. Von meinen Erfahrungen solcher Art, die sich in einem knappen Vierteljahrhundert wiederholter Feldstudien in Afghanistan und Uzbekistan angesammelt haben, möchte ich hier berichten.

1. AUFTRITT

Dem Aufnahmegerät wohnt das Potenzial inne, das Gespräch zum Interview, die Aussage zum Statement, den Gesang zum Auftritt und damit den Gastgeber oder die Gastgeberin zum Experten, zur Person der Zeitgeschichte, zur Künstlerin

[1] In der Interpretation des Verhältnisses zwischen Feldforschern und Gewährspersonen als eines von Gast und Gastgebern – einschließlich der sich daraus ergebenden „Gabentausch“-Relationen – folge ich Doi (1997: 37 f.).

werden zu lassen. Der Gast hat es nicht unbedingt in der Hand, ob diese Wende eintritt; eher scheint ein Bedürfnis, ein Wunsch im Gastgeber zu schlummern, der sich beim Aufbau des UHER 2000 – weniger wahrscheinlich beim Zurüsten des bescheidener dimensionierten CC- oder DAT-Geräts oder gar beim schlichten Hinlegen des winzigen Mini-Disc (MD-) Recorders[2] – beziehungsweise beim Aufrichten des dazugehörigen Mikrofons Bahn brechen kann.

Spätsommer 2004, Shibirghan/Nordafghanistan, langes und entspanntes Geplauder mit Frau Shafiqa Habibi (Journalistin, Stellvertreterin des Kandidaten Abdurrashid Dostum im Wahlkampf um das Amt des Staatspräsidenten) über persönliche Themen wie unsere jeweiligen Familienverhältnisse, meine bescheidenen Schneiderkünste, unsere divergierenden Ansichten zur Schuhmode, dazwischen auch immer wieder über Gegenstände meines primären Interesses, also Frau Habibis Meinung zu wirtschaftlichen und gesellschaftlichen Problemen Afghanistans, Erziehungs-, Medien- und Gender-Fragen. Der MD-Recorder liegt auf einer kleinen Etagère zwischen uns. Ich habe ihn, als wir uns zusammensetzten, deutlich sichtbar angestellt, und er läuft die ganze Zeit – wegen der Hintergrundgeräusche im Garten so gut wie unhörbar. Plötzlich das Geräusch des Zwischenspeicherns. Frau Habibi hält mitten in der launigen Erzählung über die vormittags miterlebte schlechte Wahlrede eines Provinz-Honoratioren inne. „Ist der an?" – „Ja sicher, immer noch." – Frau Habibi strafft den Rücken, legt den Kopfschleier mit einer sicheren und eleganten Bewegung neu zurecht und quittiert ihre Geschichte mit einem laut und fest gesprochenen „Aber als mich dann die Frauen zu einer Hochzeit einluden, bin ich nicht mitgegangen. Ich bin Stellvertreterin, was soll ich auf einer Hochzeit. Ich bin nicht bloß eine Frau, die zum Vergnügen auf Hochzeiten geht. [Diese Frauen] wollen doch nur mit mir renommieren, ich aber bin professionell, morgen ist wieder Wahlkampf, ich muss mit meinen Kräften haushalten. Es ist noch ein weiter Weg, bis Frauen in der Politik genau so stark sind wie die Männer." – Nach kurzer Pause klatschen wir weiter; der Recorder ist wieder vergessen.

Der Switch von der informellen zur formellen Rede oder von „informeller Konversation zu verbaler Performance" (Bauman 1977), mit dem zugleich die Politikerin sozusagen die habituelle Gender-Grenze überschreitet (Körperhaltung) und die bereits früher geschehene Überschreitung einer zumindest diskursiv vorhandenen Grenze („professionelles männliches Handeln statt weiblicher Vergnügungssucht") auch noch verbal bekräftigt, erfolgte spontan als Reaktion auf das Aufnahmegerät. Die Botschaft richtete sich wohl nicht an mich als einsame Zuhörerin, sondern an ein imaginäres größeres Publikum, zu dem das Gerät vermeintlich vermittelt. Ähnliche Spontan-Appelle an ein Auditorium hinter dem Lautsprecher habe ich öfter miterlebt, wenn beim Erzählen die Emotionen höher gingen. Typischerweise wen-

[2] Schüller (2002) verweist zu Recht auf die aus wissenschaftlicher wie archivarischer Sicht suboptimale Qualität des MD-Aufnahmeverfahrens. Den entscheidenden Vorteil dieser Miniaturtechnik für die Feldforschung thematisiert er allerdings nicht: eben die absolute Unauffälligkeit des Kleingeräts, infolge derer, wenn das Gerät nicht aufdringlich platziert wird, so gut wie keiner der hier besprochenen „maschinenbegünstigten Performanzeffekte" eintreten muss.

den Sprecher dabei den Blick dem Gerät zu, heben die Stimme, gestikulieren: „Das sollen sie nur alle hören!“, „Schneiden Sie das mit!“

Wie schwer es ist, die Suggestion des Mikrofons zu neutralisieren, konnte ich erfahren, als ich im eben schon erwähnten Wahlkampf 2004 von Abdurrashid Dostum selbst endlich ein Kürzest-Gespräch gewährt bekam – zwei Fragen, so war es vereinbart. In bewusster Abhebung von journalistischen Interviews und in der Hoffnung, auf diesem Weg einen Blick auf den Menschen hinter dem Politiker zu gewinnen, formulierte ich meine erste Frage möglichst persönlich: „Wem fühlen Sie sich eigentlich am nächsten, wen meinen Sie, wenn Sie von ‚Ihren Leuten‘[3] sprechen?“

> Der General thront in seinem Fauteuil. Ich schnappe mir einen Stuhl und rücke auf einen halben Meter an ihn heran. Den Recorder samt Mikro lege ich auf seine Armlehne – wenn diese Aufnahme nicht klappt, werde ich mich hassen. „Unsere Leute – ? Na, Sie sehen doch, die Menschen von Afghanistan ... also am ehesten sind die Menschen türkischer ethnischer Zugehörigkeit meine Leute, die Uzbeken, Turkmenen, Tataren, Kirgiz-Kazaken, die Hazara, kurzum die türkstämmige Bevölkerung von Afghanistan ...“[4] Während der General sich warm redet, merke ich, dass ich falsch gefragt habe: das ist eine Wahlrede, nicht eine Antwort.

Mit der zweiten Frage, nämlich was ihm am meisten nahe gehe, konnte ich ihn dann tatsächlich kurz aus der Reserve holen:

> Leise und zögernd, ein wenig versonnen spricht der General weiter: „Es gibt nichts Schöneres als Treue und Aufrichtigkeit. Treue ist das Schönste auf Erden. Wie könnte ich vergessen? Diese Kommandanten, all die jungen Männer, diese Burschen, sie sind umgekommen in den Bergen, sie haben mir das letzte Lebewohl gesagt, mit mir geredet haben sie, bevor sie ihr Leben ließen. Solch treue Leute habe ich viele...“

Ähnlich schlichte, persönliche Worte habe ich ansonsten nur von ihm gehört, wenn kein Recorder angestellt war; das Mikrofon lässt oft den Menschen hinter dem Repräsentanten verschwinden, den Gedanken hinter der Phrase.

---

[3] Aus Anlass dieser Forschung, die ein Porträt von General Dostum erbringen soll, hatte ich bereits vor dem Gespräch mit dem General mehrere Personen aus seinem engen Umfeld befragt. Dabei erzählte Azizullah Kargär, ein Vertrauter des Generals, sein Schlüsselerlebnis mit Dostum: Anders als bei hochrangigen Persönlichkeiten in Afghanistan üblich, die sich gegenüber der Bevölkerung unnahbar verhielten, pflege Dostum die Nähe zu den einfachen Menschen und rede sie als „meine Leute“ an.

[4] Die kuriosen Inhalte der Rede stehen hier nicht zur Debatte; in ihnen kreuzen sich pantürkistische Standard-Sprechblasen mit dem aktuellen Ethnizitätsdiskurs, dessen Details hier zu weit führen würden.

2. GEBETENES UND UNGEBETENES PUBLIKUM

Und das Mikrofon scheint seinerseits Repräsentationsqualität zu haben: Zusammen mit dem Aufnahmegerät steht es für ein Publikum, und da es schweigt, hat es zugestimmt und die Performance des Auftretenden gutgeheißen, ihn zu mehr ermutigt. Das Mikrofon genießt im Falle des Konflikts potenziell sogar höhere Autorität als die physisch vorhandene Zuhörerschaft.

Shibirghan/Stadtteil Ashrafi, Sommer 1978, im Haus von Lehrer Abdïllah.[5] Frauen und Mädchen des Hauses und einige Nachbarinnen singen mir Arbeits-, Fest- und Unterhaltungslieder vor. Das UHER-Gerät läuft, das riesige Mikrofon ist mitten in der Runde aufgepflanzt. Die älteren Frauen verbergen anfangs den Mund hinter dem Schleier, wenn sie singen, gewöhnen sich aber bald an das Gerät. Nach ein paar Liedern spiele ich die Aufnahme zur Kontrolle vor – Begeisterung über die ungewohnte Tonqualität, plötzlich wollen alle singen. Eine Oma bietet zum Amüsement der Anwesenden ein paar „schlimme" Strophen dar, allgemeines Kichern. Jetzt ist die Reihe an den jungen Frauen. Nachbarin „Aqila" hat die schönste Stimme, sie kann nur keine Texte; die Mädchen des Hauses flüstern ihr ein. Da rückt „Zakya", 19, nach vorn und beginnt zu singen. Strophe reiht sie an Strophe, die beliebtesten Texte sind dabei. Wenn sie nur den Ton halten könnte... Die Mädchen werden unruhig: Psst, Blicke gehen von hier nach dort, die einen grinsen verlegen, andere ziehen den Schleier vor den Mund, Zakya singt ungerührt weiter, dass es in den Ohren knirscht. Knuffen – komm, lass mal wieder Aqila! Zakya rückt noch ein wenig näher ans Mikro, sie hält ihren Schleierzipfel fest, nein, ein paar Strophen hat sie noch, jetzt oder nie...

Wer hat eigentlich das Gerücht in Umlauf gesetzt, ihre islamische Erziehung leite Frauen und Mädchen zur scheuen Zurückhaltung an, was Aufnahmen von ihrer Stimme betrifft? Nur ein einziges Mal, es war 1977, habe ich eine derartige Begründung gehört: Eine sehr alte Frau aus Maimana/Nordwestafghanistan, vielleicht eine der letzten, die das Liebesepos „Tahir-u Zuhra" auswendig vorzutragen wusste, wollte nicht aufgenommen werden. Das sei nicht gottgefällig.

Wen man offenbar fürchten muss, das ist nicht Gott, sondern es sind die Menschen, für Frauen im allgemeinen Männer. „Legen Sie meine Stimme nicht dem Bürgermeister vor!", instruierte mich „Gulbibi", eine ansonsten sehr resolute Frau, die als Lehrerin, Heilerin und spirituelle Führerin gewiss auch die Gottesfurcht nicht vergessen hätte, hätte sie sie denn für hier involviert gehalten. Als ich aus Pietät und meinem „Vorwissen" folgend bei einem stark religiös konnotierten Heilungsritual gar nicht erst an eine Aufnahme zu denken wagte, drängte sie mich geradezu, das Gerät herauszuholen und die Séance mitzuschneiden. Während das Ritual seinem Höhepunkt zustrebte, der Trance zweier Medien unter rhythmischer Rezitation von Gottesanrufungen durch alle Anwesenden, winkte Gulbibi mir zu

[5] Die Tonbänder aus dieser Feldforschung sind im Phonogrammarchiv der Österreichischen Akademie der Wissenschaften unter B 24 250, 24 253–254 und 24 255–259 aufbewahrt; dazu Baldauf (1989a, I: 159 ff.).

und versicherte sich wiederholt, ob ich das Gerät auch ordentlich ausgesteuert hatte.[6] (Analog überlagert die Furcht vor konkreten Männern die vor Gott, wenn Frauen nicht fotografiert werden wollen: Als ich 2002 eine junge Ersarï-Turkmenin in Khayrabad/Prov. Faryab bat, ob ich sie mit ihrer Tracht, der hohen Pappmachéhaube *qasaba* und ihrem reichlichen Silberschmuck fotografieren dürfe, lehnte sie ab und entschuldigte sich damit, ihr Vater würde das nicht dulden, weil er ein frömmelnder Mensch sei; sie schlug alternativ vor, mir ihre Ausstattung anzulegen und mich mit ihrem Söhnchen in dieser Aufmachung zu fotografieren, was dann auch geschehen ist. Abb. „Nach dem Rollentausch")

„Nach dem Rollentausch"

Ähnliches ist aus dem postsowjetischen Uzbekistan zu berichten, wo bei allen geschichtsbedingten Unterschieden (die Gesellschaft ist in kultureller Hinsicht tatsächlich in 70 Jahren profund „sowjetisiert" worden) bezüglich Gottesfürchtigkeit und Moralvorstellungen recht ähnliche Bedingungen gegeben sind wie in Nordafghanistan: Nicht Bedenken, dass Tonaufnahmen Gott missfallen könnten, drängen Frauen zur Aufnahmenabstinenz, sondern die ganz konkrete Angst vor Geheimdienst und politischer Verfolgung. Während ausgerechnet fundamentalreligiöse Texte auf Tonträgern aller Art verbreitet werden (wobei allerdings nur die Predigten von Männern für die Zirkulation in der Öffentlichkeit bestimmt sind; Frauenpredigt-Kassetten werden allenfalls im Familien- und Bekanntenkreis weitergereicht), Bedenken über die grundsätzliche Zulässigkeit des Mediums also keineswegs zu existieren scheinen, bewegen ab Mitte der 1990er Jahre zunehmend Vorsicht und Angst gegenüber weltlichen Instanzen Gastgeberinnen dazu, das Tonband nicht mitlaufen sehen zu wollen.[7] Noch 1993, also vor der Rückkehr des autoritären Staates, trafen wir in der Provinz

[6] Auch die Aufnahmen von dieser Séance sind im Phonogrammarchiv der ÖAW unter B 24 221 archiviert (dazu Baldauf 1989b).

[7] So Annette Krämer aus ihren reichen Feldforschungen bei Frauen in religiösen uzbekistanischen Milieus (2002: 31).

Khorezm/Nordwest-Uzbekistan bei den Frauen nur auf Billigung, als wir baten, sie bei der Rezitation literarischer, großteils auch religiöser Texte aufnehmen zu dürfen.[8] Namentlich an eine evident fromme Frau erinnere ich mich als alles andere denn mikrofonscheu – ihr schwungvoller Griff nach dem Mikro ließ mich damals an die Gesten von Bühnenkünstlerinnen und Fernsehstars denken, ihre Sprechweise an versierte sowjetische RednerInnen, *dokladchiki.* „Es konnte auch geschehen, dass eine *h̠alpa*[9] danach fragte, wo denn das Tonbandgerät sei, sie wolle gerne einen Text sprechen", notiert die Forscherin und verweist auf die Faszination der technischen Geräte und den Genuss, den die Menschen durch die „Duplizierung des Feierlichen" erlebten, welche durch Audio- und Videogeräte ermöglicht worden sei (Kleinmichel 2000, I: 29).

Wieder sind wir also in der Grauzone zwischen Tonaufnahme als Hilfsmittel, Aufnahme als Eigenwert und Aufnehmen als Zweck an und für sich. Feldforschung spielt in dieser Grauzone, und die Binnengrenzen sind sozusagen durch Gerätekabel markiert.

3. HAMSTER, ELSTERN UND FISCH

1978 wollte ich in Nordafghanistan Materialien für eine Dissertation sammeln, Volksliedtexte. Da mein Interesse ausschließlich den Texten galt, war für mich – so seltsam mir das Forschungsvorhaben von damals schon wenig später erscheinen sollte – das Tonband ein reines Hilfsmittel, das mich vom Mitschreiben entlastete. Die meisten Menschen, mit denen ich arbeiten durfte, verstanden es wohl genau so: Kassettenrecorder kannte man in Afghanistan zu dieser Zeit bereits, auf dem Land waren sie aber noch wenig verbreitet und wurden vor allem nicht für eine eigene Aufnahmetätigkeit genutzt. Man folgte also mir in meinem Postulat des Geräts als Hilfsmittel der Textwissenschaft. Wie unmittelbar mein UHER-Gerät durch die hohe Qualität der Aufnahme aus Frauen, die einfach Lieder für mich sangen, Sängerinnen zu machen vermochte, ist oben schon beschrieben worden. Die Grenze vom Hilfsmittel zum Medium, das einen Wertgegenstand „Aufnahme" herstellt und den Produzenten zum Profi adelt, war überschritten. Es kann noch weiter kommen mit der Überschreitung.

---

[8] Die Feldforschung im April/Mai 1993 bei schriftenkundigen Khorezmierinnen in und um Urganch führten Sigrid Kleinmichel und ich gemeinsam durch, wobei Frau Kleinmichels Interesse stärker den literarischen Aspekten der Arbeit galt, das meine eher den sprachlichen und technischen. Beobachtungen ethnologischer Natur und einiges zum Ablauf der Feldforschung finden sich in Kleinmichel 2000.

[9] Die lesekundigen Rezitatorinnen werden in Khorezm als h̠alpa bezeichnet.

Aufgenommenwerden kann offenbar süchtig machen. Ist es die wenigst zeitweilig gewonnene Eigenwahrnehmung, eine wichtige, da „gefragte" Persönlichkeit zu sein im ursprünglichsten Sinne des Wortes, gemischt mit der Freude, eine Forschungsarbeit zu unterstützen? Ein bejahrter Lehrer, mit dem wir[10] 1996 Aufnahmen zur uzbekisch-persischen Zweisprachigkeit in Nordafghanistan machten, ließ sich über Wochen hinweg stets neue folklorische Texte einfallen, „damit wir die Kassetten voll bekommen" sollten. Es ging dabei gewiss nicht nur um die reine Weitergabe von Wissen, das ansonsten verloren zu gehen drohen könnte; unser Freund hatte schon einige Mühe, immer noch neue Texte für uns zu finden.

An dieser Stelle sei mir ein Exkurs gestattet zur Produktion voller Tonträger durch Gastgeber, sozusagen zur „Konkurrenzverdrängung". Wenn das Tonbandgerät 1978 bei Frauen im ländlichen Raum Afghanistans aus heiterem Himmel als ein Blitz einschlagen konnte, der Wirkung und Wert des Performativen in gleißendes Licht legte, so hatten Profis des Musikgeschäfts diese Naivität natürlich längst vorher abgelegt. Wie in Kabul, Kandahar und Herat, so gab es auch in Mazari Sharif bereits manchen „Workshop", in dem Kassettenmusik produziert und reproduziert wurde. Ältere, renommierte Künstler setzten weiterhin primär auf *live music*, jüngere sahen den Paradigmenwechsel klar und orientierten sich auch auf die Produktion von Kassetten. So auch Amir Mamad, aufstrebender Sänger aus Akhcha/Provinz Jowzjan. Er veranstaltete im Mai 1978 in seinem Haus eine Abendparty für mich, zu der die Honoratioren der Kleinstadt geladen waren, mit dem Ziel, meine Sammlertätigkeit (anders ist meine damalige Arbeitsweise nicht gerecht zu bezeichnen) zu unterstützen. Ein Missverständnis lag zwischen uns, durch mich und meine grässlich schlechten Sprachkenntnisse verschuldet und durch eben diese erst mit Verzögerung bemerkt. Den mehrstündigen Sangesabend erlebte ich euphorisiert: eine Liedstrophe jagte die andere in munter wechselnden Tempi, das UHER kam mit seinen 19 UpM kaum nach, diese Fülle von schönen Texten, das erste Kapitel „Männerlieder" meiner Dissertation wähnte ich schon im Kasten. Am anderen Morgen konnte ich es nicht erwarten, dass der noble Gastgeber nach seinem erschöpfenden Abend zu mir ins Hotel kam, um mir beim Transkribieren der Texte zu helfen.[11] Er sollte sich zu meiner Enttäuschung weigern, das zu tun, und nach ihm noch einige andere Herren, die ich darum bat, und ihre Begründung lautete immer gleich: Die Texte seien „sinnlos". – Zuletzt lernte ich sie doch noch

[10] „Wir" bedeutet Lutz Rzehak und ich. Aus den Zweisprachigkeitsuntersuchungen ist noch nichts veröffentlicht; Rzehak (2004) geht auf diese Feldforschung zurück.

[11] Auch eine so simple Methodik muss manche Forscherin in bitterer Erfahrung lernen: 1977 hatte mich mein Hamstertrieb dazu verleitet, zwar mehrere Stunden Frauenlieder aufzunehmen – wieder zu Hause, verstand ich allerdings kein Wort von den Texten; Aufnahmen ohne Auswertung am Ort...

verstehen, dank meinem unermüdlichen Helfer Herrn Sayd Murad aus Shibirghan, der mir Strophen abhörte, unter denen „Es regnet in Strömen; sag, was habe ich für eine Schuld auf mich geladen? Wenn morgen Donnerstag ist, ist übermorgen Freitag" noch zu den inhaltsschwereren gehört. Was tatsächlich geschehen war, offenbarte sich dazwischen in Texten wie „Dieses Tonband haben wir angefüllt – wir allein, zu dritt" und „Es bedarf keines anderen mehr: Ich werde deine Tonbänder schon anfüllen!"[12] Aus der Sitzung ging meine Sammlung nur geringfügig bereichert hervor, ich selbst um eine entscheidende Erfahrung: Es gibt Gewährspersonen, die nach sich keine anderen wollen und nach deren Verständnis das Ende des Rohmaterials den Erfolg der Feldforschung signalisiert. Mein Vorrat an leeren Tonbändern war nahezu verbraucht; von da an nahm ich mit 9½UpM auf.

Das Produzieren von vollen Tonträgern kann also zum Selbstzweck werden, Aufnahmegerät und Mikrofon geben dabei einen entscheidenden Kick. „Yusuf", Hausbediensteter in Mazari Sharif, den ich 2004 nach seinen Erlebnissen als Jugendlicher in der Taliban-Ära gefragt hatte, bot tagelang in seiner abendlichen Freizeit immer wieder an, mir „auf Kassette" zu sprechen, obwohl schon unsere zweite Sitzung nur mehr repetitive Erzählungen erbrachte. Ohne Mikrofon sprach er eigentlich gar nicht mit mir. – Angesichts des Altersverhältnisses hier (ich wäre ungefähr seine Großtante) entfällt wohl auch das Motiv, mit dem ich mich in jüngeren Jahren gelegentlich glaube zum Nutzen der Forschung konfrontiert gefunden zu haben: das Zusammensitzen war alles, der Vorwand egal. Ich kann die Aufnahmelust hier auch nicht als Versuch einer Trauma-Bewältigung interpretieren, denn erstens enthielt zumindest das, was Yusuf mir – bzw. der Mini-Disc – erzählte, keine harten oder sonst auffälligen Erfahrungen, und zweitens brauchen Menschen, die tatsächlich Erfahrungen loswerden müssen, nicht das virtuell unendlich weite Forum hinter dem Mikrofon, sondern allein die Zuhörerin als speicherloses Medium ohne Tonauslassbuchse:

> „Warum erzählen Sie mir das alles eigentlich?" wage ich „Khayriddin" schließlich zu fragen, nachdem er mir schon in der ersten Stunde unseres Zusammenseins, und in vielen Stunden danach, Erlebnisse aus dem afghanischen Bürgerkrieg und der Taliban-Zeit anvertraut hatte, die abwechselnd ihm und mir die Tränen in die Augen trieben. „Weil aus Ihnen nichts hinausdringen wird", sagt er.[13]

[12] Vollständige Transkription der Sitzung in Baldauf (1989a, I.: 516 ff.).

[13] Aus einer aktuellen Oral History-Forschung zum Zeitraum 1978-2005 (Afghanistan).

4. ZUGABE ODER NICHT

Es gibt Erzählungen, die auch die zähste Tonspur nicht erträgt – oder gibt es den *lapsus manus* der Feldforscherin, das gnädige insuffiziente Einstecken des Mikrofonkabels in den Toneingang?

Audienz bei einem archaischen Herrscher, beim Militärgouverneur der Provinz Faryab, General Hashim Habibi (Herbst 2002). Der Kommandant hält Hof direkt hinter der Schwelle seines Palastbereichs, von den Bittstellern getrennt nur durch das hohe Eisentor der Einfahrt, auf einem bescheidenen Holzstuhl, sekundiert von seinem lese- und schreibkundigen Berater. Wir tragen uns beide einen Stuhl in die Blumenrabatte abseits, in einer seltsam vertraulichen Geste – ich könnte seine Mutter sein – reißt er das lange Hemd hoch und beginnt, mir an den Narben und Wunden seines Körpers entlang sein wüstes Soldatenleben zu erzählen. Hier ein Durchschuss, da ein Stich, das rechte Ohr fast ertaubt durch eine Granatenexplosion, jede Verletzung hat eine Geschichte, achtzig Minuten MD und Grausamkeit folgt auf Grausamkeit. Ich möchte wirklich nicht wissen, in wie vielen von diesen Morden oder Quälereien „er" und „ich" der Geschichtsschreibung zuliebe verwechselt worden sind. Als der Kommandant zum Nachmittagsgebet enteilt, surrt mir noch einige Zeit der Kopf. Ich spiele die Disc zurück, hänge mir die Kopfhörer ein, bereit, einen Teil des Gehörten noch einmal zu ertragen. – Ein leises, gleichförmiges Rauschen. Kurzer Vorlauf. Dasselbe. Hektischer Vorlauf, Rücklauf, die Ohrhörer neu einstecken, ein–aus – wieder das gleiche. Die MD ist leer.

In diesem Fall erwies sich die Mini-Disc in der Tat als archivierungsfeindlich: der Kontakt zwischen Mikrofon und Gerät war nicht geschlossen gewesen. Ich versuchte es nicht ein zweites Mal mit dem Kommandanten. Wenn Aufnehmen manchmal ein Eigenleben hat, dann mag es auch das Nicht-Aufnehmen haben.

Leider passierte mir der gleiche Fehler schon ein halbes Jahr später, im Frühjahr 2003, erneut: Ich arbeitete mit den fiktionalisierten Lebenserinnerungen des uzbekistanischen Schriftstellers und vormals hochrangigen Provinz-Funktionärs Bobomurod Daminov und konnte den greisen Herrn in seinem Haus in Samarkand befragen.[14] Ein lebensgeschichtliches Interview sollte es sein, das ich mit dem Buchtext zusammen stellen wollte zu einer verdichteten Beschreibung. Für die Methode hatte ich mir vorgenommen, nur eine schlichte Eingangsfrage zu stellen von der Art: „Sie haben als Aktivist doch ein wechselvolles Leben geführt?".

Ein bescheidenes Wohnzimmer, nur ein großes Ölgemälde der tragisch verstorbenen Schwiegertochter hebt sich ab. Der alte Herr sitzt konzentriert; am unteren Ende der Tafel seine Tochter, die gelegentlich mit der Teekanne spielt. Ich stelle den MD-Recorder an und lege das kleine Mikrofon mitten auf den Tisch. Automatisch wechselt Herr Daminov ins Russische, holt sich dann wieder zurück in sein nüchternes, stark in einem ländlichen Dialekt eingefärbtes Uzbekisch. Er erzählt sein Leben wohl strukturiert, übersichtlich, unaufgeregt. Es gibt nichts zu bereuen und

[14] Von Bobomurod Daminov waren bis dahin bereits zwei Bände erschienen (1995, 2000). (Wiewohl bereits über 90 Jahre alt, stellte Herr Daminov bis zu seinem Tode im Frühjahr 2005 die Tetralogie fertig.)

kein Selbstmitleid, drei Viertelstunden lang. Dann geht er ins innere Zimmer, um mir ein Porträtfoto zu holen. Derweilen überprüfe ich die Aufnahme, lasse zurücklaufen, die Disc müsste schon fast voll sein. Ohrhörer: nichts. Vergiss es. Die Tochter merkt meinen Ärger und meine Enttäuschung. Ich nenne ihr den Grund. – „Ach, sagen Sie es ihm doch einfach", rät sie. „Er hat Zeit. Er erzählt doch gern." – Wie viel Abstand sehen die uns vertrauten Methodologien vor, bis man ein lebensgeschichtliches Gespräch sinnvoll wiederholen kann? Lieber gar nicht nachdenken. Herr Daminov kommt zurück mit dem Foto in der Hand: hier meine Orden. Ich erkläre ihm, was passiert ist, bitte ihn um einen neuen Anfang. Wahrscheinlich wird das jetzt eine Rumpfgeschichte – wenn er sich nicht überhaupt veräppelt fühlt.

Drei Viertelstunden später habe ich meine Aufnahme in der Tasche. Eine Erzählung ohne Varianten. Das nenne ich ein geradliniges Leben.

Ob Herr Daminov „sein Leben" schon anderen Leuten erzählt hat? Auf Tonträger? Zur Niederschrift? – Mein Glaube an Theorie und Methodik der Lebenserzählung kam an jenem Tag ins Wanken, aber eine gute, stabile Geschichte habe ich jedenfalls eingefahren.

5. TÜCKEN DER ETHIK

Mit Methoden habe ich überhaupt Probleme; ich zweifle auch gelegentlich, durch wie viel Praxis manche methodischen und forschungsethischen Forderungen genährt wurden.[15] Wie schon erwähnt, habe ich wenig Erfahrung mit der Verweigerung von Tonaufnahmen. Hinter der ersten stand eine religiös-moralische Begründung, wie oben berichtet; hinter der zweiten (und vorläufig letzten) standen politisch-ideologische Gründe, vermutlich gepaart mit Angst vor den Machthabern der Zeit. Es war 1996, und bis heute bin ich mir nicht im Klaren, wie ich diese Forschungserfahrung handhaben kann.

Shibirghan, eine Runde intellektueller Herren gemischten Alters. Wir[16] erörtern mit den Gastgebern das Geschehen um das Grab der Bibi Nushin, die vor wenigen Monaten ums Leben gekommen war und über die die verschiedensten Geschichten in Umlauf sind: War sie ein lockeres Mädchen, das einen Ehrenmord gestorben ist? War sie eine Heilige – an deren Grab mittlerweile Wunder geschehen sein sollen – und ihre Mörder haben gefrevelt? Kommen solche Geschichten aus der unterdrückten Klasse, gibt es in der Geschichte etwas von klassenkämpferischem Rang?

Jeder in der Runde hat eine Meinung. Dann wird es plötzlich still, als einer ansetzt: „Wer weiß, wer in diese Sache alles involviert ist!" Der letzte Satz auf unserer Kassette lautet: „Schalten Sie aus, das braucht es jetzt nicht."

[15] Weitertragende, systematische Überlegungen zu möglichen Rollen der Feldforscherin bei Adams (1999).

[16] Wie FN 11.

Inzwischen habe ich intensiv an diesem Thema gearbeitet: Erzählmotive sortiert, Diskurse herauspräpariert, den Weg vom Geschehnis zur Legende nachgezeichnet. Ein ganz entscheidendes Moment ist geblieben, wie tief die Mächtigen der Stadt in das alles verstrickt waren – ob als Verfolger, gar Mörder von Bibi Nushin, ob als Protektoren und Protegierte des Heiligtums. Viele Personen des öffentlichen Lebens der Jahre kurz vor der Machtübernahme der Taliban gehören in den Dunstkreis der Geschichte: Kommandanten, der „König" der Region mit einer seiner Gattinnen und seinem Bruder, hochrangige Beamte.

Ein Grundsatz von *Oral History*-Ethik besteht darin, dem Subjekt der Erzählung volle Handlungskompetenz zu lassen: Wird eine Aussage später widerrufen oder ein Stück Erzählung von der Benutzung ausgeschlossen, so hat dem Willen des Erzählsubjekts gefolgt zu werden (Battaglia 1999). Wie aber streicht man das Gehörte aus dem Gedächtnis, gerade wenn es so mitten im Kern der Geschichte steht wie in unserem Fall: gehört ist gehört, keine künftige Interpretation der „erlaubt gebliebenen" Einlassungen wird ohne diese Folie geschehen. Aufnahmen zu unterbinden oder zu löschen steht den Gastgebern zu, keine Frage, aber wie löscht der Gast das Gehörte aus dem komplexen Gefüge seines weiteren Denkens?

Manchmal stößt man an die Grenzen, die die Forschungsethik zieht, namentlich wenn Aufnahmetechnik im Spiel ist – und manchmal glaubt man nur daran gestoßen zu sein, bis man aufmerksam gemacht wird, dass man noch tief im grünen Bereich sei. Von meiner voreiligen Pietät gegenüber dem Ritual bei Gulbibi war bereits die Rede. Auch mit meiner Sensibilität für heikle Familienfragen scheine ich oft falsch zu liegen.

> Schon beim Frühstück der Frauen merke ich, dass der Haussegen schief hängt zwischen „Hajji Barakatullah" und mindestens einer seiner drei Gattinnen. So wenig ich als Gast des Hauses verstanden haben mag, eines ist sicher: es geht um Eifersucht.
>
> Jetzt treibt die Sache der Spitze zu. Die kleinen Kinder haben sich in den Hof verzogen, der Hausherr lässt sich zu seinem Frühstück nieder, selbstzufrieden. Ich packe mein Notizbuch und versuche ebenfalls die Flucht in den Garten, Ehestreit ist mir peinlich, ich habe auch Angst, eine Meinung haben zu müssen, hineingezogen zu werden. Im offenen Durchgang kauert die scharfzüngige Cousine des Hausherrn, die die Arbeit mit dem Milchvieh verrichtet. Sie zieht mich am Ärmel zu sich hinunter und kichert halblaut: „Schalten Sie Ihr Gerät an – jetzt werden Sie gleich etwas hören!" – Also OK, ich habe schon mal einem besonderen Dialekt oder einer spezifischen Rhetorik zuliebe ein Aufnahmegerät laufen lassen, ohne vorher um Erlaubnis zu fragen, im Umgang mit Politikern und anderen Performanten bin ich da insgesamt nicht so zimperlich. Aber diesen Ehestreit, von dem ich schon ahne, dass er ganz übel ausfallen wird..., ich kenne Frau „Jumagul"s gotteslästerliche Flüche und ihren verzweifelten Kampf der Kinderlosen gegen die große Gattin, die sie nur „die Feindin" nennt, schon zur Genüge. Das gehört nicht auf meine MD.

Als sich das Gewitter entladen hat und die gekränkte Gattin außer Sicht gegangen ist, winkt mich der Hajji ungerührt herein. Er lacht gütig und meint nur: „Sie hätten das ruhig aufnehmen können. Schade, dass sie so ein schmutziges Mundwerk hat, sie ist nervös, aber sonst ist sie eine großartige Frau, keine andere kann meine Gäste so prima bewirten."

Und wie um das Fass voll zu machen, sollte mich Frau Jumagul noch am gleichen Tag auffordern, wobei sie das Restgift in ihrer Stimme mit seltsamem Genuss nachzukosten schien und dann wie erleichtert lachte: „Einmal müssen Sie das aufnehmen, wenn ich dem Hajji richtig die Meinung sage. So was haben Sie doch sicher noch nicht gehört, oder, das interessiert Sie doch?"

Es ist doch erstaunlich, zu welchen Überlegungen Feldforscherinnen mit Aufnahmegeräten in der Hand die Menschen herausfordern, über die sie sich herausnehmen nachzudenken...

LITERATUR

Adams, Laura L. 1999. "The Mascot Researcher: Identity, Power, and Knowledge in Fieldwork". *Journal of Contemporary Ethnography* 28: 331-363.

Baldauf, Ingeborg. 1989a. *Materialien zum Volkslied der Özbeken Afghanistans.* Teilbände I+II. Emsdetten: Andreas Gehling.

—, 1989b. „Zur religiösen Praxis özbekischer Frauen in Nordafghanistan". In: Sagaster, Klaus & Helmut Eimer (Hg.). Religious and Lay Symbolism in the Altaic World and Other Papers. Wiesbaden: Harrassowitz, 45-54.

Battaglia, Debbora. 1999. "Towards an Ethics of the Open Subject: Writing Culture in Good Conscience". In: Moore, Henrietta L. (ed.). *Anthropological Theory Today.* Cambridge: Polity Press, 140-155.

Bauman, Richard. 1977. *Verbal Art as Performance.* Rowley, Mass.: Newbury House Publishers.

Daminov, Bobomurod. 1995. *Peshonada bori. Roman.* Samarqand: Zarafshon.

—, 2000. *Taqdir o'yini. "Peshonada bori" trilogiyasining ikkinchi romoni.* Samarqand: Zarafshon.

Doi, Mary M. 1997. *From the Heart: Marginality and Transformation in the Lives of Uzbek National Dancers 1929–1994.* PhD dissertation, Indiana University.

Kleinmichel, Sigrid. 2000. *Halpa in Choresm (Hwārazm) und ātin āyi im Ferghanatal: Zur Geschichte des Lesens in Usbekistan im 20. Jahrhundert.* 2 Teile. (Anor 4). Berlin: Das Arabische Buch.

Krämer, Annette. 2002. *Geistliche Autorität und islamische Gesellschaft im Wandel. Studien über Frauenälteste (otin und xalfa) im unabhängigen Usbekistan.* Berlin: Klaus Schwarz.

Rzehak, Lutz. 2004. „Narrative Strukturen des Erzählens über Heilige und ihre Gräber in Afghanistan". *Asiatische Studien/Études Asiatiques* LVIII/1: 195-229.

Schüller, Dietrich. 2002. „MiniDisc in der Feldforschung? Die Anwendung archivarischer Prinzipien bei der Datengewinnung". *Das audivisuelle Archiv* 46: 54-64.

Wilfried Schabus

Beten, Arbeiten, Forschen und Erleben bei den Hutterern in Kanada

1. VORBEMERKUNGEN

Von den im Haupttitel herausgestellten drei Verhaltensweisen gehören *Beten* und *Arbeiten* unbestritten zu den zentralen Begriffen in der Glaubenswelt der *Kirche der Hutterischen Brüder*[1]. Mit dem *Forschen* sollte hingegen auf meine mir selbst gestellten Aufgaben als Sprachwissenschaftler hingewiesen werden, die ich möglichst im Einklang mit der Welt der in Gütergemeinschaft, einer Art urchristlichem „Kommunismus", lebenden *Gmaaschåftr* („Gemeinschafter") adäquat zu lösen hoffte.[2] Denn es war von vornherein klar, dass mein Forschungserfolg wesentlich von zwei Faktoren abhängen würde, nämlich von meiner Bereitschaft, mich auf diese hutterische Welt einzulassen, sowie umgekehrt von der Bereitschaft der Hutterer, mir ein Teilhaben an ihrem Leben zu gewähren.

Der vorliegende Beitrag wendet sich recht ausführlich dem Praxisaspekt zu, der in diesem Sammelband glücklicherweise nicht zu kurz kommen muss, weshalb ich mich auch zur Preisgabe gewisser erlebnishafter Facetten meiner Feldforschung bei den Hutterern ermutigt fühle.[3]

2. BETEN, ARBEITEN UND FORSCHEN

2.1. Beten

Von Anfang an nahm in meinem Leben bei den Hutterern (H) das Beten einen wichtigen Stellenwert ein. Mein Aufenthalt bei dieser in Gütergemeinschaft leben-

[1] Die Glaubensgemeinschaft der Hutterer ist als „Hutterian Brethren Church" in Kanada staatlich anerkannt.

[2] Die Feldforschungen wurden von der Österreichischen Akademie der Wissenschaften sowie vom Land Kärnten gefördert.

[3] Zu meinen auf derselben Feldforschung basierenden Fachpublikationen zum deutschen Dialekt der Hutterer s. die Angaben im Literaturverzeichnis.

den Täufergruppe währte vom 3. Dezember 2003 bis zum 17. Februar 2004, das sind 75 Tage. In dieser Zeit lauschte ich als ein vorübergehend in die *Gmaa* („Gemeine“ = Gemeinde) integriertes Mitglied 14-mal der *Leer* („Lehre“) des Predigers in der *Lerschtumm* („Lehrstube“) bzw. der *Kirha* („Kirche“). Eine solche „Lehre“ gibt es am Vormittag eines jeden Sonn- und Feiertags. Auch die Teilnahme am „Gebet“ ist Pflicht. Es findet am Abend eines jeden Tages in der Kirche statt, so dass man an Sonn- und Feiertagen die Kirche zweimal betritt. Der Gang zur Kirche erfolgt im letzten Augenblick, aber auf die Minute pünktlich. Man legt den Weg schweigend und in beinahe hastiger Eile zurück. Denn Trödeln wäre Müßiggang, und auf Müßiggänger hat der *Beasa Faind* („Böse Feind“) gar leichten Zugriff. Beim Gang zur Kirche erlaubt man sich keinen Fehltritt von den in manchen Bruderhöfen recht schmalen befestigten Gehwegen. Denn die Ordnung hat im Leben der H einen beinahe sakralen Stellenwert. Ebenso wie die ganz persönliche Ordentlichkeit, etwa im individuellen Kleidungsverhalten, das natürlich zuallererst auch den strengen Normen der geltenden hutterischen Kleidervorschrift entsprechen muss.

Durch gemeinsames „Beten“ wird natürlich auch jede Mahlzeit eröffnet, nach dem Essen kommt das „Danken“. Wie in der Kirche hat auch in der gemeinsamen *Ess-Schtumm* („Ess-Stube“ = Speisesaal) jeder und jede seinen bestimmten Platz. Denn dieser wird hier nicht nur über Geschlecht und Alter definiert, sondern auch über den religiösen Status (getauft bzw. nicht getauft), die Funktion (z.B. Prediger, „Haushalter“, „farmboss“ bzw. „Weinzedel“, „gemeiner Bruder“; Gast) oder ob man ein *Fettr* („Vetter“ = verheirateter Mann) ist oder ein *Bua* („Bub“ = Unverheirateter ab 15). Bei den Frauen lauten die Standesäquivalente auf *Baasl* („Bäslein“) und *Dian* („Dirn“). - Gegessen wird schweigend und eilig. Man hat exakt 15 Minuten dafür Zeit. Auch beim Festmahl am Weihnachtstag war es nicht anders. Die Kinder unter 15 essen, auch sie nach *Manndlen* („Männlein“ = Knaben) und *Tindlen* („Dirnlein“ = Mädchen) getrennt, unter der Aufsicht des Lehrers und dessen Frau separat in der *Essens-Schual* („Essensschule“ = Kinderspeisesaal). – Zweimal täglich gibt es, ebenfalls eingebettet zwischen „Beten“ und „Danken“, einen *Lontsch* (engl. „lunch“).

Die Summe meiner religiösen Handlungen während meines Aufenthalts bei den H belief sich somit auf 750-mal „Beten“ bzw. „Danken“, 75-mal Teilnahme am „Gebet“ in der Kirche und 14-mal an der „Lehre“. Für mich waren das Zahlen, mit denen ich vergleichbare Werte aus frühen Kindheitstagen wohl um ein Vielfaches überboten hatte, für meine Gastgeber deckte diese Artigkeit aber nur das offizielle, von allen wahrnehmbare Pflichtpensum ab. Wie ich es aber darüber hinaus wohl mit dem *Himmblfåtr* („Himmelvater“) halten mochte, das war die große Sorge von Lisi. Elisabeth, Jahrgang 1942, ist unverheiratet. Zusammen mit ihr waren der David-Vetter und ich bei einer anderen Kolonie auf einer *Wåcht* (Totenwache) gewesen. Um Mitternacht traten wir die Rückfahrt an. 150 Meilen lagen vor uns, und es wütete ein Schneesturm. – „Wir müssen dem Himmelvater danken", forderte Lisi, als wir endlich heil angekommen waren. „Ja schon", gab ich zu, wollte dabei aber auch unseren Chauffeur nicht zu kurz kommen lassen, weshalb ich zu bedenken gab: „Dem David-Vetter gebührt aber auch Dank, denn er hat ja immerhin ganz gut *getrieben*" (vgl. engl. „to drive" = chauffieren). Entgeistert blickte die alte *Dian* mich an. „Du *Trå̊mpl!*", brach es schließlich wütend aus ihr hervor. Wie ich denn so vermessen sein könne, Gott den allerschuldigsten Dank zu verweigern! „Jetzt geh in deine Kammer, knie dich nieder und entschuldige dich bei unserem Himmelvater!", befahl sie mir in aufrichtiger Empörung. Außerdem solle ich dem Herrgott auch dafür danken, dass er mir hier im Hause des Predigers eine schützende Herberge zuteil werden ließ, dass er mich stets wohl behütet habe und mich jeden Morgen gesund aufwachen ließ, und dass er mich auch beschützt hat, als eines Nachts gleich neben unserem Haus die *Kuuhl* („Küche" = Küchengebäude der Kolonie) abgebrannt ist.

Ach ja, die *Kuuhl*. Ich hatte mich kaum eine Woche in James Valley aufgehalten, als man mich um etwa drei Uhr früh aus dem Schlaf riss. Es war ein bitterkalter kanadischer Dezembermorgen. Ich solle nach draußen kommen, die *Kuuhl* brennt. Ich müsse mich bei Johnny melden. Johnny ist der Sohn des Predigers und der Lehrer der Sonntagsschule. Johnny hieß mich meine Digitalkamera holen, um den Brand zu dokumentieren. Denn Hutterer verwenden keine Kameras.

Die *Kuuhl*: Sie ist das Herzstück einer hutterischen Gemeinde. Denn das Küchengebäude beherbergt nicht nur die technisch bestens ausgestattete Großküche. Es befinden sich hier auch der weiter oben erwähnte Speisesaal und die „Essens-Schule" der Kinder. Hier sind die Vorräte, die langen Regale mit eingemachtem Gartengemüse, die von Generationen von Köchinnen geschriebenen Kochrezepte, die vom Lehrer verwalteten *Schiach* („Schühe" = Schuhe) der Schulkinder, der Weinkeller, die Kühlräume, die Noten und Texte der von der Jugend bei den verschiedenen Anlässen gesungenen Lieder. Hier steht das bei einer Hochzeit verwendete Geschirr, hier blitzen die Gläser mit den von „Buben" und „Dirnen" gemeinsam gepflückten Waldbeeren des letzten Sommers. Erinnerungen sind hier mitverbrannt, und man musste tatenlos zusehen.

Wäre es nach dem Martin-Vetter gegangen, so hätte ich wohl auch bei diesem Anlass nicht fotografieren dürfen. Martin ist der *Schrainda* („Schreiner") in James Valley. Selbst in seiner penibelst aufgeräumten und menschenleeren Tischlerwerkstatt durfte ich nicht fotografieren. „Du sollst dir kein Bild machen", belehrte er mich freundlich lächelnd, aber dennoch bestimmt. So stehe es in der Bibel. Aber die Hutterer heutzutage machen halt schon gar zu viele Ausnahmen, stellt Martin bedauernd fest. Und auch das mit den Besuchern könne kein gottgefälliges Treiben sein. Denn vor mir habe es hier schon andere gegeben. Wer weiß, vielleicht war es ja ein Fingerzeig von oben gewesen, sich der alten Grundsätze wieder stärker zu besinnen, dass die *Kuuhl* abgebrannt ist. Martin gibt sich kryptisch, und mich erfasst vorübergehend ein leises Unbehagen: Sollte ich etwa Grund haben, die Rache der meinetwegen von einer Feuersbrunst Heimgesuchten zu fürchten? Zum Glück gilt aber Martin auch innerhalb seiner eigenen Gemeinde als etwas schrullig. Doch auch er selbst hatte wohl kaum jemals im Sinn, mich als Abgesandten des Bösen zu inkriminieren. Bei ihm zu Hause war ich jedenfalls stets willkommen. Besuchte ich ihn, so hatten er und seine lustigen halbwüchsigen Söhne immer schon „alte Wörter" für mich parat: Redensarten, idiomatische Fügungen, Scheltwörter, scherzhafte Bezeichnungen für dies und jenes, einen hutterischen Sprachschatz also, den ich mit standardisierten Methoden so nicht hätte heben können. Und auch die etwas zelotische Lisi war bei dialektologischen Fragen eine meiner eifrigsten und kompetentesten Gewährspersonen.

2.2. Arbeiten

Hier gibt es nicht viel zu berichten, denn es war Winter. So half ich zum Beispiel einmal als Klempner bei der Inneneinrichtung des neu errichteten Hühnerstalls aus, dann wieder produzierte ich im *Glåshaisl*, der Glaserwerkstatt des David-Vetter, das eine oder andere *Fegelahaisl* („Vögleinhäuslein"). David verkaufte diese Futterhäuschen. Der Erlös kam ihm selbst und nicht der Koloniekasse zugute. So etwas hatte nach dem Urteil des Predigers zwar auch als *Aagnnutz* („Eigennutz") zu gelten, in Anbetracht von einem „Zehrgeld" von lediglich drei Dollar im Monat blieben Delikte dieser Größenordnung aber ungeahndet.[4]

Die Stadt *Winapeck* (Winnipeg) lernte ich zusammen mit meinen Gastgebern kennen. Sarah-Basl kennt hier den Großhändler, bei dem diverse Stoffe günstig zu haben sind. Denn als die „Zeugschneiderin" der Kolonie ist sie für das Einkaufen und das Verteilen der Meterware an die verheirateten „Weiber" des Hofes zuständig. Die Frauen nähen aus den ihnen zugeteilten Geweben für sich und ihre Familien die Kleidungsstücke nach den vorgegebenen Mustern, was das homogene, klösterlich anmutende Erscheinungsbild der Hutterertracht gewährleistet. Und John-Vetter, der Prediger der Kolonie und Sarahs Ehemann, kennt in Winnipeg alle Großmärkte, bei denen man leere Kartons bekommen kann. Er hat ein System entwickelt, die ergatterten *Kaschtn* („Kästen") so ineinander zu stapeln, dass der verfügbare Laderaum des Pickups bestmöglich genutzt wird. Die Anwendung dieses Systems hielt mich nachhaltig in Trab.

Daheim in James Valley, abseits von den Siedlungen der „Weltmenschen" in der weiten Ebene Manitobas gelegen, hatte die Schlachtzeit begonnen. Jetzt waren

[4] In „reicheren" Gemeinden ist das Taschengeld aber oft wesentlich höher.

gerade die *Andiger* an der Reihe (*Andiger* = Truthahn; ukrainisches Lehnwort). Mich reihte man im Schlachthaus an der Stelle des Fließbandes ein, wo die Entfiederungsmaschine nicht ganze Arbeit geleistet hatte und von den nackten toten Vögeln noch einzelne Federn von Hand zu entfernen waren. Hier erlebte ich nun die sprichwörtliche Schaffenskraft der Hutterer hautnah. Etwa siebzig Personen arbeiteten hier, aufgereiht in Produktionssegmenten, die entweder Männern oder Frauen zugeordnet sind, einander ohne Reibungsverluste zu, wie die Bestandteile eines riesigen Präzisionsapparats. 70 Personen oder mehr, die alle zu den etwa 24 Familien dieses einen Hofes gehörten, von denen wiederum alle bis auf eine den Familiennamen Hofer führen. Jeder Handgriff der emsig Schaffenden ist Routine, das Arbeitstempo enorm. Und in einem akustischen Labyrinth aus dem vielschichtigen Lärm der Maschinen und den kurzen und nicht immer gänzlich unaufgeregten Kommandorufen der den Arbeitsprozess leitenden Männer dringt durch die von schlachtdunstheißem Nebel verhangene Halle plötzlich wie von fern der Chor der an einer Fleischbank aufgereihten arbeitenden Mädchen an mein Ohr: „Drum sag ich's noch einmal, Gott ist die Liebe..." – Am Ende der Produktionskette aber standen meine in Winnipeg gesammelten *Kaschtn*, die nun, je nach der Gewichtsklasse des Geflügels, mit drei bis zehn Truthähnen befüllt und von einem Gabelstapler ins Kühlhaus gebracht wurden.

2.3. Forschen

Nach meinen intensiven Feldforschungen bei den Landlern in Siebenbürgen lag es nahe, mich auch den Dialekten der Hutterischen Brüder in Nordamerika zuzuwenden, da diese in einer engen historischen Beziehung zum Kärntner Anteil der siebenbürgischen Landler stehen. Denn von den im 18. Jh. aus konfessionellen Gründen nach Siebenbürgen deportierten Kärntner Protestanten sind nicht alle zu „Landlern" geworden, vielmehr hat sich ein Teil von ihnen in Siebenbürgen der letzten und damals schon längst in Auflösung begriffenen hutterischen Restgemeinde angeschlossen. Dabei forderten diese Kärntner Konvertiten eine Rückkehr zu den alten hutterischen Werten und zu einem Leben in Gütergemeinschaft. Somit hat der Zuzug der Kärntner Transmigranten zwar den Fortbestand der Kirche der Hutterischen Brüder gesichert, doch war ihre Geschichte von nun an wieder die einer als „Wiedertäufer" verfemten und verfolgten Sekte. Nach längeren Aufenthalten vor allem in der Ukraine siedeln die Hutterer schließlich seit 1874 in den USA und seit 1918 vor allem in Kanada.

Der Alltagsdialekt der Hutterer ist durchaus oberdeutsch-bairisch geprägt. Die H selbst bezeichnen ihren Alltagsdialekt als „Tirolisch". Doch trotz der südtirolischen Herkunft ihres Namenspatrons, des um 1500 in Moos bei Bruneck geborenen Jakob Huter, weist der heutige Huttererdialekt, wie bereits von Kurt Rein 1977: 149 für die H von South Dakota, USA, festgestellt, eher die auffälligen Merkmale der Kärntner Mundart auf. Allerdings konnte ich nachweisen, dass abseits des von Rein behandelten Kernphonemsystems auch die Tiroler Merkmale nicht länger übersehen werden können.

Auf Grund der wechselvollen Geschichte der H als Wandersprachinsel ist jedoch noch mit vielschichtigen weiteren Einflüssen zu rechnen, was die zahlreichen ukrainischen Lehnwörter im Huttererdialekt am offenkundigsten belegen. Heute macht sich natürlich auch der mächtige Einfluss des Englischen geltend.

Derzeit zählen die auf mehr als 450 Bruderhöfe verteilten, wirtschaftlich prosperierenden H etwa 40.000 Mitglieder. Diese streng monogam eingestellten Erwachsenentäufer leben zwar in Gütergemeinschaft, doch hat jede Familie ihre eigene geräumige Wohnung. Die H zeigen in wirtschaftlicher Hinsicht keinerlei Technikfeindlichkeit, was sie markant von den orthodoxen Amischen unterscheidet, die in einer buchstabengetreuen Auslegung der Heiligen Schrift alle technischen Neuerungen ablehnen und als Benützer von „Horse and Buggy" in den USA ihre jeweiligen Siedlungsgebiete prägen. Wirtschaftlicher Modernismus hindert aber auch die H nicht an einer strikten Ablehnung aller Inhalte moderner Unterhaltungstechnologie. Die Höfe werden möglichst abseits von größeren Ansiedlungen errichtet.

Bei den hinsichtlich ihrer Konservativität und auch sprachlich leicht divergierenden Untergruppen[5] der Schmieden-, Darius- und Lehrerleute machte ich je eine Fragebuchaufnahme, wobei diese drei standardisierten Erhebungen auf Tonband mitgeschnitten wurden. Darüber hinaus entstand eine reichhaltige phonographische Dokumentation des Hutterischen von ca. 80 Aufnahmestunden mit dem Ziel einer umfassenden ethnographischen Darstellung der wichtigsten Domänen hutterischer Existenz einschließlich von aktuellen Aufnahmen in Kindergarten, Konfessionsschule oder Kirche. Neben historischen Dokumenten wurden auch Teile des reich überlieferten Schrifttums digital fotografiert.

Die fotografische Dokumentationsarbeit hutterischen Lebens wurde mir als Folge meiner Rolle bei dem in Kap. 2.1. beschriebenen Brandereignis etwas erleichtert. Trotzdem blieb ich mir der hutterischen Empfindlichkeiten bewusst und habe auf Tonaufnahmen in den ersten drei Wochen gänzlich verzichtet. Meine

[5] Intensivere Kontakte mit den aus der Kirchenspaltung von 1992 aus den Schmiedenleuten in Manitoba hervorgegangenen und als besonders fortschrittlich geltenden „Kleinser-Leuten" (auch „Conference Group") hätte meinen Forschungserfolg bei den konservativeren Gruppen gefährden können.

ständig und in jeder Situation gemachten Feldaufzeichnungen belegen jedoch, dass man auch ohne den Einsatz von High-Tech-Produkten als Feldforscher präsent sein kann.

Meine eigene kärntnerische Dialektkompetenz kam mir bei meiner Feldforschung sehr zustatten. Offensichtlich war es für die H eine faszinierende Erfahrung, dass jemand von wer weiß woher zu ihnen kommt und dann auch noch (fast) genau so spricht wie sie selbst. Vor allem bei meinem an James Valley anschließenden Aufenthalt bei den Darius-Leuten von West Bench im fast menschenleeren Saskatchewan mündete dieses ungläubige Staunen in Fragen wie die folgenden: *Håst du schu forher ach schu su guat daitsch gekhinnt? Hååbm se pa engkh ach daitscha Schual? Redet dai Waib ach daitsch? Tust daitsch thaipm? Odr tust zuerscht auf English und no-ar af daitsch iibr?* („Hast du vorher auch schon so gut deutsch gekonnt? Haben sie bei euch auch deutsche Schule?[6] Redet deine Frau auch deutsch? Tust du [auf deinem Laptop] deutsch schreiben? Oder tust du es zuerst auf Englisch und dann auf Deutsch hinüber?")

3. ERLEBNISHAFTES, WÄHREND DER FELDFORSCHUNG IN BRIEFEN FESTGEHALTEN

3.1. „Der Forschungsalltag" – Brief an den Direktor des Phonogrammarchivs vom 6.1.2004

Hier auf dem Bruderhof James Valley in Manitoba bin ich inzwischen gut vorangekommen. Außer meinem dialektologischen Basisprogramm konnte ich eine ganze Reihe von Oral-history-Aufnahmen machen, dazu kommen Tondokumentationen vom Deutschunterricht, dem größten Teil des hier gesungenen Liedrepertoires[7] sowie dem einzigen hier noch am ehesten geduldeten Musikinstrument, dem *Gaigela* („Geigelein" = Mundharmonika). Auch das aktuelle Geschehen zu Weihnachten blieb von mir nicht verschont. Dazu kommen Interviews mit den Vertretern der wichtigsten *Ampln* („Ämtlein"), z.B. dem *Prediger* (auch „Diener des Worts"), dem *Haushalter* (auch „Diener der zeitlichen Notdurft"), dem *Schweinmentsch* (Boss des Schweinestalls), dem *Kiahmentsch*, den Schullehrern, dem *Gänsmentsch*, der *Klana-Schual-Ankela* (Kindergärtnerin)[8] usw. In letzter Zeit gab

[6] Die „Deutsche Schule" ist die Konfessionsschule der H (je eine Stunde vor und nach der „englischen" Regelschule).

[7] Dieses besteht fast ausschließlich aus Texten religiösen Inhalts. Der Chorgesang der Jugendlichen ist mehrstimmig. Die Kirchenlieder der Gemeinde sind einstimmig und klingen altertümlich.

[8] Ankela = Großmutter; ältere weibliche Person. Diese von „Ahne" abgeleitete Form kommt ausschließlich in Kärnten vor, s. WBÖ 1: 246.

es in anderen Gemeinden einige Todesfälle, und so konnte ich auch eine Totenwacht mitschneiden. Doch leider tat mir noch niemand den Gefallen zu heiraten.

Auch die in den Wohnungen gemachten Tonaufnahmen werden stets von einem erklecklichen Teil der aktuellen hutterischen Alltagsakustik untermalt, denn die schon im16. Jh. geprägte Karikatur von den (damals in Südmähren lebenden) H als einem g'schaftigen Taubenschlag trifft noch immer zu. Zwar liegt der Hof in seiner topographischen Abgeschiedenheit äußerlich gesehen in beschaulicher Ruhe da, doch die Häuser der Gemeinde sind für jeden der 105 Gemeindemitglieder offen und natürlich auch für jeden Besucher von anderen Höfen. Dazu kommt, dass sämtliche Wohnungen, die Ställe, die Schmiede, das *Glåshaisl* (Glaserwerkstatt), das *Grünhaisl* (Green-Häuslein = Gewächshaus), der Rootcellar usw. telephonisch miteinander vernetzt sind und die getätigten Durchsagen ebenso unverhofft in die Aufnahme „hineinwaschen" wie die oft wie aus dem Nichts auftauchenden Besucher. Dann erklingt aus dem Lautsprecher z.B.: „Johnny-Vetter, come in, Johnny-Vetter, come in!" Und Johnny-Vetter steht auf, rückt meine Mikrophone achtlos zur Seite, begibt sich zum Hörer und brummt: *Jåå, wås faahlt'n?* („Ja, was fehlt denn?" = Was ist denn los?). Und hat man sich schließlich z.B. mit dem Gänsemenschen in dessen Office im abseits gelegenen, winterruhigen *Bruathaisl* (Bruthaus) zurückgezogen, verewigt sich das Heizgebläse im Tondokument. Dreht man es ab, wird es kalt. Denn wir haben hier immerhin schon –32°C.

Der zeitlich straff strukturierte Tagesablauf sorgt zusätzlich für Stress, weil zwischen dem *Fruaschtign* um 7 Uhr 15 und dem *Lontsch* (engl. „lunch") um neun, dann zwischen letzterem und dem *Eesn* um 11.45 die meisten Brüder und Schwestern viel zu erledigen haben. Ab 13 Uhr sind die Jungen wieder bei der Arbeit, und die Älteren wollen *Mittåkschn håltn* (eine Mittagsrast halten). Um 15 Uhr beendet ein weiterer *Lontsch* das Nickerchen. Dann wird wieder geschafft. Um 17 Uhr 45 ruft ein elektronischer Gong zum Gebet, eine Stunde später gibt es das *Nåchplinn* (Nachtmahl). Dieses dauert, wie alle Mahlzeiten hier, exakt 15 Minuten, einschließlich dem „Beten" vor und dem „Danken" nach dem Essen. Die Sache ist für mich deshalb so spannend, weil ich in alles eingebunden bin.

Da es hier eine Fülle von Schriften gibt, leisten mir Digitalkamera und Laptop unschätzbare Dienste. Ich habe bis jetzt ca. 1.700 Aufnahmen gemacht, vorwiegend von Buchseiten. Viele davon ergänzen sich mit den gemachten Tonaufnahmen bestens, so etwa die Noten und Texte mit den aufgenommenen Liedern oder die in Kurrent geschriebenen alten hutterischen „Lehren" mit den aufgenommenen Gottesdiensten. Dieses „Predigerdeutsch" ist eine eigene hutterische Varietät. Leider habe ich bis jetzt nur wenige „Lehren" und „Gebete" aufgenommen, und auch das nur über einen der in „meinem" Haus installierten Lautsprecher, über den auch die

Gottesdienste für diejenigen übertragen werden, die krankheitshalber zu Hause bleiben. Es zeigt sich jetzt, dass ich die Nagra SN doch hätte mitnehmen sollen, denn eine unauffällige Aufnahme in der Kirche würde hier vermutlich niemanden stören.

Trotz einiger Pannen mit meinem Sony-Walkman TCD-D8 erscheint mir Feldforschen hier in Kanada gegenüber meinen Erfahrungen in Südamerika wie eine Märchenfahrt mit täglich mindestens einem Abstecher ins Schlaraffenland der hutterischen Kochkunst. Hier finden die Abenteuer nicht am Rande der physischen Selbstaufhebung sondern in der Domäne Herz und Verstand statt. Jetzt werde ich bald 1.000 Meilen „West gehn" und nach Saskatchewan weiterreisen.

3.2. „Aus dem hutterischen Schulalltag" – Brief an meine Frau vom 13.1.2004

Hier ist es inzwischen sehr winterlich geworden. Trotzdem habe ich mich an das Leben bei den Hutterern gut gewöhnt. Sarah meinte heute: *Du west dich hintapången* (zurück „bangen" = sehnen). Tatsächlich werde ich James Valley wohl nicht so schnell vergessen.

Heute Nachmittag hat mich Johnny in die deutsche Schule eingeladen, ich sollte dort ein "grammar-problem" klären helfen. In Wirklichkeit ging es ihm aber wohl eher ums Missionieren, wozu ihn meine Anwesenheit herauszufordern schien. So saß ich denn in der letzten Bank und lauschte Johnny-Vetters biblischen Exegesen. – Am Ende der Stunde durfte ich eine „Vermahnung" miterleben. Davis, der Sohn von David, dem Zweiten Prediger, ist heute 15 geworden. Ab morgen ist er *bai di Lait* („bei den Leuten" = Erwachsenen). Bis jetzt war er ein *Manndl* und hat in der *Essenschual* gebetet, gesungen und gegessen. Schon heute Abend wird er ein *Bua* sein. Morgen wird er die Mahlzeiten mit uns in der *Essnschtuubm* einnehmen, ohne Singen und nur mit kurzen Tischgebeten. Dort ist gerade ein Platz frei geworden, denn der 19-jährige Trevis ist am Sonntag *wekhgluufn* (von der Gemeinde „weggelaufen"). Jetzt wird Davis dort sitzen, er wird einen der ältesten Männer der *Gmaa* als Gegenüber haben und zwei Reihen hinter sich die „Weiber" und die „Dirnen". Der für hutterische Verhältnisse beinahe schon gesetzlose Zustand der ersten Zeit nach der Brandkatastrophe ist längst einer neuen Ordnung gewichen. Auch in dem vorübergehend zur *Khuuhl* umfunktionierten Schlachthaus hat jetzt alles wieder seinen angestammten Platz. Meiner ist in der zweiten Tischreihe ganz am Rand. Somit bin ich den *Diane* in meinem Rücken um etwa zweieinhalb Meter näher als Davis es sein wird.

Jetzt aber stand Davis da, eine Bank vor mir, und ließ Johnny-Vetters Vermahnung über sich ergehen: Er solle in Hinkunft vor dem Frühstück zu Hause das lange Morgengebet sprechen und ein Lied singen, „denn nach dem Frühstück wird es oft vergessen."[9] Eine gar böse Sucht ist es aber, „nach dem Frühstück wieder ins Bett zu gehen". Von nun an „wirst du unter den Farmboss" sein [bis heute war Johnny für ihn zuständig, und zwar auch außerhalb von deutscher Schule, Ess- und Sonntagsschule], und du wirst „das Maul halten, weil du jetzt der Jüngste bist." Auch solle Davis „die Alten am ersten lassen Essen nehmen" und auch ihre „Anregung für gut annehmen". Denn sie sind 50 oder gar 60 Jahre alt und somit viermal so alt wie er selbst, haben also viermal so viel Erfahrung. Auch solle er nicht glauben, dass die Gemeinde alles für ihn tun muss, er solle sich lieber fragen, „wie viel kannst du tun für die Gemeinde." Ferner wird ihm aufgetragen: Willig sein bei der Arbeit, mit Geld ehrlich sein, Manier haben beim Essen, „sich befleißen zum zu lesen und gutes zu tun", „immer zu Lehr und Gebet gehen", „Die Sünde meiden und [wenn man sieht, dass andere sündigen, sie], bei Zeit anklagen" und, natürlich: „Dich von jetzt an dich recht machen für den Bund den du mit Gott aufrichten willst." Womit wir wieder bei der Taufe wären.

Davis steht schweigend, den Blick gesenkt und vom Lehrer halb abgewandt wie ein Fragezeichen da und hält sich mit der Rechten an der Lehne seines längst schon zu tief geratenen Sessels fest, während er die Linke in den Hosensack stemmt. Als Johnny endlich beim 13. Punkt anlangt und sich in den „Personal Notes" breit macht und seinen zu entlassenden Schüler wegen dessen manchmal zum Vorschein kommender speziellen *Muud* (engl. „mood" = Laune) vermahnt, sehe ich, wie die Knöchel der an der Lehne festgekrallten Hand vor mir blau anlaufen. Endlich entspannen sich die Finger wieder und ergreifen die dargebotene Hand Johnnies. Auch mein Glückwunsch ist willkommen. – Was man bei uns grinsend und wie ein antiquiertes folkloristisches Ritual hinnehmen würde, wird hier mit tiefem Ernst begangen. Es ist der Eintritt ins Erwachsenenleben, die ganze Gemeinde nimmt Anteil daran. Für Davis ist nun die Kindheit vorbei, und er wird im Sommer auch nicht mehr zu den unter Johnnies Aufsicht stehenden *Gårtnmanndlen* im Gemüsegarten gehören. Jetzt wird er einen Erwachsenenjob bekommen und vom „farmboss" dem „Kühmentsch", dem „Schweinmentsch" oder dem „Schreinder" zugeteilt werden. Im Lauf der Jahre wird er einige dieser „Ämtlein" kennen lernen, sowohl „lebendige" (z.B. „Kühmentsch") als auch „tote" (z.B. Schreiner). Später einmal wird er selbst vom „Rat" (den Gemeindeführern) zu einem Amt „geordnet" oder von der „Gemeinde" (der Gesamtheit der getauften Brüder) dazu „gestimmt" wer-

[9] Die angeführten Passagen entsprechen der Orthographie der schriftlichen Version der „Vermahnung".

den. „Mit Geld ehrlich zu sein und nicht stehlen" – spätestens dann wird er wissen, wie leicht man z.B. als Chef über eine Schweinezucht mit Tausenden von Tieren die ganze Gemeinde in den Ruin führen kann, wenn man Geld veruntreut.

Johnnies Ermahnungen werden Davis noch lange begleiten, denn von jetzt an muss er sich ja, wie es am Beginn der Stunde hieß, „für den Bund, den er mit Gott aufrichten will, zurechtmachen". Und er wird wohl wollen müssen, denn ohne diesen durch die Taufe begründeten Bund kann er weder heiraten noch ein wichtiges Amt bekommen. Das „Zurechtmachen" für die Taufe aber geschieht in der Sonntagsschule bei Lehrer Johnny.

3.3. „Abschied und ein neuer Aufbruch" – Brief an meine Frau vom 25.1.2004

Seit ein paar Tagen bin ich nicht mehr bei den Schmiedenleuten in James Valley, sondern bei den Dariusleuten von West Bench in Saskatchewan, über 1.000 km weiter im Westen. Meinen letzten Sonntag Abend verbrachte ich in James Valley bei Danny-Vetter, seiner Frau Bertha und den noch ledigen Kindern Leah, Alvin, Julia und Johannes. Später kamen noch Richard, ein Sohn des Haushalters, Josh, der „Schweinmentsch", und Arthur, der „Electrician", hinzu. Sie alle singen gern. Richard ist besonders musikalisch. Leah und Julia saßen auf der Couch und strickten. Zwanglos ergaben sich in der Folge beim Singen unterschiedliche Besetzungen für unterschiedliche Genres: deutsch, englisch, religiös, Country-Song. „Bin a Tiroler Bua" sangen sie schließlich alle gemeinsam. Besonders spannend war für sie aber das Abhören ihrer Lieder über mein Aufnahmegerät. Ich versprach, ihnen Kopien zu schicken. Dabei ergab sich die Frage, womit sie diese abspielen würden. Denn Recorder, ja auch Musikinstrumente aller Art sind hier verboten. Für Talente wie Richard ist das besonders hart. Früher hat er sich heimlich den Umgang mit einer Gitarre beigebracht. Doch er wurde entdeckt und die Gitarre zerstört.

Es war mein Abschiedsabend. Knapp vor dem Mittagessen hatte mich Julia angerufen und mir angekündigt, dass die Jugend nach dem Essen für mich singen werde. Man sang vier Lieder religiösen Inhalts. Solche Anlässe sind auch für die Alten erbaulich. Nicht zuletzt ihretwegen klempnerte ich in meine Dankadresse auch eine kleine „Vermahnung" für die Jugend mit ein: Denn ich hätte ja angesichts der Brandkatastrophe erlebt, was *Gmaaschåft* bedeutet, als noch während der Feuersbrunst von den anderen Kolonien Lebensmittel, Küchengeräte, Tische, Bänke usw. herangeschafft wurden. Ob man mit so etwas auch „auswärts" rechnen könne, sei wohl mehr als fraglich. Die *Gmaa* habe auch mich herzlich aufgenommen. Sie habe mich ernährt und behütet. Die Gemeinde der Hutterer habe nun schon mehr als 450 Jahre allen Verfolgungen und Gefährdungen zum Trotz überlebt. Sie wird auch in der Zukunft den jungen *Dianen* und *Buabm* eine sichere Heimat sein. – Jeder wusste, dass ich auf den 19-jährigen Trevis anspielte, der eine Woche zuvor weggelaufen war. Ob ich überzeugen konnte, bleibt dahingestellt. Gar zu märchenhaft klingen die Geschichten von den riesigen Geldsummen, die ein geschickter Bursch bei den Ölförderstellen in Saskatchewan angeblich verdienen kann.

Später, beim Abendessen, raunte mir William, ein Sohn des ganz besonders orthodoxen Martin-Vetter, schelmisch zu: „The last supper." Tatsächlich war es aber noch keineswegs sicher, ob ich am nächsten Tag wirklich würde abreisen können. Immerhin aber wusste ich, dass David-Vetter, der ältere Bruder des Predigers, gerne nach Saskatchewan fahren würde. Dies teilte ich dem Prediger mit. Doch John-Vetter zeigte sich reserviert: „Sii [engl. „see"]", meinte er, „der David-Vetter wird überall hinfahren wollen, wenn man ihn lasst." Die Reiselust des Mittsechzigers hatte ich aber selbst schon bemerkt, denn längst hatte David mit mir vorsorglich mein Weiterkommen erörtert. Somit war klar, dass der Zeugbruder[10] David wollte, und ich wollte natürlich auch! Denn was konnte mir Besseres passieren, als mit meinem ganzen Gepäck zu einer entlegenen Kolonie im einsamen Saskatchewan gebracht zu werden, viele Meilen vom Highway entfernt. Und David-Vetter könnte von dort weiterfahren nach Alberta. Denn dort lebt Sharlene, seine Tochter. Sharlene ist eine „Weglauferin" und lebt seit Jahren in Calgary. David und seine Frau Lilianne würden sie nur allzu gern einmal besuchen. Somit waren unsere Motive abgeklärt.

Von jenem Augenblick an wurde ich viel gefragt, auf welche Art ich denn nun weiterreisen würde. Inzwischen hatte Timmy, der „Kühmentsch", dem David-Vetter eine Fuhre angetragen. Seit es die Küche nicht mehr gab, käste Timmy in der benachbarten Kolonie Starlite und lagerte den Käse im Gänse-Bruthaus. Jetzt hatte Timmy genug für einen Transport beisammen. Dieser Umstand veränderte den Sachverhalt erheblich, denn jetzt war die Reise kein „Spazieren" (Besuche machen) mehr, sondern ein „Paying Trip", etwas Geschäftliches. Und Prediger John-Vetter, der mir die Fahrt gönnte, meinte, jetzt sei die Entscheidung Sache des Haushalters.

Bruder Aaron ist der Haushalter von James Valley, und ebenso wie David ein leiblicher Bruder des Predigers. Aaron meinte zunächst trocken, den Käse müsse man nicht nur wegtransportieren, sondern auch verkaufen, Timmy möge sich also um die „Sales" kümmern. Doch auch Aaron gönnte mir die Fahrt, und so setzte er sich selbst ans Telefon, und im Handumdrehen war unsere Fracht so gut wie verkauft. Sie musste nur noch transportiert werden. Wenn auch der eigentliche „Trieb"

[10] Mitglied des „Rats"; zu „Zeuge", vgl. Scheer 1987: 313.

für David nicht der Käse, sondern die Tochter in Alberta und seine allgemeine Wanderlust sei, wie der weltkundige Manager wohl wusste.

Ob wir nun aber wirklich ein *Wiaggl* (engl. „vehicle“ = Fahrzeug) bekommen würden, war damit noch immer nicht entschieden. Denn immerhin würde David damit mindestens eine Woche unterwegs sein. Das war nun eindeutig ein Fall fürs *Schtiebl* („Stüblein“ = Lehrstube, Kirche), denn so eine Sache konnte nicht bloß im täglichen „Rat“ unter den „Zeugbrüdern“ allein entschieden werden. Und so mussten der Erste und der Zweite Prediger, Haushalter Aaron, der Weinzedel Sam sowie der Zeugbruder David schon auch alle anderen getauften Brüder mitreden lassen. Außerdem war auch noch über einen zweiten Fall zu befinden, denn Patrick, der „Computermentsch“, wollte mit seiner Frau Betty und dem erst sechs Monate alten Titus in den U.S.-Bundesstaat Washington fliegen, wo er Verwandte hat, denn vor seiner hutterischen Wiedergeburt hatte er dort an einer Uni Programmieren für Architekten gelehrt. In der amerikanischen Hutterergeschichte ist er der einzige „Bekehrte“. Dazu höflich, fesch, gebildet und von einer hervorragenden Fachkompetenz. Mit seinem Beitritt zu den Hutterern hat er auch Deutsch gelernt. Was meinen Fall anging, war Patrick zuversichtlich, denn wenn das Management sich einig ist, wovon auszugehen sei, werde es bei den anderen Brüdern kaum Schwierigkeiten geben. Und sollte sich Widerspruch regen, und es ist nur einer, der sich „lupft“ (aufsteht), falle das nicht weiter ins Gewicht.

Inzwischen war es also Sonntag Abend geworden, und man hatte noch immer nicht „gestübelt“, denn in den letzten Tagen hatte immer irgendwer von den Brüdern gefehlt.[11] Eine halbe Stunde vor Mitternacht platzte Zeugbruder David-Vetter in unsere Singrunde beim Danny-Vetter: *Mir fåhrn morgn in die Friah, måch dich fertich!*, beschied er mir in gewichtigem Ton. – *Wåffra Wiaggl nimmpst denn?* („Was für ein Fahrzeug nimmst du denn?“) wollten die jungen Brüder Josh und Arthur sofort wissen. *Äs Phänel*,[12] vermeldete David mit Bestimmtheit. Damit waren die beiden anderen aber nun gar nicht einverstanden, denn es war gerade wieder einmal irgendwo eine „Leicht“ (Begräbnis) zu begehen, und da würde man gerade den Bus dringend benötigen. Doch David wollte nun einmal das „Panel“ und nicht den alten „Fourdoorer-Pickup“. Die sonore Willenskundgebung des Alten walzte den Miniaufstand der Jungen im Handumdrehen nieder. Offensichtlich hatte David sich im „Rat“, dem er ja selbst angehört, durchgesetzt. Doch wie konnte er gar so sicher sein, dass die von ihm voreilig verkündete Entscheidung von den „gemeinen“ Brüdern auch bestätigt werden würde?

---

[11] Stimmberechtigt sind nur die getauften Männer.

[12] Engl. *panel van* = Lieferwagen; hier: Kleinbus.

Inzwischen war der Montag herangegraut und hatte sich langsam zu meinem letzten Frühstück um 7 Uhr 15 gelichtet. Um mich herum war diesmal kein Platz leer geblieben. Josh, der „Zweite Kühmentsch", Elias, der „Schweinmentsch", Edward, der „Plumber", Timmy, der Boss vom *Kuhschtl* („Kuhstall"), Aaron junior, der „Zweite Schweinmentsch", – sie alle waren da. Um 7 Uhr 30 betrat plötzlich der Prediger die Essstube. Seit der Brandkatastrophe hatte er sich seine Mahlzeiten nur noch nach Hause bringen lassen. Doch jetzt war er plötzlich im Speisesaal erschienen, die breite, schwere Gestalt wie immer leicht nach vorne gebeugt, ein gütiges Lächeln im bärtigen Gesicht, konstatierte er zufrieden: *Sain åålla dåå haint, die Priiadr*. Ja, die getauften und damit stimmberechtigten Männer waren heute alle zugegen. Jetzt begaben sie sich zum „Stübeln" in die Kirche. Was mich betraf, so hatte ich meine Koffer bereits gepackt und konnte nur noch abwarten, was weiter geschehen würde.

Der Spruch des „Stübleins" ließ auf sich warten, und so verbachte ich die Zeit mit Aufräumen in meinem Zimmer, Ausleeren von Papierkörben und ähnlichen unaufschiebbaren Dingen. Dann kam Patrick zu mir herauf. Es sei alles nach Wunsch gegangen, ich werde mit David noch heute gegen Westen aufbrechen, und er wird mit Frau und Kind am 6. Februar nach Washington fliegen. Und auch die Brüder würden ihr „Panel" zum „Leicht-Spazieren" bekommen, man würde halt eines mieten. Bald polterte auch David ins Haus: Wo ich denn stecke, ich tue ja gerade so, als ob ich nicht mitfahren würde. Umgehend machten wir uns im Panel breit, ich vorne, Lilianne allein in der zweiten Reihe, und dahinter der Käse und mein Gepäck. David pilotierte. Noch auf dem Gelände von James Valley holte mich Danny-Vetter zum Mikro des Jamesvaller Autofunks. Ob ich denn diesen kenne: Da seien einmal zwei Chinesen durch Saskatchewan gefahren. Sie hätten pausenlos in die Gegend geknipst. Als sie endlich einmal auf einen Menschen stießen, wurden sie gefragt, was sie denn da ständig zu fotografieren hätten. Da entgegneten sie, dass sie noch nie eine Gegend gesehen hätten, wo es so viel Nichts gäbe wie hier.

Das war Danny, mit dem ich erst Wochen nach meiner Ankunft das erste Mal ins Gespräch gekommen war. James Valley. Nun war auch das Geschichte. Jetzt ging ich „West", und ich war gespannt, was mich dort erwarten würde.

LITERATUR

Lorenz-Andreasch, Helga. 2004. *Mir sein jå kolla Teitschverderber: Die Sprache der Schmiedeleut-Hutterer in Manitoba/Kanada*. Wien: Edition Praesens.

Packull, Werner O. 2000. *Die Hutterer in Tirol: Frühes Täufertum in der Schweiz, Tirol und Mähren*. Innsbruck: Universitätsverlag Wagner.

Rein, Kurt. 1977. *Religiöse Minderheiten als Sprachgemeinschaftsmodelle: Deutsche Sprachinseln täuferischen Ursprungs in den Vereinigten Staaten von Amerika*. Wiesbaden: Franz Steiner.

Schabus, Wilfried. 1996. *Die Landler: Sprach- und Kulturkontakt in einer alt-Österreichischen Enklave in Siebenbürgen (Rumänien)*. Wien: Edition Praesens.

—, 2002. „Die siebenbürgischen Landlerdialekte". In: Bottesch, Martin, Franz Grieshofer & Wilfried Schabus (Hg.). *Die siebenbürgischen Landler: Eine Spurensicherung*. Wien-Köln-Weimar: Böhlau, 179–276.

—, 2005. „Tirolisches im ‚Tirolisch' der Hutterer". In: Pabst, Christiane M. (Hg.). *Sprache als System und Prozess: Festschrift für Günter Lipold zum 60. Geburtstag*. Wien: Edition Praesens, 154–176.

—, 2006. „Südbairische Elemente in der deutschen Mundart der Hutterer". In: Berend, Nina & Elisabeth Knipf-Komlósi (Hg.). *Sprachinselwelten – The World of Language Islands: Entwicklung und Beschreibung der deutschen Sprachinseln am Anfang des 21. Jahrhunderts*. (Reihe Variolingua: Nonstandard – Standard – Substandard 27). Frankfurt/Main: Peter Lang, 273-299.

Scheer, Herfried. 1987. *Die deutsche Mundart der Hutterischen Brüder in Nordamerika*. Wien: Edition Praesens.

Schlachta, Astrid von. 2003. *Hutterische Konfession und Tradition (1578-1619): Etabliertes Leben zwischen Ordnung und Ambivalenz*. Mainz: Verlag Philipp von Zabern.

WBÖ = Institut für österreichische Mundart- und Namenlexika (Hg.). 1963ff. *Wörterbuch der bairischen Mundarten in Österreich*. Wien: Verlag der Österreichischen Akademie der Wissenschaften.

Leonhard Schwärz
Peter Schreiner
Thomas Schöndorfer

„'45'89'04" – Versuch einer filmischen Annäherung an die Exilgemeinschaft der Landler und Sachsen in Apoldo de Sus/Großpold, Rumänien

Im ersten Kapitel werden einige Einblicke in die Filmarbeit gewährt, die im Rahmen einer Exkursion des Institutes für Soziologie unter der Leitung von Univ. Prof. Dr. Roland Girtler 2004 in Großpold/Rumänien entstanden ist. Als Resultat dieser Filmarbeit, die sich mit der Gemeinschaft der dort lebenden deutschsprachigen Minderheiten der Siebenbürger Landler und Sachsen befasste, konnte schließlich der Dokumentarfilm „'45'89'04" realisiert werden.

Um einen möglichst detaillierten Einblick in diese Arbeit zu gewähren, werden zunächst die einzelnen Arbeitsschritte dieser Filmproduktion beschrieben, um schließlich einen Ansatz zu generieren, der, durch Verbindung filmischer und wissenschaftlicher Ansprüche, auch fähig sein soll, einen Beitrag im (sozial-)wissenschaftlichen Erkenntnisprozess zu leisten.

Zentraler Punkt hierbei ist sicherlich, durch eine Kombination wissenschaftlicher und filmischer Kriterien weder einen Film, der als wissenschaftliches Dokument *per se* gültig ist, noch einen rein fiktionalen, auf Gestaltung einer filmischen Dramaturgie konzentrierten Film als Ergebnis anzustreben.

Im zweiten, abschließenden Kapitel sollen – über den Weg einer kritischen Selbstreflexion – Schwachstellen und Problembereiche aufgezeigt werden, anhand deren Analyse schließlich Möglichkeiten der Verbesserung eines Projektes dieser Art angedeutet werden können.

1. FILMARBEIT

1.1. Vorbereitung

Am Beginn einer Filmarbeit steht eine Phase der Vorbereitung und Recherche, die sich zuallererst natürlich mit einer Art Machbarkeitsanalyse der intendierten Arbeit zu beschäftigen hat. Hierbei erscheint es zunächst zentral, sich dem Themengebiet auf einer inhaltlichen Ebene anzunähern.

Dieser Annäherung sind eigentlich keine Grenzen gesetzt, denn je detaillierter der Erkenntnisgewinn ist, der dabei erreicht wird, umso fruchtbarer spiegelt sich dieser Prozess in der Realisierung der darauf folgenden Arbeit wider. In dieser Phase der Recherche wird nun sowohl die Kreativität des gesamten Projektteams, die selbstverständlich in der gesamten Arbeit ständig neu herausgefordert werden soll, als auch die Verpflichtung der einzelnen Mitglieder zur wissenschaftlichen Arbeit in besonderem Maße beansprucht. Dabei erscheint es durchaus sinnvoll, durch eine Verbindung unterschiedlicher wissenschaftlicher Methoden im interdisziplinären Kontext, den Blick auf den „Untersuchungsgegenstand" (das Feld) zu erweitern.

In unserem Fall – das Filmteam setzte sich aus Studenten der Soziologie, Geschichte und Theaterwissenschaft zusammen – konnte dieser Anspruch durchaus positiv erfüllt werden. Im Allgemeinen sind der disziplinären Zusammensetzung des Filmteams sicherlich keine Grenzen gesetzt. Ist ein Interesse von Seiten aller Mitarbeiter vorhanden, so wird eine fächerübergreifende Zusammenarbeit derselben sicherlich zum Gelingen des Projektes beitragen.

Die Recherche erstreckte sich über diverse Felder und Ansätze, um schließlich auch ein möglichst klares Bild und einen Ausblick auf die kommende Arbeit zu ermöglichen. In dieser Phase waren sowohl die Analyse wissenschaftlicher Literatur, eine ausführliche Internetrecherche als auch der Besuch spezifischer Lehrveranstaltungen bei Roland Girtler und die daraus folgenden Diskussionen mit ihm und Studenten, die bereits vor Ort Erfahrungen mit der deutschsprachigen Minderheit sammeln konnten, äußerst hilfreich und zentrale Punkte in der Vorbereitung des Filmprojektes. Aufgrund dieser Vorarbeiten kristallisierten sich einige Hauptthemen heraus, die schließlich Eingang in den Film finden sollten. Hier muss vorausschickend erwähnt werden, dass sich ein Großteil der zu analysierenden Felder dieser Recherche auf das Leben der deutschsprachigen Minderheit in der Vergangenheit, speziell auf die Zeit vor dem Ende des 2. Weltkrieges 1945, beschränkten. Dies hatte zur Folge, dass bedeutende Aspekte der Identitätsstiftung dieser Minderheit ebenfalls im Licht des Vergangenen analysiert und generiert wurden. Basierend auf dieser Recherche konnten nun mehrere Bereiche identifiziert werden, die es schließlich im Rahmen der filmischen Arbeit umzusetzen galt.

Da die Ursache der Zwangsemigration im Insistieren auf dem protestantischen Glauben und in der Verweigerung der Konvertierung zum katholischen Glauben bestand, erschien natürlich der Bereich der Religion als Kerngebiet der Identitätsstiftung der Landler und Sachsen, auf den sich die Dreharbeiten besonders fokussieren sollten. In der weiteren sozialwissenschaftlichen Recherche zum Bereich der protestantischen Ethik, ausgehend von der wissenschaftlichen Arbeit Max Webers, der in seinen Studien zur Thematik „Die protestantische Ethik und der Geist des Kapitalismus“ (s. Weber 1965) weitgehend Idealtypen und daraus resultierende Kausalitäten, die sich aus der Verbindung einer protestantischen Prädestinationslehre und der implizierten Verpflichtung zu einem gottgewollten, arbeitsreichen, auf die Schaffung materieller Güter im Diesseits gerichteten Leben ergaben, ableitete, konnte der Bereich der Arbeit als weitere zentrale, identitätsstiftende Thematik im Leben dieser Minderheit identifiziert werden.

Neben diesen beiden zentralen Bereichen war sich das Filmteam auch bewusst, dass die Form des Zusammen- und Nebeneinanderlebens mit der rumänischen Bevölkerung eine wichtige Funktion im Leben der Landler und Sachsen bilden würde und daher ebenfalls Eingang in den Film finden sollte. Schließlich, basierend auf den Lehrveranstaltungen und Publikationen von Roland Girtler, erschien auch die Analyse der Sprache der Minderheit von weiterem Interesse für das Filmteam. Da diese Aspekte sicherlich auch gegenwärtig noch eine zentrale Rolle im Leben der Landler und Sachsen spielen, jedoch immer mehr in eine Welt der Erinnerung, eines Herbeisehnens und einer daraus resultierenden Verklärung der vergangenen Zeit abgleiten, musste das erarbeitete Konzept vor Ort weitgehend modifiziert werden, um Kernbereiche des gegenwärtigen Lebens dieser Minderheit erfassen zu können.

1.2. Dreharbeiten

Wie in der vorangegangenen Darstellung der Recherche und Vorbereitung angedeutet wurde, können die zwischen 26.5. und 10.6.2004 durchgeführten Dreharbeiten in Apoldo de Sus/Großpold aus sowohl konzeptionellen als auch finanziellen und zeitlichen Gründen nicht als eine inhaltlich, formal oder organisatorisch bereits feststehende bzw. finalisierte Filmarbeit angesehen werden. Die Arbeit vor Ort schloss die Erforschung räumlicher Bedingungen, die, wie vorausgeschickt werden kann, nur teilweise erfolgreiche Kontaktaufnahme mit Vertretern der ansässigen sozialen Gruppen, die Auswahl möglicher Protagonisten, die dazu erforderliche, ständige Berücksichtigung mitgebrachter Erwartungen, Konzepte und Ziele und die unerlässliche Anpassung bzw. Weiterentwicklung derselben an die gegebenen Verhältnisse mit ein.

In diesem Sinne ist die Arbeit vor Ort wohl nur unzureichend mittels gängiger Begriffe aus Bereichen der Filmindustrie etc. zu beschreiben. Vielmehr scheint der Prozess, von der ersten Annäherung an Ort und Mensch bis hin zum abschließenden Ereignis des Interviews mit seiner Dynamik, seinem, bis zu einem gewissen Grad improvisierenden Charakter, eher als fortlaufende Recherche und in diesem Sinne einer Fortsetzung der bereits dargestellten Vorbereitung zu entsprechen. Diese Beschreibung einer „dynamischen Recherche“ soll aber nicht darüber hinwegtäuschen, dass die grundlegende Fokussierung auf die Bereiche Arbeit und Religion, zumindest was die Vertreter der deutschsprachigen Minderheiten betrifft, bestehen blieb und sich darüber hinaus als äußerst hilfreiches, strategisches Instrument erwies. Hier ist vor allem der Pfingstgottesdienst hervorzuheben, der, ob der Verwendung der verfügbaren audiovisuellen Ausrüstung, von allen Beteiligten des Filmteams ein hohes Maß an Sensibilität forderte. Aus den durchwegs positiven Reaktionen, die im Anschluss an die Dreharbeiten seitens der Landler bemerkbar wurden, erwies sich die Präsenz des drehenden Teams während des Gottesdienstes, auch im Sinne einer Demonstration der Methoden und Ziele der Filmemacher sowie ihrer selbst, als durchaus fruchtbare Methode, sich zumindest einem Teil der Gemeinde anzunähern.

Es scheint ein Vorteil der Drehsituation gegenüber einer, sagen wir, rein wissenschaftlichen, möglicherweise teilnehmenden Beobachtung deutlich zu werden. Der Filmemacher gibt sich als solcher (scheinbar) klar zu erkennen, er nimmt nicht aktiv am Geschehen teil, zeigt aber offenkundig Interesse an seiner Umgebung, seinem Gegenüber. Seine Arbeit, sein Instrumentarium und seine Ziele scheinen weniger gefährdet, von diesem Gegenüber hinterfragt zu werden, zumal sie offenkundig an der gegebenen Situation und weiters, im Sinne Sontags, am (zumindest für die Dauer der Aufnahme) bestehen bleibenden Status Quo interessiert sind (s. Sontag 1978 und Ballhaus & Engelbrecht 1995). Die besondere Bedeutung, welche dieses, vom Filmemacher bekundete Interesse und seine Beachtung der Protagonisten für den weiteren Verlauf des hier behandelten Projekts einnahm, soll an späterer Stelle gesondert thematisiert werden.

Auch in der weiteren Recherche, der Kontaktaufnahme und der Auswahl möglicher Protagonisten, schien im konkreten Fall die ständige, wenn auch passive, Präsenz der Filmausrüstung bestehenden Berührungsängsten und Misstrauen entgegenzuwirken. Zudem wurde das Filmteam durch die tagelange, intensive räumliche und soziale Interaktion zu einem festen Bestandteil der dörflichen Szene.

An dieser Stelle muss ein weiters Mal auf die enorme zeitliche Beschränkung des Projekts eingegangen werden. Die a priori feststehende Recherche- bzw. Drehzeit vor Ort ist hier zum einen als enorme Herausforderung, zum anderen als reale Begrenzung des Projekts zu beschreiben. So mussten ursprüngliche Zielsetzungen, wie eine möglichst ausgewogene Auseinandersetzung mit sämtlichen in Apoldo de Sus/Großpold ansässigen Gruppen, einer weitgehenden Fokussierung auf die deutschsprachigen Minderheiten weichen. Sowohl die Sprache als auch ein vorsichtig als altdeutsch-nationalistisch zu bezeichnendes Denken der Landler und Sachsen sind hier als Motor für den weitgehend problemlosen und schlussendlich erfolgreichen Verlauf des Projekts, der Recherche hervorzuheben. Mit anderen

Worten muss das dem (österreichischen) Filmteam entgegengebrachte Vertrauen wohl unter anderem auch bezüglich einer, zumindest im konkreten Fall bemerkbaren, intensiven Tradierung des Selbstverständnisses einer Exilgesellschaft als Abstammungsgemeinschaft und eines daraus folgenden, zumindest für die mitteleuropäische Wahrnehmung anachronistisch anmutenden Nationalitätenbewusstseins bewertet werden.

Ungleich schwieriger ist der, schlussendlich aus zeitlichen Gründen erfolglose, Versuch einer Annäherung an die ebenfalls ansässigen Gruppen der Rumänen und Kalderasch darzustellen. Hier sind, besonders im Hinblick auf die Gemeinschaft der Kalderasch, vor allem sprachliche Barrieren zu nennen, die eine angemessene Auseinandersetzung in der gegebenen Zeit verhinderten und zu einer bewussten Fokussierung auf Landler und Sachsen führten.

Ebenso wie eben beschriebene rahmengebende Konstanten sind in vergleichbarem Maße inhaltliche Faktoren zu nennen, welche dem Projekt seinen, oben ausgeführten, dynamischen Charakter verliehen. Hier ist vor allem der Übergang von einer theoretischen, hauptsächlich auf Lektüre basierenden Auseinandersetzung, hin zur praktischen Erfahrung vor Ort zu nennen, welcher wohl in jedem Fall zu einer, wenn auch nicht umfassenden, so doch grundlegenden Veränderung von Erwartungen, Konzepten und Zielen führt oder zumindest führen kann. Wie schon dargelegt, konnten im konkreten Fall zentrale, identitätsstiftende Bereiche wie Arbeit und Religion der Prüfung vor Ort standhalten und als aktive Ansätze einer filmischen Annäherung genutzt werden. In dem entstehenden Bild aktueller Befindlichkeiten einer im Aussterben begriffenen Minderheit konnten diese traditionellen Konstanten jedoch keinen zentralen Platz einnehmen. Es wäre wohl vermessen, diese Prozesse der Modifikation bestehender Konzepte allein den Perspektiven und weiters der Konzeptionalisierung des Filmteams zuzuschreiben. Vielmehr erscheint diese Entwicklung als vielschichtig und sowohl von Seiten des Teams als auch von Seiten der Landler und Sachsen, also durch die Protagonisten selbst, getragen. Letzteren wurden, im Rahmen der Gespräche vor der Kamera, vergleichsweise wenig Grenzen gesetzt und nur in äußersten Fällen des Abschweifens die Kontrolle über das Gespräch entzogen. Diese grundsätzlich riskante Vorgehensweise erwies sich in den zahlreichen Gesprächen schlussendlich als äußerst fruchtbare Methode. Auf diesem Weg konnten ohne große Einflussnahme seitens des Filmteams zentrale Belange einer, sich wohl im Spätherbst ihrer Existenz befindlichen, Exilgesellschaft aufgespürt und in das laufende Konzept aufgenommen werden.

Es scheint hier, allein aus Gründen des Umfangs, aber auch, um dem Film an sich nicht vorzugreifen, der falsche Ort, dieser komplexen Welt der Erinnerung, mit ihren zahllosen Verknüpfungen aus leidvollen und verklärenden Elementen, einen detaillierten Blick zuzuwerfen. Für den Verlauf der „Recherche“ bzw. der „Dreharbeiten“ von besonderer Bedeutung erscheint aber die bereits angesprochene „Beachtung“ des Gefilmten. Was Ballhaus einen „Zustimmungs- und Komplottcharakter“ (Ballhaus & Engelbrecht 1995: 34) nennt, kann angesichts der konkreten Arbeit auch auf die bloße Anwesenheit und die Bereitschaft dem Gegenüber zuzuhören, Zeit zu investieren und darüber hinaus den Erzählungen einen gewissen technischen Aufwand zu widmen, reduziert werden. Die Gesprächssituation bei laufender Kamera erweist sich in diesem Sinne also auch als Komplex verschieden gearteter Interessen, wobei die grundsätzlich überlegene Position des Filmemachers hier nicht verschwiegen werden soll. Im besten Fall gehen beide Seiten als Gewinner „vom Feld“. Verlieren beide, so beklagt der Filmemacher schlimmstenfalls eine verpasste Chance, möglicherweise finanziellen Verlust, während für sein Gegenüber in jedem Fall mehr auf dem Spiel steht.

1.3. Materialsichtung, Themenfindung und *Storyboard*-Entwicklung

Nach dem Abschluss der zweiwöchigen Dreharbeiten in Apoldo de Sus/Großpold, die schließlich zur Aufzeichnung von ca. 22 Stunden Film- und 20 Stunden Tonmaterial führten, stand das Filmteam vor der Aufgabe, das vor Ort gesammelte Material zu bearbeiten und schließlich einen Film zu produzieren.

Es erwies sich hierbei für den Bereich der Materialsichtung von wesentlicher Bedeutung, zwischen den Dreharbeiten und dem Beginn der konzeptuellen Nachbearbeitung des gedrehten Materials eine gewisse Zeitspanne verstreichen zu lassen – in unserem Fall erstreckte sich diese Phase über einen Zeitraum von zwei Monaten –, um eine notwendige Distanz zum erlebten und gedrehten Geschehenen herzustellen und eine damit verbundene Objektivierung gegenüber dem Filmmaterial selbst zu erleichtern. Dieser Gewinn an Abstand erwies sich auch für die weiteren Arbeitsschritte als äußerst hilfreich, da vor allem im ersten Prozess einer Materialsichtung ein objektiver, distanzierter, von selektiver Wahrnehmung weitgehend befreiter, zur Selektion anhand unterschiedlicher Kriterien jedoch befähigter Blick von fundamentaler Bedeutung erscheint.

In dieser ersten Phase stand nun also die Sichtung des gesamten Materials, sowohl der Film- als auch der Tonaufnahmen, im Vordergrund. Im Rahmen dieses ersten intensiven Arbeitsschrittes, dem sicherlich ein weitgehend explorativer Charakter zugewiesen werden kann, wurde jedoch bereits der Prozess der Selektion des betrachteten Materials eingeleitet, der sich in weiterer Folge als ein stufenförmiger Prozess erwies, der sich durch jede weitere Stufe der Entwicklung und Auswahl weiter an das filmische Endprodukt anzunähern vermochte. Die daraus entstandenen Notizen spiegelten schließlich eine erste, grobe Gliederung des Filmmaterials wider, die es nun in der nächsten Phase zu konkretisieren galt. Gerade in dieser ersten Phase und den darauf folgenden Arbeitsschritten erwies sich die bereits erwähnte Interdisziplinarität der Arbeitsgruppe ein weiteres Mal als äußerst hilfreich und produktiv, da die einzelnen Mitarbeiter ihre spezifische Expertise einbringen konnten und somit dem Film ebenfalls eine erweiterte Perspektive ermöglichten.

Im Anschluss an die vollständige Sichtung des zur Verfügung stehenden Materials und anhand daraus erfolgter Grobgliederung konnte nun im nächsten Arbeitsschritt bereits ein konkreteres Design der filmischen Arbeit eingeleitet werden. In dieser Phase erfolgte nun eine weitaus detailliertere Kategorisierung des filmischen Materials, die sich schließlich in der Entstehung von *timecode*-Listen der Film- und Tonaufnahmen manifestierte. Im Rahmen dieses Systems wurde das gesamte Material ein weiteres Mal gefiltert und schließlich soweit codiert, d.h. mit einem *timecode* sowie einer inhaltlichen und audiovisuellen Kurzbeschreibung versehen, dass im nächsten Arbeitsschritt bereits eine intensivere inhaltlich-thematische Gliederung des Filmes entstehen konnte.

In diesem nächsten Arbeitsprozess, der inhaltlich und zeitlich sicherlich aufwendigsten Produktionsstufe, wurde nun die bereits erzeugte Kategorisierung in ein thematisches System des dazugehörigen Film- und Tonmaterials übersetzt. Mithilfe einer weiteren Sichtung der bereits grob gegliederten Szenen wurde dann ein Karteikartensystem (s. Abb. 1) entwickelt, in dessen Rahmen die einzelnen Sequenzen, die Protagonisten dieser Sequenzen sowie zentrale inhaltliche Informationen und der dazugehörige *timecode* auf jeweils einer Karteikarte notiert wurden. Aufbauend auf dieser Entwicklung konnte nun eine weitere Kategorisierung der einzelnen Szenen erfolgen.

In der nächsten Stufe wurde das bereits in der Phase der Vorbereitung und Recherche erarbeitete (sozial-)wissenschaftliche Konzept mit dem tatsächlichen, dem dynamischen Prozess der konkreten Filmarbeit und der gesammelten Eindrücke am Ort des Geschehens vereint. Als passend, auch für den weiteren Verlauf der Filmarbeit, erwies sich schließlich die daraus erfolgte Generierung eines thematischen Systems, das sich an den zentralen, für die Minderheit der Gegend relevanten Thematiken und Lebensumständen orientierte. Mit diesen Analysen wurde ein weiteres Schema entwickelt, das die nun erarbeiteten sozialen Kategorien, die den Alltag der Landler und Sachsen wesentlich bestimmen, darstellte. Diese Themenfelder konnten schließlich in den Bereich der Arbeit, den Bereich der Religion, in die Situation während und nach dem 2. Weltkrieg sowie in die Zeit nach dem Sturz Ceauşescus 1989 und der dann einsetzenden Emigration der jungen Landler und

Sachsen nach Deutschland und Österreich – und dem damit verbundenen Problem der Angst vor einem Verlust dieser Lebenswelt und dem Aussterben der Minderheit – unterteilt werden.

Die so erarbeiteten thematischen Blöcke wurden nun ebenfalls im Karteikartensystem eingearbeitet, wodurch bereits ein gut strukturierter Überblick erzeugt werden konnte.

Als Folge dieses Arbeitsschrittes wurde schließlich mit dem Aufbau eines *storyboards* (s. Abb. 2), eines verbildlichten Schnittplanes, begonnen. Im Lauf dieses Analyseprozesses, der

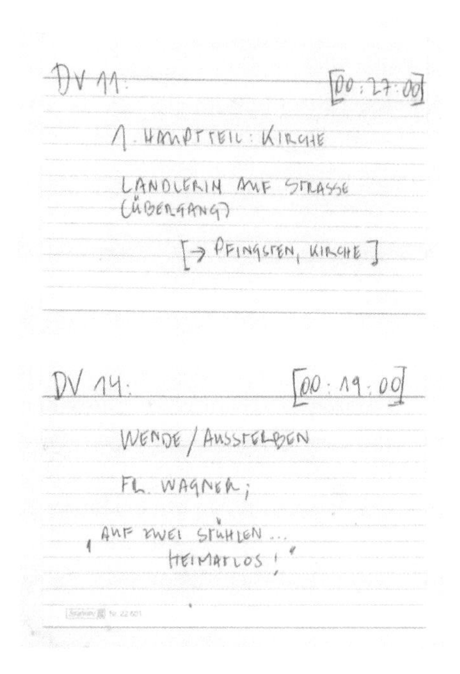

Abb. 1: Karteikarte

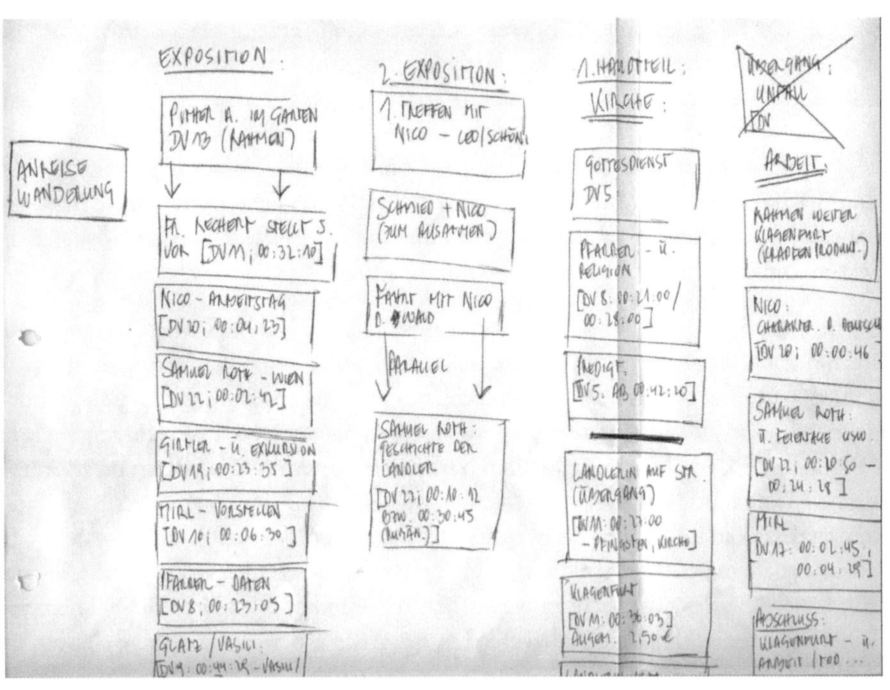

Abb. 2: Szenenüberblick, Visualisierung des theoretischen Konzepts.

eine entscheidende inhaltliche Annäherung an das filmische Endprodukt bedeutete, arbeitete das Filmteam entlang zweier Ebenen, der Ebene eines (sozial-)wissenschaftlich ausgerichteten Ansatzes auf der einen Seite und der Ebene eines filmisch orientierten Ansatzes auf der anderen Seite. Die unterschiedliche Gewichtung dieser beiden Ebenen vermochte, auch im Rahmen des folgenden Schnittprozesses und der Endfertigung des Filmes, ebenfalls wesentlichen Einfluss auf die inhaltliche Gestaltung des Filmes auszuüben.

Als für den Prozess der Themenfindung und *storyboard*-Entwicklung wesentlicher Ansatz stellte sich nun zuerst die Ebene der (sozial-)wissenschaftlich orientierten Analyse des Materials anhand der zuvor beschriebenen, im Rahmen der Recherche und Vorbereitung sowie im Lauf der Dreharbeiten vor Ort erarbeiteten zentralen Themenfelder heraus. Bereits in dieser Phase beeinflusste jedoch auch die zweite zentrale Ebene, der Ansatz eines filmisch orientierten Anspruches, die Gestaltung des entwickelten Schnittplanes und somit in Folge natürlich ebenfalls die Gestaltung des filmischen Endproduktes. Die Verflechtung dieser beiden Ebenen ist nun sicherlich nicht als Prozess zu beschreiben, der es ermöglicht, den Einfluss des jeweiligen Ansatzes klar zu bestimmen und darzustellen. Die Verbindung der beiden Ebenen kann sicherlich eher in Form eines dynamischen Wechselspieles zwischen Haupt- und Nebenbedingungen beschrieben werden, das in der Phase der Themenfindung und *storyboard*-Entwicklung die Ebene des (sozial-)wissenschaftlich orientierten Anspruches im Sinne einer Hauptbedingung in den Vordergrund stellte, während implizit die Nebenbedingung eines filmisch orientierten Anspruches, als eine der filmischen Dramaturgie verpflichtete Vorgabe, natürlich immer selbst auch Einfluss zu nehmen vermochte. Wie bereits erwähnt, muss dieser Vorgang als ein komplexes, von ständiger Wechselwirkung zwischen den Ansprüchen geprägtes Schema begriffen werden, dessen isolierte, möglicherweise quantifizierende Analyse nicht möglich erscheint. Es kann lediglich festgehalten werden, dass eben in diesem Arbeitsschritt ein (sozial-)wissenschaftlicher Ansatz im Vordergrund stand, während im folgenden Arbeitsschritt, der Phase des Filmschnittes, der filmisch orientierte Ansatz von primärer Bedeutung war.

1.4. Montage

Wie bereits angedeutet sollten in der folgenden Darstellung der vorgenommenen praktischen Montage nach vorangegangener, detaillierter Konzeptfindung bzw. theoretischer Re-Konstruktion des gewonnenen Materials, die filmischen Aspekte des vorliegenden Projekts in den Vordergrund treten. Eine *per se* zum Scheitern verurteilte Interpretation des aus diesem Prozess resultierenden Films bzw. diverser Teilaspekte desselben durch die Filmemacher selbst soll dabei aus nahe liegenden Gründen vermieden werden. Es erschien jedoch sinnvoll, an dieser Stelle dem, wie oben beschrieben, weitgehend unter Anwendung wissenschaftlicher Methoden entstandenen Konzept, welches natürlich einer grundlegenden dramaturgischen Strukturierung nicht entbehrte, im angewandten Schnittprozess besondere Aufmerksamkeit zu schenken.

Es darf hier vorausgeschickt werden, dass der Versuch einer möglichst direkten Umsetzung des gewonnenen, theoretischen Konzepts nur teilweise von Erfolg gekrönt war. Mögliche Erklärungen dafür, welche sich von der ästhetischen, rhythmischen und dramaturgischen Praxis der Montage bis hin zur wiederum praktischen Auseinandersetzung mit Aspekten eines theoretischen Konzepts erstreckten, können nur anhand ausgewählter Beispiele formuliert werden.

Von besonderem Interesse erscheint hier der Wandel eines Konzepts, welches auf sehr umfangreiche Weise sowohl die bereits mehrfach erwähnten, identitätsstiftenden Bereiche Arbeit und Religion zum Inhalt hatte, als auch die jüngere Geschichte und aktuelle Befindlichkeit der deutschsprachigen Minderheiten in das angestrebte filmische Endprodukt aufzunehmen versuchte. Diese, augenscheinlich von wissenschaftlichem Denken bzw. wissenschaftlichen Interessen geprägte, Strukturierung erwies sich in der Montage als nicht realisierbar bzw. mit grundlegenden dramaturgischen Regeln (auf die ästhetischen Ansprüche des Teams sei hier ebenfalls hingewiesen) nicht vereinbar. Die besondere Herausforderung bestand nun darin, den Charakter des entwickelten Konzepts bzw. das zu diesem Zeitpunkt ohne Frage bereits entworfene, wenn auch theoretische, inhaltliche „Idealbild“ des entstehenden Films so weit wie möglich zu erhalten und darüber hinaus ein im filmischen bzw. künstlerischen Sinn anregendes Resultat zu erzielen.

Versucht wurde dieser „Spagat“ mittels einer weitgehenden Konzentration auf die gegenwärtige Situation, auf das aktuelle Befinden der Landler und Sachsen, auf Kosten der ursprünglich (siehe 1.1. Vorbereitung) vorgesehenen zentralen Bereiche Arbeit und Religion. Wie bereits aus 1.2. (Dreharbeiten) ersichtlich, ist diese grundlegende Verlagerung des Akzents jedoch nicht allein Produkt der Re-Konstruktion, sondern wohl auch im Kontext der gesamten Projektentwicklung zu betrachten. Hier erscheint es unerlässlich, auf eine, besonders in der Auseinandersetzung mit den jene Exilgemeinschaft konstituierenden Faktoren, auffällige Ambivalenz zwischen historisch tradierter und aus den Erfahrungen der jüngeren und jüngsten Geschichte geborener Identität hinzuweisen. Dabei scheint erstere weitgehend in der Erinnerung an „bessere Zeiten“ (gemeint ist hier im Wesentlichen die Zeit vor 1945) ihren Platz gefunden zu haben. Ausgehend von den traumatischen Erinnerungen an die Deportation der deutschsprachigen Minderheiten nach 1945, über die Zeit der kommunistischen Herrschaft, bis hin zur Wende 1989 und dem damit einsetzenden Prozess der Abwanderung, scheint ein, natürlich nicht von der ursprünglichen Identität trennbares, aber zumindest ergänzendes, in gewissem Sinne aktualisiertes, Selbstbild einer „Leidensgemeinschaft" fassbar zu werden. Es wäre also, um auf das eigentliche Thema der filmischen Montage zurückzukommen, zu kurz gegriffen, ebenjene unter Ausschluss der alle Bereiche erfassenden Wechselwirkung zwischen theoretischen und praktischen Ansprüchen der hier beschriebenen Projektentwicklung zu begreifen.

Als grundsätzlich problematisch im Zusammenwirken wissenschaftlicher Methodik und filmischen Anspruchs, erwies sich a posteriori das Dilemma zwischen einer ihrem Wesen nach möglichst wertfrei und unter Berücksichtigung aller greifbaren, für das Thema relevanten Zusammenhänge, arbeitenden Wissenschaft und einer, nach dramatischen Strukturen und daraus resultierender, gesteigerter Pointierung strebenden Filmarbeit. In der Montage kommt dieses Problem in besonderem Maße zum Vorschein, da es sich hier letztlich immer um die Konstruktion einer Interpretation bzw. die Re-Konstruktion individueller Wahrnehmung handelt. Am Beispiel des, im Kapitel „Dreharbeiten" (1.2.) bereits als „altdeutsch-nationalistisch" bezeichneten, Denkens der angetroffenen deutschsprachigen Minderheiten lassen sich einige Überlegungen zum Verhältnis zwischen einem zumindest zum Teil auf wissenschaftlichem Boden stehenden Konzept und einer grundsätzlich als unwissenschaftlich zu beschreibenden Filmmontage anstellen.

In der Recherche vor Ort bzw. bei den Dreharbeiten wurde klar, dass es aufgrund der angetroffenen politischen, sozialen und in besonderem Maße interkulturellen Positionen zu schwerwiegenden Problemen der Darstellung kommen würde. Der Anspruch, weder auf die Illustration fragwürdiger Haltungen zu verzichten, noch aufgrund eben dieser ein unausgewogenes, bloß bestehende Vorurteile bestärkendes Bild zu generieren, wurde im Lauf der gesamten Arbeit zu einer der zentralen Herausforderungen des Projekts. Hier schien es notwendig, sich möglichst von einer filmisch komprimierten, pointierten Darstellung zu entfernen und den historischen, sozialen und auch psychologischen Hintergrund des Gesehenen zu beleuchten. Liegt es auch gänzlich fern, den resultierenden Film als „wissenschaftlich" zu bezeichnen, so muss doch darauf hingewiesen werden, dass er nicht allein als Produkt filmischer Überlegungen und Methoden zu sehen ist.

Hier tritt wohl in besonderem Maße die Problematik einer oft sehr strengen Trennung zwischen so genanntem „Kunstfilm" und „wissenschaftlichem Film" in den Vordergrund. Es lässt sich im konkreten Fall nicht leugnen, dass der schlussendlich resultierende Film auch ein Produkt einer Auswahl, eine die Interpretationen und Anschauungen der Filmemacher formulierende Komposition darstellt. Bei näherer Betrachtung scheint aber gerade dieser Aspekt des (sowohl Dokumentar- als auch Spiel-)Films Parallelen zum Wesen akademischer Arbeit aufzuweisen. Dies soll nicht bedeuten, dass das Wesen des Films für die Klärung geschichts- oder sozialwissenschaftlicher Fragestellungen geeignet sei. Vielmehr erscheint es hier sinnvoll, die Rolle des Films als Form des Diskurses hervorzuheben und abschließend eine grundsätzliche Kategorisierung in Kunstfilm bzw. wissenschaftlichen Film verstärkt zu hinterfragen.

2. REFLEXION

Um schließlich einem Film- und Forschungsprojekt dieser Form, zumal es sich in unserem Fall um ein Pilotprojekt handelte, einen über die konkrete Produktionsarbeit hinausgehenden, auch für zukünftige Projekte nutzbaren Charakter zuweisen zu können, bedarf es zunächst einer reflexiven Kritik am Filmprojekt, die als Basis für eventuelle Nachfolgeprojekte im Stande sein sollte, nun über diese Problemanalyse hinaus auch Verbesserungsmöglichkeiten aufzuzeigen.

Im Bereich der konkreten Filmarbeit stellten sicherlich, wie bereits erwähnt wurde, die diversen Limitierungen, sowohl in der Vorbereitung als auch in der Produktion, das Filmteam vor weitreichende Probleme, die im Rahmen eines zukünftigen Projektes dieser Art bereits in der konzeptuellen Entwicklung zu berücksichtigen und zu lösen wären. Als zentrales Problem im Lauf der Filmarbeit erwies sich zuerst der zeitlich äußerst begrenzte Rahmen der Vorbereitung und der Dreharbeiten. Vor allem der Bereich der Recherche und Vorbereitung – für die Durchführung des gesamten Projektes von tragender Bedeutung – sollte sich weitaus intensiver in das Filmprojekt einbetten. Hierbei wäre vor allem eine Auseinandersetzung sowohl mit den möglichen Drehorten als auch mit den möglichen Protagonisten durch eine Feldforschung ohne filmtechnische Ausrüstung in der ersten Phase des Projektes besonders fruchtbringend. Der dadurch ermöglichte Erkenntnisgewinn, der kaum mittels der im Rahmen dieses Projektes angewandten Methoden der Vorbereitung und Recherche antizipiert werden konnte, könnte schließlich in die Entwicklung eines Konzeptes Eingang finden, das eine weitaus intensivere filmische Annäherung darzustellen in der Lage wäre.

Im konkreten Fall unseres Filmprojektes über die deutschsprachige Minderheit in Apoldo de Sus/Großpold hätte diese eben beschriebene, intensivere Auseinandersetzung in der Planungsphase sicherlich eine Erweiterung des Konzeptes entlang der bereits angedeuteten Dimensionen bedeutet. Ein Einbau der so erst im Lauf des dynamischen, eben auch den Charakter einer Recherche aufweisenden Prozesses der Dreharbeiten vor Ort erarbeiteten Modifikationen des Konzeptes in Richtung einer Erfassung der gegenwärtigen Situation der Landler und Sachsen als eine im Aussterben begriffene Minderheit im Rahmen des Filmes wäre so notwendigerweise bereits vorab konzeptuell zu erfassen und später im Lauf der Dreharbeiten weitaus detaillierter umzusetzen gewesen.

Als weiterer Problembereich, der bereits vor Ort, sicherlich jedoch im Rahmen der Endfertigung und anschließenden Präsentation identifiziert werden konnte, erweist sich die heikle Frage nach der Ausgewogenheit des filmisch präsentierten Dokuments. Da es dem Filmteam im Zuge dieser Produktion nicht möglich war, einen Zugang zu den anderen Bevölkerungsgruppen im Dorf zu finden, und sich der Film somit inhaltlich auf die Analyse der deutschsprachigen Minderheit beschränkt, drängt sich nun die Frage nach Ausgewogenheit des präsentierten Resultates auf. Ohne in dieser Frage intensiver auf die Theorie des Dokumentarfilmes einzugehen, sollte jedoch erkannt werden, dass in der Produktion eines Filmes die Fokussierung auf eine spezifische Gruppe und deren Blickweise durchaus legitim und in vielen Fällen erkenntnisreicher sein kann als ein Versuch der Dokumentation sämtlicher, dem jeweiligen Feld zuzuordnender Protagonisten und deren spezifischer Blickwinkel.

Im Fall der Landler und Sachsen in Apoldo de Sus/Großpold erwies sich diese einseitige Sichtweise jedoch bereits im Lauf der Dreharbeiten als zusehends problematisch für alle Mitglieder des Filmteams. Da im Lauf der meisten Gespräche und Interviews der Bereich des Zusammenlebens mit den anderen Bevölkerungsgruppen im Ort angesprochen wurde, der sich für die meisten Landler und Sachsen eher als ein Nebeneinander, häufig in Form einer auf den Bereich der Arbeit beschränkten Beziehung, in einigen Fällen jedoch sogar als eine Situation des Gegeneinander, mit all den dadurch implizierten Ab- und Ausgrenzungen, darstellte, drängte sich nun auch bereits im Lauf der Dreharbeiten die Frage nach einer adäquaten Möglichkeit der Darstellung ebendieser anderen Bevölkerungsgruppen im Rahmen des Filmes auf. Da jedoch diese „Schräglage" in der Vorbereitung und Recherche zum Projekt nicht wirklich antizipiert werden konnte, eine Modifikation des Konzeptes vor Ort aufgrund nicht vorhandener Ressourcen, der fehlenden Möglichkeiten zum Einsatz von Übersetzern sowie des zeitlich begrenzten Rahmens, der zum Erreichen eines Zugangs zu den rumänischen Einwohnern sowie zur Gruppe der Kalderasch zu knapp bemessen war, nicht möglich war, konnte diese „Einseitigkeit" nicht mehr behoben werden.

Nach Abschluss der gesamten Arbeit, der Fertigstellung und der folgenden Vorführungen des Filmes vor Publikum, kann nun eine mögliche Funktion eines Filmprojektes dieser Art, ohne dabei einen weiterführenden Exkurs über die Theorie des Dokumentarfilmes anzustrengen, kurz skizziert werden. Die filmische Endfassung, die, nach Durchlauf sämtlicher Stufen der Recherche, der Dreharbeiten, der Nachbearbeitung des gesammelten Materials und schließlich der Fertigstellung des Filmes, das gesamte Material auf ca. 52 Minuten komprimierend, eine bewusst gesetzte Auswahl der erfassten sozialen Welt dieser Exilgemeinschaft bietet, kann nur die Funktion eines Interesse erweckenden, möglicherweise einen (wissenschaftlichen) Diskurs belebenden und anregenden Mediums einnehmen, dessen Anspruch nicht im Vorgeben einfacher Antworten, sondern in der Anregung zu Fragestellungen und, im besten Fall, eben im Erwecken weiteren Interesses gegenüber dem Präsentierten seitens der Rezipienten zu orten ist.

So kann diese auch für Personen ohne konkretes, spezifisches Interesse geeignete Form der Präsentation einer Forschungsarbeit als ein möglicher Teil bzw. eine Ergänzung des konventionellen wissenschaftlichen Erkenntnisprozesses begriffen werden, deren singuläre Rezeption im Rahmen einer wissenschaftlichen Analyse jedoch weitgehend ergänzt werden muss, um schließlich die präsentierte Problematik intensiver erfassen zu können. Als weitere Chance, einen möglicherweise auch wissenschaftlichen Nutzen des gesammelten Materials zu sichern, erweist sich die Archivierung des gesamten audiovisuellen Materials im Phonogrammarchiv, die den Zugang zum ungeschnittenen, nicht nachbearbeiteten Material für Personen mit spezifischem Interesse eröffnet und somit die Möglichkeit einer Auswertung des gesamten Materials oder eben spezieller Teilaspekte zu bieten in der Lage ist.

LITERATUR

Ballhaus, Edmund & Beate Engelbrecht. 1995. *Der ethnographische Film*. Berlin: Reimer.

Girtler, Roland. 1992. *Verbannt und Vergessen*. Linz: Veritas.

—, 1997. *Die Letzten der Verbannten*. Wien: Böhlau.

Hochhäusler, Christoph & Nicolas von Wackerbarth. 2005. „Interview mit Romuald Karmakar." In: Börner, Jens, Benjamin Heisenberg & Christoph Hochhäusler (Hg.). *Revolver* 12. Frankfurt/Main: Verlag der Autoren, 45-59.

Hohenberger, Eva. 2000. *Bilder des Wirklichen*. Berlin: Vorwerk 8.

Marsiske, Hans-Arthur (Hg.). 1992. *Zeitmaschine Kino*. Marburg an der Lahn: Hitzeroth.

Schabus, Wilfried. 1996. *Die Landler*. Wien: Ed. Praesens.

Sontag, Susan. 1978. *On photography*. New York: Farrar, Straus, Giroux.

Tomaselli, Keyan G. 1981. *Appropriating Images: The Semiotics of Visual Representation*. Højbjerg: Intervention Press.

Weber, Max (hrsg. v. Johannes Winckelmann). 1965. *Die protestantische Ethik*. München: Siebenstern-Taschenbuch.

Helmut Kowar

Über das Sammeln von Tonaufnahmen mechanischer Musikinstrumente

1. ZUM STELLENWERT VON MECHANISCHEN MUSIKINSTRUMENTEN

Vorauszuschicken ist, dass Musikautomaten die einzige klingende Überlieferung musikalischer Werke für die Zeit vor der Erfindung der Tonaufzeichnung durch Edison darstellen. Und selbst später, bis nach 1920, als die Schallplatte bereits ein etabliertes Medium für die Tonwiedergabe geworden war, stellten mechanische Musikinstrumente die frühen phonographischen Aufzeichnungen in ihrer Aussage und selbstverständlich in ihrer Klangqualität noch in den Schatten. An der in den letzten Jahren zunehmenden Wiederbefassung mit Musikautomaten, an der Neukonstruktion von selbstspielenden Klavieren (Bösendorfer, Yamaha) kann man außerdem ablesen, dass die Klangproduktion durch ein wirkliches Musikinstrument im Gegensatz zur Wiedergabe über Lautsprecher nichts von ihrer Faszination verloren hat.

Musikautomaten sind also primäre Quellen, die überdies nicht nur ein authentisches historisches Klangbild vermitteln, sondern auf ihren Informationsspeichern die Musik der vergangenen Jahrhunderte erhalten. Die musikhistorische Bedeutung dieser klingenden Repertoiresammlungen liegt auf der Hand. Abgesehen von der repertoirekundlichen Aussage vermitteln die Musikautomaten eine historische Interpretation in einer Unmittelbarkeit und Detailliertheit wie das keine schriftliche Nachricht bieten kann: "... these performances have the infinite advantage over all the carefully assembled reconstructions in the world, of being real. What we hear in them could never be predicted by the cunning manipulation of any conceivable fund of data, because each event is the result of a personal decision made in response to a specific musical situation" (Fuller 1979: 7).

Tonaufnahmen von Musikautomaten herstellen bedeutet daher, diese klingende Information verfügbar zu machen und zu sichern, letzteres ist zu betonen, da das weitere Geschick der jeweiligen Instrumente ja unabsehbar ist. Selbst Instrumente in öffentlichem Besitz werden mitunter ausgelagert und verschwinden in Depots, und bei im Handel oder in Privatbesitz befindlichen Automaten kann man von vornherein mit deren Wiederauffindbarkeit nicht rechnen. Dazu kommt noch in jedem Fall jener unwägbare Umstand, dass die Instrumente in Folge aller nur erdenklichen Einflüsse ihre Spielfähigkeit verschlechtern oder ganz einbüßen.

Angesichts dieser Gegebenheiten haben Aufnahmen von Musikautomaten eine besondere Aktualität und Einmaligkeit. Verpasste Gelegenheiten zu einer Tonaufnahme gehören daher zu den besonders betrüblichen Erfahrungen in diesem Forschungsprojekt.

2. ZUR TONAUFNAHME VON MUSIKAUTOMATEN

Im Jahr 1980 begann das Phonogrammarchiv damit Tonaufnahmen von mechanischen Musikinstrumenten des Technischen Museums in Wien herzustellen (s. Kowar 1980). Sowohl inhaltlich wie auch methodisch wurde damit Neuland betreten und damit eine Quellengattung in den Mittelpunkt des Interesses gestellt, die bislang so gut wie nicht von der Forschung wahrgenommen worden war.

Schon das bisher Gesagte lässt erkennen, dass eine Erforschung und Dokumentation der mechanischen Musikinstrumente und speziell ihrer Musik – denn für die Musikproduktion wurden sie ja gebaut – ohne Tonaufnahme wenig Sinn macht. Freilich, auf den Stiftwalzen, Kartonbüchern oder Rollen der Automaten ist die gesamte Information einprogrammiert, und für die Detailstudien kommt man nicht herum, sich diese Träger genau anzusehen, aber die klangliche Umsetzung wird erst durch den Abspielmechanismus und das „angeschlossene“ Musikinstrument besorgt. Die gesamte Verfügbarkeit dieses klingenden Quellenmaterials und seine weitere Auswertung basiert letztlich auf gesicherten Tonaufnahmen. Damit gewinnt die Tonaufnahme selbst, ihre Herstellung unter zuweilen besonderen Umständen, eine wesentliche Bedeutung innerhalb dieses Projekts.

2.1. Akustische und räumliche Bedingungen

Mechanische Musikinstrumente müssen auf Grund ihrer Größe oder aus anderen Gründen während einer Aufnahme meistens an ihrem Aufstellungsort verbleiben. In Museen und Ausstellungsräumen ist vor allem mit rauschenden Klima- und Lüftungsanlagen zu rechnen, auch mit Beleuchtungskörpern, die Töne aussenden. Allgemeiner Verkehrslärm ist kaum zu beherrschen, Einzelerscheinungen wie Glockengeläute, Müllabfuhr, Straßenbahnen kann man in den Ablauf des Aufnehmens einkalkulieren. Unkontrollierbar sind zwitschernde Vögel und andere natürliche akustische Ereignisse.

In Museen ist man dem Publikumsbetrieb ausgesetzt, in Geschäftslokalen stören Telefonate und Kunden oder Geräusche aus der Werkstatt die Aufnahmesituation. Dazu kommen Lärmquellen wie Reinigungsdienste, Bauarbeiten, Radiogeräte, Kanarienvögel, Kinder und Hunde sowie Umweltgeräusche, die durch offene Fenster und Türen eindringen. Alle diese Einflüsse muss man trachten auszuschalten. Besonders wichtig ist es auch, andere Uhren und Automaten anzuhalten.

Mit kleineren und transferierbaren Automaten kann man sich – wenn Besitzerin oder Besitzer es gestatten – für die Aufnahme in eine stille Ecke, in einen ruhigen Raum zurückziehen. Mit Dankbarkeit möchte ich jene Sammler und Geschäftsleute erwähnen, die um die akustischen Nöte Bescheid wissen und geradezu ideale Verhältnisse in ihren Wohnräumen oder in ihrer Werkstatt herstellen, oder sich die Mühe machen, mit ihren Spielwerken ins Phonogrammarchiv zu kommen, wo ich sie im Studio aufnehmen kann.

2.2. Einige Bemerkungen zur Tonaufnahme von Musikautomaten

2.2.1. Zur Aufstellung des Mikrofons

- Mechanische Musikinstrumente geben nicht nur den Klang des eigentlichen Musikinstruments ab, auch ihr Abspielmechanismus erzeugt mitunter beachtliche Geräusche. Werden die Mikrofone zu weit weg vom Instrument positioniert, um die Nebengeräusche nicht so deutlich zu hören, kann der Klang der Musik leicht zu leise sein. Andererseits werden durch zu nahe am Instrument aufgestellte Mikrofone die Geräusche der Mechanik und das Anzupfen der Stifte, das Anschlagen der Saiten, das Klappern der Klaviatur so prominent ins Klangbild gerückt, dass die Aufnahme dann keinen natürlichen Höreindruck wiedergeben kann. Es muss daher immer nach einer akzeptablen Balance zwischen Spielgeräusch und gut vernehmbarer Musik gesucht werden. Da die vom Automaten produzierten Geräusche Bestandteil seines Klangbildes sind, wäre es aber ein Fehler, sie zu Gunsten einer größeren Annehmlichkeit des Hörens eliminieren zu wollen. Die akustische Dokumentation wäre damit verfälscht[1].

[1] «L'étape ultime de la reconstitution a permis de rendre à l'automate sa nature mécanique: nous avons ajouté tous les bruits mécaniques. Les bruits des bras, enregistrés au début de l'étude, sont superposés de façon synchrone aux sons du tympanon. Remontage de l'entraînement, déclenchement et arrêt du mécanisme, bruit constant du moteur ont été ajoutés pour faire de cette reconstitution une véritable ‹restauration musicale›» (Haury et al. 1993: 37). Siehe auch das von denselben Autoren hergestellte Video: La Joueuse de tympanon. Service du film de recherche scientifique/Conservatoire National des Arts et Métiers, EDV 846, Paris 1996.

- Es dürfen keine Schwingungen des Musikautomaten über eine gemeinsame Standfläche auf das Mikrofon übertragen werden. Auch bei kleinen Spielwerken können Basstöne in der Aufnahme eine überdimensionale Verstärkung erfahren, wenn Spielwerk und Mikrofon auf einer Tischplatte stehen. Wenn man nicht über ein Bodenstativ oder eine gesonderte Aufstellung verfügt muss man sich mit Schaumgummiunterlagen oder anderen dämpfenden Materialien für das Tischstativ behelfen. Da Großinstrumente, wie etwa Orchestrions, Schwingungen auch über den Fußboden liefern, muss auch die Aufstellung des Bodenstativs gut überlegt sein. Ein extremes Beispiel ist die Walzenorgel und das Blockwerk auf Hohensalzburg (Walterskirchen 2002: 14), die sich in einem hölzernen Erker an der Festungsmauer befinden und beim Spielen die gesamte Holzkonstruktion des Erkers in Vibration versetzen[2].
- Mit DAT-Walkman Aufnahmegeräten ist es möglich in den allermeisten Fällen erstklassige Aufnahmen herzustellen, aber bei hohen Schalldrücken sind sie, bzw. ist ihre Peripherie, überfordert. Wenn man also extrem laute Instrumente aufnehmen will, z.B. Drehorgeln, noch dazu wenn sie in Innenräumen gespielt werden, muss man bessere Geräte mit professionellen Mikrofoneingängen verwenden. Beim Walkman kommt es in solchen Fällen nämlich zu Übersteuerungserscheinungen in der Aufnahme, auch wenn die Aussteuerungsanzeige eine korrekte Einstellung des Schallpegels anzeigt.
- Die Raumakustik ist im Falle von größeren Instrumenten, die nur an Ort und Stelle aufgenommen werden können, einfach hinzunehmen, bestenfalls kann man mit der Mikrofonposition experimentieren und z.B. in sehr halligen Räumen etwas näher an das Instrument herangehen.

2.2.2. Weitere technische Rahmenbedingungen

- Auch wenn sich diese Feldforschung im technisierten Umfeld der westlichen Zivilisation bewegt kann in den Schlössern, Klöstern, Museen, Auktionshäusern, Geschäftslokalen und Privatwohnungen nicht unbedingt mit einer Stromversorgung gerechnet werden: Immer wieder trifft man auf nicht stromführende Steckdosen oder die Netzversorgung ist zu Zeiten zu denen ich aufnehme (etwa um dem Publikumslärm auszuweichen) noch nicht eingeschaltet. Batterien oder Akkus sind also für den Betrieb des Aufnahmegerätes unerlässlich. Außerdem ist man unabhängiger in jeder Hinsicht. In vielen Fällen sind Steckdosen schwer zugänglich oder weit von den aufzunehmenden Objekten entfernt.

[2] Tonaufnahmen im Phonogrammarchiv D 1659-1677.

- Manche Musikautomaten verursachen während des Abspielens unnötigerweise störende Geräusche durch lose Bauteile der Mechanik oder des Gehäuses. Es sind also nach Möglichkeit alle diese rasselnden Hebel, Abdeckungen, Glasscheiben, Türen, Zierleisten u.a.m. ausfindig zu machen und für die Dauer der Tonaufnahme zu fixieren, zu entfernen oder sonstwie am Mitschwingen zu hindern.
- Außerdem sind die Automaten selbst in ihrer Klangqualität sehr wandlungsfähig. Das Öffnen oder Schließen von Abdeckungen, Schreibklappen, Front- und Seitentüren führt zu einer Betonung oder Dämpfung gewisser Klang- und Geräuschanteile. Ein Spielwerk in einem Uhrensockel, der wie ein Resonanzkörper wirkt, klingt ganz anders als ein ausgebautes. Für die Tonaufnahme ist daher zu entscheiden welchen Klangcharakter ich einfangen will, bzw. wie der Automat in der historischen Situation gespielt und gehört worden ist. Eine ganze Palette von Aufnahmeversionen lässt sich also durchspielen, wenn es Zeit und Umstände erlauben.
- Auch eine Aufnahme der Einzeltöne eines Automaten ist für eine Dokumentation von großem Wert, nur sind mechanische Musikinstrumente so gut wie nie für das Abspielen von Einzeltönen eingerichtet. Wenn es also überhaupt möglich ist, kann man den mechanischen Musikinstrumenten Einzeltöne nur durch Kunstgriffe entlocken.

3. ZUGANG ZU MUSIKAUTOMATEN

Eine wesentliche Arbeit und die Voraussetzung schlechthin für die Tonaufnahmen besteht darin, Musikautomaten ausfindig zu machen und sich Zugang zu ihnen zu verschaffen. Es stellt sich daher die Frage, wo Automaten zu finden sind und wie man an sie herankommen kann.

3.1. Wo findet man Musikautomaten?

a) In den traditionellen staatlichen Museen stellen mechanische Musikinstrumente eine Randerscheinung dar. Fündig werden kann man in kunsthistorischen Museen, die Reste ehemaliger Kunst- und Wunderkammern verwahren, in Musikinstrumentensammlungen, in Kunstgewerbemuseen, Möbelsammlungen, Uhrensammlungen und technischen Museen. Auch allgemeine historische Sammlungen und Stadt- und Landesmuseen verwahren zuweilen Musikautomaten auf Grund von historischen oder lokal bedeutsamen Bezügen.
b) Seit einigen wenigen Jahrzehnten werden mechanische Musikinstrumente auch in speziellen öffentlichen Sammlungen aufbewahrt und präsentiert. Die meisten dieser Spezialmuseen sind aus privaten Sammlungsbeständen hervorgegangen

(z.B. das Musikautomatenmuseum in Seewen, eine Außenstelle des Schweizerischen Landesmuseums, gründet sich auf der Privatsammlung von Heinrich Weiss; das Deutsche Musikautomatenmuseum im Schloss Bruchsal, Badisches Landesmuseum, besteht aus der Sammlung Jan Brauers, und wurde jüngst durch die teilweise Übernahme der Sammlung Jens Carlson ergänzt: Fischer & Werthmann 2003).

c) Musikautomaten befinden sich unter den Einrichtungsgegenständen in den Schauräumen von Schlössern, Palais oder Klöstern, aber auch in jenen Räumlichkeiten (z.B. Prälatur), die nicht jedermann zugänglich sind.
d) Als ergiebiges Feld erwiesen sich der Antiquitätenhandel, der Altwarenhandel, sowie die Auktionshäuser.
e) Immer wieder sind auch Uhrmacher, vor allem solche, die sich auf Restaurierungen alter Stücke spezialisiert haben, wichtige Adressen für Nachforschungen, desgleichen Restauratoren und Instrumentenmacher, die gelegentlich mit Automaten in Berührung kommen.
f) Vor allem aus der Szene des Handels, der Uhrmacher und Restauratoren ergeben sich viele Hinweise auf Musikautomaten in privaten Besitz. Hier sind oft ganz außerordentliche und umfangreiche Kollektionen anzutreffen und meistens befinden sich die Instrumente in einem hervorragenden Zustand und erfreuen sich der ständigen Pflege seitens der Besitzer. Manche dieser Sammlungen führen ein halb-öffentliches Dasein, andere sind bestenfalls in Sammlerkreisen bekannt oder sind wirklich vollkommen privat, und ihre Entdeckung bleibt dem Zufall überlassen. Einzelstücke in Privatbesitz sind entweder seit Generationen gehütete Erbstücke oder unerkannte Raritäten. In jedem Fall ist ein Aufspüren dieser Dinge ein langwieriger und zuweilen erfolgloser Prozess.

3.2. Wie kommt man zu Tonaufnahmen der aufgefundenen Automaten?

a) Sowohl in Öffentliche Museen wie auch im Kunsthandel stellt man mit dem Ansinnen Objekte näher untersuchen und Aufnahmen machen zu wollen, eine Störung oder zumindest eine gravierende Ausnahmeerscheinung des alltäglichen Publikums- und Geschäftsbetriebes dar. Man muss also viel Zeit in Erklärungen investieren, die beabsichtigte Vorgangsweise erläutern, den Inhalt und Zweck der Forschungen verständlich machen, und auch darüber Auskunft geben, was mit den gewonnenen Materialien geschieht. Die Betonung des wissenschaftlichen Aspekts öffnet hier viele Türen. Vielfach erkennen die Verantwortlichen bald den für sie resultierenden Nutzen aus einer Dokumentation ihrer Objekte, der nicht nur darin besteht, dass ihnen Photos und Ton- und Videoaufnahmen unentgeltlich überlassen werden. Das nun seit 1980 laufende

Forschungsprojekt liefert ihnen neben einem nicht unbeträchtlichen allgemeinen Informationsgewinn eine fundierte und umfassende Beschreibung ihrer Automaten und obendrein das Prestige, dass sich ein Projekt der Österreichischen Akademie der Wissenschaften für sie interessiert.

Erkundigungen nach Musikautomaten, die vorerst abschlägig beantwortet werden, sollte man behutsam aber hartnäckig weiterführen. Oft verstehen die Besitzer nicht, was gemeint ist, oder die Existenz von Musikautomaten in ihren Beständen ist ihnen unbekannt. Die wahren Schatzkammern sind dann oft nicht die Schauräume sondern die Dachböden, Keller, Werkstätten und Depots. Dort entdeckt man die Dinge, die man eigentlich sucht, und von denen manche Kustoden selbst ganz überrascht sind, dass sie so etwas beherbergen.

Beispielsweise konnte ich 1996 in den Depoträumen auf dem Dachboden des Kunstgewerbemuseums Budapest etliche Uhren der Biedermeierzeit mit eingebauten Spielwerken entdecken. Dieses musikalische Innenleben der Objekte war den Betreuern der Sammlungen bislang verborgen geblieben[3]. Etliche Jahre später waren einige der Uhren mit ihren Musikwerken Thema und Teil einer Sonderausstellung dieses Museums (Ausstellungskatalog 2002)[4].

In den meisten Fällen stoße ich mit meinen Anliegen auf großes Entgegenkommen, viel Hilfsbereitschaft und Interesse. Aber manche Adressen bleiben mir verschlossen. Die angeschriebenen Museen antworten nicht, und gelegentlich werde ich von Geschäftsleuten sehr schnell verabschiedet, wenn ihnen klar geworden ist, dass ich keine Kaufabsichten hege.

b) Kontakte zu Privatleuten ergeben sich zumeist aus freundlichen Weitervermittlungen von Bekanntschaften, vielen Zufällen und anderen oft recht verwickelten Umständen. Auch Ausstellungen[5], Publikationen und die Webpage (http://www.pha.oeaw.ac.at/Mechanical_Music/) machen private Besitzer auf dieses Projekt aufmerksam. Dazu kommt mittlerweile ein gewisser Bekanntheitsgrad. So ergibt es sich, dass die Gewinnung von Daten nicht nur durch aktives Suchen zustande kommt, sondern dass immer wieder auch von fremder und noch unbekannter Seite Nachrichten über Musikautomaten an mich herangetragen werden.

In die private Wohn- und Lebenssphäre fremder Menschen einzudringen bedeutet ein recht heikles Terrain zu betreten. Es ist hier anzumerken, mit welch grenzenlosem Vertrauen mich doch vollkommen fremde Personen in ihre Wohnungen einlassen und bedenkenlos ihre Schätze vor mir ausbreiten. Oft

---

[3] Tonaufnahmen im Phonogrammarchiv B 40383-40408.

[4] Für den freundlichen Hinweis danke ich András Szilágyi, Kunstgewerbemuseum Budapest.

[5] Spielwerke – Musikautomaten des Biedermeier aus der Sammlung Sobek und dem MAK, Sonderausstellung des Museums für Angewandte Kunst im Geymüllerschlössel 18.6. – 28.11.1999.

begegnet man mir aber anfangs auch mit großer Zurückhaltung, nicht nur weil ich häusliche Verhältnisse ausspionieren könnte, sondern weil man in mir auch einen möglichen – noch dazu gut informierten – Konkurrenten unter den Sammlern wähnt. Ich muss die Leute daher von meinem rein wissenschaftlichen Interesse überzeugen. Wenn sie verstanden haben, dass ich persönlich nichts sammle und auch keine Geschäfte vermittle oder mache, entspannt sich die Situation geradezu schlagartig. Es hat sich auch immer als günstig erwiesen den Wert der Automaten nicht zu diskutieren und die Beantwortung aller dahingehenden Fragen den Schätzmeistern der Auktionshäuser zu überlassen.
Viele Privatsammler wollen anonym bleiben, nicht unbedingt in den Aufzeichnungen des Phonogrammarchivs, aber doch dann, wenn über ihre Automaten publiziert wird oder gar eine Tonaufnahme oder ein Bild veröffentlicht werden soll. Ein Herr hat seine Begründung so treffend formuliert: „Sie dürfen alles machen, nur nicht meinen Namen nennen. Ich möchte morgen nicht die Einbrecher im Haus haben und auch nicht die Steuerfahndung".
Der Zutritt zu privaten Sammlungen gelingt nicht immer. Auch wenn schriftlich und über Dritte das Anliegen des Forschungsprojektes dargelegt und absolute Anonymität zugesichert wird, sind manche Personen zu einer Kontaktaufnahme nicht bereit und wollen doch lieber ganz privat und unerkannt bleiben.

4. ARBEITSTECHNIK

4.1. Die aufzunehmenden Automaten betreffend

Tonaufnahmen von mechanischen Musikinstrumenten herzustellen ist eine zeitaufwändige Angelegenheit, nicht nur was die Aufnahme an sich, sondern auch die Identifizierung und Dokumentation des Automaten anlangt.

Für die Tonaufnahme ist die Mikrofonposition zu wählen bzw. mit der Stellung der Mikrofone und ihrem Abstand zum Instrument zu experimentieren. Der Musikautomat selbst muss zunächst – wenn es möglich ist – in eine akustisch brauchbare Umgebung gebracht und so aufgestellt werden, dass er sicher steht und beim Abspielen keine Vibrationen und unerwünschten Resonanzen hervorruft. Diese sind nötigenfalls durch Festhalten und Niederdrücken des Instruments auf seiner Standfläche zu verhindern. Ferner ist zu bestimmen, meist in mehreren Probeläufen, ob etwa ein Spielwerk im Uhrgehäuse oder besser im ausgebauten Zustand aufzunehmen ist, oder welche Türen, Abdeckungen etc. für die Tonaufnahmen zu öffnen oder zu schließen sind und ob lose Bauteile des Instruments (siehe oben) sich störend bemerkbar machen. Man kann sich auch für mehrere Aufnahmevarianten entscheiden.

Bevor es aber zur Tonaufnahme kommt muss man sich über die Funktionstüchtigkeit und über die möglichen und tatsächlichen Spielfähigkeiten des Automaten ein Bild machen.[6] Dazu gehört die Überprüfung der Leistungsfähigkeit des Antriebs, des Start- und Stoppmechanismus, gegebenenfalls des Registerwechsels und anderer für den musikalischen Vortrag relevanter Funktionen. Vielfach sind hier Unzulänglichkeiten zu entdecken und es ist eventuell nötig, den Abspielvorgang mit manuellen Eingriffen zu begleiten, etwa mangelnde Federkraft händisch zu unterstützen oder den Registerwechsel selbst durchzuführen.

Falls die Besitzer oder Verantwortlichen es gestatten kann ich kleinere Fehler selbst beheben und den Abspielmechanismus justieren. Dazu zählt beispielsweise, dass man Saiten nachstimmt, falsch stehende Pfeifen richtig ordnet, Verklebungen zwischen den Zähnen eines Kammes entfernt, die Spurlage von Stiftwalzen einstellt, offene Ventile zu schließen versucht und Ähnliches mehr. Doch bevor es dazu kommt muss ich mir das Vertrauen der Museumsleute oder Sammler erst erwerben. Verständlicherweise sind sie besorgt und befürchten eine Beschädigung ihrer Objekte. Manchmal darf ich nichts berühren und die Betätigung der Instrumente nehmen nur die Besitzer selbst vor. Oft gelingt es aber durch Sachkenntnis die eigene Kompetenz unter Beweis zu stellen und freie Hand im Umgang mit den Automaten zugestanden zu bekommen. Ein besonderer Glücksfall ist es, wenn ich mit kleinen Hinweisen oder mit wenigen Handgriffen die Spielfunktion eines Automaten wiederherstellen oder signifikant verbessern kann: solche „Erfolge" eröffnen weiteren Forschungen Tür und Tor. Für eine Instandsetzung defekter oder unspielbarer Instrumente verweise ich aber grundsätzlich auf spezialisierte Restauratoren.

Mit der Tonaufnahme allein ist es aber nicht getan. Zur Dokumentation gehört auch eine möglichst genaue Besichtigung des Instruments, um Konstruktionsmerkmale und Disposition des Werks, Tonumfänge, Dimensionen (z.B. von Walzen) feststellen, und möglicherweise auch den Hersteller und die Herstellungszeit eruieren zu können. Signaturen der Hersteller sind oft an unzugänglichen Stellen angebracht (beispielsweise im Falz des Blasbalges), und Nummern und Beschriftungen, die für die Datierung des Werks und die Identifizierung der Musik von Bedeutung sein können, erscheinen manchmal erst, wenn sich die Stiftwalze halb gedreht oder man das Instrument teilweise zerlegt hat. Das Anfertigen von Fotos im Zuge dieser Untersuchungen dient dabei nicht nur der Dokumentation. Oft sind Beschriftungen erst von guten Bildern zu entziffern, während man am Original

[6] Eine hier ansetzende Quellenkritik der Musikautomaten kann im Rahmen dieses Aufsatzes nicht diskutiert werden.

unter optisch sehr ungünstigen Verhältnissen und meist auch unter Zeitdruck kaum etwas erkennen kann.

4.2. Die Besitzer der Automaten und den Arbeitsablauf betreffend

Mit Dankbarkeit muss ich hier anmerken, dass der Großteil der Sammler, Geschäftsleute und Museumskustoden meinen Anliegen mit größter Hilfsbereitschaft begegnet und mich bei meiner Tätigkeit nach Kräften unterstützt. Dabei muss man aber stets im Auge haben, dass meine Interessen nicht immer mit den ihren übereinstimmen und für sie die Intensität meiner Befassung mit den Spielwerken durchaus eine Belastung darstellt. Anfängliche Begeisterung für das Forschungsprojekt wird zuweilen durch Zeitmangel, andere persönliche Vorlieben, oder von allmählich einsetzender Ungeduld oder Müdigkeit gebremst. Denn es gibt viel zu tun:

- Die Automaten müssen untersucht, justiert, vermessen, fotografiert, teilweise zerlegt werden,
- Bestände an Walzen, Rollen, Platten sind zu sichten und zu sortieren, Titel sind abzuschreiben,
- man muss die Walzen, Rollen und Platten in die Musikautomaten einlegen und aus ihnen herausnehmen,
- für die Tonaufnahme muss auf- und dann wieder abgebaut werden,
- zur Tonaufnahme wird eine Mitschrift erstellt.

In vielen Fällen bewährt sich hier eine Forschung zu zweit, mit einem versierten Freund, einem Kollegen oder einer Kollegin zusammen, und nicht nur deshalb, weil man durch Arbeitsteilung und Hilfestellung schneller voran kommt. Gemeinsam entwickelt man noch mehr und bessere Ideen zur Tonaufnahme und entdeckt Details, die man sonst wohl übersehen hätte. Außerdem kann man mit einer Art „Doppelconference" strategisch sehr viel ausrichten. Während ich arbeite und noch Zeit benötige, verwickelt mein Begleiter den Besitzer in Gespräche: mit dem Händler spricht er über das Geschäft, mit den Museumskustoden über die nächste Ausstellung oder er macht mit ihm inzwischen einen Rundgang zu Objekten, die dem Kustos mehr am Herzen liegen; und mit dem Sammler werden verschiedenste private Themen erörtert. Damit werden mir Freiräume geschaffen, die Besitzer werden unterhalten und abgelenkt – und ich kann sogar so manchen Handgriff machen, den ich unter dem wachsamen Auge des Eigentümers vielleicht nicht gewagt hätte.

Wie groß die Mannschaft ist, mit der man zu einer Aufnahme ausrückt, hängt sehr von den Gegebenheiten ab. Oft ist es günstig alleine aufzutreten, wenn ich zu einem erstmaligen Besuch angesagt bin, wenn der Sammler größtmögliche Diskretion schätzt oder die Forschungen selbst gerne unterstützt und mitarbeitet. Zu zweit und zu dritt hat man wesentliche Vorteile vor allem in Museen, wo man noch nach weiteren Automaten Ausschau halten will und sich mit Kustoden und dem Personal besprechen muss. Außerdem macht ein personeller Aufwand mancherorts größeren Eindruck und verleiht dem Forschungsinteresse mehr Gewicht, was dann den Zugang zu den Objekten und die Arbeitsbedingungen wesentlich erleichtert.

Manchmal werde ich sowohl in öffentlichen wie auch in privaten Sammlungen ganz mir selbst überlassen und kann tun und schalten wie ich will – ein Idealzustand. Meistens bleiben aber die Kustoden oder Besitzer der Instrumente bei den Aufnahmen anwesend, helfen mit oder wollen die Automaten selbst vorführen. Das bedingt, dass man diese Personen für die Aufnahme instruieren muss. Bewegungen, das Scheuern von Kleidung oder Atemgeräusche werden von vielen gar nicht wahrgenommen, die Qualität der Aufnahme kann dadurch aber sehr beeinträchtigt werden. Ich muss die an der Aufnahme Beteiligten daher auf diese Einflüsse aufmerksam machen und um ein entsprechendes Verhalten ersuchen. Außerdem muss allen Anwesenden verständlich gemacht werden, dass vor und auch einige Zeit am Ende der Tonaufnahme, wenn also das Instrument noch ausschwingt und ganz zur Ruhe kommt, absolute Stille zu bewahren ist – gerne platzen die Leute beim letzten Akkord mit einem Ausruf der Erleichterung heraus. Das Ziel der Dokumentation ist es aber, den gesamten Ablauf, vom Einschalten des Automaten bis zu seinem Stillstand und dem Verklingen der letzten Töne, möglichst störungsfrei aufzunehmen.

Schließlich ist hier auch festzuhalten, dass man nicht immer ans Ziel seiner Wünsche gelangt, und manche Automaten – obwohl greifbar nahe – mir nicht vorgespielt oder zugänglich gemacht werden. In diesen Fällen, aber selbst auch unter den günstigsten Verhältnissen, darf man jenen Zeitpunkt nicht übersehen, zu dem es ratsam ist sich zu verabschieden. Auch wenn man noch Fragen und Wünsche an die Besitzer hätte, ist es besser sich zurückzuziehen und ihre Freundlichkeit nicht über Gebühr zu strapazieren. Die Chancen zu weiteren Informationen zu kommen sind bei einem zweiten Besuch weitaus größer.

5. AUSBLICK – VIDEOGRAPHIE

Im Rahmen des Projekts wurde die Videographie erstmals 1999 zur Dokumentation einer großen Orchester-Spieldose mit auswechselbaren Walzen eingesetzt[7], 2004 dann bei der Aufnahme eines Flötenwerks in einer Biedermeier-Sitzbank[8]. In

[7] Video im Phonogrammarchiv V 174-192.

[8] Sammlung Sobek im Geymüllerschlössel, MAK Museum für angewandte Kunst Wien. Video im Phonogrammarchiv V 504-520.

beiden Fällen handelte es sich um seltene Instrumente, die während des Spielvorganges eine Vielzahl von Bewegungsabläufen zeigen, bzw. besonders gut sichtbar machen, und deren Bedienung relativ aufwendig ist. Mittlerweile sind auch von dritter Seite Videoaufnahmen von Musikautomaten hinzugekommen.

Die Frage stellt sich nun, in welchem Umfang die Videographie für die Dokumentation mechanischer Musikinstrumente genützt werden kann und soll. Ohne Zweifel bringt ein Video noch wesentlich mehr Information, hält es doch die Funktion der Bauteile im Spielvorgang fest und zeigt, wie es zum klanglichen Ergebnis kommt. Für die Gewinnung von Repertoire und das Festhalten der musikalischen Ausführung ist die Videoaufzeichnung nicht nötig, hier genügt die Tonaufnahme. Man könnte sich aber vorstellen, zumindest exemplarische Aufnahmen eines Automatentyps herzustellen und außergewöhnliche Automaten auch videographisch zu dokumentieren.

Die Videoaufzeichnung des Abspielvorganges könnte als Hilfe für die Transkription der Musik von ganz außerordentlichem Wert sein, da man dann nicht mehr auf den bloßen Höreindruck bzw. auf die Prüfung der Notation auf den Originalträgern (Walzen, Rollen Platten) oder die unmittelbare Beobachtung des Abspielvorganges angewiesen wäre. Die Transkription könnte größtenteils unabhängig vom Automaten hergestellt werden und die Videoaufzeichnung ist gewiss auch besser manipulierbar als das originale, historisch wertvolle und verletzliche Objekt. Aber die Dimensionen der Automaten und ihrer Informationsträger stellen die Technik vor spezielle Aufgaben. Einerseits wäre es wünschenswert eine mehr als einen Meter lange Stiftwalze ins Bild zu bringen, andererseits sollte das Bild eine hohe Auflösung haben, um präzise verfolgen zu können, wie – etwa bei kleinen Kammspielwerken – die einen Bruchteil eines Millimeters dünnen Stifte ebenso dünne Lamellenspitzen anzupfen. Hier müssen die Möglichkeiten der Technik ausgelotet und passende Methoden entwickelt werden.

Viele Musikautomaten stehen auch mit mechanisch bewegten Figuren und Szenerien in Verbindung. Für die Dokumentation solcher Objekte kommt der Videographie vorrangige Bedeutung zu. Anlässlich der Restaurierung der kaiserlichen Vorstellungsuhr[9] (Präsidentschaftskanzlei, Hofburg) im Jahr 2004 wurde eine Videodokumentation dieser Uhr mit ihrer mechanischen Huldigungsszene angefertigt[10]. Derartige Aufnahmen sind aufwändig in zeitlicher, apparativer und personeller Hinsicht und nur gemeinschaftlich mit den speziell im Videobereich geschulten Kolleginnen und Kollegen herstellbar. Mit einem neuen Projekt (seit Ende

---

[9] Eine detaillierte Darstellung dieser Kunstuhr gibt Erich von Kurzel-Runtscheiner (1983).
[10] Videoaufnahmen im Phonogrammarchiv V 688-697.

2004), das sich den Automaten in Wiener Biedermeieruhren widmet, werden nun weitere methodische Erfahrungen gesammelt. Zu diesem Thema existiert bislang keine systematische Untersuchung, die sich der Videodokumentation bedient. Die Aufnahmetätigkeit wird den Sammlungen des Phonogrammarchivs also wieder für die Forschung wertvolles Material zuführen.

LITERATUR

Ausstellungskatalog, Iparművészeti Múzeum. 2002. *Az idő hangja: különleges óraszerkezetek válogatás az Iparművészeti Múzeum gyűjteményéből. / Die Stimme der Zeit: Uhren mit sonderbaren Konstruktionen aus der Sammlung des Kunstgewerbemuseums, Budapest.* Budapest: o.V.

Fischer, Joachim & Gabriele Werthmann (Red.). 2003. *Musikautomaten – die Sammlung Jens Carlson / Badisches Landesmuseum, Außenstelle Bruchsal: Deutsches Musikautomaten-Museum.* (Patrimonia 242). Berlin: Kulturstiftung der Länder.

Fuller, David. 1979. *Mechanical musical instruments as a source for the study of notes inégales.* Cleveland Heights, Ohio: Divisions.

Haury, Jean, Denis Mercier & Jean-Marie Broussard. 1993. «La restauration musicale de la Joueuse de tympanon». *La Revue / Musée des arts et métiers* 3 (Mai): 33-39.

Kowar, Helmut. 1980. „Zur Aufnahme von Tondokumenten aus der Sammlung mechanischer Musikinstrumente des Technischen Museums in Wien". *Studien zur Musikwissenschaft* 31: 213-220.

Kurzel-Runtscheiner, Erich von. 1983. „Zwei Meister der Kunstmechanik am Hof der Kaiserin Maria Theresia: Ludwig Knaus und Friedrich von Knaus. Ein technikgeschichtliches Kulturbild". *Blätter für Technikgeschichte* 5: 21-41.

Walterskirchen, Gerhart. 2002. „Das Hornwerk der Festung Hohensalzburg". In: Bayr, Hans (Hg.). *Bericht über die Restaurierung des Hornwerkes „Salzburger Stier".* Salzburg: Salzburger Burgen- und Schlösserbetriebsführung, 13-24.

WALTER HÖDL

„Roborana" – Bioakustische Freilandforschung an Fröschen in Amazonien

PROLOG

Es begann im Herbst 1973. Mein Doktorvater am Institut für Zoologie der Universität Wien, Friedrich Schaller, suchte für ein beim Österreichischen Fonds zur Förderung der Wissenschaftlichen Forschung (FWF) einzureichendes Amazonasprojekt geeignete Interessenten. Da die Amazonasregion erst Mitte der 1980-er Jahre in der (ver)öffentlich(t)en Meinung von der „Grünen Hölle" zum faszinierenden und studierenswerten „Hort der Biodiversität" mutierte, war damals – im Gegensatz zu heute – kaum jemand bereit mitzumachen. Schließlich sagte ich zu und konnte natürlich nicht ahnen, welche Folgen diese Entscheidung haben würde. Sie hat mein damaliges Leben total verändert. Der ursprüngliche Plan, Biologielehrer an einer österreichischen Mittelschule zu werden, wurde trotz abgelegter Lehramtsprüfung und drei Jahren schulischer Tätigkeit ebenso aufgegeben wie die Idee, meine im Rahmen der Dissertation erworbenen methodischen Kenntnisse (Erstellung von Elektroretinogrammen bei Fröschen) über den Doktorabschluss hinaus zu erweitern. Schlussendlich wurde ich zu einem an der Universität Wien tätigen Frosch-Bioakustiker und Tropenforscher (Hödl 1997). Zwischen November 1974 und jetzt (Jänner 2007) habe ich mich in über 40 Forschungsaufenthalten insgesamt mehr als sieben Jahre in Südamerika, vorwiegend in Amazonien aufgehalten und beabsichtige auch weiterhin, in internationaler Kooperation mit Fachkollegen und Studierenden die begonnenen Arbeiten in der Neotropis fortzuführen.

1. DER EINSTIEG

Da Frösche mir als Untersuchungsobjekte vertraut waren, entschloss ich mich auf Anraten von F. Schaller spontan, ein bioakustisches Thema über Amazonasfrösche zu bearbeiten. Die Idee war zunächst, eine Bestandsaufnahme der bisher nicht erfassten Lautgebung zentralamazonischer Frösche zu erstellen. Nach Ankunft in Manaus im November 1974 waren die ersten Erfahrungen sehr unangenehm: An meiner Kontaktadresse, dem Forschungsinstitut Instituto Nacional de Pesquisas da Amazônia (INPA), ja im ganzen brasilianischen Amazonasgebiet beschäftigte sich niemand mit der Biologie von Fröschen und es war auch keiner der dort tätigen Wissenschafter an Bioakustik und/oder Froschforschung interessiert. Aufgrund meiner damals äußerst geringen Portugiesischkenntnisse und begrenzten finanziellen Mittel war ich für meine brasilianische Kontaktperson bald uninteressant. So war ich völlig auf mich alleingestellt und suchte verzweifelt nach geeigneten Untersuchungstieren und Standorten. Zunächst begab ich mich in die Reserva Ducke, ein 100 km^2 großes INPA Waldreservat, nördlich von Manaus (– heute ist die Stadt, die innerhalb von 30 Jahren von 400.000 auf über 1.5 Mio. Einwohner angewachsen ist, schon an den Grenzen der Reserva Ducke angelangt und beginnt sie mit Siedlungen zu umschließen). Tagsüber waren kaum Tiere, geschweige denn Frösche – es war ja gerade Trockenzeit – zu hören. Und nachts drangen ihre Stimmen, wenn überhaupt, von hoch oben aus den Bäumen. Zusätzlich hatte ich bei meinen ersten Ausflügen in den Wald die für einen Anfänger üblichen Ängste vor Giftschlangen und sonstigen vermeintlichen Gefahren.

2. DIE FRÖSCHE DER „SCHWIMMENDEN WIESEN" ZENTRALAMAZONIENS

Eines Tages beschloss ich nach einer Tagesfahrt mit am INPA tätigen deutschen Limnologen die Überschwemmungswiesen der Várzea, diesen für Frösche mir sehr geeignet erscheinenden Lebensraum der Überschwemmungszone des Amazonasflusses, einmal nachts aufzusuchen. Kurz vor Einbruch der Dämmerung eines regenreichen Tages überquerte ich in Begleitung eines brasilianischen Kollegen in einem kleinen Ruderboot mit Außenbordmotor den bei Manaus mehrere Kilometer breiten Rio Negro. Aufgrund der kurzen tropischen Dämmerungsperiode war es bereits völlig dunkel, als wir das der Stadt Manaus nächstgelegene Várzea-Gebiet erreichten. Ich hatte aus heutiger Sicht unwahrscheinliches Glück: Es war gerade Beginn der Regenzeit und im ohrenbetäubenden Lärm tausender Frösche und beim Anblick zahlreicher rufender Individuen im Leuchtkegel meiner Taschenlampe war in wenigen Sekunden meine Fragestellung geboren: Welche Frösche des Habitats „Schwimmende Wiesen" rufen wo, wie, wann und weshalb? Zur Beantwortung dieser scheinbar sehr einfachen Frage benötigte ich neun Monate mit unzähligen nächtlichen Ausfahrten. Die Rufe der 15 in den „Schwimmenden Wiesen" (Abb. 1) lebenden Froscharten waren mir alsbald genauso vertraut wie das kontinuierliche Gesurre der stets präsenten Stechmückenschwärme. Meine Ausrüstung zur Aufnahme der Rufe bestand aus einem UHER 4000 Report L Tonbandgerät und einem einfachen dynamischen UHER Mikrophon. Die Tonbänder und bei Nichtgebrauch die gesamte Tonausrüstung wurden in mit Silikagel versehenen Plastikdosen gelagert, um Verpilzungen zu vermeiden. Die ersten Wochen führte ich die nächtlichen Tonaufnahmen alleine durch. Schließlich aber brachten zwei Zufälle eine deutliche Verbesserung meiner Arbeitssituation. Zunächst bat mich eine kanadische Biologiestudentin, die wochenlang mit Reinigungsarbeiten an den institutseigenen Seekuhtanks beschäftigt war, mich bei meinen nächtlichen Arbeiten begleiten zu dürfen. Sie wurde aufgrund ihrer Arbeitsdisziplin und Unerschrockenheit nach einiger Zeit meine bewährte Feldassistentin und interessierte sich im Zuge unserer Zusammenarbeit zunehmend für „meine“ Frösche und nicht mehr für „ihre“ Seekühe. Jahre später publizierte sie sogar entgegen ihrer ursprünglichen Intention unter J. Bogart's und meiner Betreuung eine bioakustische Diplomarbeit über Amazonasfrösche an der Universität Guelph, Canada (Zimmerman 1983). Mit der Bestellung des südbrasilianischen Genetikprofessors W. E. Kerr zum neuen Direktor des INPA änderten sich im März 1975 meine Arbeitsbedingungen schlagartig zum Positiven. Während ich vorher aus meinen äußerst bescheidenen Mitteln alle Ausfahrten selbst bezahlen musste und mich mit einem halben, von Termiten zerfressenen Schreibtisch in der Tierhaltung des INPA begnügen musste, bekam ich plötzlich ein eigenes Labor und Wohnhaus (!), finanzielle und personelle Unterstützung und aufmunternden Zuspruch der brasilianischen Institutsleitung. Der Leitungsstil des von den meisten INPA Mitarbeitern hoch verehrten neuen Direktors war fördernd aber gleichzeitig sehr fordernd. Nur engagierte Mitarbeiter des Instituts konnten mit seiner, dann aber durchaus großzügigen Hilfe rechnen. Nachdem er vom Personal des Instituts gehört hatte, dass da ein „verrückter“ Österreicher am Wochenende in der Tierhaltung arbeitet und nachts allein oder mit einer ebenso „sonderbaren“ Kanadierin zu den „Schwimmenden Wiesen“ aufbricht, um Frösche zu beobachten, war er sehr an unseren Aktivitäten interessiert. Seit der ersten Präsentation unserer Forschung in seinem Direktionszimmer am INPA hat W. E. Kerr bis zu seiner Pensionierung meine als auch B. Zimmerman's Arbeit stets wohlwollend betrachtet und finanziell so gut es ging unterstützt.

Die Auswertung der Rufe der Frösche der „Schwimmenden Wiesen“ Zentralamazoniens erfolgte 1976 dankenswerterweise an der Kommission für Schallforschung der Österreichischen Akademie der Wissenschaften (ÖAW), und die Archivierung der Tonaufzeichnungen am Phonogrammarchiv der ÖAW. Damals war nicht vorstellbar, dass die Schallanalyse-Leistungen des voluminösen Key 7030A Spectrum-Analysators und der gewichtigen Oszillographen dieser Zeit heute von jedem Laptop mit einer guten Akustik-Software (z.B. Canary, Raven, Avisoft) übernommen und sogar übertroffen werden. An eine Schallanalyse, geschweige denn an eine Synthetisierung von Schallsignalen im Freiland mittels des Softwareprogramms

SoundEdit, wie ich sie in meiner Arbeitsgruppe seit mehreren Jahren routinemäßig anwende, war im Jahr 1976 (noch) nicht zu denken.

Eine der für mich interessantesten Beobachtungen im akustischen Verhalten der Frösche der „Schwimmenden Wiesen" war der Umstand, dass die (stummen) laichbereiten Froschweibchen, in einem Stimmenwirrwarr von 15 verschiedenen Arten bei einer Froschdichte von bis zu einem Individuum pro Quadratmeter, ihre lautbegabten männlichen Partner finden ohne je eine Fehlentscheidung zu treffen. Nie konnte ich im Schein der mit roter Folie abgedunkelten Taschenlampe bei den durchwegs nachtaktiven Fröschen der „Schwimmenden Wiesen" beobachten, dass ein Froschweibchen auf die Rufe artfremder Männchen reagierte. Arteigene rufende Männchen wurden von den ovulierten und somit fortpflanzungsbereiten Weibchen jedoch rasch und gezielt aufgefunden. Meine in englischer Sprache abgefasste Arbeit über die akustische und räumliche Einnischung der Frösche zentralamazonischer Schwimmrasenvegetationen erschien 1977 in der angesehenen Zeitschrift Oecologia (Hödl 1977). Dennoch blieb die Arbeit, die heute zu meinen meistzitierten Publikationen gehört, zunächst ein Jahrzehnt lang unbeachtet. Erst nachdem man sich in Brasilien und anderswo in der Welt intensiver mit der (akustischen) Lebensweise von Fröschen im Freiland wissenschaftlich auseinandergesetzt hat, waren Kolleginnen und Kollegen an meiner ersten Amazonasveröffentlichung interessiert.

3. AKUSTISCH ORIENTIERTE ANWANDERUNG (PHONOTAXIS)

Die gezielte Annäherung von (weiblichen) Fröschen an eine akustische Schallquelle (unter natürlichen Bedingungen ist dies ein rufendes artgleiches Männchen) hat mich seit der ersten Beobachtung in den „Schwimmenden Wiesen" fasziniert. Seit damals war ich auf der Suche nach einer geeigneten Froschart, anhand der man Fragestellungen zur Evolution des (angeborenen) Rufmusters und der Reaktionen auf Schall austesten kann. Und wiederum kam mir ein glücklicher Zufall zu Hilfe. Nach einem Vortrag in Kansas (USA) wurde ich von einem anwesenden französischen Kollegen eingeladen, in einem pluridisziplinären Projekt zur Lebensweise der Secoya-Indianer in NW Amazonien (Hödl & Gasche 1982) mitzuarbeiten. Meine ethnozoologische Aufgabe war es herauszufinden, welchen Stellenwert Amphibien im Leben dieser indianischen Ethnie haben. Eines Tags ist mir, auf einem umgestürzten Baumstamm sitzend, beim Abhören einer tags zuvor erstellten Aufnahme des Anzeigerufs der Pfeilgiftfroschart *Allobates (= Epipedobates) femoralis* ein Männchen dieser Art aus ca. 10 Metern Entfernung entgegen gesprungen (vgl. Abb. 2). Dabei hat es wiederholt versucht, in die den Schall abstrahlende Lautsprechermembran des auf meinem Schoß deponierten UHER-Tonbandgeräts einzudringen. Da das angelockte Tier in den vorgespielten Rufpausen selbst zu rufen begann, war mir klar, dass es sich bei diesem aggressiven Tier um ein Männchen handeln musste, das – von den arteigenen Rufen angelockt – einen vermeintlichen Reviereindringling zu vertreiben suchte. In den nachfolgenden Rückspielexperimenten zeigte sich, dass die akustisch orientierte Anwanderung, die unter Fachkollegen allgemein als Phonotaxis bezeichnet wird, bei nahezu allen rufenden Männchen dieser amazonischen Froschart künstlich ausgelöst werden kann. Selbst mehrmals hintereinander getäuschte – weil von einem scheinbaren Eindringling angelockte – Männchen beantworten die in Rückspielversuchen angebotenen arteigenen Rufe immer wieder mit positiv phonotaktischer Reaktion. Was lag also näher, als die akustisch so verlässlich reagierenden Frösche sich als Untersuchungsobjekt vorzunehmen?

4. *ALLOBATES FEMORALIS*, A HANDY FELLOW!

In einem herpetologischen Symposion habe ich unter dem Titel „*Dendrobates femoralis* (Dendrobatidae): a handy fellow for frog bioacoustics“ erstmals diese für die Freilandakustik so hervorragend geeignete Froschart einem breiten Publikum bekannt gemacht und beworben (Hödl 1987): Sie ist eine tagaktive, häufige Art mit einem großen Verbreitungsareal und durch die auffälligen und redundanten Anzeigerufe akustisch leicht zu orten. Ihr Lebensraum (*Terra firme*-Waldboden mit geringem Unterwuchs) ist gut begehbar und die rufenden Tiere zeigen kaum Beeinflussungen durch den vorsichtigen Beobachter. Die Männchen sind ortstreu und zeigen ihre – wenige bis über 100 m² umfassende – Territorien über einen Zeitraum von bis zu 108 Tagen akustisch an (Roithmair 1992, M. Ringler, persönliche Mitteilung). Ihr phonotaktisches Verhalten kann sowohl durch natürliche als auch künstlich erstellte und sowohl spektral wie temporal modifizierte Signale ausgelöst werden (Hödl et al. 2004). Zusätzlich lassen sich die Frösche, die bereits in einem Jahr geschlechtsreif sind, relativ leicht im Labor züchten, was die Untersuchung der Vererbbarkeit der unterschiedlichen Rufmuster von Populationen ermöglicht.

Zunächst wurde das phonotaktische Verhalten in einem wissenschaftlichen Film (vgl. Abb. 3) festgehalten und gezeigt, dass zwei schallintensitätsabhängige Verhaltensweisen bei Reviere anzeigenden (=rufenden) Männchen ausgelöst werden können. Erreicht der arteigene Anzeigeruf einen Revierinhaber mit einer am Empfänger gemessenen Schallintensität von 56 bis 68 Dezibel so kommt es zu einer Hinwendung zur Schallquelle und Wechselrufen. Übersteigt der Schalldruckpegel den Wert von 68 Dezibel so erfolgt eine rasche Annäherung an die Schallquelle (Hödl 1982, 1983).

Seit den 1980-er Jahren explodierte förmlich das Wissen über die Bioakustik. Neben der Erforschung der Lautäußerungen von Vögeln, Säugetieren und Insekten und den damit verbundenen Verhaltensweisen wurden vor allem Frösche Gegenstand von bioakustischen Untersuchungen (s. Hödl 1996, Gerhardt & Huber 2002). Dies hängt im Wesentlichen von zwei Faktoren ab. Zunächst hat sich die Technik der Tonaufzeichnung und -analyse sowie Erzeugung und Wiedergabe von künstlichen Schallsignalen drastisch verbessert. Zusätzlich sind mit den Professoren H. Schneider (Deutschland, s. u.a. Schneider 2005) und vor allem in den USA mit C. Gerhardt (Gerhardt & Huber 2002), M. Ryan (1985) und P. Narins (Narins et al. 2003, 2005) hochkarätige und publikationsfreudige (Frosch-)Bioakustiker herangewachsen. Diese Professoren begründeten sehr erfolgreiche „Schulen", aus denen wiederum eine neue Generation von jungen Bioakustikern hervorgegangen ist, die sich weiterhin vorwiegend der Lautgebung und dem Hörvermögen bei Fröschen widmen. Die meisten dieser Schulen beschäftigen sich entweder mit neurophysiologischen Themen oder mit der akustisch orientierten Anwanderung laichbereiter Weibchen unter Laborbedingungen.

5. MULTILATERALE UND INTERDISZIPLINÄRE PROJEKTARBEIT

Die bisherigen Forschungsergebnisse und das allgemein gestiegene Interesse an bioakustischen Fragen und insbesondere an wissenschaftlichen Freilanduntersuchungen veranlasste mich im Jahre 2002 beim FWF einen Antrag für die Untersuchung des Einflusses der akustischen Umwelt auf die Evolution geographischer Unterschiede im Rufmuster und phonotaktischen Verhalten „meiner" pan-amazonischen Pfeilgiftfroschart *Allobates femoralis* zu stellen. Die Genehmigung des Projektantrages (FWF P15345) führte zu einer äußerst erfolgreichen, multilateralen und interdisziplinären Projektarbeit. Am Beispiel des im Februar 2006 abgeschlossenen und der Erforschung akustischer Einnischungsprozesse in Amazonien dienenden Projekts sei kurz dokumentiert, wie sehr biologische Wissenschaftsprojekte heute in der Regel auf internationaler Kooperation basieren. Mittels verhaltensökologischer und molekulargenetischer Methoden wurden die geographisch unterschiedlichen Rufmuster, der Verwandtschaftsgrad und die Reaktionsbereitschaft der Frösche auf unterschiedliche Lautäußerungen in Abhängigkeit akustisch konkurrenzierender Arten untersucht und in durchwegs wissenschaftlichen, sogenannten „Topjournalen" mit hohen Impaktfaktoren publiziert (Narins et al. 2003, Hödl et al. 2004, Amézquita et al. 2005, 2006, Göd et al. 2007). An dem Projekt waren neben DiplomandInnen aus Österreich kolumbianische (A. Amézquita, L. Castellanos; Universidade de los Andes, Bogotá), brasilianische (A. Lima, C. Keller, L. Kreutz-Erdtmann, P. I. Simoes; INPA, Manaus) und peruanische ZoologInnen (K.

Tiu Sing; Museu Javier Prado, Lima) beteiligt. Darüber hinaus waren ein US-amerikanischer Physiologe (P. Narins; UCLA, Los Angeles) und Zoologen aus Französisch Guyana (P. Gaucher; CNRS Cayenne) und Deutschland (K.-H. Jungfer, S. Lötters; Zoologisches Institut der Universität Mainz) sowie ein ursprünglich in England tätiger Populationsbiologe (R. Jehle; University of Sheffield), der vor kurzem eine Assistentenstelle an der Universität Bielefeld (Deutschland) angenommen hat, in das evolutionsbiologische Projekt eingebunden. Während die Freilandarbeiten in Brasilien, Peru, Kolumbien und Französisch Guyana erfolgten, wurden die Daten vorwiegend in Bogotá und Wien (Bioakustik) sowie in Sheffield (Molekulargenetik) ausgewertet. Allein die Aufzählung der Personen, Methoden und Standorte zeigt, welche organisatorischen Anforderungen heute vielfach an eine wissenschaftliche Projektleitung gestellt werden. Ohne die gewissenhafte Arbeit meines in Österreich tätigen „Projektmanagers" H. Gasser, der nun selbst als Doktorand in ein im Juni 2006 begonnenes Nachfolgeprojekt (FWF P18811) eingebunden ist, wäre das Projekt wohl nie so harmonisch und effizient abgelaufen. Insgesamt wurden während des Projekts 8 Populationen in 10 Forschungsreisen bearbeitet. Die schwierigen Bedingungen während der umfangreichen Freilandarbeiten in z.T. sehr abgelegenen Gebieten des amazonischen Regenwaldes und die Erledigung der bürokratischen Formalitäten wie Ansuchen um Aufenthalts-, Forschungs- und Exportgenehmigungen sind Dank der hervorragenden Unterstützung der langjährigen lokalen Projektpartner gemeistert worden.

6. ROBORANA

Von der (populär-)wissenschaftlichen Öffentlichkeit am meisten beachtet wurden bisher jene unserer Ergebnisse, die mit Hilfe des Einsatzes eines elektromechanischen Froschmodells erzielt wurden (Narins et al. 2003, 2005). Die in dankenswerter Weise von R. Rupp und S. Weigl (Biologiezentrum, Oberösterreichisches Landesmuseum, Linz) unter Mithilfe von F. Lechleitner (Phonogrammarchiv der ÖAW) nach Plänen von P. Narins und W. Hödl gebaute Froschattrappe besteht im Wesentlichen aus einem 1:1 Modell eines *A. femoralis* Männchens mit manipulierbarer Schallblase. Das naturgetreu nachgebildete Modell, das wir in saloppER Weise „Roborana" getauft haben, sitzt auf einem steuerbaren Drehteller in einem künstlichen Aststück, das mit integriertem Lautsprecher zum Vorspielen von Playback-Signalen ausgestattet ist (Abb. 4). Da die territorialen Frösche meist leicht erhöht auf herabgefallenen Aststücken oder umgestürzten Baumstämmen am Waldboden rufen, konnten alle elektromechanischen Details für Roborana in der als Aststück getarnten Kunstharzkammer unterhalb der Attrappe leicht untergebracht werden. Über eine mehrere Meter lange Kabelverbindung zu einer Schalterbox konnten Drehteller, Schallblase und Lautsprecher unabhängig von einander bedient werden.

Abb. 1: Schwimmende Wiese bei Lago Janauari (Zentralamazonien): Schwimmrasen, Wasserhyazinthen, Wasserfarne zwischen aus dem Wasser herausragenden Baumkronen der Überschwemmungslandschaft des Amazonasflusses charakterisieren den Lebensraum „Schwimmende Wiesen". Foto: W. Hödl

Abb. 2: Rufendes Männchen der amazonischen Pfeilgiftfroschart *Allobates femoralis*. (Insert: Männchen von *A. femoralis* nach phonotaktischer Anwanderung vor einem synthetische Rufe abstrahlenden Lautsprecher) Fotos: W. Hödl (aus W. Hödl et al. 2004)

Durch diese Versuchsanordnung war es erstmals möglich, das visuelle (bewegte) Signal der Schallblase vom akustischen Signal (Anzeigeruf) zu entkoppeln, die beim natürlichen Rufvorgang untrennbar miteinander verbunden sind. Anhand der phonotaktischen Reaktion und der Kampfbereitschaft der durch die Attrappe angelockten Revierinhaber konnte gezeigt werden, dass lediglich die visuelle Komponente der Schallblase (i.e. die vibrierende Schallblase) Aggression auslöst. Attrappen, bei denen während der akustischen Signale keine Bewegung der Schallblase wahrnehmbar war, blieben vom angelockten Männchen unbehelligt. War jedoch die aufgeblähte Schallblase von Roborana während gleichzeitiger Schallabstrahlung in Bewegung wurde das Modell heftig angesprungen (vgl. Abb. 5). Dieses Ergebnis wird durch die Beobachtung an stummen Männchen unterstützt, die in den Territorien rufender Männchen sich völlig frei bewegen, unbehelligt Nahrung aufnehmen und nicht vertrieben werden.

Abb. 3: W. Hödl während der Aufnahmen zum wissenschaftlichen Film „*Phyllobates femoralis* (Dendrobatidae): Rufverhalten und akustische Orientierung der Männchen". Zwischen zwei Lautsprechern wurde auf einer markierten Holzplatte ein territoriales Männchen durch Vorspielen arteigener Anzeigerufe hin- und hergelockt und von einer 16 mm ARRIFLEX SR Kamera, die über der Versuchsanordnung angebracht war, gefilmt. Reserva Ducke, 1982. Foto: E. Pavlousek

Abb. 4: „Roborana". Naturgetreu nachgebildetes, auf einem steuerbaren Drehteller sitzendes Modell von *A. femoralis* mit manipulierbarer Schallblase (Pfeil). Territoriale Männchen (Kreis) werden akustisch angelockt und deren Aggressionsbereitschaft anhand unterschiedlicher Signale von „Roborana" getestet. Foto: W. Hödl

Abb. 5: Bei ausgestülpter und vibrierender Schallblase löst die Froschattrappe (links) Aggressionsverhalten bei dem akustisch angelockten Revierinhaber (rechts) aus. Die Lautsprechermembran befindet sich links hinter der Attrappe (nach einem Videoausschnitt, aus Narins et al. 2003).

7. DER FORTSCHRITT

Ebenso wie das Wissen über die Bioakustik der Frösche hat der Informationsstand über die Amphibienfauna Zentralamazoniens in den letzten 30 Jahren drastisch zugenommen (vgl. Hödl 1993). Von den meisten Arten wissen wir heute zumindest annähernd wo und wie sie leben. Dies ist ein Verdienst der zahlreichen Herpetologen, die heutzutage in Amazonien arbeiten. Es sind nicht mehr wie früher vorwiegend interessierte Ausländer, sondern durchwegs gut ausgebildete Wissenschafter und Wissenschafterinnen der Amazonasstaaten. Eine Vorreiterrolle in der Erforschung der Frösche Zentralamazoniens spielen das INPA in Manaus und das Museu Paraense Emilio Goeldi (MPEG) in Belém (Brasilien). So gibt es zur Zeit an beiden Institutionen mehrere brasilianische Herpetologen, die sich mit der Erforschung der Biologie von Amazonasfröschen beschäftigen. Einen Feldführer, wie er kürzlich über die Frösche der Reserva Ducke unter meiner Mithilfe (und Finanzierung durch den Österreichischen Fonds zur Förderung der wissenschaftlichen Forschung) am INPA verfasst wurde (Lima et al. 2006), hätte ich mir in meinen Anfängen sehnlich gewünscht. Leider ist die Taxonomie der Frösche Amazoniens noch sehr unsicher und die Zugehörigkeit der einzelnen Arten zu bestimmten Gattungen wird häufig – insbesondere durch neue Erkenntnisse auf dem Gebiet der Molekularbiologie – geändert. So hat „meine" Pfeilgiftfroschart ihren generischen Status in den letzten 30 Jahren bereits mehrmals geändert. Zunächst wurde sie wissenschaftlich als *Phyllobates femoralis* – also zur Gattung *Phyllobates* gehörend – bezeichnet, dann stellten sie die Wissenschafter in die Gattung *Dendrobates*, später in *Epipedobates*, weitere vor allem fortpflanzungsbiologische Erkenntnisse führten zur Überstellung in eine eigene monotypische Gattung (*Allobates*), die nun zunehmend von den Systematikern anerkannt wird. Ich selbst als „nur" Verhaltensökologe war von Anfang an der Meinung, dass die Art eigentlich in der sicherlich nicht monophyletischen Gattung *Colostethus* zunächst am besten aufgehoben gewesen wäre. (Weiter möchte ich den Leser nun aber nicht mit wissenschaftlicher Namensgebung und Gattungszuweisung quälen).

Die Infrastruktur in den Forschungsinstitutionen hat sich in allen Teilen Amazoniens stark verbessert. Fast überall gibt es Internetanschlüsse, selbst kleine amazonische Siedlungen besitzen oft schon gut funktionierende Internetverbindungen. Der Ausbildungsstand der heute in Amazonien tätigen Wissenschafter ist durchaus mit jenem der Abgänger altehrwürdiger Universitäten in den gemäßigten Zonen zu vergleichen. Die meisten jungen Wissenschafter sprechen Englisch, die sich unweigerlich durchsetzende und von den meisten Forschern akzeptierte Wissenschaftssprache. Kaum jemand muss bei Freilandarbeiten noch mit Hängematte im Wald unter Palmendächern übernachten. Vielfach gibt es den Komfort guter bis ausgezeichneter Feldstationen mit Transportmöglichkeiten, Wegenetzen und

Stromanschluss. So kann die technische Ausrüstung täglich gut gewartet werden, der Laptop ist ständiger Begleiter bei der Datenerhebung und -verarbeitung im Gelände. Künstliche Schallsignale können selbst im Freiland generiert werden. Es gibt also den Fortschritt, von dem ich bei meinen Untersuchungen in Arataï[1], im Herzen Französisch Guyanas, der romantischen Feldstation Panguana in Peru oder am Oberen Rio Madeira in den letzten Jahren profitierte. Der Fortschritt macht sich gelegentlich auch akustisch bemerkbar: Viele meiner jüngeren Aufnahmen von tagaktiven Fröschen werden im Hintergrund vom monotonen Geräusch der Motorsägen begleitet!

[1] Leider stand die relativ komfortable Ausrüstung in dem sehr entlegenen Waldlager Arataï in engem Zusammenhang mit den dort äußerst tragischen Ereignissen im Jahre 2006. Im Mai 2006 wurden bei einem Raubüberfall die beiden anwesenden und äußerst verdienstvollen und jahrelangen Mitarbeiter der Association Arataï, Andoe Saaki („Capi") und Domingo Ribamar da Silva, von illegalen Goldschürfern erschossen (s. "Murders halt rainforest research". *Nature* 441: 555). Im Dezember 2006 erfolgte ein weiterer Überfall auf das Camp, wobei sämtliche noch vorhandenen transportablen Gerätschaften (Photovoltaikanlage, Kühlschränke, Boote, Batterien etc.) gestohlen wurden. Bereits im Jahr 2004 wurde die von Arataï wenige Kilometer flussaufwärts liegende Feldstation Saut Pararé des Französischen Nationalen Zentrums für Wissenschaftliche Forschung (CNRS) von illegalen Goldgräbern geplündert (s. "Treetop ecologists brought down by miners". *Nature* 430: 127). Aufgrund der verbesserten Kommunikationsmöglichkeiten (Satellitentelephonverbindung!) sowie Zugänglichkeiten (Arataï sowie Saute Pararé besitzen Hubschrauberlandeplätze!), der medizinischen Versorgung auch in Tropenländern und nationalen wie internationalen Verkehrsverbindungen stellt die Forschung selbst in entlegenen Gebieten heute kaum noch ein großes Gesundheitsrisiko dar. Mit der zunehmenden Erschließung der Regenwälder Amazoniens durch legale und illegale Einwanderer steigt jedoch das Sicherheitsrisiko dramatisch an.

LITERATUR

Amézquita, Adolfo, Lina Castellanos & Walter Hödl. 2005. "Auditory tuning of male *Epipedobates femoralis* (Anura: Dendrobatidae) under field conditions: the role of spectral and temporal call features". *Animal Behaviour* 70: 1377-1386.

Amézquita, Adolfo, Walter Hödl, Lina Castellanos, Albertina P. Lima, Luciana K. Erdtmann & Maria C. de Araújo. 2006. "Masking interference and the evolution of the acoustic communication system of the Amazonian poison frog *Allobates femoralis*". *Evolution* 60: 1874-1887.

Gerhardt, H. Carl & Franz Huber. 2002. *Acoustic communication in insects and anurans*. University of Chicago Press: Chicago.

Göd, Mario, Alexander Franz & Walter Hödl. 2007. "The influence of internote-interval variation of the advertisement call on the phonotactic behaviour in male *Allobates femoralis* (Dendrobatidae)". *Amphibia – Reptilia* 28: 227-234.

Hödl, Walter. 1977. "Call differences and calling site segregation in Anuran species from Central Amazonian floating meadows". *Oecologia (Berl.)* 28: 351-363.

—, 1982. *Phyllobates femoralis* (Dendrobatidae): *Rufverhalten und akustische Orientierung der Männchen (Freilandaufnahmen).* Wissenschaftlicher Film Ctf 1788 BHWK Wien (= Encyclopaedia Cinematographica, E2822).

—, 1983. „*Phyllobates femoralis* (Dendrobatidae): Rufverhalten und akustische Orientierung der Männchen". *Wissenschaftlicher Film* 30: 12-19.

—, 1987. "*Dendrobates femoralis* (Dendrobatidae): a handy fellow for frog bioacoustics". In: Gelder, Jan J. van (ed.). *Proceedings of the Fourth Ordinary General Meeting of the Societas Europaea Herpetologica.* Nijmegen: Faculty of Sciences Nijmegen, 201-204.

—, 1993. „Amazonien aus der Froschperspektive – Zur Biologie der Frösche und Kröten des Amazonastieflandes". In: Aubrecht, Gerhard (Red.). *Amerika – Zur Entdeckung, Kulturpflanzen, Lebensraum Regenwald.* (Kataloge des OÖ. Landesmuseums N. F. 61). Linz: OÖ. Landesmuseum, 499-545.

—, 1996. „Wie verständigen sich Frösche?". In: Hödl, Walter & Gerhard Aubrecht (Hg.). *Frösche, Kröten, Unken: aus der Welt der Amphibien.* (Stapfia 47 = Kataloge des OÖ. Landesmuseums N. F. 107), Linz: OÖ. Landesmuseum, 53-70.

—, 1997. „25 Jahre tropenbiologische Forschung und Lehre in Lateinamerika". *Internationales Symposium für Vivaristik, Wien 1996. Dokumentation,* 23-32.

Hödl, Walter & J. Gasche. 1982. "Indian agriculture as exemplified by a Secoya village on the Rio Yubineto in Peru". *Applied Geography and Development* 20: 20-31.

Hödl, Walter, Adolfo Amézquita & Peter M. Narins. 2004. "The rôle of call frequency and the auditory papillae in male phonotactic behaviour in the dart-poison frog *Epipedobates femoralis* (Dendrobatidae)". *Journal of Comparative Physiology* A 190: 823-829 (© Springer-Verlag Berlin, Heidelberg).

Lima, Albertina P., William E. Magnusson, Marcelo Menin, Luciana K. Erdtmann, Domingos J. Rodrigues, Claudia Keller & Walter Hödl. 2006. *Guia de sapos da Reserva Adolpho Ducke, Amazônia Central. (= Guide to the frogs of Reserva Adolpho Ducke, Central Amazonia).* Atemma: Manaus.

Narins, Peter M., Walter Hödl & Daniela S. Grabul. 2003. "Bimodal signal requisite for agonistic behaviour in a Dart-poison frog". *Proceedings of the National Academy of Sciences* 100: 577-580.

Narins, Peter M., Daniela S. Grabul, Kiran K. Soma, Philippe Gaucher & Walter Hödl. 2005. "Cross-modal integration in a dart-poison frog". *Proceedings of the National Academy of Sciences* 102: 2425-2429.

Roithmair, Margarete E. 1992. "Territoriality and male mating success in the dart-poison frog, *Epipedobates femoralis* (Dendrobatidae, Anura)". *Ethology* 92: 331-343.

Ryan, Michael J. 1985. *The Túngara frog.* Chicago: Chicago University Press.

Schneider, Hans. 2005. *Bioakustik der Froschlurche: Einheimische und verwandte Arten* (mit Audio-CD). Bielefeld: Laurenti-Verlag.

Zimmerman, Barbara L. 1983. "A comparison of structural features of calls of open and forest habitat frog species in the central Amazon". *Herpetologica* 39: 235-246.

2.

Oral tradieren – spirituell erfahren – sur-real kommunizieren: Ethnologie

Christian Jahoda

Tibetischsprachige mündliche Überlieferung in Spiti und im oberen Kinnaur, Himachal Pradesh, Indien*

Spiti und das obere Kinnaur bilden ein zusammenhängendes Gebiet mit tibetischsprachiger Bevölkerung im nordwestlichen Himalaya, das heute Teil des indischen Bundesstaates Himachal Pradesh ist (s. Abb. 1). Die vorherrschend tibetisch-buddhistische Kultur der Bevölkerung, deren Siedlungen ca. zwischen 2700 und 4500 m Meereshöhe im Tal des Spiti bzw. Sutlej Flusses liegen, hat ihre Ursache in der historischen Zugehörigkeit dieses Gebiets zum westtibetischen Königreich. Die religiös-politische Elite dieses Reiches, das im 10. Jh. u.Z. von Nachkommen

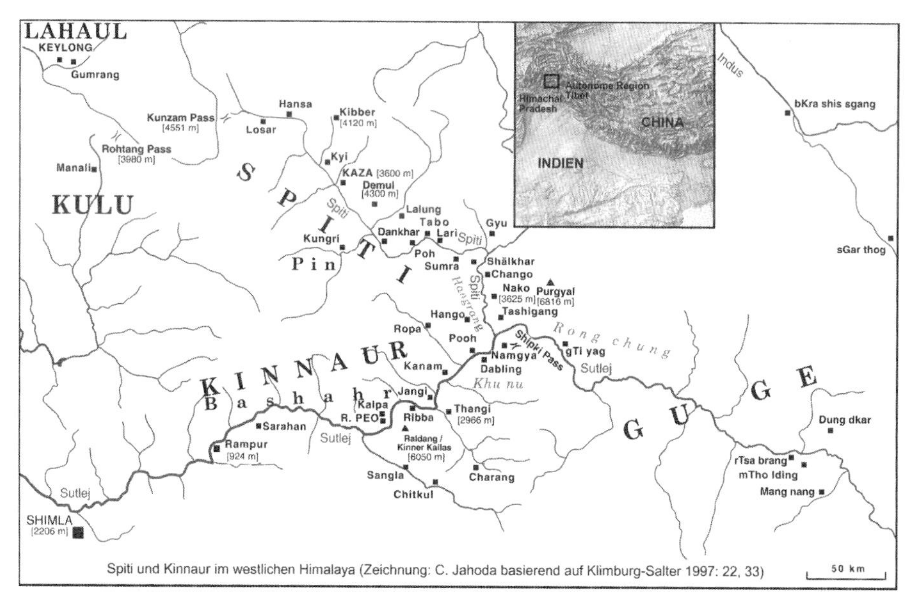

Spiti und Kinnaur im westlichen Himalaya (Zeichnung: C. Jahoda basierend auf Klimburg-Salter 1997: 22, 33)

Abb. 1: Karte

* Die Forschung für diesen Beitrag wurde durch Mittel des österreichischen *Fonds zur Förderung der wissenschaftlichen Forschung* (FWF) ermöglicht.

der zentraltibetischen Monarchie begründet wurde, verschrieb sich der Einführung des zeitgenössischen Mahāyāna-Buddhismus aus Indien und der Errichtung zahlreicher größerer und kleinerer buddhistischer Tempelanlagen und Klöster.[1] Manche davon sind bis in die Gegenwart weitgehend unversehrt mit ihrer originalen Ausstattung an Malereien, Skulpturen und heiligen Texten erhalten geblieben.[2] Dies wiederum wurde vor allem durch die bis in die Gegenwart an vielen Orten kontinuierlich präsenten Mönchsgemeinschaften gewährleistet, die den wichtigsten Schultraditionen des tibetischen Buddhismus angehören (Gelukpa, Kagyüpa, Sakyapa, Nyingmapa).

1. GESCHICHTE

Während Spiti und das obere Kinnaur eine geographische und weitgehend auch kulturelle Einheit bilden, gehörten sie seit dem 12. Jahrhundert zu unterschiedlichen politischen bzw. administrativen Einheiten. Die Verhältnisse in Spiti wurden in politischer Hinsicht zwischen ca. 1630 und 1848 mit Ausnahme weniger Jahre durch das Königreich Ladakh dominiert. Zwischen 1848 und 1947 stand Spiti (als Untereinheit des Bezirks Kulu) unter britischer Verwaltung. Das obere Kinnaur gehörte seit dem späten 17. Jahrhundert zum Königreich von Bashahr, dessen Ausdehnung ungefähr mit dem heutigen Distrikt Kinnaur identisch war und das sich zwischen 1815 und 1947 im Status eines Protektorats ebenfalls unter der Kontrolle der Briten befand. Die Zugehörigkeit von Spiti und dem oberen Kinnaur zu verschiedenen Verwaltungseinheiten setzte sich auch im unabhängigen Indien nach 1947 fort und besteht bis in die Gegenwart. Spiti bildet derzeit einen Sub-Distrikt innerhalb des Distriktes Lahaul-Spiti, während das obere Kinnaur zu den Bezirken (*tehsil*) Hangrang und Pooh des Distriktes Kinnaur gehört (vgl. Bajpai 1996: 131).

Spiti und das obere Kinnaur gehörten also direkt oder indirekt über einen langen Zeitraum der jüngeren Geschichte zum Machtbereich Britisch-Indiens. Die Auswirkungen auf die lokalen Gemeinschaften hielten sich jedoch aufgrund der Art der Herrschaftsausübung – Beschränkung auf oberflächliche Verwaltungstätigkeit – in Grenzen, sodass die sprachlichen, kulturellen und religiösen, ja sogar die wirtschaftlichen Verhältnisse kaum beeinflusst worden zu sein scheinen (vgl. Jahoda 2003: 247).

[1] Diese Aktivitäten hatten damit einen wesentlichen Anteil an der sogenannten ‚späteren Verbreitung des Buddhismus' (*bstan pa phyi dar*) in Tibet.

[2] Die Erforschung der frühen Kunstgeschichte, der Handschriften, Inschriften und Architektur dieser buddhistischen Monumente, vor allem von Tabo in Spiti und Nako im oberen Kinnaur erfolgt seit 1989 unter der Initiative von Forschern der Universität Wien – siehe die Beiträge und bibliographischen Angaben in *East and West* 44/1 (1994) („Tabo Studies I"), Klimburg-Salter (1997), Petech & Luczanits (1999), Scherrer-Schaub & Steinkellner (1999).

Dies hat mit der Situation des Gebiets im Grenzbereich tibetischer und buddhistischer Kultur zu tun und einer damit einhergehenden Form dörflicher Organisation, die durch eine vergleichsweise starke Position des Dorfvorstandes und eine starke Abgrenzung (auch in der Form von Strategien der Geheimhaltung) gegenüber Fremden bzw. Nicht-Buddhisten (*phyi pa*)[3] gekennzeichnet war.[4] Derartige Haltungen wurden gegenüber allen Fremden eingenommen, die versuchten, Macht und Einfluss auf die interne gesellschaftliche Ordnung auszuüben (oder von denen dies angenommen werden konnte), sei es aus religiösen, ökonomischen oder militärischen Beweggründen. So blieb beispielsweise die Missionstätigkeit der Herrnhuter Brüdergemeine, die in Pooh im oberen Kinnaur (1864 bis 1919) und in Chini im mittleren Kinnaur (1900 bis 1908) Missionsstationen betrieb (vgl. Baldauf 1990), ohne Erfolg im religiösen Bereich.[5] Die „Kulturarbeit" der Missionare (vgl. Bechler 1914) scheint allerdings einen gewissen Anteil an der (weiteren) Verbreitung des Kartoffelanbaus in dieser Gegend gehabt zu haben (wie auch in Lahaul). Einflüsse religiöser und kultureller Traditionen aus benachbarten oder entfernteren Regionen Nordwestindiens blieben abgesehen von der frühen Phase der Einführung des Buddhismus und mit Ausnahme der jüngsten Geschichte von untergeordneter Bedeutung bzw. auf gesellschaftliche Randgruppen beschränkt. Dies hat sich erst in jüngerer Zeit – nach der Eingliederung in das indische Verwaltungs- und Schulsystem ab den 1950er Jahren – geändert, in weiten Teilen Spitis sogar erst in den vergangenen 25 Jahren durch die Schaffung moderner Transport- und Kommunikationsmöglichkeiten bzw. die Verfügbarkeit von Fernsehern, Radios etc.

2. BEVÖLKERUNG

Die lokale Bevölkerung in Spiti und im oberen Kinnaur ist in mehrere soziale Schichten bzw. Gruppen zu gliedern. Die mehrheitlich bäuerlichen Bewohner in Spiti und im oberen Kinnaur[6] bezeichnen sich heute wie im 19. Jahrhundert selbst

---

[3] Die Bezeichnung *phyi pa* (wörtlich: jemand ausserhalb) ist hier als Gegensatz zu *nang pa* (Buddhist) zu verstehen und bezeichnet daher Leute, die keine Buddhisten sind. In einem anderen Kontext kann *phyi pa* auch für *rigs kyi phyi pa* stehen und jene Personen oder Gruppen fremder Herkunft außerhalb oder auch innerhalb der eigenen Gesellschaft bezeichnen, die als unrein angesehen werden und mit denen deshalb keine Heiratsbeziehungen eingegangen werden.

[4] Ähnliche Verhältnisse wurden von Ramble bei Dorfgemeinschaften im nepalesischen Mustang Distrikt festgestellt (vgl. Ramble 1990 und 1993).

[5] Bereits im 17. Jahrhundert waren die Versuche jesuitischer Missionare gescheitert, in Tsaparang im angrenzenden Westtibet eine funktionierende Missionsstation zu errichten (vgl. Wessels 1924).

[6] In Kinnaur hat der Handel immer eine wichtige zusätzliche Rolle gespielt hat – bis ca. 1959 mit Westtibet, vor allem der Handel mit der Wolle von Schafen und Ziegen, in der Gegenwart mit dem indischen Tiefland, in erster Linie durch den Verkauf von Äpfeln u.a. *cash crops*.

als „*Cháhzang*" oder auch „Chayang" (vgl. Jahoda 2003: 266-67, Hein 2007: 236). Es ist die mündliche Überlieferung dieser tibetischsprachigen endogamen Bevölkerung, die in der Gegenwart im wesentlichen in zwei soziale Schichten zerfällt, die nachfolgend im Mittelpunkt der Darstellung steht.

Diese beiden sozialen Schichten – eine sozial und ökonomisch dominante landbesitzende Schicht (*khang chen pa*, wörtlich „Großhäusler", in der Vergangenheit als *khral pa*, wörtlich „Steuerzahler", bekannt), eine Schicht von Familien mit geringem Landbesitz (*khang chung pa*, wörtlich „Kleinhäusler")[7] – stellen nicht nur die Mönche und Nonnen der buddhistischen Klöster, sondern auch die Ämter mit dem größten Status innerhalb der dörflichen Laiengemeinschaft – Dorfvorstand (*rgad po*), Arzt (*a mchi*), Astrologe (*jo ba*) – oder wichtige Funktionen im Bereich der mündlichen Überlieferung – Geschichtenerzähler (*sgrung pa*), Redner (*mol ba pa*[8]), Trance-Medium (*lha bdag*) – und des Brauchtums (beim Singen und Tanzen anlässlich von Festen und Feiern und der Durchführung von Zeremonien).

In vielen Dörfern in Spiti und im oberen Kinnaur leben weiters sozial untergeordnete und als Kasten klassifizierte Bevölkerungsgruppen, die als unrein angesehen werden und deren niedriger Status mit ihrer fremden ethnischen Herkunft oder mit ihrer Tätigkeit begründet wird.[9] Es handelt sich dabei um Schmiede (*bzo ba*) und Musiker (Beda),[10] die zwar denselben westtibetischen Dialekt sprechen (vgl. Hein 2001) und bei diversen festlichen und rituellen Gelegenheiten als Musiker (in erster Linie zum Zweck instrumenteller Begleitung) auftreten, aber darüber hinaus für die tibetischsprachige mündliche Überlieferung keine Rolle spielen.[11]

---

[7] Über diesen beiden Schichten, die im oberen Kinnaur ca. 80% und in Spiti ca. 90% der lokalen Bevölkerung ausmachen, stand bis zur Mitte des 20. Jahrhunderts eine kleine Zahl von adeligen Familien (*no no*) an der Spitze der sozialen Ordnung, die in der Gegenwart mehr oder weniger den Status von *khang chen pa* besitzen.

[8] Diese Funktion entspricht dem Tätigkeitsprofil eines "mopön" (*mo[l] dpon*), wie es von Aziz (1985: 122) im Kontext von Hochzeitszeremonien in Dingri in Südwesttibet beschrieben wurde.

[9] Die indische Verwaltung klassifiziert bei Volkszählungen (einer unter den Briten eingeführten Praxis folgend) die bäuerliche Mehrheitsbevölkerung als *scheduled tribe*, die Schmiede, Musiker usw. als Angehörige von *scheduled castes*.

[10] Im oberen Kinnaur mit einer stärkeren gesellschaftlichen Stratifizierung sind zusätzlich (zum Teil in beträchtlicher Zahl) Weber, Schreiner und andere ebenfalls endogame Kasten vertreten.

[11] Bei anderen vorübergehend oder länger in Spiti und im oberen Kinnaur lebenden Personen, die bisher nicht oder kaum in die lokalen Dorfgemeinschaften integriert sind und daher hier nur am Rande erwähnt werden, handelt es sich um Lehrer, Verwaltungspersonal, Soldaten, Polizisten, Händler, Saisonarbeiter usw. aus benachbarten oder ferneren Regionen des indischen Tieflandes sowie um eine geringe Anzahl mehr oder weniger dauerhafter Arbeitsmigranten aus Nepal.

3. ORALTRADITION: DEFINITION UND METHODOLOGIE DER FORSCHUNG

Unter tibetischsprachiger mündlicher Überlieferung oder Oraltradition verstehe ich hier im weiteren Sinn nicht nur alles, was mündlich überliefert wird (Lieder, epische Erzählungen, Geschichten, Gründungslegenden von Klöstern und andere Arten mündlicher Texte unterschiedlicher Länge), sondern auch Äußerungen von religiösen Persönlichkeiten oder Laien, auch Trance-Medien, die soziales, religiöses, politisches, historisches, usw. Wissen enthalten oder ein bestimmtes Weltbild transportieren und wiederkehrend in Kontexten stattfinden, die durch spezielle religiöse, soziale oder andere Kriterien definiert sind (z.B. Feste). Die Notwendigkeit der Einbeziehung des jeweils aktuellen Kontextes der mündlichen Überlieferung ist eine Erkenntnis der jüngeren tibetologischen Forschung. Als eine der ersten hat darauf Barbara Aziz (1985: 129) als Schlussfolgerung ihrer Untersuchung der bei Hochzeiten vorgetragenen Lieder und Reden in Dingri in Südwesttibet hingewiesen. Die rezenten Forschungen in Spiti und im oberen Kinnaur wurden dementsprechend unter diesen weiterentwickelten methodologischen Richtlinien (sowie unter Einsatz verbesserter Aufnahmegeräte) durchgeführt (vgl. Jahoda 2007). Dabei sind vor allem entsprechende hochwertige Tonaufnahmen zu nennen, die frühere Formen der Dokumentation – Verschriftung mündlicher Texte, Sammeln schriftlicher Textfassungen (siehe Francke 1914, Tucci 1966, Tucci & Ghersi 1996) – ergänzen bzw. die wesentliche Grundlage der Analysen bilden. Zusätzlich zu Tonaufnahmen kommt der bildlichen (photographischen und videographischen) Dokumentation des Geschehens selbst und des umfassenden kulturellen, sozialen, ökonomischen, historischen usw. Kontextes bei der Interpretation der mündlichen Überlieferung – neben den herkömmlichen Methoden der sozial- und kulturanthropologischen Datengewinnung – eine wesentliche Bedeutung zu.

Nachfolgend wird ein kurzer Überblick über die wichtigsten Formen der tibetischsprachigen mündlichen Überlieferung in Spiti und im oberen Kinnaur gegeben. Dabei wird jeweils, soweit dies aus Platzgründen möglich ist, auf soziale, religiöse u.a. Zusammenhänge und Kontexte hingewiesen.[12]

[12] Diese Art der Darstellung folgt einem sozial- und kulturanthropologischen Ansatz, der sich als Mittelweg zwischen rein kulturrelativistischen, betont ganzheitlichen und primär formal vergleichenden Ansätzen versteht. Dieser Ansatz beinhaltet die Einbeziehung spezifischer lokaler Gegebenheiten (z.B. Sprache, Kultur), weiters eine möglichst umfassende Dokumentation komplexer Ereignisse wie Feste (z.B. Hochzeiten), in deren Rahmen verschiedene Formen mündlicher Überlieferung, Zeremonien, usw. zusammentreffen, aber auch die vergleichende Untersuchung ähnlicher Gegebenheiten in zeitlich, räumlich und kulturell nahen und z.T. auch weiter entfernten Gesellschaften.

4. FORMEN DER ORALTRADITION UND IHRE KONTEXTE

4.1. Lieder

Die in Spiti und im oberen Kinnaur gesungenen Lieder können nach ihrem Inhalt im wesentlichen in folgende Kategorien unterschieden werden:[13]

a) Lieder, die bei bestimmten Dorffesten gesungen werden. Die wichtigsten Feste in Spiti sind dabei das Namkhan-Fest im Herbst, das Neujahrsfest (*lo gsar*) im Winter, das in den meisten Orten (mit Ausnahme von Tabo) nach dem lokalen Kalender Anfang Dezember gefeiert wird, und das Datschang-Fest (*mda' chang*) am Winterende bzw. Frühlingsbeginn.

   Das Namkhan-Fest (*gnam rgan / mkhan?*) wird nach der Getreideernte und vor dem Beginn des Dreschens abgehalten und markiert einen wesentlichen saisonalen Übergang im Leben der Bevölkerung. Dieses Fest wird je nach Gegend in unterschiedlichen Varianten gefeiert. In Tabo im unteren Spiti Tal steht dabei der Kult der lokalen Dorfgottheit bzw. der weiblichen buddhistischen Schutzgottheit des buddhistischen Klosters im Mittelpunkt, die dabei im Haus des Dorfastrologen durch ein Trance-Medium zur Dorfbevölkerung spricht. Die meist mahnenden Aussagen dieser Gottheit haben das gute oder wenige gute Verhalten der Dorfbevölkerung, auch der Mönche, zum Inhalt und die daraus ableitbaren Folgen für Fruchtbarkeit, Ernteertrag, Naturkatastrophen, etc. Ein mit dem Namkhan-Fest vergleichbares Fest im Gebiet um Pooh im oberen Kinnaur (auch aufgrund der dabei gesungenen Lieder) ist das Schuktok-Fest (*zhugs thog*). In Pooh selbst findet im Herbst ein weiteres Fest statt, das unter dem Namen Scherkan (*shar rgan / mkhan?*) bekannt ist. Dabei werden ebenfalls eigene Lieder gesungen, von denen handschriftliche Fassungen in tibetischer Schrift bekannt sind.[14]

   Diese Feste werden immer mit glückverheißenden (*rten 'brel*) Liedern eingeleitet, denen daher eine besondere Bedeutung zukommt, vor allem in jenen Fällen, wo sie nur anlässlich eines ganz bestimmten Festes vorgetragen werden. In der Regel wird die Funktion, derartige Lieder zu singen, in bestimmten Familien erblich weitergegeben, sodass damit auch die Kenntnis der (mündlich oder schriftlich traditierten) Texte auf wenige, oft nur auf eine Familie beschränkt ist.

---

[13] Die Erforschung der Lieder wurde zum überwiegenden Teil zwischen 2001 und 2004 von Veronika Hein in Kooperation mit Sonam Tsering, Tabo, durchgeführt.

[14] Ein derartiges Manuskript wurde zuerst von August Hermann Francke erwähnt (Francke 1914: 21), allerdings nie veröffentlicht. Bei einer Feldforschung im Jahr 2002 konnten D. Schüller, V. Hein und der Autor in Pooh Tonaufnahmen von Liedern des Scherkan-Festes machen und eine Handschrift mit den Liedtexten dokumentieren.

Abb. 2: Frauen aus Chango bei einem Tanz- und Gesangsauftritt in Tabo während des Dschakar-Festes (lCags mkhar), September 2000 (Foto: C. Jahoda, Western Himalaya Archive Vienna/WHAV CJ00 38,28).

b) Tanzlieder, d.h. Lieder, die zu bestimmten Tänzen gesungen werden. Zu den populärsten Liedern dieser Kategorie zählen die Schabro-Lieder (*zhabs bro*). Diese Lieder und entsprechenden Tänze – weitere Beispiele sind als „Schön" (*shon*) und „Kar" (*gar*) bekannt – bilden einen Bestandteil diverser festlicher Gelegenheiten und Feiern der Dorfbevölkerungen und werden auch im Rahmen bedeutender religiöser Feste aufgeführt (s. Abb. 2).

c) Lieder über oder zu Ehren sogenannter Lokalgottheiten (*yul sa*), d.h. Gottheiten mit einem territorial definierten Machtbereich. Derartige Lieder oder Hymnen werden auch im Rahmen von jährlichen oder saisonal abgehaltenen Opferzeremonien gesungen, in Tabo und anderen Orten im unteren Spiti Tal z.B. anlässlich des Lhabsöl-Festes (*lha gsol*). Weiters werden bei diesen Gelegenheiten bestimmte Opferlieder gesungen – bei dem im Jahr 2000 dokumentierten Fest z.B. die *dus bzang-*, *sangs glu khrus glu-* und *gser skyems*-Lieder (siehe Jahoda 2006: 32, Fußnote 36, für die tibetischen Textfassungen). Die Erneuerung der Residenz der Lokalgottheit (*la btsas*) wird wiederum durch Gebete, Lieder und das Darbringen von Libationen begleitet, woran in diesem Fall ausschließlich Männer teilnehmen. Ein weiteres Beispiel für diese Kategorie ist ein Lied zu Ehren des Berg(gott)es Rio Purgyal (Ri bo spu rgyal) bei Nako im oberen Kinnaur.

d) Lieder über religiöse Persönlichkeiten, religiöse Monumente und Stätten mit herausragender religiöser Bedeutung bilden einen weiteren wichtigen Komplex. Eine der herausragendsten religiösen Figuren mit großer historischer Bedeutung für die Verbreitung des Buddhismus in Spiti und im oberen Kinnaur (und angrenzenden Regionen Westtibets) ist der Grosse Übersetzer Rintschensangpo (*lo chen* Rin chen bzang po) (958–1055). Ihm und seinen späteren Reinkarnationen, die u.a. in Nako, Sumra und Schälkhar im oberen Kinnaur gefunden wurden, sind eine Reihe von Liedern gewidmet, in denen ihre Verdienste gewürdigt werden (vgl. Klimburg-Salter 2002: Appendix).
   Ebenso werden buddhistische Tempel und Klöster sowie heilige Stätten, die anlässlich von Pilgerfahrten besucht oder umrundet werden, in Liedern besungen. Diese Lieder beziehen sich nicht nur auf Monumente und Stätten in Spiti und im oberen Kinnaur (u.a. Terasang, eine Höhle in Hangrang, oder Somang, eine Einsiedelei bei Taschigang), sondern umfassen auch solche in weiter entfernten Gegenden Westtibets (z.B. Ru thog) und Nordwestindiens (Rewalsar, Triloknath) bis hin zu den monastischen Zentren Zentraltibets.
e) Eine eigene Kategorie religiöser Lieder stellen die sogenannten Kangna-Lieder (*ka kha na*) dar. Der Name rührt daher, dass die einzelnen Strophen nach dem tibetischen Alphabet (*ka*, *kha*, *ga* usw.) geordnet sind, um den Laien bei der Erinnerung an den Text zu helfen.
f) Die bei Hochzeiten gesungenen Lieder wurden in der Erforschung der Liedtraditionen in Spiti und im oberen Kinnaur bisher vernachlässigt, sodass sie, mit Ausnahme vereinzelter Beispiele, wenig bekannt sind. Dies hat seine Ursache in einem allgemeinen Niedergang des Hochzeitsbrauchtums und teilweise im Umstand, dass die Hochzeiten meist im Spätherbst (oder Winter) stattfinden, in dem diese Region oft von der Außenwelt abgeschnitten oder nur schwer erreichbar ist. Da den Liedern (und dem gesamten Geschehen) eine sakral-kosmologische Bedeutung zugemessen wird, werden sie (wie auch im Fall anderer Feste) in der Regel nur bei den jeweiligen Anlässen gesungen und können daher im Unterschied zu alltäglicheren Liedern nur selten und praktisch nicht auf Bestellung aufgenommen werden.
   Die bei Hochzeiten gesungenen Lieder scheinen in Spiti und im oberen Kinnaur (wie auch in Ladakh und im benachbarten Westtibet – vgl. Francke 1923, Shastri 1994) auf schriftlichen Textfassungen zu beruhen. Derzeit sind drei derartige Manuskripte aus Spiti bekannt (vgl. Hein 2007: 239). Besondere Beachtung verdienen die sogenannten Rätsellieder, in denen die Hochzeitshelfer (*nyo pa*) des Bräutigams im Wechselgesang mit den Verwandten der Braut mythologische Fragen beantworten müssen. Einen ähnlichen Charakter haben die sogenannten Tho-Lieder (*tho glu*), Lieder mit kosmologischer

Bedeutung, die zusammen mit der Durchführung bestimmter Riten gesungen werden.

g) Lieder über Dorfleute sind mit der Kategorie der Lieder über religiöse Persönlichkeiten verwandt, wobei der Unterschied im Wesentlichen darin besteht, dass es sich hier um Laien oder einfache Mitglieder von Dorfgemeinschaften handelt, deren vorbildhaftes, weil den buddhistischen Lehren entsprechendes Leben besungen wird. Die bekanntesten Lieder dieser Kategorie – lokal als Detlu (*bsdad glu*, wörtlich „Sitzlieder") bezeichnet – haben weibliche Protagonisten zum Inhalt, nach deren Herkunftsort und Namen diese Lieder betitelt sind: Kibber Nardzom, Dankhar Pema, Lari Palki, Hango Dela. Eines der wohl im gesamten westtibetischen Raum bekanntesten Lieder dieser Art heißt Schipki Pomo (Mädchen aus Schipki) und besingt drei Schwestern aus Schipki und ihre Wallfahrt nach Tholing (mTho lding), dem bedeutendsten monastischen Zentrum Westtibets seit dem 10. Jahrhundert.[15]
Nach Angaben lokaler Informanten und Wissenschaftler (Prof. Tsering Gyalbo) scheint in angrenzenden Gebieten (Distrikte rTsa mda' und sGar, Autonome Region Tibet, VR China) für eine ähnliche Kategorie von Liedern die Bezeichnung *gral glu* oder „Sitzreihenlieder" üblich zu sein. Während diese Lieder gesungen werden, müssen alle anwesenden Personen auf dem ihnen aufgrund von Rang, Geschlecht und Alter angemessenen Platz einer bestimmten Sitzreihe (*gral*) sitzen bleiben.

h) Lieder, die während der Arbeit auf den Feldern oder in Verbindung mit anderen wirtschaftlichen Tätigkeiten gesungen werden. So wird z.B. das Ausbringen der Saat, eine manuelle Arbeit, für die ausschließlich Männer zuständig sind, von diesen jeweils (alleine) singend durchgeführt. Die meisten weiteren Arbeiten – wie das Einpflügen der Saat oder das anschließende Einebnen der Erde – werden ebenso durch das Absingen bestimmter Lieder begleitet. In den meisten Fällen arbeiten Männer und Frauen dabei nach Geschlechtern getrennt in zwei Gruppen. Beim Einebnen (*rol*) z.B. bewegen sich die Mitglieder der einzelnen Gruppen Seite an Seite vorwärts und setzen in schnellem Rhythmus die Hauen links und rechts ein. Gleichzeitig wird gesungen und zwar im raschen Wechselgesang beider Gruppen, die sich dadurch wie bei einem Wettbewerb gegenseitig anfeuern (vgl. Jahoda 2003: 316-17).

---

[15] Mehrere, z.T. voneinander abweichende mündliche Textfassungen dieses Liedes wurden während einer gemeinsamen Feldforschung durch D. Schüller, V. Hein und C. Jahoda in Zusammenarbeit mit Sonam Tsering und Detschen Lhündub aus Tabo im September 2002 in Pooh, Dubling und Nako im oberen Kinnaur aufgenommen und dokumentiert. Eine weitere, längere Version dieses Lieds wurde von V. Hein in Poh im unteren Spiti Tal gefunden (persönliche Mitteilung, Oktober 2002). Eine aus Rong chung im angrenzenden Westtibet stammende Fassung wurde in schrifttibetischer Form veröffentlicht (Karma Khedup 1998: 1-2).

4.2. Epische Erzählungen

Das im gesamten tibetischen Kulturraum verbreitete und bekannte Gesar-Epos (Ge sar) ist auch in Spiti und im oberen Kinnaur bekannt. An einigen Orten in Spiti, darunter auch Tabo, ist z.T. bis in die Gegenwart die Existenz von männlichen und weiblichen Geschichtenerzählern (*sgrung pa*) belegt, durch die dieses Epos mündlich weitergegeben wurde. Dieses Epos ist allgemein in einer Vielzahl schriftlicher Fassungen zugänglich, sodass ein diesbezüglicher Einfluss auf die mündliche Überlieferung möglich ist, wenngleich nicht sehr wahrscheinlich, da die Geschichtenerzähler, wie die meisten Laien in diesem Gebiet, nicht Tibetisch lesen und schreiben können. Eine historische Interaktion zwischen den überlieferten mündlichen und diversen schriftlichen Fassungen ist jedoch hier wie auch im Fall der Lieder, von denen schrifttibetische Fassungen existieren, unbedingt anzunehmen, auch wenn sie gerade bei dem überaus umfangreichen und weitverbreiteten Gesar-Epos kaum rekonstruierbar ist.

4.3. Gründungslegenden und Geschichten

Diese Kategorie mündlicher Überlieferung ist einerseits für die Erforschung der Kulturgeschichte dieses Gebiets aufgrund des Gehalts an historischer oder sozialer Information von besonderer Wichtigkeit, nicht zuletzt aufgrund der Tatsache, dass dieses Wissen vielfach nicht in anderer Form überliefert bzw. aus anderen Quellen bekannt ist. Andererseits ist gerade dadurch die Gefahr groß, dass mit den zumeist betagten Personen, die Träger dieses Wissens sind, dieses selbst verschwindet, auch weil sie teilweise bereits selbst (noch mehr gilt dies für die jüngeren Generationen) unter deutlich veränderten sozio-ökonomischen Verhältnissen gelebt haben, in denen diese Formen der mündlichen Überlieferung zunehmend an Bedeutung verloren haben. In vielen Fällen ist es daher oft erst die Befragung durch Forscher, die z.B. die Erinnerung an Gründungslegenden von buddhistischen Tempeln und Klöstern oder Geschichten, in denen von Ereignissen oder sozialen Gegebenheiten aus weit zurückliegenden Zeiten berichtet wird, wieder ins Gedächtnis ruft. Wichtige Beispiele solcher Gründungslegenden sind für buddhistische Monumente in Lalung und Tabo in Spiti dokumentiert. Erzählungen von historisch oder sozial relevanten Ereignissen und Gegebenheiten betreffen u.a. den Transfer von Spiti unter ladakhische Oberherrschaft im späten 17. Jahrhundert oder die sozialen Strukturen vergangener Zeiten. Derartige Erzählungen treten häufig im Rahmen der Aufnahme von Lebensgeschichten zutage, die daher einen wichtigen Ausgangspunkt für diesbezügliche Forschungen darstellen.

4.4. Formelle Reden

Die Bedeutung formeller Reden im allgemeinen und als Quelle für historische Studien (auf der Basis schriftlicher Textfassungen) wurde in der tibetologischen Forschung zuerst durch David Jacksons Untersuchungen im nepalesischen Mustang Distrikt erkannt (siehe Jackson 1984). Rezente Forschungen in Spiti und im oberen Kinnaur erbrachten deutliche Belege, dass hier eine lebendige Tradition derartiger Reden vorhanden ist, die im Kontext von religiösen oder feierlichen Versammlungen der lokalen Gemeinschaften zum Tragen kommt. Dies ist vor allem am Beispiel der Auftritte von Trance-Medien zu sehen, deren Äußerungen als „molla" (*mol ba*, nach Jäschke 1882: 420 ein besonders in Westtibet übliches Wort) klassifiziert werden, weiters auch bei den sogenannten „Pingri"-Feiern.[16] (Ähnliches ist für Hochzeitsfeiern anzunehmen.)

Auftritte und Reden von Trance-Medien (in Spiti und im oberen Kinnaur ausschliesslich Männer) wurden durch den Autor vor allem in Tabo anlässlich dörflicher oder monastischer Feste (Namkhan, Lhabsöl, Datschang bzw. Dschakar [lCags mkhar][17]) dokumentiert, zudem auch anlässlich besonderer Gelegenheiten (z.B. zur Beendigung von Regen während der Erntearbeiten), bei denen eine Anrufung der in diesem Fall weiblichen Gottheit (rDo rje chen mo) für notwendig erachtet wurde. Die in Trance getätigten Äußerungen des Mediums – in den Augen der Dorfbevölkerung natürlich der Gottheit – nehmen üblicherweise dabei nicht nur kritisch zum Verhalten von Laien und Mönchen Stellung, sondern enthalten auch direkte Aussagen zu Fragen historischer oder religiöser Relevanz (Gründer und Besitzer des Klosters Tabo) oder gehen dezidiert auf aktuelle Verhältnisse und Fragen ein (z.B. das in der Auffassung der Gottheit unwürdige Verhalten gegenüber

[16] Das „Pingri"-Fest – die genaue Bedeutung und Schreibweise im Tibetischen ist nicht klar – wird im Spiti Tal und auch im oberen Kinnaur gefeiert, nachdem der erste Sohn (und / oder auch die erste Tochter) das erste oder zweite Lebensjahr vollendet hat. Zu diesem Fest, das von den Eltern des Kindes veranstaltet und finanziert wird, wird üblicherweise die gesamte Dorfgemeinschaft eingeladen. Den zeremoniellen Höhepunkt bildet der Auftritt eines Festredners (*mol ba pa*). Anschließend wird gesungen und getanzt. Eine Hauptfunktion dieses Festes liegt darin, den potentiellen legitimen Erben der Dorfgemeinschaft zu präsentieren, durch den der Fortbestand der Familie bzw. die Erfüllung der mit dem Haus verbundenen Pflichten gewährleistet wird (vgl. auch Tucci & Ghersi 1996: 199). Ein derartiges Fest konnte durch den Autor im September 2002 in Nako im oberen Kinnaur in Zusammenarbeit mit Veronika Hein und Dietrich Schüller durch Ton- und Videoaufnahmen dokumentiert werden.

[17] Dieses Fest ist eine religiöse Feier der Gelukpa-Schule des tibetischen Buddhismus, das in Tabo im unteren Spiti Tal üblicherweise alle 3 Jahre gefeiert wird. Im Mittelpunkt dieses Festes stehen die obersten Meditations- und Schutzgottheiten (*yi dam*, *chos skyong*) dieser Schule sowie speziell mit dem Kloster Tabo verbundene Schutzgottheiten (*srung ma*) wie z.B. Dordsche Dschenmo (rDo rje chen mo).

der gegenwärtigen Inkarnation des Grossen Übersetzers). Von besonderem Interesse ist in diesem Zusammenhang auch die Sprache des Mediums, die eine Mischung aus lokalem und zentraltibetischem Dialekt darstellt und mit eigentümlichen Einsprengseln durchsetzt ist. Das Phänomen der Trance-Medien ist darüber hinaus auch als Teil eines Kultes von Gottheiten zu sehen, die einerseits der Volksreligion angehören, gleichzeitig auch oft in sehr früher Zeit, zumeist als Schutzgottheiten der buddhistischen Lehre und buddhistischer Tempel in den tibetischen Buddhismus integriert wurden (vgl. Jahoda 2006).

LITERATUR

Aziz, Barbara Nimri. 1985. "On translating oral traditions: ceremonial wedding poetry from Dingri". In: Aziz, Barbara Nimri & Matthew Kapstein (eds.). *Soundings in Tibetan civilization. Proceedings of the 1982 Seminar of the International Association for Tibetan Studies held at Columbia University.* New Delhi: Manohar, 115-132.

Bajpai, Shiva Chandra. 1996. *Kinnaur, a remote land in the Himalaya.* New Delhi: Indus.

Baldauf, Ingeborg. 1990. „Quellen zur Geschichte der Brüdermission im West-Himalaja-Gebiet im Archiv der Brüder-Unität in Herrnhut". In: Icke-Schwalbe, Lydia & Gudrun Meier (Hg.). *Wissenschaftsgeschichte und gegenwärtige Forschungen in Nordwest-Indien.* (Dresdner Tagungsberichte 2). Dresden: Staatliches Museum für Völkerkunde Dresden, Forschungsstelle, 53-59.

Bechler, Theodor. 1914. „Kulturarbeit der Brüdergemeine im westlichen Himalaja". *Beiblatt zur Allgemeinen Missions-Zeitschrift* 2: 17-32.

Francke, August Hermann. 1914. *Antiquities of Indian Tibet, part I: Personal narrative.* (A.S.I., New Imperial Series, Vol. XXXVIII). Calcutta: Superintendent government printing, India. [Reprint 1992: New Delhi, Asian Educational Services]

—, 1923. *Tibetische Hochzeitslieder: übersetzt nach Handschriften von Tag-ma-cig.* Hagen i.W.-Darmstadt: Folkwang.

Hein, Veronika. 2001. "The role of the speaker in the verbal system of the Tibetan dialect of Tabo/Spiti". *Linguistics of the Tibeto-Burman Area* 24/1: 35-48.

—, 2007. "A preliminary analysis of some songs in Tibetian language recorded in Spiti and upper Kinnaur". In: Klimburg-Salter, Deborah, Kurt Tropper & Christian Jahoda (eds.). *Text, Image and Song in Transdisciplinary Dialogue.* (Proceedings of the Tenth Seminar of the International Association for Tibetan Studies, Oxford 2003 = Brill's Tibetan Studies Library 10/7). Leiden: Brill, 235-247.

Jackson, David P. 1984. *The mollas of Mustang: Historical, religious and oratorical traditions of the Nepalese-Tibetan borderland.* Dharamsala: LTWA.

Jäschke, Heinrich August. 1882. *A Tibetan-English dictionary: With special reference to the prevailing dialects.* London: Trübner. [Reprint 1987: New Delhi, Motilal Banarsidass]

Jahoda, Christian. 2003. *Sozio-ökonomische Organisation in einem Grenzgebiet tibetischer Kultur: Tabo - Spiti Tal (Himachal Pradesh, Indien) – Geschichte und Gegenwart. Ein Beitrag zum Konzept der ‚peasant societies'.* 2 Bände. Dissertation, Universität Wien.

—, 2006. „Bemerkungen zur Tradition einer weiblichen Schutzgottheit (*srung ma*) in Tabo (Spiti Tal, Himachal Pradesh, Indien)". In: Gingrich, Andre & Guntram Hazod (Hg.). *Der Rand und die Mitte. Beiträge zur Sozialanthropologie und Kulturgeschichte Tibets und des Himalaya.* (Österreichische Akademie der Wissenschaften, Sitzungsberichte der philosophisch-historischen Klasse

753, Veröffentlichungen zur Sozialanthropologie 9). Wien: Verlag der Österreichischen Akademie der Wissenschaften, 11-54. Wien.

—, 2007. "Documenting oral traditions: methodological reflections". In: Klimburg-Salter, Deborah, Kurt Tropper & Christian Jahoda (eds.). *Text, Image and Song in Transdisciplinary Dialogue.* (Proceedings of the Tenth Seminar of the International Association for Tibetan Studies, Oxford 2003 = Brill's Tibetan Studies Library 10/7). Leiden: Brill, 229-233.

Karma Khedup (Karma Mkhas grub Srib skyid). 1998. *Mnga' ris rong chung khul gyi glu gar phyogs bsgrigs* [englischer Titel: *A collection of ancient songs of Ngari Rongchung*]. Dharamsala: LTWA.

Klimburg-Salter, Deborah E. 1997. *Tabo, a Lamp for the Kingdom: Early Indo-Tibetan Buddhist Art in the Western Himalaya.* Milan: Skira.

—, 2002. "Ribba, the story of an early Buddhist temple in Kinnaur. Appendix: Hein, Veronika. The text of the song 'Lotsa Rinchen Zangpo'". In: Klimburg-Salter, Deborah E. & Eva Allinger (eds.). *Buddhist art and Tibetan patronage. Proceedings of the Ninth Seminar of the International Association for Tibetan Studies, Leiden 2000.* Leiden: Brill, 1-28.

Petech, Luciano & Christian Luczanits (eds.). 1999. *Inscriptions from the Tabo Main Temple, Texts and Translation.* (Serie Orientale Roma LXXXIII). Roma: IsIAO.

Ramble, Charles. 1990. "The headman as a force for cultural conservation: the case of the Tepas of Nepal". In: Rustomji, Nari Kaikhosru & Charles Ramble (eds.). *Himalayan environment and culture.* Shimla: Indian Institute of Advanced Study, 119–30.

—, 1993. "Rule by play in southern Mustang". In: Ramble, Charles & Martin Brauen (eds.). *Anthropology of Tibet and the Himalaya.* Zürich: Völkerkundemuseum der Universität Zürich, 287-301.

Scherrer-Schaub, Cristina A. & Ernst Steinkellner (eds.). 1999. *Tabo Studies II: Manuscripts, Texts, Inscriptions, and the Arts.* (Serie Orientale Roma LXXXVII). Roma: IsIAO.

Shastri, Lobsang. 1994. "The marriage customs of Ru-thog (Mnga'-ris) ". In: Kvaerne, Per (ed.). *Tibetan Studies. Proceedings of the 6th Seminar of the International Association for Tibetan Studies, Fagernes 1992.* Oslo: Institute for Comparative Research in Human Culture, 755-67.

Tucci, Giuseppe. 1966. *Tibetan folks songs from Gyantse and Western Tibet.* 2nd edition. Ascona: Artibus Asiae.

Tucci, Giuseppe & Eugenio Ghersi. 1996. *Secrets of Tibet.* New Delhi: Cosmo. [englische Übersetzung von *Cronaca della missione scientifica Tucci nel Tibet occidentale, 1933.* Roma: Reale Accademia d'Italia, 1934]

Wessels, Cornelius. 1924. *Early Jesuit travellers in Central Asia 1603–1721.* The Hague: Nijhoff. [Reprint 1992: New Delhi-Madras, Asian Educational Services]

Bernd Brabec de Mori

Wissenschaft und Dschungelkino – Schicksal eines feldforschenden Menschen im Amazonas

EINFÜHRUNG

Die Resultate meiner Forschungen sind in den im Literaturverzeichnis ausgewiesenen Arbeiten nachzulesen. Hier geht es eher um die Praxis als um die Theorie der Feldforschungen selbst – oder, frei nach Åke Hultkrantz (1980): „Was der Magister verschwieg."

Perú ist ein Land der Marginalisierungen. Etwa 60% des Landes sind von Regenwald bedeckt, am Rand des Amazonasbeckens, eine marginale Region; etwa 300.000 Bewohner des Waldgebietes sind Indigene aus etwa 60 verschiedenen ethnischen Gruppen[1] mit jeweils verschiedenen Sprachen, marginalisierte Menschen. Ihre Lebensräume befinden sich oft Tagesreisen von den nächsten Ballungsräumen entfernt. Es sind marginale Dörfer mit steinzeitlicher Infrastruktur.

Perú ist berühmt für seine Kultur – genaugenommen für seine Vergangenheit: für die Inka, die präkolumbianischen Kulturen Caral, Moche, Nazca, etc. Die Gegenwart ist weniger spektakulär: es blüht die Diskriminierung und der Widerstand dagegen. Von den einstigen Hochkulturen sind nur Museen geblieben, die von *gringos* besucht werden können. Die *indígenas* des Regenwaldes dagegen haben Kultur, haben teils lebendige Traditionen und haben vielerlei Gründe, diese zu verleugnen und zu versuchen, sie loszuwerden, um von den dominanten Gruppen nicht verspottet zu werden – eine eigenartige Gegend.

[1] 63 Ethnien nach Ortiz Rescaniere (2001: 47-48), wobei Doppelnennungen auftreten. Auf der ethnolinguistischen Karte des *Ministerio de Educación* und *FORTE-PE* 2002 sind 43 Gruppen zu finden; allerdings konnte ich die Existenz einiger dort nicht genannter Gruppen bereits persönlich verifizieren (Iskobakebo, Waripano). Es ist anzunehmen, dass kleine Gruppen (Yora, Mashco Piro, etc.) bis heute den laufenden Bemühungen der Missionare, die „Nackten zu zivilisieren", entgangen sind (Huertas Castillo 2002), und in beiden o.g. Verzeichnissen nicht aufgeführt sind.

1. ERSTE KONTAKTE

Weihnachten 1998 verbrachte ich nahe Iquitos im *campamento* eines mestizischen Heilers[2] (*curandero*). Er schenkte die „Totenliane" (Kechua: *ayawaska*) an Touristen aus, in einem grandiosen esoterischen Setting. Es war imposant. *Ayawaska* ist ein Gebräu aus wenigstens zwei Pflanzen[3] des Regenwaldes, welches nach Einnahme starke halluzinogene Effekte zeitigt und nebenbei oft zur Notdurft nötigt – sei es oral, anal oder wie auch immer. Der *curandero* spielte, während die etwa 15 Touristen, zu denen ich im wahrsten Sinne des Wortes versehentlich gestoßen bin, ihren Rausch genossen (oder ertrugen), Musik auf einer Mundharmonika, auf Panpfeifen, einer Trommel, auf einem viersaitigen Musikbogen, und sang und tanzte. Das gefiel mir. Ich verstand, dass die Musik das Erleben der Teilnehmer in gewissem Sinne leitete, manipulierte oder dirigierte. Faszinierend. Ich wurde dort beraubt, musste auf Anweisung dieses „Meisterschamanen" *ayawaska* alleine trinken, wurde beinahe wahnsinnig und flüchtete Hals über Kopf um Mitternacht des 8. auf den 9. Jänner 1999, in der krass veränderten Welt des *ayawaska*-Rausches (die Flucht bestand aus einer guten Stunde Fußmarsch durch dichten Urwald bis in ein Dorf am Flussufer, wo ich im Morgengrauen ein Boot nach Iquitos nehmen konnte. Auf halbem Weg fiel meine Taschenlampe aus. Ein Glück, dass ich noch lebe).

Nach zwei Jahren hatte ich mich erholt und Anfang 2001 reiste ich mit einem kleinen Stipendium des Dekanates für Geistes- und Kulturwissenschaften der Universität Wien nach Perú, nach Pucallpa, wo ich vorhatte, mit anderen *curanderos* zu arbeiten, die noch nicht so sehr vom Tourismus beeinflusst sind wie der Typ in

---

[2] Die Terminologie ist schwierig: Ich verwende den Ausdruck *Schamane* höchstens zynisch und unter „Anführungszeichen", da er populär ist, somit in der wissenschaftlichen Literatur nichts verloren haben sollte und noch dazu etwas anderes bezeichnet als das hier beobachtbare Phänomen. Ich bevorzuge die lokal verwendeten spanischen Termini oder, in spezifischen Fällen, die Termini aus indianischen Sprachen. Zur Erklärung werden diese Termini bei der ersten Nennung auf Deutsch übersetzt.
Im speziellen Falle dieses „Heilers" konnte ich später verifizieren, was ich während meines Aufenthaltes dort bereits vermutete: Er war gar keiner, sondern ein höchst geschäftstüchtiger Mann, der es ausgezeichnet verstand, Atmosphären zu gestalten.

[3] Die Basiszubereitung verlangt zerstoßene Stammstücke der nichtschmarotzenden Liane *ayawaska* (*Banisteriopsis caapi*), vermengt mit Blättern des Busches *chakruna* (*Psychotria viridis*), welche zusammen auf kleiner Flamme sechs bis zwölf Stunden gekocht werden. Die verbleibende Flüssigkeit ist extrem lange haltbar und wird in Dosen von etwa zwei bis hundert Zentilitern eingenommen, je nach Zubereitung und Disposition des Einnehmenden. Die halluzinogenen Effekte werden durch Dimethyltryptamin (DMT) und 5MeO-DMT hervorgerufen, welche alleine oral genossen unwirksam sind. Das in der Liane enthaltene ß-Carbolin Harmalin fungiert als temporärer MAO-Hemmer, wodurch das andernfalls von der Monoaminooxidase eliminierte DMT im Kreislauf verbleiben und wirksam werden kann (vgl. Rätsch 1998).

Iquitos und kein *ayawaska* mehr zu trinken, sondern nur zu beobachten. Ich hatte ein paar interessante Hypothesen entworfen, die ich zu verifizieren gedachte, um meine Magisterarbeit (Brabec 2002) über dieses Thema zu schreiben.[4]

Eine Hypothese besagte etwa, dass die angeblich vollzogenen Heilungen im halluzinogenen Rausch des *ayawaska* auf einer psychischen/psychosomatischen Ebene vonstatten gingen, und dass die Musik des Leiters dies dirigierte – mittels spezieller Klanglichkeit, etwa Obertonreichtum für Anregendes, Dreiklänge für Heimlichkeit, etc., Dinge, die man statistisch erfassen könne.[5]

In der ersten Sitzung mit dem traditionell arbeitenden *curandero* Don José (1919-2003) und seiner Gattin Doña Rolinda wurde diese Hypothese eliminiert. Beide sangen, aber benutzten keinerlei Instrumente. Laut Don José spielten in diesem Kontext nur Betrüger auf Musikinstrumenten, welche Touristen beeindrucken wollen. Wie schnell man lernt... Präzise emotionale Reaktionen auf bestimmte musikalische Strukturen, wie sie transkulturell nachprüfbar sind (Balkwill und Thompson 1999), konnte ich auch nicht finden. Ich arbeitete lange Tage mit Don José, Aufnahmen vorspielend, fragend, welche Lieder zu welchem Zweck gesungen würden. Unglaubliche Dinge hörte ich da: Lieder, um Soldaten und Jagdbomber zu beschwören, Lieder, um kopflose Baumgeister auf feindliche Hexer (*brujos*) zu hetzen, Lieder, um den Turm des Neuen Jerusalem zu bauen, um Frauen zu verführen, um Kinder von Durchfall zu heilen, evangelische Kirchenlieder und Tanzlieder, die dazu dienten, Feinde in Reih und Glied zu zwingen, um sie dann von fallenden Baumstämmen zerquetschen zu lassen, oder das Lied von der schönen Sirene, welche den ihr Verfallenen das Gesicht ins Gesäß verdreht und sie dann in den Tiefen des Flusses Marañon verschwinden lässt...

Was ich nicht finden konnte, waren sinnvolle Verbindungen von musikalischen Strukturen zu (angeblich) bleibenden Effekten an den Patienten. Überdies tranken die Patienten im traditionellen Setting gar kein *ayawaska* sondern nur und ausschließlich der „Doktor". Hinzu kam noch, dass Don José behauptete, wenn ich nur irgendetwas über die medizinischen Lieder herausfinden wollte, müsste ich lernen, sie zu singen – was für einen Ethnomusikologen ja sehr einleuchtend ist, nämlich teilnehmende Beobachtung.

---

[4] Entgegen den Meinungen einiger Universitätspädagogen, die beteuern, eine Magisterarbeit sollte möglichst kurz, einfach und bibliographisch nachprüfbar sein – nun, ich wählte Pionierarbeit. Ich hatte ein faszinierendes Thema, über das bislang noch niemand geschrieben hatte, und fand in Prof. Gerhard Kubik als Betreuer eine verwandte Seele.

[5] Diese Gedanken waren beeinflusst von einer musiksoziologischen Arbeit an der Universität Graz (Jauk et al. 1999), welche besagte, dass die Klanglichkeit von Rock-Musik Auswirkungen auf das Sozialverhalten der Rezipienten habe.

Diese Form der wissenschaftlichen Datenerhebung war im vorliegenden Kontext allerdings zwingend mit der wiederholten Einnahme einer Droge verbunden, welche LSD als „Kinderspielzeug" erscheinen lässt – und das war erst der Anfang.

1.1. Technische Probleme

In den ersten zweieinhalb Monaten, die ich so im peruanischen Regenwald verbrachte, in den Städten Pucallpa, Iquitos und Tarapoto, nahm ich an zwölf Sitzungen als Schüler, Patient und sogar als (Mit-)Sänger teil.[6] In den sechs Monaten meines zweiten Aufenthaltes vertiefte ich meine Forschung vor allem in die Richtung der Shipibo-Konibo. Während meines dritten Aufenthaltes... – nun, dazu später.

Für meine Aufnahmen hatte ich aus dem Gerätepark des Phonogrammarchivs ein DAT-Walkman-Gerät und eine digitale Videokamera mitbekommen. Überraschenderweise hatte kaum jemand etwas dagegen, dass ich die Sitzungen aufzeichnete. Ein Problem stellte die bekannte Ethnologen-Panik dar, zu wenig Leerkassetten dabei zu haben: ich versuchte während der ersten Sitzungen stets, in längeren Pausen (doch woher weiß man zuvor, ob die Pause länger sein wird?) auf „Pause" zu schalten. In der zweiten Sitzung mit Don José vollbrachte ich das Meisterwerk, in Dunkelheit und starker Berauschung, während des zweiten Teils der Session sämtliche Pausen aufzunehmen und das Gerät während der Lieder abzuschalten. Gratuliere. Nach mehreren ähnlichen Rausch-Technik-Inkompatibilitäten passieren mir heute solche Fauxpas auch in schlimmster Berauschung nicht mehr, man gewöhnt sich an alles. Natürlich gab es immer wieder kleinere technische Probleme mit Mikrophonen, Batteriekabeln oder der Videokamera.[7]

---

[6] Die Leiter der Sitzungen waren die Mestizen José (82 Jahre alt), Rolinda (ca.56; die als Ehepaar stets gemeinsam arbeiteten) und Solón (82, Iquitos) sowie die Shipibos Roberto (63), Armando (62) und Hilario (34).

[7] Im Shipibo-Dorf Callería filmte ich traditionelle Tänze und wechselte die Kassette. Partout wollte nichts mehr funktionieren. Bis mein – Gott sei Dank anwesender und geistesgegenwärtiger – Bruder meinte, ich solle den Schreibschutz der Kassette lösen. Dem kam ich nach, aber bis heute kann ich mir nicht erklären, warum der Schreibschutz einer Kassette in Originalverpackung aktiviert sein konnte.
In Santa Rosa de Aguaytía, Tagesreisen entfernt vom nächsten Elektroniker, gab der DAT-Recorder seinen Geist auf. Ich hatte mein Leermaterial in einer kleinen Schachtel verstaut, die ich, damit die Kassetten nicht lose herumrutschten und in Unordnung gerieten, mit leeren Videokassetten vollgestopft hatte. Meine Rettung, denn ich musste alle weiteren Sänger filmen, fünf Videokassetten voll. Zum Glück hatte ich auch genug Akkuladung mitgebracht.
In Guacamayo, zwei Tagesreisen vom nächsten Dorf entfernt, warf ich meinen Digital-Photoapparat ins Wasser, wodurch er „verendete" – doch am Schlimmsten war es, als eine ganze Serie von Videokassetten beim Einspielen riss und wegen eines Produktionsfehlers der Kassetten beinahe

Heute arbeite ich in einer breitangelegten Forschung über die Musik des Ucayali-Tales. Ich habe viel Erfahrung gewonnen und verstehe Dinge, die ich in meiner vorhergehenden Forschung nicht einmal erahnte. So fällt es mir leicht zurückzublicken und zu lächeln über die Feldaufenthalte, die ich *ayawaska*-trinkend verbrachte: früh aufstehen (6:00), Kontakte knüpfen, Interviews machen, Institutionen besuchen, etc., abends wieder Sitzung, mit wildem Rausch bis 2 Uhr, schlafen, ein bisschen wenigstens. Lächeln kann ich auch über die diversen Ideen, die mir während dieser Zeit durch den Kopf gingen, wobei die absurdesten[8] davon nun meinen Lebensstil bestimmen.

2. DAS THEMA

Nüchtern betrachtet analysieren wir die traditionelle Methode von Heilung und Schadenszauber mittels außergewöhnlicher Bewusstseinszustände pharmakologischer Ätiologie im Raum des peruanischen Amazonasbeckens als Kontext für spezifische, funktionelle Gesänge.

Die Methoden der einzelnen *curanderos* können große Unterschiede aufweisen, das Phänomen per se ist höchst abhängig vom ausführenden Individuum. Viele ethnologische Arbeiten, etwa von Cardenas (1989), Gebhart-Sayer (1987), Illius (1987) oder Tournon (2002) zum „Schamanismus" der Shipibo-Konibo, um nur einige zu nennen, finden alle „ein Weltbild" der Ethnie. Ich nicht. Ich finde viele verschiedene, individuelle Kosmologien und Ethiken.

Ich wage hier in gebotener Kürze bloß eine grobe Unterscheidung zwischen den mestizischen und indigenen Traditionen, wobei immer eine Schnittmenge bleibt, die nicht klar definiert werden kann.[9] Was die mestizischen Praktiken von den

vollständig verloren ging. Das waren die Aufnahmen des einzigen echten, traditionellen Festes, das ich miterleben durfte, mit der aktiven Teilnahme (Tänze, Lieder) von fünf indigenen Ethnien – nie mehr wiederholbar. Im Phonogrammarchiv ermöglichte die engagierte Arbeit der Archivarin Hedwig Köb die Reparatur, nur wenige Passagen gingen tatsächlich verloren.

[8] Absurd im Sinne des existentialistischen Lebensentwurfes, in dem idealer Weise Entscheidungsfindung nicht nach gesellschaftlich normierten Kriterien erfolgt (vgl. Camus 1943).

[9] Beispielsweise oben erwähnter Don José: wahrscheinlich gebürtiger *Kukama*-Indianer, wurde er streng mestizisch erzogen (wie unter den *Kukama* üblich, er bezeichete sich auch selbst als *mestizo*) und lernte seine Kunst autodidaktisch. Seine Gesänge umfassen erstens evangelische Kirchenlieder missionarisch-europäischen Ursprunges und andererseits in einem Kechua-Spanisch-Kauderwelsch gesungene *icaros*, spezifische *ayawaska*-Gesänge, die Charakteristiken andiner Musik und mestizischer Tänze der nördlichen Regenwaldregion aufweisen. Mestize oder *indígena*? – In meiner Kategorisierung fällt er in die *mestizo*-Schublade, ich folge möglichst strikt der Autodefinition. Kulturelle Prägung und Selbstdarstellung sind phänomenologisch hervorstechender als genetische Herkunft.

indigenen unterscheidet, ist primär die Zuordenbarkeit von Gesang zum Zweck: Wie oben bereits aufgelistet, gibt es verschiedene Lieder, die immer wieder mit hoher Redundanz wiedergegeben werden können, zu bestimmten Zwecken. Auch wenn die individuellen Unterschiede groß sind, so ist dieses Merkmal stets vorhanden, wie auch die Sprache, ein Gemisch aus Spanisch und Kechua. Die meisten indigenen *ayawaska*-Trinker (*ayahuasqueros*) dagegen improvisieren über ihre momentanen Empfindungen und Aktionen. Sie beschreiben im Liedtext, was sie wahrnehmen und was sie unternehmen, um die vom Patienten konstruierte Wirklichkeit zu verändern (Heilung, „Zauberei auf Anfrage"). Sie wechseln die Melodien, welche fast immer mit anderen Worten unterlegt werden – je nach Situation. Und sie singen stets in ihrer eigenen Sprache, abgesehen von einigen bemerkenswerten Ausnahmen.[10] Die musikalische Struktur ist meist gleich oder ähnlich den „weltlichen" Liedern, wie Trinkgesängen, Liebesliedern, etc., der jeweiligen Ethnie.[11]

Somit ist verständlich, dass das per definitionem auftretende Erbrechen von aktiv Teilnehmenden, die die Droge zu sich genommen haben, in mestizischem Setting meist zu bestimmten Liedern auftritt, im indigenen Setting dagegen scheinbar unabhängig von der musikalischen Struktur. Das gilt ebenso für die verschiedensten Wahrnehmungen, die ein aktiv Teilnehmender genießt (oder erträgt). Im mestizischen Kontext sind diese Wahrnehmungen oft bestimmten Liedern zuordenbar, etwa sang der Mestize Don José wiederholt ein bestimmtes Gebet, welches (in meiner Wahrnehmung) stets von majestätischen, lichterfüllten Visionen begleitet wurde. Hat man solche Wahrnehmungen mit einem indigenen Leiter, sind sie schwer zuordenbar, vor allem wenn man den Text nicht versteht. Bald fand ich deshalb den Weg ins *Instituto Lingüistico de Verano*, der peruanischen Niederlassung der *Wycliffe's Bible Translators*, die ein Lehrbuch für Shipibo-Konibo verkauften (Faust 1973), und studierte die Sprache.

2.1. Ayawaska

Man kann sich *ayawaska* als Katalysator vorstellen. Ich vergleiche es mit bildgebenden Verfahren der modernen Medizin, etwa Computertomographien. Es

[10] In den meisten ethnischen Gruppen traf ich *ayahuasqueros* an, die Lieder in anderen Sprachen sangen, meist für Liebeszauber, was zu der Annahme verleitet, es ginge darum, dass der Text nicht verstanden werden sollte, wegen simpler Heimlichtuerei in Liebesdingen. Weiters hörte ich in den Ethnien Shipibo-Konibo, Ashéninka und Yine medizinische Lieder, die auch von meinen Übersetzern (*native speakers*), und meist sogar von den Sängern selbst nicht verstanden wurden. Letztere erklärten, dass sie die Gesänge von „Geistern" (*espiritus*) imitierten, die sie in ihrem veränderten Bewusstseinszustand hören können.

[11] Es gibt bemerkenswerte Ausnahmen, die Ähnlichkeiten mit den Liedern der Kukama und Kichwa del Napo aufweisen (s. 2.1.).

wird getrunken, um das Unsichtbare sichtbar und das Unverständliche interpretierbar zu machen, wenigstens für ausgebildete Betrachter (wer weiß schon die hübschen Muster, die ein Tomograph ausspuckt, zu interpretieren?). Die Droge selbst dient nicht zur Heilung. Wie eine Behandlung nach der lokalen, endemischen Erklärung vonstatten geht, möchte ich an einem Beispiel skizzieren.

Ein Mann mittleren Alters ist krank, hat Bauchschmerzen und Durchfall und besucht einen mestizischen *curandero.* Dieser nimmt sich seiner an und stellt in einer kurzen Diagnose mittels Fragen, Tabakrauchens und Massagen fest, dass der Patient von einem *brujo* attackiert wurde (ein Neider habe mittels Bezahlung den *brujo* mit dieser Arbeit betraut). Der *curandero* trinkt nachts um etwa 22 Uhr gemeinsam mit seiner Frau *ayawaska.* Zuerst singt er kirchliche Lieder, um seine Vision zu öffnen und seinen „Arbeitsraum" mittels verbündeter Geistwesen (Kechua: *arkana*) vor Feinden zu schützen. Danach beschwört er, wieder mittels Gesanges, sein Hilfspersonal, meist die spirituellen Emanationen (*madres,* Mütter) von Pflanzen, die er in seiner Ausbildung während langer Diätzeiten im Rückzug an abgelegene Orte eingenommen hatte. Sie zeigen ihm die Ursache der Krankheit, er sieht, wie der *brujo* seinen magischen Pfeil (Kechua: *virote*) abschießt, um das Opfer zu verletzen. Nun beginnt der gefährliche Teil der Arbeit, der die oft sehr brutalen Interaktionen der *curanderos* untereinander erklärt: Der Heiler muss den *virote* extrahieren und dem Täter zurückwerfen, um den Schaden zu neutralisieren. Er würgt seinen magischen Schleim (Kukama: *mariri*) hervor, den er im Mund behält, und gurgelnd saugt er am Unterbauch des Patienten, um den *virote* zu extrahieren. Dann singt er intensiv, bis er die Sitzung mit weiteren *arkana* beendet. Der Patient wird gesund, und angeblich erkrankt der entlarvte *brujo.*

Es gibt verschiedene Möglichkeiten des Extraktion-Gegenzauber-Komplexes: etwa ausschließlich durch Gesänge, durch Beblasen des Patienten mit Tabakrauch, durch Saugbehandlung des erkrankten Körperteiles oder durch Auflage oder Einnahme medizinischer Pflanzen, was mit bestimmten Diätvorschriften verbunden ist. Die Behandlung kann entweder während des *ayawaska*-Einflusses oder auch unabhängig davon, in „nüchternem" Zustand, erfolgen. Wird nur mit Gesängen geheilt, so ruft der Sänger die *madres* der medizinischen Pflanzen an, um die Operation zu vollziehen. Ist diese erfolgreich, wird der Patient geheilt und der *brujo* erkrankt (welcher wiederum den Gegenangriff des *curanderos* kontrieren muss, um zu genesen).[12] Oft werden während einer *ayawaska*-Session erbitterte

[12] *Curandero* und *brujo* sind wertende Ausdrücke, die meist ambivalent verwendet werden. Üblicherweise ist man selbst immer der *curandero*, der Gute, und die anderen sind die *brujos*, die Bösen. Das heißt, diese beiden Termini bezeichnen oft genug dasselbe Individuum, je nach Blickwinkel.

Kämpfe zwischen verfeindeten *curanderos* ausgetragen. Demnach muss der behandelnde Heiler „mächtiger" sein als der feindliche Hexer, das bedeutet, er muss mehr „Diätzeit" hinter sich haben, „stärkere" Gesänge kennen, etc.

Die traditionelle Medizin des peruanischen Amazonas kennt vielerlei Facetten. Wird *ayawaska* herangezogen, so allerdings stets als Diagnosemittel und als Vehikel zur Visualisierung der Aktionen des Trinkers. Die Behandlung an sich wird entweder vom *curandero* selbst durch die Anwendung erlernter Fähigkeiten (Massagen, Saugbehandlungen, etc.) vollzogen oder von den medizinischen Pflanzen, teils in phytopharmakologischer Wirkungsweise, teils im Handeln ihrer *madres.* Was zum Vorschein kommt: *ayawaska* trägt nur indirekt zur Behandlung bei, genau wie der Computertomograph. Ein gelernter *curandero* kann auch ohne die Einnahme der Droge Erfolge erzielen.

Noch ein Beispiel, diesmal zum oben erwähnten Terminus „Zauberei auf Anfrage": ein Neffe bittet seinen Onkel, einen erfahrenen Shipibo-*ayahuasquero* (Shipibo: *onanya joni*) um einen Gefallen: er hat eine hübsche schwedische Studentin kennen gelernt, die vor Ort Studien betreibt, hat sie und einige weitere Leute zur *ayawaska*-Erfahrung eingeladen und beabsichtigt, das Mädchen von seinem Onkel mit ihm verbinden zu lassen, per Liebeszauber (*amarre*).[13] Auch das Mädchen trinkt die Droge. Zu einem Zeitpunkt während der Sitzung beginnt der Onkel, Lieder für Liebeszauber (Kechua: *warmikara*) zu singen, die das Mädchen selbstverständlich nicht versteht. Das Mädchen beginnt sofort zu klagen, dass sie die Rauschwirkung nicht erträgt und bittet ihre anwesenden Freundinnen um Beistand. Als der *onanya joni* nach getaner Arbeit zu singen aufhört, beruhigt sich das Mädchen schnell. Nach der Sitzung wird Licht gemacht und die Mädchen sprechen untereinander über ihre Erfahrungen, bevor sie zu Bett gehen. Der Zauber funktionierte nicht, das Mädchen kehrte in ihr Heimatland zurück, ohne den Burschen mit einem Blick zu würdigen. Meine Kontaktversuche per e-mail zwecks Auswertung blieben erfolglos. Das Mädchen weiß bis heute nicht, was ihm widerfahren ist.

Später erklärte mir der *onanya joni* im vertraulichen Gespräch, dass er den Zauber nicht durchgeführt hätte. Er hätte zwar die beiden miteinander verflochten, sie jedoch wieder gelöst, nachdem die Vision des (aktiv teilnehmenden) Neffen abgeflaut war, und zwar als erzieherische Maßnahme: Er sei es leid, dass der faule

[13] Solche *amarres* sind auch in der endemischen Wahrnehmung sehr ambivalent bewertet, denn sie resultieren oft darin, dass das Opfer körperlichen Schmerz während der Abwesenheit des Partners verspürt, oder diesen sogar so intensiv begehrt und verfolgt, dass es wahnsinnig werden kann. Unerwünschte Nebenwirkungen.

Neffe stets um derartige Gefallen bat und nichts unternahm, um Mädchen durch eigene Aktionen zu erobern.

Das Erstaunlichste an dem Beispiel ist die Situation des Effektes auf das Rauscherleben der Schwedin. Als der *onanya joni* begann, ihre „Seele" (Shipibo: *kaya*) singend zu manipulieren, spürte sie tatsächlich etwas Unangenehmes; ihr als zunächst angenehmer Zustand empfundener Rausch veränderte sich zu einer Phobie. Das bedeutet, dass das Lied des Sängers sein Opfer dezidiert „getroffen" hat. Neben ihr und dem Heiler haben weitere vier Leute *ayawaska* getrunken, nämlich der Neffe, eine weitere Schwedin und deren (aus Pucallpa stammender) Freund, sowie der Beobachter. Niemand hatte spezifische Veränderungen seiner Wahrnehmungen in der Qualität erfahren, wie sie das Mädchen erlebt hatte. Es kann sich also bei dieser direkten Auswirkung des Liedes nicht um eine Transmission über das akustische Phänomen handeln, denn dieses wurde von allen Anwesenden gehört, ebenso wenig um eine Transmission über den Inhalt des gesungenen Textes, da kein Anwesender außer dem Neffen diesen verstand.

Dies als Bespiel der Komplexität des Problems der Wirkungen medizinischer[14] Gesänge. Sie sind definitiv vorhanden, aber schwer fest zu machen, schwer objektiv/statistisch erfassbar und beinahe nicht wiederholbar. Um epistemologisch zu verfahren und bestimmte Ursachen nacheinander auszuschließen, ist eine Versuchsanordnung mit konstanten Faktoren notwendig, was aber durch vielerlei Umstände unmöglich gemacht wird. Da ist die unberechenbare Drogenwirkung, da sind die nicht vorhandenen Laborbedingungen, der Unwille durch Unverständnis seitens der *curanderos*, dieselbe Sache zweimal zu machen und schließlich, davon ausgehend, die völlige Absurdität einer derartigen Vorgehensweise im gegebenen Kontext der traditionellen *ayawaska*-Medizin.

Die Beschreibbarkeit der Situationen geht an die Grenze des Ernstzunehmenden. Ein alter Shipibo-Meisterheiler (Shipibo: *meraya*) saugt einem Patienten diverse Gegenstände (Würmer, Zähne, Holzstückchen, Steinchen) aus der linken Schulter, an der ein kindskopfgroßer Tumor wuchert. Der Patient war am Sterben, ertrug die Schmerzen nur mit täglich 200mg Diclofenac, die Chemotherapie versagte, bis zu dieser, von tonlos gepfiffenen Melodien begleiteten Saugbehandlung. Seither ist er schmerzfrei, geht wieder fischen und arbeitet als Bootsführer, während der Tumor weiterhin dekorativ an der Schulter prangt. Derselbe *meraya* pfeift eine

[14] „Medizinisch" ist nicht im westlichen Sinne zu verstehen. Lokal wird als „Medizin" (*medicina*) das gesamte Arbeitsspektrum der Heiler/Hexer bezeichnet. Im lokalen spanischen Sprachgebrauch ist die häufigste Bezeichnung der *curanderos* gleich der für westliche Ärzten, nämlich *médico*. Notiz zu den Wirkungen: in meinem Aufsatz „Cantando el Mundo" (Brabec 2005c) behandle ich das Thema etwas ausführlicher.

lange Melodie, während er seine Tabakpfeife dicht vor den Mund hält; daraufhin raucht er sie, schluckt den Tabakrauch und würgt Stacheln und lebende (!!!) kleine Schlangen hervor, da diese in Unordnung geraten waren. Sie sind Werkzeuge (Shipibo: *yobé*) des Meisterheilers. Er ordnet sie und schluckt sie in der richtigen Reihenfolge, die Stacheln drückt er sich in die Brust, und vorbei ist der Spuk. Das passiert untertags und ohne Einnahme von Drogen.[15]

Heute, nach langer und breiter Feldforschung, bietet sich für mich ein neues Bild: der *meraya* trinkt kein *ayawaska.* Es gibt verschiedene Hinweise[16], dass sich der Gebrauch von *ayawaska* erst vor etwa 100-150 Jahren im Ucayali-Tal ausgebreitet habe, entgegen der weit verbreiteten, aber haltlosen Meinung, es handle sich um Jahrtausende altes Kulturgut. Um 1870-1920 fand hier der große Kautschuk-Boom statt, im Zuge dessen ganze Dörfer und Völker versklavt und umgesiedelt wurden, wodurch es zu einem intensiven Austausch von Kulturgut kam – es sieht so aus, als hätten im Norden Perus die Kichwa del Napo erst von Ethnien des ecuadorianisch-kolumbianischen Grenzgebietes den *ayawaska*-Gebrauch erlernt und an die Kukama und Kukamiria am Ucayali-Unterlauf weitergegeben. Liedstrukturen der Kichwa und Kukama tauchen am ganzen Ucayali immer wieder auf, wenn es um medizinische Lieder geht. Viele interfluvial lebende Ethnien im Einzugsgebiet des oberen Ucayali (Yanesha', Sharanawa, Ese Eja, Madija) haben erst vor Kurzem[17] den Umgang mit *ayawaska* von Nachbargruppen übernommen. Die Verbreitung des *ayawaska* ist ein rezentes Phänomen, welches ernsthaft glauben lässt, dass die eigentlichen Wirkungen der Gesänge nicht mit *ayawaska* zusammenhängen, nicht mit abgefahrenen Drogenerlebnissen, sondern mit klarem Menschenverstand und einem applizierten Animismus.

3. CODA

Als ich mich auf meiner ersten Feldforschung von Don José in Pucallpa verabschiedete, wollte ich eigentlich schnell nach Iquitos weiterreisen. Ich beschloss jedoch, noch im lokalen Institut für Lehrerausbildung nach einem bestimmten

[15] Eines meiner nächsten Vorhaben: ich werde den Mann bitten, dies zu wiederholen, damit ich es auf Video aufzeichnen kann.

[16] Vergleich der musikalischen Strukturen, der endemischen Terminologien, der geographischen Lage und Geschichte. Auf der Basis von material-ethnologischen Analysen wurden zögerlich ähnliche Theorien geäußert. Ich habe die Thematik in meiner Arbeit an der OELAF-Tagung 2005 (Brabec 2005b) näher erläutert.

[17] Der Madija Don Joaquín erzählte mir ausführlich, wie sein Bruder vor etwa zwanzig Jahren als erster Madija mit Sharanawa *ayawaska* getrunken habe, und seither viele Madija wüssten, wie man *ayawaska* benutze.

berühmten Schamanen[18] zu fragen, und ein Student, ein Shipibo, meinte, er würde mich zu ihm begleiten. Er brachte mich zu einer winzigen Bretterbude gegenüber des Friedhofes. Dort sah ich einen armen alten Mann, der gewiss nicht der gesuchte Touristenkönig war, nein, es war der Vater des Studenten, Don Roberto (1937-2002), der laut dessen Aussage genauso viel, wenn nicht mehr, wüsste. Außerdem stellte er mir seine Schwester vor, die er mir sofort als Übersetzerin meiner Aufnahmen empfahl. Dort begann der wirklich intensive Teil der Erlebnisse – meine Feldforschung hat mich gefressen, ich habe mich kaum gewehrt und mich in ihr recht gut eingelebt. Die Übersetzerin ist mittlerweile meine Frau, und mein Schwiegervater hat mir vor seinem Tod sehr viel beigebracht, später noch seine Cousins Don Armando und Don Gilberto. Ich habe das Studium der traditionellen Heilkunst in dem Moment aufgegeben, als ich verstand, dass meine Frau und unsere drei kleinen Kinder dadurch in höchster Gefahr schwebten – ich erinnere an obige Ausführungen zu den Kämpfen zwischen den *curanderos*.

Ich habe ein kleines Haus gebaut, zwei Jahre als Englischlehrer für kargen peruanischen Lohn gearbeitet, und als freiwilliger Helfer in (westlicher) Medizin, Lokalpolitik und Entwicklungshilfe. Fünf Jahre am Ucayali haben einen alten Flussbären aus mir gemacht. Jetzt verstehe ich die Wirkung der medizinischen Lieder, aber ich kann sie (noch) nicht in verständlichen Worten niederschreiben.

SCHLUSS

In Pucallpa gab es 1998 keinen einzigen Hinweis auf irgendwelche „schamanische" Tätigkeiten für neuankommende Touristen. Mittlerweile schießen die Zentren (*albergues*) aus dem Boden, in denen *chamanes* und/oder Scharlatane *ayawaska* ausschenken. In den Reisebüros wird *turismo místico* angepriesen. In San Francisco de Yarinacocha, einem von vielen Touristen besuchten Shipibo-Dorf, nennt sich beinahe jeder erwachsene Mann (und viele Frauen) *chamán* und trinkt mit Touristen *ayawaska*, nachdem er vielleicht einige Wochen oder Monate Diät gehalten habe. Mein Schwiegervater hat mir erklärt, was der Sinn der jahrelangen Diäten ist: erst wenn man soweit ist, dass man unterscheiden kann, was ein guter Geist (Shipibo: *jakon yoshin*) und was ein böser Geist (Shipibo: *jakoma yoshin*) in Engelsgewändern ist, kann man beginnen, Patienten zu behandeln. Und das lernt

[18] Ich verwende den Terminus hier, da es sich um einen *onanya joni* handelt, dem so oft von Ethnologen, Touristen und seiner mittlerweile internationalen Mystizismus-Klientel gesagt wurde, er sei Schamane, dass er es mittlerweile selbst glaubt und sich auch so nennt. Er hat ein Buch über medizinische Pflanzen der Shipibo-Konibo herausgebracht sowie einen Aufsatz, der das Werden (Initiation) eines solchen Schamanen – in subjektiver Form – beschreibt (Arévalo 1986).

man erst nach Jahren von Diät und Rückzug. Wer dies nicht kann, richtet größeren Schaden an als die böswilligen *brujos* (in Engelsgewändern), die es auch gibt.

Ich kann es niemandem verübeln, der aus der kargen westlichen Welt kommt und ein Erlebnis, sich selbst zu finden, sucht, dabei über Amazonien und *ayawaska* stolpert und somit wohl unfreiwillig zu dieser Transformation beiträgt. Wechsel und Veränderung sind nicht das Problem, auch nicht die interkulturellen Ausprägungen, die manche dieser Tourismus-Events tragen (synkretistische Einschläge, pseudowissenschaftliche, esoterische Rahmen), jedoch der rassistische Romantizismus, die kommerzielle Verflachung der profunden Strukturen und die damit einhergehende Verführung der (noch) traditionell arbeitenden *curanderos* durch das schnelle Geld.

Einige ältere, traditionell arbeitende *onanya jonibo* der Ethnie Shipibo, die ich im Zuge meiner Aufenthalte kennen gelernt hatte, haben begonnen, mit Touristen zu arbeiten; sie kassieren fette Trinkgelder und vergessen dabei nach und nach die Behandlung ihrer Landsleute. Die Struktur der Sitzungen wandelt sich: es geht nicht mehr darum, bestimmte Energien auf die Heilung eines Patienten oder den Kampf mit dem Feind zu konzentrieren, sondern den Touristen möglichst spektakuläre Erlebnisse zu liefern – „Dschungelkino".

LITERATUR

Arévalo Valera, Guillermo. 1986. "El ayahuasca y el curandero Shipibo-Conibo del Ucayali (Perú)". *América Indígena* 46/1: 147-162.

—, o.J. *Las Plantas medicinales y su Beneficio en la Salud: Shipibo-Conibo.* (Medicina Indigena). Lima: AIDESEP.

Balkwill, L.-L. & W.F. Thompson. 1999. "A Cross-Cultural Investigation of the Perception of Emotion in Music: Psychophysical and Cultural Cues". *Music Perception* 17/1: 43-64.

Brabec, Bernd. 2002. *Ikaro: Medizinische Gesänge der Ayawaska-Zeremonie im peruanischen Regenwald.* Diplomarbeit, Universität Wien.

—, 2004. "Sinchiruna Míriko: Un canto medicinal en la amazonía peruana". *Amazonía Peruana* 28/29: 147-188. Lima: CAAAP.

—, 2005a. "The Most Powerful Shaman: About Creation and Transformation of Mythology in Native Societies on the Ucayali River (Peruvian Amazon)".Vortrag auf der Konferenz *Globalisation and Transformation.* University of Brighton/UK, 12. März 2005 [zur Publikation akzeptiert, doch aus budgetären Gründen ausgesetzt]

—, 2005b. „Bombo bairi ransábanon (bombo baile danzaremos): Interethnische Musikphänomene am Río Ucayali, Perú". Vortrag auf der *21. Jahrestagung der Arbeitsgemeinschaft österreichische Lateinamerika-Forschung (ARGE-OELAF).* Strobl am Wolfgangsee, 20.-22. Mai 2005.

—, 2005c. "Cantando el mundo: Una exploración acerca de las funciones de música polifónica en las sesiones del ayawaska en la étnia Shipibo-Konibo". *Takiwasi.* Tarapoto. [zur Publikation akzeptiert, doch aus budgetären Gründen ausgesetzt]

Camus, Albert. 1943 [[3]1960]. *Der Mythos von Sisyphos: Ein Versuch über das Absurde.* München: Rowohlt.

Cárdenas Timoteo, Clara. 1989. *Los Unaya y su Mundo: Aproximación al Sistema Médico de los Shipibo-Conibo del Río Ucayali.* (Indigenismo y Realidad 1). Lima: CAAAP.

Faust, Norma. 1973 [[2]1990]. *Lecciones para el Aprendizaje del Idioma Shipibo-Conibo.* (Summer Institute of Linguistics, Documento de Trabajo 1). Yarinacocha: Instituto Lingüistico de Verano.

Gebhart-Sayer, Angelika. 1986. "Una terápia estetica, los diseños visionarios del ayahuasca entre los Shipibo-Conibo". *América Indígena* 46/1: 189-218.

—, 1987. *Die Spitze des Bewußtseins. Untersuchungen zu Weltbild und Kunst der Shipibo-Conibo* (=Münchener Beiträge zur Amerikanistik 21). Hohenschäftlarn: Renner.

Huertas Castillo, Beatriz. 2002. *Los pueblos indígenas en aislamiento: Su lucha por la sobrevivencia y la libertad.* Lima: IWGIA.

Hultkrantz, Åke. 1980 [[2]1985]. „Ritual und Geheimnis: Über die Kunst der Medizinmänner, oder: Was der Professor verschwieg." In: Duerr, Hans Peter (Hg.). *Der Wissenschaftler und das Irrationale. Band 1: Beiträge aus Ethnologie und Anthropologie I.* Frankfurt/Main: Syndikat, 71-95.

Illius, Bruno. 1987 [[2]1991]. *Ani Shinan. Schamanismus bei den Shipibo-Conibo (Ost-Peru).* (Reihe ethnologische Studien 3). Tübingen: Verlag S u. F.

—, 1994. "La Gran Boa: Arte y Cosmologia de los Shipibo-Conibo". *Amazonia Peruana* 24/12: 185-212.

Jauk, Werner, Fränk Zimmer, Bernd Brabec & Jochen Resch. 1999. *Distortion: Der Verzerrungsgrad von Rock-Sound als Ursache für Gegenhaltung.* [nicht publiziert MS, Univ. Graz].

Ortiz Rescaniere, Alejandro. 2001. *Manual de Etnografía Amazónica.* (Colección Textos Universitarios). Lima: PUCP.

Rätsch, Christian. 1998. *Enzyklopädie der psychoaktiven Pflanzen: Botanik, Ethnobotanik und Anwendung.* Aarau: AT-Verlag.

Tournon, Jacques. 2002. *La merma mágica: Vida e historia de los Shipibo-Conibo del Ucayali.* Lima: CAAAP.

Ernst Halbmayer

Die Alltäglichkeit des Mythischen – Yukpa *irimi* als transhumane Kommunikation in einer segmentär differenzierten Welt

Grundlage für die folgenden Ausführungen sind meine Feldforschungen bei den Yukpa zu mehreren Zeitpunkten zwischen 1988 und Sommer 2001 und die dabei, insbesondere in den Jahren 1991/92 und 2001, aufgenommenen Tondokumente, die im Phonogrammarchiv der Österreichischen Akademie der Wissenschaften archiviert sind. Diese Aufnahmen bestehen aus ca. 80h unterschiedlicher Materialien[1], wobei die Tonaufnahmen fast ausschließlich in Yukpa, der zur Carib-Sprachfamilie gehörenden Sprache dieser in NW-Venezuela lebenden indianischen Gruppe[2], aufgenommen wurden.

[1] Die archivierten Materialien umfassen insbesondere: Mythen und mythischen Erzählungen; unterschiedliche Lieder und Liedgattungen; Erzählungen und Oraltraditionen über bestimmte soziale Ereignisse, wie z.B. Konflikte; Erzählungen über Feste und Rituale, sowie Lebensgeschichten.

[2] Ein kleiner Teil wurde auch in Japreria (Yankshit) aufgenommen, die zweite indigene Carib-Sprache in der Sierra de Perijá. Die Yukpa-Aufnahmen wurden unter den Irapa-Yukpa, eine von fünfzehn Sub- bzw. Dialektgruppen (siehe Ruddle 1971, Halbmayer 1998) gemacht. Die Yukpa sind heute die nordwestlichste Carib-sprechende indigene Gruppe am Südamerikanischen Kontinent. Sie siedeln in NW-Venezuela, und NO-Kolumbien. Es handelt sich heute um mindestens 8000 Personen, die auf beiden Seiten der Grenze, in der Sierra de Perijá, siedeln. Die Berge der Sierra de Perijá sind ein nördlicher Andenausläufer und erreichen eine Höhe bis zu 3500 m. Die Yukpa siedeln auf einer Höhe zwischen 300 und 1600m Seehöhe. Heute leben sie aber nicht nur in den Bergen, die oft als Rückzugsgebiet, in welches die Yukpa unter dem Druck der Kolonisation gezogen sind, bezeichnet werden, sondern auch in den größeren umliegenden Städten wie Machiques, Maracaibo, der zweitgrößten Stadt Venezuelas, die ein Zentrum der Erdölindustrie ist, oder in Valledupar (Kolumbien). Die Yukpa sind also auf sehr unterschiedliche Art und Weise in die nationale und globale Gesellschaft integriert und während es Yukpa gibt, die in einem rein urbanen Umfeld leben, so gibt es solche, die in den schwer erreichbaren Höhen der Sierra de Perijá siedeln. Meine Feldforschungen wurden hauptsächlich in den Dörfern des Oberen Tukuku in den Bergen der Sierra de Perijá durchgeführt und die Aussagen in diesem Beitrag beziehen sich auf die dortige Situation.

1. MYTHISCHES WISSEN ALS SOZIALE KOMPETENZ

Im Folgenden werde ich mich insbesondere auf die Alltäglichkeit des Mythischen bei den Yukpa und eine bestimmte Liedgattung, die *irimi*, konzentrieren. Im Sinne des Programms „Feldforschung in Theorie und Praxis" möchte ich die Mythen und *irimi*-Lieder sowie den Umgang mit dem Mythischen primär als eine spezifische Art der sozialen Kompetenz verstehen. Eine Möglichkeit, diese soziale Kompetenz zu illustrieren, besteht darin, einige Schwierigkeiten und Probleme bei der Dechiffrierung, dem Verständnis, der Übersetzung und der praktischen Anwendung der mythischen Kompetenz zu veranschaulichen, am besten vielleicht anhand meiner eigenen Erfahrungen.

Ich war erstmals als junger Student 1988 aus einer Kombination von dem, was wir Zufälle nennen, und nicht aus strategischer Planung zu den Yukpa in die Sierra de Perijá gekommen. Drei Jahre später kam ich wieder. 1991/92 war ich für eineinhalb Jahre in Venezuela, um bei den Yukpa eine Feldforschung zu machen, eine Feldforschung, aus der später meine Dissertation entstand (Halbmayer 1998). Im Gegensatz zum ersten zufälligen Kontakt war ich nun vorbereitet, hatte die Literatur gelesen und wusste im Großen und Ganzen, was man aus der Ethnographie über die Yukpa wissen konnte.

Zu Beginn kontaktierte ich jene Personen, die ich beim ersten Mal kennen gelernt hatte, blieb kurze Zeit in der Missionsstation, um mich dann nach Tirakibu, einem kleinen Dorf im Tukukutal, zu begeben. In diesem Dorf, dessen Name den Ort bezeichnet, wo der Yukpa Tiraku getötet wurde und seine Knochen zu finden waren (*Tiraku-ibu*[3] – die Knochen des Tiraku), wollte ich voller Tatendrang meine Feldforschung beginnen, und damit begann eine äußerst schwierige, frustrierende Zeit.

Mein Status im Dorf war schnell bestimmt: ich wusste nichts – nicht einmal die einfachsten, selbstverständlichsten Dinge, die jedes kleine Kind wusste! –, konnte nichts und ich verstand natürlich nichts. In diesem Dorf, wo es damals keine Schule gab, gab es auch niemanden, der wirklich Spanisch sprach, Shoko, der Kazique, bemühte sich zwar sehr, aber über ein äußerst rudimentäres Spanisch-Yukpa Pidgin kam unsere Kommunikation nicht hinaus. Es gab niemanden, der mir hätte helfen können die Sprache zu lernen, oder der auf Spanisch detaillierte Erklärungen abgeben hätte können.

---

[3] Dieser Name kommt auch in der Menschenknochenflöte der Yukpa *ajiwu* zum Ausdruck, welche bei den Begräbnisritualen Verwendung findet.

Nur langsam begann ich mir ein erstes Verständnis der Sprache anzueignen, und auch wenn ich mich mit kurzen, bruchstückhaften Zusammenfassungen von langen Erzählungen zufrieden geben musste, so begann ich doch diese Erzählungen aufzunehmen in der Hoffnung, sie später übersetzen zu können, und sie eines Tages selbst zu verstehen. Und nach kurzer Zeit kristallisierten sich einige zentrale Themen und Figuren der Mythologie heraus: *Osema*, der die Landwirtschaft brachte, *Amouritsha*, der Kulturheros, der die Welt in ihren heutigen Zustand transformierte, *Sakurare*, der Specht und seine Rolle bei der Erschaffung der Frauen, die Erzählung von der Reise ins Land der Toten, usw...

So hatte ich eine Reihe von Aufnahmen, aber nur ein rudimentäres und reduziertes Verständnis dessen, was gesagt wurde. Die nächste Aufgabe, wieder in der Missionsstation angelangt, war also zu Übersetzungen zu kommen. Dies gestaltete sich aber schwieriger als gedacht. Einerseits wurden die Aufnahmen sowohl in der Missionsstation wie auch später in den weiter entfernten Dörfern immer mit großem Enthusiasmus gehört, Trauben von Kindern versammelten sich um Lautsprecher und Kassettenrecorder, oder das ganze Dorfleben kam zum Zusammenbruch, weil alle hören wollten, was die Bekannten und Verwandten aus einem anderen Dorf erzählt hatten, in welchem ich mehrere Tage gewesen war, bevor ich wieder zurückkam. Meine Aufnahmen übernahmen offensichtlich eine Kommunikationsfunktion zwischen den vereinzelten Siedlungen und den Gehöften. Als ich dann besser Yukpa beherrschte, setzte ich dieses „Vorspielen“ bewusst ein, um das Gesagte zu evaluieren, verschiedene Auslegungen und Interpretationen des Gesagten zu erhalten, und nicht thematisierte Zusatz- und Hintergrundinformationen in Erfahrung zu bringen. Sobald das Instrument des Tonaufnehmens einmal akzeptiert war, ging die Initiative oft auch von den Yukpa aus, doch auch ihre Lieder oder Erzählungen aufzunehmen.

Weit schwieriger aber war es zu schriftlichen Übersetzungen[4] zu kommen; dies hatte mehrere Gründe:

Yukpa ist keine Schriftsprache und wurde als solche auch nie unterrichtet oder gelehrt[5]. Schreiben ist auf das Engste mit dem Spanischen verbunden. Und viele sind implizit der Meinung, dass man Yukpa gar nicht schreiben könne. Deshalb bekam ich immer mehr oder weniger genaue Zusammenfassungen der Erzählungen, aber keine schriftlichen Transkriptionen oder detaillierten Übersetzungen.

---

[4] Dies hat bei den Yukpa nichts mit „keeping it oral“ (Guss 1986) zu tun und einem Verbot rituelle Gesänge aufzuzeichnen oder aufzunehmen, sondern damit, dass im Vergleich zu anderen indianischen Gruppen die Missionare keine Yukpa-Schriftsprache etabliert haben.

[5] Im Gegensatz zu anderen Regionen wo z. T sogar eigene Alphabete entwickelt und im Schulunterricht gelehrt wurden.

Viele der Jüngeren und Schriftkundigen, die fließend spanisch sprechen, aber welchen das Wissen über diese Mythen fehlte, hatten oft große Schwierigkeiten, den Sinn des Gesagten, den Sinn des Mythos, vollständig zu erschließen. Es begann deutlich zu werden, dass die Mythen nicht bloß Texte waren, Texte, wie man sie in vielen Ethnographien, so auch in jenen zur Mythologie der Yukpa findet, die sich oft als spanische bzw. englische Zusammenfassungen viel komplexerer Erzählungen herausstellen (z.B. Wilbert 1974) – Texte, die nichts mehr von den diskursiven Strategien der Erzähler und der Koproduktion des Mythos im Zusammenspiel mit den Anwesenden widerspiegeln.

In etlichen Fällen war spezifisches Wissen Voraussetzung, um den Inhalt des Mythos zu verstehen. Diese vorauszusetzende, gemeinsame Wissensbasis, die ich als soziokulturellen Interpretationskontext bezeichnen will, ist notwendig, um den spezifischen Inhalt einer Narration, welche auf diesen Kontext zwar verweist aber ihn nicht explizit mittransportiert, überhaupt zu verstehen. In gewissem Sinne musste man also bereits wissen, *worum* es gehen könnte (d.h. den soziokulturellen Interpretationskontext[6] teilen), um zu wissen, *wie* die Narration zu verstehen sei. Vielen der jungen Yukpa in der Mission fehlte dieses Wissen offensichtlich genauso wie mir.

Diese eigenartige Situation, dass man zu einem gewissen Grad bereits wissen musste, was gesagt werden könnte, um zu verstehen, was erzählt wurde, kommt auch in der traditionellen diskursiven Inszenierung der Erzählung zum Ausdruck. Diese Ethnomethode wechselseitiger Sinnproduktion[7] kann am besten als spezifische Koproduktion beschrieben werden. Die Koproduktion besteht darin, Teile des Gesagten zu wiederholen, um zu bestätigen, dass man verstanden hat, was gesagt wurde, oft genügt es auch „*aha*" zu sagen, eine rituelle Floskel, die auch für andere Carib-sprechende Gruppen beschrieben wurde.[8] Man kann aber auch Paraphrasieren, d.h. eine eigene pointierte Zusammenfassung einbringen, die Zustim-

---

[6] Eines der Probleme der Interpretation in kulturell sehr verschiedenen Kontexten produzierter Texte mittels hermeneutischer Textanalysemethoden, wie zum Beispiel der Objektiven Hermeneutik, ist genau das Axiom der K o n t e x t f r e i h e i t. Bei diesem Analyseverfahren ist im ersten Analyseschritt vom Wissen um den Kontext, aus dem eine Äußerung stammt, zu abstrahieren, mit dem Ziel, gedankenexperimentell m ö g l i c h e Kontexte der Äußerung zu entwerfen. Es stellt sich in diesem Zusammenhang eine doppelte Frage, erstens nach der Sprache, in der der (übersetzte?) Text vorliegt und möglichen schon vor der Interpretation aufgetretenen Übersetzungsproblemen, zweitens die soziokulturelle Zusammensetzung bzw. Homogenität der Interpretanten und ihrer jeweils tief verwurzelten und zumeist unbewussten Annahmen über m ö g l i c h e Kontexte.

[7] Dies durchaus im Sinne der auf Garfinkel (1967) zurückgehenden Ethnomethodologie.

[8] Z.B. für das *oho* der Waiwai (Fock 1958).

mung oder Ablehnung signalisiert, oder bisher nicht gesagte Aspekte einwerfen, um so weitere Ausführungen und Elaborationen des Inhalts anzuregen.

An diesem Punkt manifestierte sich auch eine andere – scheinbare – Paradoxie: nämlich, dass in den abgelegenen Dörfern das mythische Wissen weit verbreitet, ja fast generalisiert ist. Dieses Wissen geht aber vergleichsweise selten mit der Gabe oder dem Willen einher, eine ausführliche und kohärente Erzählung eines Mythos in Form einer geschlossenen Geschichte zu produzieren. Erst die genannte Diskursform stellt dies sicher. Inhalt und Inszenierung des Mythos sind somit nicht allein in den oralen Text eines Erzählers eingeschrieben und die Verantwortung für die Inszenierung des Inhaltes liegt nicht beim Erzähler allein. Es handelt sich vielmehr um eine dialogische Koproduktion, die den ständigen Rückgriff auf das Gesagte ermöglicht und Bestätigungen bzw. Widerlegungen einfordert und Aufforderungen zur weiteren Elaboration des Gesagten beinhaltet.

Personen, die von sich aus ausführliche, kohärente und in sich geschlossene Erzählungen produzieren, sind deshalb rar. Ohne diese dialogische Struktur verlieren viele Erzähler das Interesse an der Erzählung, brechen ab, verebben oder produzieren selbst nur eine äußerst dünne und zusammenfassende Version des zu Erzählenden. Und die Übersetzung steht vor dem Problem, dass ein indigener Übersetzer, der sich diese Aufnahmen zu einer anderen Zeit an anderem Ort anhört, selbst wenn er den gleichen Interpretationskontext teilt, diese Strategie wechselseitiger Sinnproduktion mit dem Erzähler nicht einsetzen kann, um sein Verständnis des Gesagten zu evaluieren.

Die soziale Kompetenz im Umgang mit Mythen, die man sich als Feldforscher aneignen kann, geht also weit über das *inhaltliche* Verständnis mehr oder weniger standardisierter oraler Formen hinaus. Sie schließt nicht nur die praktische Beherrschung bestimmter Diskursformen mit ein, sondern führt letztendlich im Zuge der Feldforschung durch eine zunehmende Erschließung des soziokulturellen Interpretationskontextes zu einem anderen Verständnis der lokalen Alltagswelt.

2. DIE SEGMENTÄRE DIFFERENZIERUNG DER WELT

Die Beschäftigung mit den Mythen ist deshalb weniger exotisch als sie scheinen mag und bei Weitem nicht nur für das Verständnis von Religion und Kosmologie relevant. Unter nicht säkularisierten, bzw. – wie Max Weber sagen würde – nicht entzauberten Bedingungen ist Mythologie – so meine These – für das Verständnis des Alltags zentral. Ich werde an Hand der Yukpa exemplarisch skizzieren, wie und auf welche Weisen sich die Alltäglichkeit des Mythischen manifestiert und will betonen, dass es zwei zentrale Voraussetzungen für diese Manifestationen und die

Alltäglichkeit des Mythischen gibt. Diese beruhen auf einer primär segmentären Differenzierung der Welt im Gegensatz zu einer primär funktionalen Differenzierung von Gesellschaft.

Funktionale Differenzierung ist nach Luhmann das primäre Differenzierungsprinzip moderner Gesellschaften, welches zur Herausbildung unterschiedlicher Funktionssysteme wie Wirtschaft, Religion, Kunst, Recht, Politik, Wissenschaft, etc. führt. D.h. diese Differenzierungsform etabliert gesellschaftliche Subsysteme, die sich jeweils anderen Werten (Codes) und Programmen verpflichtet fühlen und eine gesellschaftliche Integration unter gemeinsame „höchste Werte" für die Moderne obsolet machen. Segmentäre Differenzierung ist im Gegensatz dazu auch im Rahmen der Moderne eine Differenzierungsform in prinzipiell gleichartige Einheiten (z.B. Familien, Dörfer, etc.).

In der Welt der Yukpa spielt funktionale Differenzierung keine zentrale Rolle. Kommunikationen, Handlungen und Rituale sind folglich nicht primär funktional spezifisch sondern vielmehr multifunktional. Sie reproduzieren für einen Beobachter, der gewohnt ist in Kategorien funktionaler Differenzierung wie religiös, ökonomisch oder z.B. juristisch zu denken, im besten Fall mehrere Funktionen gleichzeitig, allzu oft erkennt er aber nur jene Funktion, der seine Aufmerksamkeit gilt.

Die zweite angesprochene Differenz, die zwischen Gesellschaft und Welt ist anders gelagert, denn sie verweist auf die Historizität des modernen Gesellschaftsbegriffes, der sich im Zuge der Aufklärung herausgebildet hat und das Soziale als Summe der Beziehungen zwischen Menschen und im Gefolge mit Durkheim als „Realität sui generis" verstand, die weder aus kosmologisch-religösen Vorstellungen noch aus naturwissenschaftlichen Erkenntnissen wissenschaftlich erklärt werden konnte. Die methodische Festlegung besagte vielmehr, dass soziale Fakten nur durch soziale Fakten erklärt werden konnten (Durkheim 1961). Dies hat zur Etablierung von Sozialwissenschaften bzw. Kultur- und/oder Geisteswissenschaften in Abgrenzung zu Naturwissenschaften beigetragen und gleichzeitig jene „great divide", die unser „naturalistisches", d.h. im Sinne Descolas (1992, 1996) auf der Trennung von Kultur und Natur beruhendes Weltbild so unbarmherzig prägt, verfestigt.

Welt (griech. *Kosmos*) im Gegensatz zu Gesellschaft umfasst noch keine solche interne Trennung. Wenn ich von einer segmentären Differenzierung der Welt spreche, dann verweist dies u.a. auf die Kosmologie der Yukpa, die davon ausgeht, dass neben dieser Welt noch andere Welten (*kopatka owaija*) existieren, d.h. es existiert eine raum-zeitliche Differenzierung der Welt, die ich an anderem Ort als *timescapes* (s. Halbmayer 2004) bezeichnet habe. Diese Differenzierungen können die Form anderer Welten wie des Totenreichs, einer Unter-, Himmels- oder Unterwasserwelt annehmen, aber auch in Form fremdartiger und offensichtlich weit entfernter Welten wie Europa, aus der der Feldforscher kommt, existieren. Wesen und Kräfte aus diesen anderen Welten können sich in der sichtbaren Landschaft manifestieren und diese Landschaft besitzt meist gemiedene Zugänge zu diesen anderen Welten (z.B. Höhlen, Berggipfel, Seen, etc.). Vor diesem Hintergrund werden unerwartete und überraschende Veränderungen in der natürlichen Umwelt als Mitteilungen nichtsichtbarer aber kopräsenter Wesenheiten verstanden, d.h. sie werden zur Mitteilung einer Information und damit zu Kommunikation.[9]

Kommunikation ist somit nicht auf Menschen beschränkt, sondern findet – zumindest potentiell – zwischen unterschiedlichen Wesenheiten und Spezies statt, d.h. Kommunikation ist nicht nur multifunktional, sondern überbrückt die segmentäre Differenzierung zwischen den Welten einerseits und zwischen den Spezies in dieser Welt andererseits, d.h. sie ist multifunktional und transsegmentär, und in letzter Konsequenz nicht auf den Menschen reduziert. Es ist die Mythologie, die diese Segmentierung sowie die transsegmentäre Kommunikation und Transformationen beschreibt und in der deutlich wird, dass Tiere wie Yukpa einen gemeinsamen menschlichen, nicht einen tierischen Ursprung haben.

Nicht nur Landschaft kann in einer segmentär differenzierten Welt als Kommunikationsmedium fungieren. Auch die Menschen entwickeln Formen der Kommunikation mit und Intervention in diese anderen, aber prinzipiell gleichartigen Einheiten. Ritualen und Musik kommt bei diesen kommunikativen Interventionen in andere Welten und die Welten unterschiedlicher Tierspezies eine zentrale Bedeutung zu.

3. MUSIK ALS TRANSHUMANE KOMMUNIKATION

Die Erforschung der Musik und der Rituale hat sich bei den Yukpa bislang auf weitgehend von außen herangetragene etische Klassifizierungen beschränkt. So gibt es im Bereich der Vokalmusik eine primär funktionale Einteilung von Toledo (1978) in Wiegenlieder, Kindergesänge, Jagdgesänge, Arbeitsgesänge, Biertrinklieder, Gesänge zum persönlichen Vergnügen (Reisen) und Erntelieder. Weiters nennt er zwei Liedarten in Zusammenhang mit Ritualen, nämlich anlässlich der Präsentation der Neugeborenen und anlässlich der sekundären Begräbnisse[10].

Lira (1989) hat eine Übersicht der Instrumente der Yukpa produziert, in der er Idiophone (z.B. Rassel – *Coro*), Membranophone (z.B. Trommel – *Tampora*), Chor-

[9] Im Sinne einer systemischen Auffassung von Kommunikation (Luhmann 1995).

[10] Nur bei diesem Fest kommen neben allen erwähnten Anlässen auch Instrumente wie die Knochenflöte *ajiwu* oder die Panflöte *jok'ku* zum Einsatz.

dophone (den Musikbogen – *Turumpse)* und Aerophone gegenübergestellt, welche bei weitem die größte Instrumentengruppe ausmachen. Acuña (1998a) wiederum liefert eine etische Beschreibung der „Ethnomotorik" einzelner Yukpa Tänze, die er in vier Gruppen mit z.T. irreführenden Bezeichnungen einteilt, nämlich „Tanz für *Casha Pisosa*[11] (Neugeborene)", „Tanz für *Okatu*[12] (Begräbnis)", „Tanz für *cushe*[13] (erste Maisernte)". Diese Feste, so der Eindruck bei Acuña, bestehen aus jeweils einer Art des Tanzes. Auch wenn ich mich nie systematisch der Erforschung der Tänze gewidmet habe, besteht zumindest das Fest für die Neugeborenen nicht nur aus einem Tanz. Die vierte und letzte Kategorie, die Acuña anführt, sind die „Tänze für *tomaire*", was übersetzt soviel wie „Tänze, um zu tanzen bzw. zu singen" bedeutet, offensichtlich eine Sammelkategorie, in die acht Modelle von Tänzen mit jeweils bis zu siebzehn Varianten angeführt werden. *Tomaire* (tanzen/singen) wird so bei Acuña zu einem Verbrüderungsritus bzw. -ritual[14].

Tomaira ist vielmehr ein in der Literatur der Yukpa eingeführter Begriff für den Sänger bzw. Liedmeister, der oft als Ritualleiter fungiert (s. z.B. Wilbert 1960, Ruddle & Wilbert 1983) und sich vom Heilkundigen, *tupiacha,* unterscheidet (s. Halbmayer 1998). Beide haben innerhalb der Yukpa einen besonderen Status[15], der darauf zurückgeht, dass sie mit unterschiedlichen Zielsetzungen die besondere Fähigkeit besitzen, über die segmentäre Differenzierung der Welt hinweg zu kommunizieren und zu interagieren.

---

[11] An anderem Ort übersetzt Acuña dies als „Fest des Kindes" (1998b: 149). *Gatsha bisóso* bedeutet aber wörtlich. Kinder (*gatsha*) -blüten (*bisóso*). Im Gegensatz zu dem Tanz, den Acuña beschreibt, gibt es beim *gatsha bisóso* aber noch einen Tanz, bei dem ein abgeschnittener, mit Bändern geschmückter Baum im Zentrum steht. Wilbert (1961) beschreibt analoges unter Verwendung des tyo-tyo.

[12] *Okatu* ist der Totengeist bzw. allgemeiner die menschliche „Seele" und nicht wie Acuña meint ein „Todesritus" (Acuña 1998a: 148, 1998b: 207) bzw. „Begräbnisritual" (1998a: 169, 1998b: 217). Das sekundäre Begräbnisritual wurde mir gegenüber vielmehr als *ikane yoppe (ikane* - der Kadaver/Leichnam, *yoppe – „in reinen Knochen"* laut Vegamian 1978: 251) bezeichnet. Es verweist also darauf, dass die sekundäre Bestattung erst dann stattfindet, wenn vom Leichnam nur noch die Knochen übrig sind.

[13] *Kushe* sind in Bananenblättern gekochte Maisbällchen, die sowohl zur Maisbierherstellung verwendet werden als auch bei solchen Anlässen gegessen werden. *Kushe* bezeichnet aber keinen „Landwirtschaftsritus der Maisernte" (Acuña 1998a: 148). Das Ritual wird als *otambre watpo* bezeichnet (Lira 1989: 50).

[14] Manchmal wird sogar *soja* (Maisbier) synonym mit *tomaire* (singen/tanzen) verwendet (Acuña 1998b: 100, 178).

[15] Diese Differenzierung ist auch sonst bei den Carib-Sprechern oft anzutreffen: etwa zwischen den *aremi edamo* (Liedmeistern) und den *huhai* (Schamanen) bei den Yekuana, aber auch bei den Trio, Wayana und Akuriyo (Jara 1996: 59)

Diese Kommunikation mit anderen Wesenheiten drückt sich beim *tomaira* u. a. dadurch aus, dass er in seinen Träumen Lieder empfängt. Während meiner Feldforschungen kam es öfter vor, dass ich in der Nacht aufwachte, weil ich jemanden, der gerade versuchte, sein soeben geträumtes Lied zu reproduzieren, in einer der angrenzenden Hütten singen hörte. Um ein Lied zu erhalten, genügt es nicht, dieses nur zu träumen bzw. im Traum gelehrt zu bekommen, zentral ist die Fähigkeit, es beim Erwachen auch reproduzieren zu können (siehe auch Wilbert 1960: 133, Ruddle & Wilbert 1983: 99, Lira 1989). Bei der Reproduktion zeigt sich auch, „ob es sich bei der erlauschten Weise tatsächlich um eine originale Botschaft aus einer überirdischen Welt handelt ... Gleichzeitig mit der Melodie erhält der *tomaira* auch den dazugehörigen Text, sowie die Anweisung über die Form, in der das Lied von der Gemeinschaft gesungen und getanzt werden soll." (Wilbert 1960: 132f.). Wie Wilbert (1960, 1974: 49, Ruddle & Wilbert 1983: 99) berichtet, wurden noch in den späten 50-er Jahren des 20. Jahrhunderts Gesangswettbewerbe zwischen den *tomaira* durchgeführt, wobei der Umfang des Repertoires der Lieder, die ein *tomaira* beherrschte, das entscheidende Kriterium war. Dieses konnte über 60 Lieder umfassen und wurde mit eigenen mnemotechnischen Hilfsmitteln festgehalten. Es waren eigene Sangestafeln in Gebrauch. Wilbert beschreibt dies wie folgt:

> Ein Tomaira, der anfängt Homáikï zu empfangen, schnitzt sich aus weißem Holz eine mehr oder weniger große Tafel, auf die er mit schwarzer, roter und blauer Farbe Symbole aufmalt, die jedes für ein Lied stehen. Hat sich nach einiger Zeit die gesamte Oberfläche mit solchen Symbolen angefüllt, so bereitet er eine größere Tafel vor und überträgt die alten Symbole in ihrer chronologischen Reihenfolge. Diese Gesangtafel wird interessanterweise mit dem Wort wïsïyá - k e p ú [16] bezeichnet und vom Tomaira unter dem Dach seines Hauses aufbewahrt ... Ich habe mich davon überzeugen können, daß ein jeweiliges Symbol stets nur für einen bestimmten Gesang steht, dessen Worte und Musik sich bei Wiederholungen in kleinen Nuancen ändern können, ohne daß jedoch das Grundmotiv dadurch unkenntlich würde. (1960: 133f.)

Der *tomaira* instruierte vor den Festen auch die Festteilnehmer:

> Die neuen Lieder müssen von allen Festteilnehmern erlernt werden, bevor sie am eigentlichen Fest und Tanz teilnehmen können. Der Tomaira legt seine Gesangtafel (100:60 cm) auf dem Boden nieder und nimmt an einer Längsseite derselben Platz. Ihm gegenüber sitzen die Frauen und an den Breitseiten die Männer. Alle halten zwei mit den Symbolen der zu erlernenden Lieder bemalten Stäbe in den Händen und singen dem Tomaira nach, mit den Stäben auf die Kante der Gesangtafel schlagend und den Rhythmus markierend. (Wilbert 1960: 184)

[16] Wilbert bringt *kepü* mit dem Quipu der Inka in Verbindung, mittlerweile ist aber klar, dass quipuartige mnemotechnische Hilfsmittel auch im Tiefland weite Verwendung gefunden haben, bei den Carib-Sprechern etwa unter den Waiwai, den Barama River Caribs, Makushi, Pemon, Akawaio und den Kariña.

Viel von dieser Komplexität scheint mittlerweile verschwunden, nur ein einziges Mal sah ich in Yurmutu, einem der abgelegenen Dörfer, dass man, bevor man zu einem Fest nach Pishikakaw ging, flache, handtellergroße, mit verschiedenen Zeichen bemalte Holztäfelchen anfertigte, ohne dass ich allerdings mehr in Erfahrung bringen konnte, und ohne dass diese beim anschließenden Fest in irgendeiner für mich sichtbaren Art zum Einsatz gekommen wären. Viele der Lieder (*omeike),* die ich aufgenommen habe und die zumeist unter die Toledosche Kategorie „Gesänge zum persönlichen Vergnügen (Reisen)" fallen, berichten von Besuchen an fernen Orten und von weiten Reisen. Darunter finden sich z.B. Lieder, die Reisen in die Städte Machiques, Maracaibo oder La Fria besingen, aber auch solche, wo die Reise im Traum stattgefunden hat und die Welt, so wie sie dort erlebt wurde, besungen wird. Oft wird nach einem Lied festgestellt „*awü wosetiyen* – ich habe das geträumt". Neben diesen durchaus individuellen *omeike*-Liedern gibt es aber noch eine andere Kategorie von Liedern, nämlich *irimi.*

Der Begriff *irimi* als Bezeichnung einer Liedform kommt in der Yukpa-Literatur bisher nicht vor[17]. Die Yukpa selbst haben mir diesen Begriff neben dem offensichtlichen Faktum, dass es sich um Lieder bzw. Gesänge handelt, auch mit dem spanischen *tradición* übersetzt. *Yukpa irimi* wurde somit als Tradition der Yukpa verstanden und bezieht sich als solches insbesondere auf die standardisierten Liedformen bei zentralen Ritualen. Neben diesen *Yukpa irimi* gibt es aber noch eine Reihe weiterer *irimi,* insbesondere von bestimmten Tierarten, welche durchaus auch bei kollektiven Festen zum Einsatz kommen. D.h. es existiert unter den Yukpa ein tradiertes Repertoire von Traditionen bzw. Gesängen bestimmter Tiere. So kann es etwa vorkommen, dass während der Erzählung eines Mythos der Erzähler plötzlich das *irimi* des Tieres, von dem die Rede war, zu singen beginnt.

Wodurch zeichnen sich diese *irimi* der Tiere aus? Formal betrachtet handelt es sich um zum Großteil gesummte Lieder mit nur wenigen Worten, also um eine kurze Grundmelodie, die aber unbegrenzt wiederholt werden kann. Der Melodie scheint die zentrale Wichtigkeit zuzukommen, denn das Ausmaß der Worte variiert und kann gegen Null gehen. Ein *irimi* kann also einfach eine repetitiv gesummte Melodie sein, die aber in den Ohren der Yukpa durchaus spezifisch für eine jeweilige Tierart ist.

Die vor dem Hintergrund einer gesummten Melodie eingebrachten Worte bringen einerseits eine spezifische Positioniertheit des Sängers zum Ausdruck und

[17] Einzig Ruddle (1970: 43) führt den Begriff *Irimi* als Bezeichnung der Maraca-Yukpa für das Opossum an. Die Irapa-Yukpa unterscheiden allerdings zwischen Opossum (*Didelphis*), welches *Yare* heißt und *Irimbi,* den Wollbeutelratten (*Caluromys).* Ob ein Zusammenhang zwischen den Wollbeutelratten und dieser Liedgattung besteht ist mir nicht bekannt.

andererseits können sie ein fokussierter und kondensierter Ausdruck des Wesens des Tieres sein. Die Positioniertheit des Sängers ist einfach festzumachen, es handelt sich immer um die erste Person singular: ein Wiederholen von *awü* (ich) ist Bestandteil von allen Texten. Dieses *awü* ist aber nicht Ausdruck der Individualität, Singularität oder des Beobachtungsstandpunktes der Person des Sängers in Bezug auf die Welt oder die jeweilige Tierspezies, sondern es markiert die Position, Eigenheit und Wesenheit des Tieres selbst.

Anders formuliert, die erste Person singular, die Position des Akteurs, die in den *irimi* zum Ausdruck kommt, ist nicht jene des Sängers, sondern die des Tieres. Es ist die Wesenheit und Tradition des Tieres, in welche sich der Sänger durch das Singen begibt, und es ist dieser Positions- bzw. Perspektivenwechsel, diese Aneignung der Perspektive des Anderen, die es dem Sänger ermöglicht, eine spirituell-kommunikative Ebene mit den Wesenheiten „seiner" Art, bzw. dem jeweiligen Tierherren (*watupe*) der Spezies zu etablieren, und/oder sich die Eigenschaften und Fähigkeiten dieser Art anzueignen und aus ihrer Perspektive zu agieren.

Diese Eigenschaften und Fähigkeiten, d.h. das Wesen der jeweiligen Spezies, können in kondensierter – um nicht zu sagen in minimalistischer – Form auch in den Texten der *irimi* zum Ausdruck gebracht werden. Wie etwa im Folgenden *irimi* des *sirirmo* (Prachthaubenadler – *Spizaetus ornatus*):

mmmmh und ich mmhmm

hmm immer alleine, jagend, alleine dort jagend mhmmm

mmmmh und ich, ich mmmmh

mmmmhmm jagend, jagend, werde ich (das Wild) mit mir fortreißen

mmmmhmm[18]

Irimi von Tierarten kommen in unterschiedlichen Kontexten zum Einsatz. Etwa bei kollektiven Ritualen vor Kriegszügen oder bei der Geburt eines Kindes, wenn eine symbolische Tötung eines Feindes vorgenommen wird und man dabei das *irimi* des Jaguars (*isho*) singt (siehe Halbmayer 2001: 60), um entweder die Kraft und Aggressivität des Tieres auf die Jäger zu übertragen oder aber um zu gewährleisten, dass das Kind tapfer und furchtlos wird. In beiden Fällen geht die Übertragung dieser Kräfte mit einer spirituellen Tötung der Feinde einher.

---

[18] Im Original: *mmmmh* awürap *mmhmm*
hmm anipaperkopap uchaka uchakaporko *mhmmm*
mmmmh awürap awüra *mmmhmm*
mmmmhmm uchaka uchaka purumasase *mmmmhmm*

Dieselbe Logik der Beeinflussung der Welt kommt nicht nur durch Gesang, sondern auch durch den Einsatz insbesondere von Blasinstrumenten zum Ausdruck, etwa durch das Herbeirufen und die Kontaktetablierung mit den Totengeistern mittels der Knochenflöte *ajiwu,* oder durch die „Axt"flöte *atujsa,* welche der Kulturheros *Osema* zu den Yukpa brachte, und auf der, wie Lira (1989: 34) feststellt, eine ganze Reihe von Stücken, insbesondere für Vögel, interpretiert werden.

Die von mir gesammelten *irimi*[19] sind nur als kleiner Ausschnitt zu betrachten und keine auch nur annähernd vollständige Auflistung. Etliche Fragen sind auf Basis der vorhandenen Daten bisher nicht zu klären, so etwa das Verhältnis zwischen Krankenbehandlung, über die wir bis heute bei den Yukpa so gut wie gar nicht wissen, der Heilung und den *irimi.* Zentrale Aspekte für weitere Untersuchungen und ein besseres Verständnis der *irimi* in diesem Bereich lassen sich aber aus einer komparativen Betrachtung erschließen und sollen hier zumindest kurz angedeutet werden.

Denn auch wenn den *irimi* unter den Yukpa bisher keine Aufmerksamkeit geschenkt wurde, so wird aus einer vergleichenden Perspektive deutlich, dass es sich dabei um einen Komplex handelt, der unter den Carib-Sprechern Guianas unter den Namen *alemi, ademi, aremi,* bzw. *eremu, eremi* bekannt ist und bei folgenden indigenen Gruppen – wenn auch in unterschiedlicher lokaler Ausprägung – dokumentiert ist: den Wayana, Yekuana, Waiwai, Waimiri-Atraori, Trio, Kariña, Pemon, den Barama River Caribs, Akuriyo und den Apalai. Damit kann ein Komplex von Liedern und Gesängen umschrieben werden, die in der Literatur als Anrufung, Beschwörung, als magische Lieder, aber auch als Tradition mit rigiden und exakten Texten (Civrieux 1980: 16) bezeichnet werden.[20] Auf alle Fälle handelt es sich um ein Mittel, um mit dem Übernatürlichen zu kommunizieren (Guss 1986: 422, Magaña 1986: 43), um die Geisterwelt zu beeinflussen (Civrieux 1980: 16), oder um eine präventive oder kurative magische Medizin gegen spezifische Krankheiten (Arvelo-Jimenez 1971: 209), die z.B. dem Patienten hilft, sich von den „bösen Geistern" zu befreien.

---

[19] Diese umfassen u.a. folgende Tierspezies: *sirimo* (*Spizaetus ornatus* – Prachthaubenadler), *ipuku* (*micrastur semitorquatus* – Halsringwaldfalke), *napa* (*micrastur ruficollis* – Rotkehlwaldfalke), *isho* (*pantera onca* – Jaguar), *shuwi* (*Cerdocyon thous* – Fuchs), die Fische *poshi* (*Prochilodus reticulatus* – Bocachico), *kirista* (*Astyanax magdalenas* – Sardina), und *kane* (ein kleiner Wels), sowie *matowre* (eine Kaulquappe), *masaya* und *mashbi* (zwei Wespenarten), *kówo* (ein kleiner Leguan), *moke* (*micurus spp.* – die Korallenschlange), *shipa* (eine grüne Giftschlange).

[20] Analoge Traditionen gibt es auch in nicht Carib-sprechenden Gruppen, siehe z.B. Mader (2004).

Der Komplex kann sich in großen und mehreren Tagen dauernden Ritualen manifestieren, wie etwa bei den Yekuana, und in – in einer detaillierten und für Uninitiierte weitgehend unverständlichen Sprache – kollektiv gesungenen Rezeptionen der Schöpfungsepen (Watuna – Civrieux 1980) bestehen, oder aber in *eremu-Liedern* für Jagdzwecke, welche sich nur aus einem „single word repeated a long time" zusammensetzen (Fock 1963: 27). *Alemi*-Gesänge können eine Reinigung, „Impfung" und „Immunisierung" der Gemeinschaft sein (Guss 1989) oder in individuellen Heilungen von Kranken wie bei den Waiwai (Fock 1963: 110) oder den Trio (Magaña 1990) zum Ausdruck kommen, mittels derer versucht wird, die verloren gegangenen bzw. geraubten menschlichen Seelen „anzulocken oder ihnen den weltlichen Ort zu zeigen". Bei den Wayana werden sie eingesetzt, um den Patienten zu helfen, sich von den „bösen Geistern", die andere Schamanen geschickt haben, zu befreien (Magaña 1986: 43) bzw. um Seelen, die sich im Körper eingenistet haben, zu vertreiben (Fock ebenda). Auch als magische Jagdlieder, die nur dem Medizinmann bekannt sind und gesungen werden, nachdem man von dem Tier geträumt hat, kommen sie zum Einsatz, und es können damit Tiere angelockt, wild gemacht und in der Gegend gehalten werden.

Aremi können aber auch, zumindest bei den Trio (Magaña 1990: 136), Wayana (Fock 1963: 105) und Akuriyo[21] (Jara 1996) eingesetzt werden, um zu töten und sich zu rächen. „Ein *alemi* Sänger benützt seine Gesänge, wie ein Jäger seine Pfeile" schreibt Jara (1996: 220), und Civrieux (1974: 74) stellt fest, „zu heilen und zu kämpfen sind dieselbe Sache" im Kontext dieser Beeinflussung der Welt.

Diese Gesänge werden oft durch einen direkten Kontakt mit der spirituellen Welt „angeeignet", d.h. im Traum oder in einer Vision, und selbst dort, wo sie wie bei den Yekuana in kollektiven Ritualen erlernt werden, heißt es „The Adahe ademi hidi, the ritual complex of the tribe's great myths, must be comprehended directly, like dreaming. It is an intuitive communication increasing in accordance with the initiate's progressive mental change. It is only through submission to the rigorous demands of the initiation that the candidate can receive it." (Civrieux 1980: 13). Für die Kariña meint derselbe Autor (1974), dass die *alemi* eine einzige fixe und exklusive Idee verfolgen, nämlich durch ihre Monotonie und lange Dauer den Geist zu konzentrieren, die Stimme und die Macht des (Tier-)Geistes zu ergreifen und diesen zu personifizieren. Der Sänger gibt dabei seine eigene Personalität auf, denn

[21] Deshalb appelliert Jara (1989, 1996: 220) für eine Trennung von Schamanismus, der auf Ausgleich und Kommunikation mit den Tierspezies setzt und wo unvorhersehbar ist, was der Schamane singt, und den *alemi*-Praktiken, die ihrer Interpretation nach auf die Zerstörung des Tieres abzielen und wo die Lieder eine tradierte Tradition darstellen. Für Heilungslieder bei den Akuriyo siehe Jara (1996:215f.).

es ist nicht der Sänger sondern „der andere, der weiß, der einzige, der arbeitet und heilt" (Civrieux 1974: 64).

Ein weiterer Zusammenhang, der aus der Literatur deutlich hervorgeht, ist jener zwischen den *aremi*-Gesängen und dem unter Carib-Sprechern weit verbreiteten rituellen Blasen[22] zur Beeinflussung der natürlichen Umwelt und anderer Personen. Die bewusste Entäußerung des menschlichen Atems sowie des magischen Gesangs dienen offensichtlich beide dazu, mit der Welt zu kommunizieren und diese zu beeinflussen.[23] Bei den Pemon haben sich zwei unterschiedliche Weisen mittels Worten auf die Welt Einfluss zu nehmen herausgebildet: einerseits die zumeist kollektiv inszenierten Gesänge (*eremuk*), andererseits die gesprochenen *tarén*[24], die bereits Koch-Grünberg als Zaubersprüche bezeichnet hat (Koch-Grünberg 1923, Armellada 1972).

Im Bereich der Instrumentalmusik sind innerhalb dieser skizzierten Logik die Blasinstrumente insbesondere die Flöten und Trompeten und die nach ihnen benannten Kulte eine zentrale Strategie der Beeinflussung der „natürlichen" Umwelt, der Aktivierung von Lebenskraft, Fruchtbarkeit, bzw. spezifischer Tierspezies für die Jagd.

Unter diesen komparativen Aspekten wird deutlich, dass *irimi* nicht bloß Lieder sind, sondern ein Teilaspekt einer übergeordneten Logik, die davon ausgeht, dass bewusst eingesetzte und zielgerichtete menschliche Entäußerungen in Form des rituellen Blasens, des Sprechens ritueller Formeln (*tarén*), des Singens magischer Lieder sowie des Spielens spezifischer Blasinstrumente eine Form der Beeinflussung der und Kommunikation mit der Welt darstellen, die nicht nur auf Menschen begrenzt ist. Vielmehr stellt sie eine Kommunikationsform dar, die innerhalb einer segmentär differenzierten Welt ihre Wirkung über Spezies und Welten hinweg ausüben kann und deren Grundlage, zumindest bei den Tier-*irimi* der Yukpa, darin liegt, dass die Perspektive des Anderen eingenommen und somit eine gemeinsame Ebene und Basis für diese Interventionen etabliert wird.

4. CONCLUSIO

Ausgehend vom zu Beginn formulierten Anspruch, das Wissen um den Mythos und seine Alltäglichkeit als soziale Kompetenz zu verstehen, wurden auf den letzten Seiten einige praktische Probleme der Aneignung eines Verständnisses mythischer Narrative und eines gemeinsamen soziokulturellen Interpretationskontextes benannt und illustriert. Im Anschluss daran wurde das Argument formuliert, dass auf

---

[22] Zum rituellen Blasen siehe z.B. Butt 1956.

[23] Bei den Yukpa heißt etwa: *yorimi* – mein *irimi*, und *yoramshi* – mein Atem.

[24] *t-arén* und *arem-i* sind wohl auf denselben Wortstamm zurückzuführen.

dieser Basis auch ein anderes, nämlich emisches Alltagsverständnis ermöglicht wird, da die Relevanz der Mythen in einer primär segmentär differenzierten Welt weit über Religion hinausgeht und zentral für das Verständnis des Alltags ist. Ein solches kann zur Aufdeckung lokaler Kategorien im Gegensatz zu von außen herangetragenen Kategorien und Klassifikationsversuchen führen, deren genauere interne wie extern vergleichende Analyse zu einer alternativen Auffassung von Kommunikation und Kommunikationsmöglichkeiten in einer segmentär differenzierten Welt führen kann. Diese Skizze führte uns schließlich zum Argument, dass Formen des Atmens (rituelles Blasen), des Singens und Spielens von Instrumenten Interventions- und Kommunikationsstrategien in und mit der Welt darstellen und die *irimi* ein Teil davon sind. Diese Information steckt auch in den Tondokumenten und -aufzeichnungen, doch es setzt einen durch Feldforschung und vergleichende Analysen erworbenen Interpretationskontext voraus, um den Informationen, welche die archivierten Daten beinhalten, ein solches Wissen zu entlocken.

LITERATUR

Acuña Delgado, Ángel. 1998a. *La Danza Yu'pa. Una interpretación antropologica.* Quito: Abya-Yala.

—, 1998b. *Yu'pa obaya tuviva. Yu'pa: un pueblo que danza.* Quito: Abya-Yala.

Armellada, Fray Cesáreo de. 1972. *Pemonton Taremuru (Los Tarén de los Indios Pemón).* Caracas: Universidad Catolica Andres Bello.

Arvelo-Jiménez, Nelly. 1971. *Political relations in a tribal society: A study of Ye'cuana Indians.* PhD dissertation, Cornell University.

Butt, Audrey. 1956. "Ritual Blowing. Taling – A Causation and Cure of Illness among the Akawaio". *Man* 48: 47-55.

Civrieux, Marc de. 1974. *Religion y Magia Kari'ña.* Caracas: Universidad Catolica Andres Bello.

—, 1980. *Watunna: An Orinoco Creation Cycle.* San Francisco: North Point Press.

Descola, Philippe. 1992. "Societies of nature and the nature of society". In: Kuper, Adam (ed.) *Conceptualizing Society.* London and New York: Routledge, 107-126.

—, 1996. "Constructing natures: Symbolic ecology and social practice". In: Descola, Philippe & Gísli Pálsson (eds.). *Nature and Society: Anthropological Perspectives.* London and New York: Routledge, 82-123.

Durkheim, Emile. 1961. *Die Regeln der soziologischen Methode.* Neuwied: Luchterhand.

Fock, Niels. 1958. "Cultural Aspects and Social functions of the 'Oho' Institution among the Waiwai". *Proceedings of the 32nd International Congress of Americanists*: 136-40.

—, 1963. *Waiwai: religion and society of an Amazonian tribe.* Copenhagen: The National Museum.

Garfinkel, Harold. 1967. *Studies in ethnomethodology.* Englewood Cliffs, NJ: Prentice-Hall.

Guss, David M. 1986. "Keeping it oral: a Yekuana ethnology". *American Ethnologist* 13: 413-29.

Halbmayer, Ernst. 1998. *Kannibalistische Sonne, Schwiegervater Mond und die Yukpa.* Frankfurt/Main: Brandes & Apsel.

—, 2001. "Socio-cosmological Contexts and Forms of Violence. War, Vendetta, Duels and Suicide among the Yukpa of North-Western Venezuela". In: Schmidt, Bettina and Ingo Schröder (eds.). *The Anthropology of Violence and Conflict.* London: Routledge, 49-75.

—, 2004. "Timescapes and the Meaning of Landscape: Examples from the Yukpa". In: Halbmayer, Ernst & Elke Mader (Hg.). *Kultur, Raum, Landschaft: Die Bedeutung des Raumes in Zeiten der Globalität*. Frankfurt/Main: Brandes & Apsel, 136-154.

Jara, Fabiola. 1989. "Alemi songs of the Turaekare of Southern Surinam". *Latin American Indian Literatures Journal* 5: 4-14.

—, 1996. *El Camino del Kumu. Ecología y ritual entre los akuiyó de Surinam*. Quito: Abya-Yala.

Koch-Grünberg, Theodor. 1923. *Vom Roraima zum Orinoko*. Stuttgart: Strecker & Schröder.

Lira B., Jose R.. 1989. *Yukpa Emai'k'pe (Aproximación al mundo musical Yukpa)*. Maracaibo: Dirección de Cultura.

Luhmann, Niklas. 1995. „Was ist Kommunikation?" In: Luhmann, Niklas (Hg.). *Soziologische Aufklärung*. Opladen: Westdeutscher Verlag, 113-124.

Mader, Elke. 2004. "Un discurso mágico del amor: Significado y acción en los hechizos shuar". In: Cipolleti, Maria Susana (ed.). *Los Mundos de abajo y los mundos de arriba: Individuo y sociedad en las tierras bajas, en los Andes y más allá*. Quito: Abya Yala, 51-80.

Magaña, Edmundo. 1986. *Los Wayana de Suriname*. Amsterdam: CEDLA.

—, 1990. "Zarigueya Señor de los sueños: Una teoría tarëno". In: Perrin, Michel (ed.). *Antropología y experiencia del sueño*. Quito: Abya Yala, 117-143.

Reichel-Dolmatoff, Gerardo. 1945. "Los Indios Motilones". *Revista del Instituto Etnológico Nacional* 2: 15-115.

Ruddle, Kenneth. 1970. "The Hunting Technology of the Maracá Indians". *Antropológica* 25: 21-63.

—, 1971. "Notes on the Nomenclature and Distribution of the Yukpa-Yuko Tribe". *Antropológica* 30: 18-28.

Ruddle, Kenneth & Johannes Wilbert. 1983. "Los Yukpa". In: Coppens, Walter (ed.). *Los Aborigenes de Venezuela*. Caracas: Fundacion La Salle de Ciencias Naturales. Instituto Caribe de Antropología y Sociología, 33-124.

Toledo, Manuel Juárez. 1978. "Musica traditional de los Yucpa-Irapa del Estado Zulia, Venezuela". *Folklore Americano* 26: 59-79.

Vegamian, Felix Maria de. 1978. *Diccionario ilustrado Yupa-Español, Español Yukpa*. Caracas: Formateca.

Wilbert, Johannes. 1960. „Zur Kenntnis der Pariri." *Archiv für Völkerkunde* 15: 80-153.

—, 1974. *Yupa folktales*. Los Angeles: Latin American Center, University of California.

Wolfgang Kraus

Als Anthropologe in Zentralmarokko – Methodologische Reminiszenzen

PROLOG

Die empirische Datenerhebung durch intensive und lang andauernde Auseinandersetzung mit Menschen in einer Situation mehr oder weniger ausgeprägter kultureller Differenz – kurz: die ethnographische Feldforschung – ist gemeinsam mit der Reflexion dieser Differenz wohl noch immer das Merkmal, das die Kultur- und Sozialanthropologie am deutlichsten gegen andere Sozialwissenschaften abgrenzt. Was ein geeignetes „Feld" für empirische Forschung darstellt und von welcher Art die damit verbundene Differenz ist, darüber haben sich die Auffassungen vor allem in den vergangenen zwei Jahrzehnten entscheidend verändert. Doch bis heute ist diese im höchsten Maß persönliche Form der Datengewinnung nahezu ein definierendes Charakteristikum der Disziplin. Mein eigenes Feld seit mittlerweile mehr als zwanzig Jahren repräsentiert eher die klassische Tradition unseres Faches als seine neueren Entwicklungen: eine überschaubare und eher „traditionelle" Lokalgesellschaft, auf einem anderen Kontinent situiert und durch klare Grenzen – sprachlich, politisch, geographisch, kulturell – von jener Gesellschaft getrennt, der ich selbst entstamme.

Dieses Feld liegt in Zentralmarokko im Herzen des Hohen Atlas. Seinen Mittelpunkt bildet das Tal des Asif Mllull, des „Weißen Flusses", in einer Seehöhe von etwa 2000 bis 2400m. Die Ayt Ḥdiddu, die dieses Gebiet bewohnen, sind eine Stammesgesellschaft von Bauern und Kleinviehzüchtern. Sie bewirtschaften ihr Land nach wie vor auf ähnliche Weise wie in der Epoche weitgehend autonomer tribaler Selbstorganisation, die 1933 mit der Etablierung der französischen Kolonialherrschaft beendet wurde. Erst ein genauerer Blick zeigt, dass diese traditionelle Lebensgrundlage infolge zunehmender Bevölkerung und anderer Faktoren immer prekärer wird. Abwanderung und Arbeitsmigration nehmen zu, auch wenn ihre Bedeutung im Vergleich mit anderen Regionen Marokkos noch immer gering ist. Die Ayt Ḥdiddu sind Berber, gehören also jener – nicht viel weniger als die Hälfte der marokkanischen Bevölkerung ausmachenden – Minderheit an, deren über eine rein linguistische Kategorie hinausgehende Identität im Land seit kurzem erst kulturell und politisch anerkannt wird.

Meine erste Reise in dieses Gebiet unternahm ich 1980, im Gepäck bereits ein Mikrophon aus dem Phonogrammarchiv. Ich habe seine Einwohner mitsamt ihrer über das eigene Territorium hinausreichenden kulturellen, historischen und politischen Verflechtungen seit 1983 intensiv untersucht. Im Laufe von bislang zehn Feldaufenthalten habe ich mehr als zwei Jahre dort zugebracht, und es sieht nicht so aus, als ob mein Interesse an dem Gebiet bald erschöpft wäre. Dies hat mit der Fülle des noch nicht zur Gänze ausgewerteten Materials zu tun, mehr noch vielleicht aber mit der Einsicht in den notwendigerweise fragilen und provisorischen Charakter wissenschaftlicher Erkenntnis über kulturelle Grenzen hinweg. Eine Folge dieser Einsicht ist, dass jedes empirische Forschungsergebnis nicht nur neue Fragen aufwirft, sondern mich auch dazu nötigt, die theoretischen Annahmen meines eigenen Zuganges neu zu bewerten, was dann wieder unmittelbar auf die empirische Arbeit zurückwirkt.[1] Beide Faktoren – die Materialfülle wie auch die Einsicht in die provisorische Natur wissenschaftlicher Erkenntnis über kulturelle Grenzen hinweg – sind entscheidend bedingt durch meine Arbeitweise im Feld, bei der die Tonaufzeichnung eine zentrale Rolle spielt. Daher gibt mir der vorliegende Bericht eine sehr willkommene Gelegenheit, eingehender als bisher den entscheidenden Beitrag zu würdigen, den das Phonogrammarchiv der Österreichischen Akademie der Wissenschaften mit seiner Unterstützung zu meinen Forschungen geleistet hat.[2]

Meinen Dank für diese Unterstützung zu bekunden ist mir ein sehr ernstes Anliegen; die „methodologischen Reminiszenzen“, die der Untertitel meines Beitrags verspricht, sollen den Rahmen für meine Absichten abstecken und zum Ausdruck bringen, dass es hier weniger um gewichtige Analysen zur anthropologischen Feldforschung an sich geht als um meinen persönlichen Umgang mit der Tonaufzeichnung während der Arbeit im Feld. Ergänzt werden diese Reminiszenzen durch einige Bemerkungen zu Aspekten der Ethnographie der Ayt Ḥdiddu, mit denen ich in diesem Zusammenhang konfrontiert war.

[1] Zum „Dialog“ zwischen Theorie und Empirie s. Kraus (2004: 15 f.).

[2] Die Finanzierung meiner Feldaufenthalte erfolgte anfangs aus eigenen Mittel, die 1985 durch ein kleines Auslandsstipendium der Universität Wien ergänzt wurden. Die Feldforschungen meiner zweiten Forschungsphase von 1995 bis 1997 fanden im Rahmen eines APART-Stipendiums der Österreichischen Akademie der Wissenschaften statt, jene von 2002 und 2003 waren Teil eines vom FWF geförderten Forschungsprojektes unter Leitung von Andre Gingrich. Bei meinem letzen Aufenthalt 2005 trug die Universität Wien die Reisekosten.

1. „ERSTER KONTAKT" 1980 – AUF DER SUCHE NACH MUSIK

Begonnen hat meine Verbindung mit dem Phonogrammarchiv bereits im Lauf meines Studiums am Wiener Institut für Völkerkunde (heute Institut für Kultur- und Sozialanthropologie), wo ich die Lehrveranstaltungen von Dietrich Schüller zur Tondokumentation hörte und dabei Anregungen erhielt, die mit bereits vorhandenen Interessen zusammentrafen. Als ich über eine eigene Feldforschung nachzudenken begann, entschloss ich mich aus inhaltlichem Interesse und pragmatischen Gründen – der relativ leichten Erreichbarkeit mit beschränkten finanziellen Mitteln – dafür, nach Marokko zu fahren, das ich bereits von einem kurzen touristischen Aufenthalt kannte. Die Entscheidung, das Asif Mllull-Tal aufzusuchen, fiel auf wenig sachliche Weise. In der Literatur hatte ich einige Hinweise auf den Stamm der Ayt Ḥdiddu gefunden, die mir interessant erschienen, und das „Plateau des lacs", das abseits des Asif Mllull-Tales hart am nördlichen Steilabfall des zentralen Hohen Atlas gelegene Weideland um die beiden kleinen Seen Iẓli und Tiẓlit, übte schon auf der Landkarte eine romantische Anziehung auf mich aus. Dann stellte sich heraus, dass ein Wiener Ethnologe, Norbert Mylius, der sich beruflich in eine andere Richtung orientiert hatte, aber sich weiterhin mit dem Medium der ethnographischen Filmdokumentation der Erforschung der Berber Zentralmarokkos widmete, in genau diesem Gebiet gearbeitet hatte. Er konnte mir erste Kontakte vermitteln; damit stand das Ziel meiner Reise endgültig fest.

Auf dieser ersten Forschung 1980 hatte ich vor, die Musik dieser abgelegenen und politisch peripheren Region Marokkos zu untersuchen (deren kulturelle und ideologische Integration in das historische Ganze Marokkos allerdings, wie ich lange danach zu verstehen begann, nicht unterschätzt werden darf). Technisch war ich ausgerüstet mit einem Kondensatormikrophon, das mir das Phonogrammarchiv auch ohne ein klar formuliertes Forschungsprojekt zur Verfügung stellte, und meinem Uher CR 210-Kassettenrecorder, der zwar tragbarer war als die weit verbreiteten Spulengeräte dieser Firma, im Vergleich zu neueren Geräten aber dennoch schwer und zudem etwas launisch. Auf dieser Reise erwies es sich schon als ein Abenteuer, überhaupt das Asif Mllull-Tal und seinen Hauptort Imilšil zu erreichen. Sobald die Asphaltstraßen zu Ende waren und die unbefestigten Pisten begannen, an denen die Unbilden der Witterung oft schwere Schäden hinterließen, standen als typisches Transportmittel nur mehr Lastwagen zur Verfügung, auf deren Ladefläche man reisen konnte. Wann man hoffen durfte, einen Lastwagen zu finden, das hing wieder von den wöchentlichen Zyklen der Markttage ab, die mir völlig unbekannt waren. Nach längerem Warten hatte ich das Glück, auf einem mit Getreide beladenen Lastwagen mit nur wenigen Personen im Liegen nach Imilšil zu schaukeln – die bequemste Anreise, die ich jemals erlebt habe.

Die Musiktradition, die ich mir erhofft hatte, fand ich am Asif Mllull nicht. Musik bedeutete bei den Ayt Ḥdiddu im wesentlichen Gesang im Chor als Untermalung der kollektiven Tänze. Die einzigen Instrumente, die es damals gab, waren große Rahmentrommeln (sg. *tallunt*), auf denen die schweren Rhythmen geschlagen wurden.[3] Meine Versuche, Musiker im eigentlichen Sinne zu finden, blieben erfolglos. Dazu kam noch die unerfreuliche Erfahrung, dass die Tätigkeit eines Dolmetschers im Feld, wenn sie schlecht ausgeübt wurde, die Kommunikation eher behinderte als förderte. Schließlich stellten sich noch gesundheitliche Probleme ein (die sich auf späteren Reisen glücklicherweise nie mehr wiederholt haben). Sie zwangen mich, nach vier Wochen früher als geplant das Gebiet zu verlassen. Auch wenn trotz einiger Enttäuschungen am Ende die Lust blieb, mehr über dieses Land und seine Menschen zu erfahren, musste ich Dietrich Schüller nach meiner Rückkehr berichten, dass meine Suche nach Musik in dieser Gesellschaft erfolglos geblieben war. Doch er meinte tröstend, dieses Ergebnis mit so geringem Aufwand erzielt zu haben sei auch eine Art Erfolg.

2. FELDFORSCHUNGEN 1983-85 – SOZIALE ORGANISATION

Mein Interesse an Marokko blieb also ungebrochen, und ich begann in den folgenden Jahren mich intensiv mit der berberischen Sprache auseinander zu setzen. Ich besuchte die Vorlesungen von Professor Mukarovsky am Institut für Afrikanistik, die einen Grundstein für ein Verständnis der Struktur dieser Sprache legten. Zusätzlich studierte ich alles an Literatur, was ich zu den Berberdialekten der *tamaziġt*-Gruppe Zentralmarokkos finden konnte. Die eigentliche Sprachbeherrschung freilich konnte ich mir dann erst an Ort und Stelle erwerben.

Eine weitere Studienreise von zwei Monaten im Jahr 1982 führte mich auf der Suche nach einem geeigneten Gebiet für meine Feldforschungen durch verschiedene Teile Marokkos; einige Tage verbrachte ich wieder am Asif Mllull. Unter dem Einfluss der Lektüre von Ernest Gellners *Saints of the Atlas* (1969) begann ich mich in dieser Zeit für Fragen sozialer Organisation zu interessieren. Schließlich beschloss ich, für meine Dissertation das theoretische Modell der Segmentation, das Gellner angewendet und weiterentwickelt hatte, einem empirischen Test zu unterziehen. Dass ich die dafür erforderlichen Feldforschungen im zentralen Hohen Atlas durchführen wollte, wo auch Gellner gearbeitet hatte, war mir inzwischen klar. Meine Vorstellung war, in der Gegenwart jenes Modell zu überprüfen, das

[3] In diesem Bereich ist seither unter dem Einfluss verstärkten kulturellen Austauschs mit anderen Regionen ein gewisser Wandel eingetreten.

Gellner für die vorkoloniale Vergangenheit entwickelt hatte. Die zeitliche Variation und den Wandel der politischen Rahmenbedingungen noch durch den Faktor räumlicher Variation zu überlagern erschien mir nicht sinnvoll.

Der genaue Ort für meine Forschungen stand noch nicht fest, als ich im Herbst 1983 zu einem ersten Feldaufenthalt von dreieinhalb Monaten aufbrach. Ich fuhr zuerst wieder nach Imilšil und suchte von dort aus, teils zu Fuß, einige andere Täler in der Region auf. Schließlich entschied ich mich, meine Untersuchung im mir nun bereits vertrauten Tal des Asif Mllull durchzuführen. Diese Feldforschung und ein zweiter Marokko-Aufenthalt von insgesamt acht Monaten (den Ramadan allerdings verbrachte ich nicht im Hohen Atlas, sondern mit Bibliotheksstudien in Rabat) im Jahr 1985 erbrachten das Datenmaterial für meine von Walter Dostal betreute Dissertation (Kraus 1989), die dann in gekürzter und kondensierter Form publiziert wurde (Kraus 1991).

Die Tonaufzeichnung war bei diesen Forschungen einer klar definierten Fragestellung untergeordnet, zu der ich Interviews durchführte, und überwiegend Mittel zum Zweck. Meine Ausrüstung war entsprechend bescheiden, dafür aber auch wenig beschwerend: ein kleiner Kassettenrecorder mit eingebautem Stereomikrophon und automatischer Aussteuerung, der, bei beschränkter Tonqualität, seine Aufgabe doch ausreichend erfüllte. Was ich im Rückblick bedaure, das ist meine Entscheidung, im Interesse der Gewichtseinsparung mit wenigen Kassetten auszukommen und die Interviewaufnahmen nach dem Abhören, Übersetzen und Interpretieren wieder zu überspielen. Mit meinen heutigen Interessen und besseren Sprachkenntnissen wären einige dieser nicht mehr existierenden Aufnahmen im Originalwortlaut sehr wertvoll für mich.

Inzwischen hatte ich glücklicherweise in Said Hachem einen Forschungsassistenten gefunden, der mich auf die bestmögliche Weise unterstützte – mit Intelligenz, rascher Auffassungsgabe, Verständnis für meine Interessen, und nicht zuletzt mit guter Laune. Ich habe mit Said seit 1985 immer wieder zusammengearbeitet, und er hat zu meiner Arbeitsweise und den Ergebnissen meiner Forschungen Entscheidendes beigetragen (so wie die Arbeit mit mir, auf andere Weise, zu seiner Biographie entscheidend beigetragen hat). Meine Kenntnisse des *tamaziġt*-Berberischen waren soweit fortgeschritten, dass ich selbständig kommunizieren und „Konversation machen" konnte. Bei den meist mit Saids Unterstützung geführten Interviews konnte ich meine Fragen zum Teil selbst formulieren; rascher und bequemer war es allerdings, sie auf französisch zu stellen und ihn übersetzen zu lassen. Immerhin konnte ich aber den Antworten folgen, ohne dass der Fluss des Gesprächs ständig durch das Dolmetschen unterbrochen werden musste. Im Nachhinein setzten wir uns dann zusammen und gingen die Aufnahmen miteinander durch. Said übersetzte mir, was ich nur unvollständig verstand und erläuterte mir die wesentlichen Begriffe, die verwendet wurden. Einzelne Wendungen, Sätze und kurze Passagen notierte ich im Originalwortlaut; sonst beschränkte ich mich auf den mir wichtig erscheinenden Inhalt.

3. MUSIK IM SOZIALEN KONTEXT

Die Musik, nach der ich 1980 vergeblich gesucht hatte, lernte ich in dieser Zeit in ihrem sozialen Zusammenhang kennen. Sie war bei den Ayt Ḥdiddu vom Tanz, *aḥidus*, kaum zu trennen. Dieser wiederum war in seiner beliebtesten Erscheinungsform vor allem eines der sozial anerkannten Foren für die Begegnung junger Männer und Frauen – eine Begegnung, die im Bewusstsein aller ganz klar der Partnerwahl diente. Der *aḥidus* der Ayt Ḥdiddu besteht aus zwei Reihen von Tanzenden, die einander gegenüberstehen und sich abwechselnd Verszeilen zusingen (was, nebenbei bemerkt, einen hübschen Stereo-Effekt ergibt). Die Männer schlagen die bereits erwähnten Rahmentrommeln; sie beginnen den Tanz, während sich die jungen Frauen nach und nach zwischen sie in die Reihe drängen. So ergeben sich zwei lange Reihen, in denen sich Männer und Frauen abwechseln, Schulter an Schulter, und sich gemeinsam den relativ spärlichen und monotonen Tanzbewegungen hingeben. Am Tanz dürfen sich nur jene Frauen beteiligen, die bereits eine Scheidung (oder auch mehrere) hinter sich haben und nicht wiederverheiratet sind. Die Männer, die ja in der Theorie eine zweite Frau heiraten dürfen – in der Praxis kommt das so gut wie nie vor – dürfen grundsätzlich auch als Verheiratete am Tanz teilnehmen. Die meisten Tänzer sind aber ebenfalls junge Männer noch ohne eigene Familie.

All das wird erst verständlich, wenn man weiß, dass bei den Ayt Ḥdiddu die Partnerwahl – zumindest nach der ersten Heirat, die oft noch von den Eltern arrangiert wird – als Angelegenheit der beiden Beteiligten angesehen wird. Die erste Ehe wird praktisch ausnahmslos geschieden, oft schon nach einigen Wochen oder Monaten, fast immer bevor es eine Schwangerschaft oder Kinder gibt und mit dem Einverständnis beider. Ist die Frau schwanger oder ist bereits ein Kind zur Welt gekommen, so ist die Sache komplizierter. Dann sehen es alle Verwandten, ebenso wie Freunde und Nachbarn, als ihre Aufgabe an, den Fortbestand der Ehe zu sichern. Praktisch ist eine gewisse Periode als Geschiedene für junge Frauen etwa zwischen 15 und 20 Jahren der Normalzustand. In dieser Zeit genießen sie Freiheiten, die sie davor und danach nicht haben, darunter eben auch die Möglichkeit der Partnerwahl und das damit verbundene Recht, am Tanz teilzunehmen. Die größte Einschränkung dieser Freiheit ist die grundlegende Regel, dass sexuelle Kontakte nur innerhalb der Ehe stattfinden dürfen, was in Anbetracht der Leichtigkeit einer Scheidung nicht so schwer einzuhalten ist (vgl. Noever 2005).

Heute ist dieser traditionell lockere Umgang mit Heirat und Scheidung allerdings nicht mehr ganz so üblich wie noch in den 1980er Jahren. Man ist sich darüber im klaren, dass nach den im Großteil Marokkos geltenden Moralvorschriften ein solches Verhalten sehr kritisch gesehen oder sogar für schockierend gehalten wird, da es als mangelnde Kontrolle der Männer über die Frauen ihrer Familie ausgelegt werden kann (vgl. Kraus 1997). Diese Moralvorschriften üben zusehends auch auf die Ayt Ḥdiddu Einfluss aus, woraus neue soziale Spannungen entstehen. Zugleich wird auch der *aḥidus* immer seltener, wobei es vielleicht voreilig wäre, hier einen unmittelbaren Zusammenhang anzunehmen. Heute findet er fast nur mehr bei großen Feierlichkeiten wie etwa Hochzeiten statt, und auch dann nur mehr für eine begrenzte Zeit. Dann geht man zu anderen Tänzen mit lebhafteren Rhythmen über, die im Wesentlichen aus der Musiktradition des Mittleren Atlas entlehnt sind. Sie hat eine dynamische Musikszene hervorgebracht, deren Produktionen seit langem über Kassetten und neuerdings auch über VHS-Videos und zunehmend über VCDs vertrieben werden. Im Jahr 1985 aber war der klassische *aḥidus* noch ein beliebter Zeitvertreib für die jungen Leute. Der Tanzplatz des Dorfes, in dem ich mich niedergelassen hatte, lag mehr oder weniger vor dem Fenster meines Hauses. In den warmen Sommernächten bin ich oft zu den monotonen Rhythmen eingeschlafen, die nach Einbruch der Dunkelheit anhoben und die Tanzenden bis lang nach Mitternacht wach hielten, und die auch auf mich eine gewisse Suchtwirkung ausübten.

Eine zweite Form von Musik, die allerdings überwiegend von Angehörigen des benachbarten Stammes der Ayt Iḥya praktiziert wurde, waren die Gesänge der *imdyazn* (sg. *amdyaz*), der fahrenden Sänger des zentralen Hohen Atlas. Sie waren vor allem im Herbst nach der Ernte unterwegs, stets in Truppen mit einer festen Besetzung (vgl. Roux 1928; Lortat-Jacob 1980; Jouad 1989). Der eigentliche *amdyaz* war der Poet, der die vorgetragenen Lieder dichtete, in denen aktuelle Ereignisse kritisch kommentiert oder moralische Kommentare zur Zeit formuliert wurden. Er spielte meist zusätzlich die *kkamanǧa* (soweit ich sie sah ausnahmslos eine Geige westlicher Bauart). Zwei Männer begleiteten ihn auf den Rahmentrommeln und punktierten seinen Gesang im Chor, indem sie Verszeilen wiederholten. Ein vierter, *bu uġanim*, „der mit dem Rohr“, genannt, spielte zwischen den einzelnen Gesängen Einlagen auf dem *aġanim*, einem Doppelrohrinstrument mit Grifflöchern und einer Windkapsel mit Doppelrohrblatt. Er gab den Clown der Truppe. Die *imdyazn* zogen von Dorf zu Dorf, wo sie nach Sonnenuntergang ihre Vorstellungen gaben, oder traten untertags auf den Märkten auf. Heute sind auch die *imdyazn* kaum mehr anzutreffen. Sie haben sich ebenfalls meist darauf verlegt, ihre Gesänge auf Kassetten zu vermarkten. Eine gewisse Gegenbewegung zu dieser Entwicklung ergibt sich aus einer Folklorisierung dieser traditionellen Formen musikalischer Praxis, die mit der eingangs erwähnten zunehmenden Bedeutung einer neuen berberischen Identität zu tun hat. Wenn *aḥidus* und *imdyazn* aus den Dörfern verschwinden, so findet man sie immer häufiger in einem veränderten Kontext auf Folklore-Festivals in den regionalen Zentren, den Städten des Landes und sogar außerhalb seiner Grenzen.

Bei der Beobachtung dieser Praktiken in ihrem lokalen Kontext wurde mir klar, dass Musik ganz wesentlich als Transportmittel für Poesie diente. Bei den *imdyazn* war das offensichtlich; das musikalische Interesse ihrer Darbietungen trat gegenüber der poetischen Vermittlung ihrer Aussagen völlig in den Hintergrund. (Die Verse gefeierter *imdyazn* werden noch lange nach ihrem Tod von Mund zu Mund weitergegeben, aber niemand versucht sie zu singen.) Ähnlich war es, bei aller Freude am Tanz, auch beim *aḥidus*: auch hier wurden Liedverse, *izlan*, vermittelt, die dem jeweiligen Anlass angemessen sein mussten. Früher, so hörte ich, wurden diese Verse oft während des Tanzes von Poeten improvisiert, die sich die Zeilen sozusagen wechselseitig zuwarfen und jeweils auf den anderen reagieren mussten, und geglückte Formulierungen wurden noch lange wiederholt. Erlebt habe ich dies nie, sondern nur die Wiederholung bereits bekannter Verse gehört. In beiden Fällen blieb mir das Wesentliche völlig verschlossen. Auch mit meinen besten Sprachkenntnissen verstand ich den Inhalt dieser poetischen Sprache nur mit Mühe, und wenn man mir den Wortlaut erklärte, dann verstand ich noch nicht den Sinn der Worte, die mit Andeutungen, Anspielungen, Bildern und symbolischen Codes operierten.[4] Ich habe einiges an derartigem Material aufgenommen, aber nur wenig davon bereits aufgearbeitet.

4. FELDFORSCHUNGEN 1995-97 – TRIBALE IDENTITÄT UND ORALE TRADITION

Nach meiner Rückkehr aus dem Feld hatte ich bis 1995 aus privaten und finanziellen Gründen keine Möglichkeit, die Region aufzusuchen. Dann gab mir das Forschungsprojekt, das ich im Rahmen meines APART-Stipendiums durchführte, endlich die Gelegenheit, wieder ins Feld zu gehen. Die Gründe für meine Entscheidung, am gleichen Ort weiter zu arbeiten, habe ich an anderer Stelle ausführlich dargelegt (Kraus 2004: 14–16). Meine Interessen hatten sich, trotz klarer Kontinuitäten, inzwischen verändert. Nun ging es mir nicht mehr primär um soziale Organisationsformen, sondern um die Frage nach tribaler Identität, da ich zu dem Schluss gekommen war, dass ein klares Verständnis der kulturellen Kon-

[4] Umso mehr bewundere ich jene, die sich in diesem Bereich spezialisiert haben. Hier sind vor allem die Arbeiten von Claude Lefebure zu nennen (z.B. 1977; 1987; vgl. auch Peyron 1993).

zeptionen kollektiver Identität und der damit verbundenen Ideologien eine notwendige Voraussetzung für ein theoretisches Verständnis praktischer politischer Organisation und politischen Handelns bildete (vgl. Kraus 1995).

Mit den neuen Fragestellungen veränderten sich auch die zu erhebenden Daten. Im Mittelpunkt meines Interesses standen nicht wie in der ersten Forschungsphase praktische Aspekte des Alltags, der wirtschaftlichen Produktion und der dörflichen Organisation. Auch wenn ich mich weiterhin mit diesen Dingen beschäftigte, um mein Verständnis zu vertiefen und aktuelle Veränderungen zu verfolgen, ging es mir nun in erster Linie um jene Ideen und Vorstellungen, in denen kollektive Identitäten zum Ausdruck kamen, und die konzeptuelle Ordnung, die sich daraus ergab. Entsprechend wurden auch meine Fragen offener. Ich musste zwar konkrete Themen finden, an denen meine Gesprächspartner anknüpfen konnten, versuchte aber zugleich, sie möglichst wenig festzulegen und ihnen Raum zu lassen, zu jenen Inhalten zu finden, die ihnen in diesem Zusammenhang wichtig erschienen. Daraus ergaben sich zum einen relativ lange Gespräche, in die ich weniger lenkend eingriff als früher; zum anderen kristallisierten sich gewisse typische Themenbereiche heraus. Vielleicht am wichtigsten waren Erzählungen über Ereignisse der Vergangenheit, vor allem der vorkolonialen Epoche.

Mit der kollektiven Erinnerung hatte ich mich im Interesse einer Rekonstruktion der Vergangenheit bereits früher, wenn auch weniger eingehend, beschäftigt, da es offensichtlich war, dass die gegenwärtigen sozialen Verhältnisse zum Teil nur aus jenen der Vergangenheit zu verstehen waren. Nun zeigte sich, dass die kollektive Erinnerung auch ein zentrales Mittel bildete, lokale Konzeptionen von tribaler Identität zu artikulieren. Das historische Wissen, zum Teil erstaunlich detailliert, zum Teil in mehr legendenhafter Form bis in eine ferne Vergangenheit zurückreichend, war ausschließlich oral tradiert. Durch seine inhaltliche wie symbolische Reichhaltigkeit begann es mich zu faszinieren, und ich fing an, systematisch zu erfragen, was die Leute von „früher" wussten. Obwohl es keine eigentlichen Spezialisten im Bereich historischen Wissens gab, waren manche Stammesmitglieder – häufiger Männer, aber auch Frauen – offensichtlich kundiger als andere, und so kontaktierte ich gezielt solche Leute und befragte sie, sofern sie dazu bereit waren (was meist, aber nicht ausnahmslos der Fall war).[5]

Um dieses Material zu erheben, war ich in noch viel höherem Maß als zuvor von der Tonaufzeichnung abhängig. Ich sah, dass ich die Erzählungen nicht auf die darin enthaltenen Informationen reduzieren durfte, sondern sie als mehr oder we-

[5] Für meine methodischen Überlegungen zum Umgang mit der oralen Tradition s. Kraus (2004: 203–207, 309–314).

niger vollständige Texte nehmen musste. Also ließ ich meine Gesprächspartner erzählen und versuchte, in den Redefluss möglichst wenig einzugreifen. Nur wenn sie geendet hatten, stellte ich eventuell Detailfragen, die zum Verständnis des Gesagten beitragen konnten. Diesmal hatte mich das Phonogrammarchiv mit Geräten ausgestattet. Aus Gründen der Verlässlichkeit unter schwierigen Arbeitsbedingungen hatte ich mich gegen DAT und für analoge Kassetten entschieden. Auf meine neunmonatige Feldforschung 1995, die ich zum Teil gemeinsam mit meiner damaligen Freundin Ixy Noever durchführte, nahmen wir zwei Sony WM-D6C Recorder mit, einen aus dem Phonogrammarchiv und einen privaten. Dies vor allem aus Sicherheitsgründen sowie um von den Feldaufnahmen sofort Arbeitskopien herstellen zu können.[6] Zwei zusätzliche Walkmen dienten zum Abhören und Bearbeiten der Aufnahmen. Ein Paar AKG CK 91 Blue Line-Mikrophone in ORTF-Anordnung ermöglichte Aufnahmen, die vor allem bei der Wiedergabe mit Kopfhörern von faszinierender Räumlichkeit waren. Wenn auf den Aufnahmen mehrere Personen durcheinander redeten, was gelegentlich vorkam (und als Interviewmethode interessant war), so zeigte sich, dass ich mich durch die Simulation des natürlichen räumlichen Hörens bei dieser Mikrophontechnik mühelos auf eine einzelne Stimme konzentrieren und die anderen ausblenden konnte. Die Stromversorgung für diese Geräte und vor allem für einen Hi8-Camcorder lieferte ein kleines Solarpanel auf dem Dach unseres Hauses.

Meine Hinwendung zum Erzählvorgang brachte natürlich auch ein gesteigertes Interesse am Wortlaut, und so ging ich dazu über, die Erzählungen als Texte zu transkribieren, was bedeutete, dass ein Interview etwa von einer halben Stunde viele Stunden Nachbearbeitung erforderte. Sowohl bei den Interviews als auch bei der Aufarbeitung und Transkription war mir neben Said Hachem auch Fatima Baamti behilflich, die mit uns gekommen war, um mit Ixy zu arbeiten, daneben aber auch für meine Interessen Zeit fand. Sie erwies sich als ebenso ein Glücksfall wie Said und konnte mir zudem als Frau in manchen Bereichen neue Einsichten eröffnen. Die präzise Arbeit mit den Texten war natürlich eine gute Sprachschule, und mit der Zeit war ich zumindest bei Gesprächspartnern, die deutlich artikulierten, imstande, einen Großteil alleine zu transkribieren. Dann ging ich die Aufnahmen mit Said oder Fatima durch, die meine Fehler korrigierten und dort die Lücken füllten, wo ich alleine an meine Grenzen stieß.

Das Aufarbeiten solcher Aufnahmen stellt unweigerlich einen Prozess immer größerer Reduktion und Abstraktion dar. Vom Gespräch oder der Erzählung wurde nur die akustische Dimension dokumentiert. Sie wurde zum transkribierten Text, der dann analysiert werden konnte und zum Beleg meiner Interpretationen

---

[6] Tatsächlich gab eines der beiden Geräte nach einigen Monaten den Geist auf.

zudem ins Deutsche übersetzt werden musste.[7] Ich habe mehrmals die Erfahrung gemacht, dass ich einzelne Passagen in meinen Transkriptionen nicht mehr verstand; wenn ich dann die Aufnahmen heraussuchte und anhörte, war der Sinn des Gesagten sonnenklar.

Trotzdem ermöglichte dieses Verfahren Einsichten, die auf andere Weise nicht möglich gewesen wären, schon wegen der reinen Quantität des Materials. Ich fand, dass unter den Ereignissen der Vergangenheit, von denen man mir erzählte, einige immer wiederkehrten, weil sie offenbar für das historische Selbstbild dieser Gesellschaft besondere Bedeutung hatten. So begann ich systematisch Versionen zu sammeln, die von denselben Begebenheiten berichteten. Ihr Vergleich ermöglichte mir eine Unterscheidung zwischen einer kollektiven Sicht der Vergangenheit und den manchmal ausgeprägten individuellen Eigenarten der Erzählenden, und ließ auf diese Art eine kritische Bewertung der Aussagen zu. Zugleich machte ich es mir aber zu einem methodischen Prinzip, Differenzen und Widersprüche zwischen den einzelnen Versionen nicht wegzuinterpretieren, sondern als Möglichkeit zum Erkenntnisgewinn zu betrachten. Dies hat sich nicht nur im Umgang mit individuellen Aussagen, sondern auch mit den kulturellen Modellen und Ideologien dieser Gesellschaft insgesamt als sehr fruchtbar erwiesen (vgl. Kraus 2004: Kap. 13).

Mit der im Wesentlichen gleichen Arbeitsweise und Ausrüstung führte ich in den Jahren 1996 und 1997 noch je zwei kürzere Feldaufenthalte durch, bei denen ich mein Material vervollständigte und neuen Fragen nachging, die sich beim Aufarbeiten ergeben hatten. Ein Teil der zwischen 1995 und 1997 erarbeiteten Materialfülle diente als Grundlage für den zweiten Teil meiner Habilitationsschrift, in dem ich meine theoretischen Überlegungen zu tribalen Identitäten im Vorderen Orient in einer den Ayt Ḥdiddu gewidmeten Fallstudie zur Anwendung brachte (Kraus 2001; 2004).

5. REISEN AB 2002 – ORALITÄT, LITERALITÄT UND KOMMUNIKATION

Einige Jahre später konnte ich dann in einem neuen Rahmen – meiner Teilstudie in dem von Andre Gingrich geleiteten FWF-Projekt „Literacy, Local Culture and Constructions of Identity in the Muslim World" – neuen Fragestellungen nachgehen, die sich aus den Forschungen der 1990er direkt ergeben hatten. Meine Analyse des historischen Wissens der Ayt Ḥdiddu hatte ergeben, dass die Oral-

[7] Für die Interpretation einiger ausgewählter Erzählungen s. Kraus 2004: Kap. 11, 12. Die transkribierten Originaltexte finden sich im Anhang zu meiner Habilitationsschrift (Kraus 2001), s. die archivierten Aufnahmen B 40369-40370.

traditionen immer wieder teils erstaunliche Parallelen zu schriftlichen Quellen aufwiesen, die nicht nur der sprachlichen Schranke wegen – alle diese Quellen, ob regionalen oder zentralen Ursprungs, sind in arabischer Sprache – den traditionell Schrift unkundigen Stammesmitgliedern nicht unmittelbar zugänglich sind. Zugleich war ich zu dem Schluss gekommen, dass eines der zentralen Anliegen in der historischen Selbstsicht des Stammes seine Positionierung gegenüber dem staatlichen Ganzen Marokkos war. Kurz gesagt versuchten die Ayt Ḥdiddu sich einerseits als Teil dieses Ganzen zu präsentieren, das auf der Loyalität zum Sultan als dem Oberhaupt aller Gläubigen beruhte. Gleichzeitig ging es ihnen andererseits darum, die historische Tatsache ihrer politischen Autonomie und faktischen Zurückweisung der Herrschaft des Sultans zu legitimieren – zwei Bedürfnisse, die nicht leicht miteinander in Einklang zu bringen waren (Kraus 2004: Kap. 12).

Diese Einsichten und ihre theoretische Ausformulierung, die auch die Fragestellung des Gesamtprojektes prägten, veranlassten mich, die historischen Verbindungen und Kommunikationswege zu untersuchen, die die Ayt Ḥdiddu mit der weiteren Gesellschaft Marokkos, der Schriftkultur und dem staatlichen Zentrum verbanden. Dies brachte wieder eine Veränderung meiner Arbeitsweise mit sich. Während zweier Feldforschungen von sechs bzw. vier Wochen in den Jahren 2002 und 2003 erweiterte ich mein Forschungsgebiet über das eigentliche Territorium der Ayt Ḥdiddu hinaus und suchte vor allem die religiösen Zentren der Region auf, zu denen der Stamm Beziehungen unterhielt. Denn es war klar, dass diese Zentren, neben anderen religiösen und sozialen Funktionen, ganz wesentlich zur losen Integration der tribalen Peripherie in den marokkanischen Staat beigetragen hatten. An die Stelle langer Aufenthalte mit sich langsam entwickelnden teilweise sehr engen Beziehungen traten nun konzentrierte, sehr gezielte Besuche an bestimmten Orten oder bei konkreten Personen, wo ich manchmal binnen weniger Stunden wertvolle Informationen erhalten konnte.

Auch am Asif Mllull setzte ich die Arbeit fort. Selbst wenn ich weiterhin Oraltraditionen sammelte, um mein Material zu erweitern und zu vervollständigen, ging es mir auch hier zunehmend darum, konkrete Lücken zu füllen und Detailfragen zu klären. Für die nötige Mobilität innerhalb und außerhalb des Stammesgebietes sorgte Said mit seinem Landrover, den er sich inzwischen für seinen Beruf als Bergführer angeschafft hatte. In technischer Hinsicht bin ich bei der bewährten Methode der Tondokumentation geblieben, nur dass inzwischen doch der DAT-Recorder die analogen Kassetten ersetzt hat und ich zum Abhören der Arbeitskopien einen Minidisc-Recorder verwende, der in der Handhabung viel praktischer ist. 2003 allerdings war ich zur Gänze auf den im Phonogrammarchiv wegen der angewendeten Datenreduktion ungeliebten Minidisc-Recorder und mein eigenes bescheideneres Mikrophon angewiesen, da ich meine Abreise in solcher Hektik vorbereiten

Vor der Abreise aus dem Hohen Atlas, Dezember 1985

musste, dass ich einfach nicht mehr rechtzeitig dazu kam, die im Phonogrammarchiv für mich vorbereiteten Geräte abzuholen.

Auf meiner bislang letzten vierwöchigen Feldforschung 2005 habe ich dieses Forschungsprogramm weitergeführt, und die nächste Reise im Sommer 2006 ist bereits geplant. Meine Listen aufzusuchender Personen und zu klärender Fragen werden kaum kürzer, und noch erscheint mir diese Art der Feldforschung als die spannendste und schönste Tätigkeit, die ich mir im Rahmen meiner wissenschaftlichen Arbeit vorstellen kann – ganz abgesehen davon, dass die Transkription und Bearbeitung des bereits gesammelten Materials, für die ich auf die Hilfe meiner *research assistents* angewiesen bin, noch sehr viel Zeit in Anspruch nehmen wird. Und nicht zuletzt ist der Hohe Atlas auch noch immer ein Ort der Sehnsucht für mich.

6. VOM NUTZEN DER TONAUFNAHME

Die Tondokumentation hatte – bei aller Aufmerksamkeit für die technische Qualität der Aufnahmen – meist nicht erste Priorität, sondern war Mittel zum Zweck bei der Datenerhebung. Trotzdem war sie vor allem seit 1995 für meine Arbeitsweise von allergrößter Bedeutung. Ich habe oben vom Aufarbeiten des

Interviewmaterials als einem Prozess immer größerer Reduktion und Abstraktion gesprochen. Entscheidend für den Wert des mit der Unterstützung des Phonogrammarchivs erarbeiteten Datenmaterials ist für mich, dass es die Möglichkeit bietet, jeweils einen Abstraktionsschritt weiter zurückzugehen bis zur Aufzeichnung des originalen Schallereignisses. Es ist unvermeidlich, dass jeder einzelne Schritt in der Erarbeitung von Daten zugleich eine Interpretation darstellt. Nun findet aber jede Interpretation in einer bestimmten Interessenlage statt. Sie ist durch Fragestellung und theoretischen Stand des Forschers oder der Forscherin und andere Faktoren wissenschaftlicher und nichtwissenschaftlicher Art bestimmt. Weiters ist sie durch andere Personen wie etwa meine beiden *research assistants* geprägt, die an diesem Prozess teilhaben.

Alle diese Einflussfaktoren sind aber veränderlich. Das Material, das ich bei den Ayt Ḥdiddu sammeln konnte, bietet mir weiter reichende Möglichkeiten, es mit neuen Fragestellungen und theoretischen Perspektiven neu zu interpretieren, als die klassische Notizbuch-Ethnographie unserer Disziplin, in der Datenerhebung und Interpretation weitgehend aneinander gebunden waren. Ich habe mehr als einmal die Erfahrung gemacht, dass ich beim Aufarbeiten meiner Interviews auf Missverständnisse bei der Kommunikation gestoßen bin, die mir im Verlauf des Gesprächs unbemerkt geblieben sind, das Gesagte aber erst völlig verständlich machen. Solche und ähnliche Erfahrungen haben entscheidend zu meiner Einsicht in die problematische Natur interkultureller Kommunikation im Feld und den provisorischen Charakter der auf ihr aufbauenden Erkenntnis beigetragen. Die (immer nur relative) Trennung von Datenerhebung und Interpretation erlaubt es, mit diesen Begrenzungen des Feldforschungsprozesses auf bestmögliche Weise umzugehen. Ohne damit meinen Einfluss auf das von mir gesammelte Datenmaterial leugnen zu wollen – auch meine Fragen, meine unausgesprochenen Erwartungen, das Bild, das meine Gesprächspartner von mir im Lauf meiner Forschungen gewannen, sind Faktoren, die das Material entscheidend beeinflussen – glaube ich doch, dass gerade für eine Disziplin, die mehr noch als andere bereit sein muss, alle ihre Annahmen laufend in Frage zu stellen, die Möglichkeit der ständigen Re-Interpretation ganz entscheidend zum Wert des Datenmaterials beiträgt. Dem Phonogrammarchiv gilt meine Dankbarkeit dafür, dass es mit seiner technischen Unterstützung, seiner Beratung und seiner Möglichkeit der Archivierung der entstandenen Aufnahmen dies alles ermöglicht hat.

LITERATUR

Gellner, Ernest. 1969. *Saints of the Atlas.* London: Weidenfeld & Nicolson.

Jouad, Hassan. 1989. «Les imdyazen: une voix de l'intellectualité rurale». *Revue du Monde Musulman et de la Méditerranée* 51: 100–110.

Kraus, Wolfgang. 1989. *Die Ayt Ḥdiddu des zentralen Hohen Atlas: Tribale Struktur, dörfliche Organisation und Wirtschaft bei marokkanischen Berbern.* Phil. Diss., Universität Wien.

—, 1991. *Die Ayt Ḥdiddu: Wirtschaft und Gesellschaft im zentralen Hohen Atlas. Ein Beitrag zur Diskussion segmentärer Systeme in Marokko.* (Österreichische Akademie der Wissenschaften, Sitzungsberichte der philosophisch-historischen Klasse 574, Veröffentlichungen der Ethnologischen Kommission 7). Wien: Verlag der Österreichischen Akademie der Wissenschaften.

—, 1995. „Segmentierte Gesellschaft und segmentäre Theorie: Strukturelle und kulturelle Grundlagen tribaler Identität im Vorderen Orient". *Sociologus* (N.F.) 45 (1): 1–25.

—, 1997. „Glücksspiel und Frauen im Hohen Atlas: Zur ethnographischen Quellenkritik". *Mitteilungen der Anthropologischen Gesellschaft in Wien* 127: 99–109.

—, 2001. *Tribale Identität im Vorderen Orient: Schritte zu einer historischen Anthropologie islamischer Stammesgesellschaften.* Habilitationsschrift, Universität Wien.

—, 2004. *Islamische Stammesgesellschaften: Tribale Identitäten im Vorderen Orient in sozialanthropologischer Perspektive.* Wien: Böhlau.

Lefébure, Claude. 1977. «Tensons des ist-ɛṬa: La poésie féminine beraber comme mode de participation sociale». *Littérature Orale Arabo-Berbère* 8: 109–142.

—, 1987. «Contrat mensonger: un chant d'*amdyaz* sur l'émigration». *Études et Documents Berbères* 3: 28–46.

Lortat-Jacob, Bernard. 1980. *Musique et fêtes au Haut-Atlas.* Paris: Mouton.

Noever, Ixy. 2005. "Women's choices: norms, legal pluralism and social control among the Ayt Hdiddu of Central Morocco". In: Dostal, Walter & Wolfgang Kraus (eds.). *Shattering Tradition: Custom, Law and the Individual in the Muslim Mediterranean.* London: Tauris, 189-207.

Peyron, Michaël. 1993. *Isaffen Ghbanin (Rivières profondes): Poésies du Moyen-Atlas Marocain traduites et annotées.* Casablanca: Wallada.

Roux, Arsène. 1928. «Un chant d'*amdyaz*, l'aède berbère du groupe linguistique beraber». *Memorial Henri Basset* 2. Paris: Geuthner, 237–242.

3.
Mehrdimensional: Ethnomusikologie

Rudolf M. Brandl

Musikethnologische Videographie in der Feldforschung (im Epiros und in China)

Musikethnologische Videographie dient, wie einst der musikethnologische *Film* – der aber technisch Beschränkungen unterlag (getrennte Aufnahme von Bild und Ton, 10^{min}-Länge der Filmspule, Bildkontrolle erst nach der Entwicklung im Labor) – *musik*-wissenschaftlichen Zwecken, d.h. der Aufzeichnung musikalischer Handlungen in Form bewegter Bilder. *Inhalt* ist primär ein Musikstück als *musikalische Handlung* (Realisierung), deren *Wert* vom ethnohistorisch korrekten (= emisch *typischen*) Quellencharakter der *Realisierung* und von deren nicht hörbaren Funktion (z. B. als Tanz) im Kontext bestimmt wird, und nur sekundär als Klangdokument[1]. Es ist *nicht* das Erzählen einer Geschichte, wie im Spiel- oder Dokumentarfilm.

1. DAS ANGEBLICHE DOGMA DER VIDEO-DRAMATURGIE: „JEDER FILM ERZÄHLT EINE GESCHICHTE"

Hauptursache für Missverständnisse zwischen TV-Redaktionen und Medienwissenschaftlern einerseits sowie Musikethnologen andererseits ist nach meiner Erfahrung nicht, dass letztere „nicht professionell genug sind" und erstere „nur den künstlerischen oder Unterhaltungswert" statt „wissenschaftlicher Objektivität" im Sinn haben. Die Ursache liegt vielmehr im *Stellenwert, den die Musik im Film einnimmt:* Denn für jeden professionellen Filmemacher ist Musik (und O-Ton) ausschließlich ein für die *emotionale* Einfärbung (Untermalung) des Bildes zwar funktionell wichtiges und notwendiges, aber eben nur ein *zusätzliches* dramaturgisches Mittel. Selbst der Stummfilm konnte nicht auf Musik verzichten und ließ sie live dazu spielen.[2] Die Musik selbst ist für Filmemacher aber *kein Inhalt* - auch nicht der *Konzertmitschnitt.* Denn man wählt die Kameraeinstellung *nur sekundär* nach dem musikalischen Informationsgehalt aus (man könnte natürlich nicht Hörner zeigen, wenn nur Streicher erklingen). Aber der Regisseur gestaltet die Bilddrama-

[1] Für das Erstellen eines Klangdokuments reicht die Audio-Aufnahme aus.
[2] Man stelle sich nur vor, man müsste einen Stummfilm ganz ohne Ton ansehen!

turgie (von der Totalen bis zur Naheinstellung, den Schnittrhythmus) nach erzählenden Mustern (Bildmetaphern),[3] d.h. er deutet und interpretiert die Musik als Programm-Musik, als *subjektiv vom Bildregisseur dazu erfundene „Geschichte“*,[4] was streng genommen die musikalische Aufführung selbst zur Untermalung – zum musikalischen „Programm“ – degradiert.[5] Gleiches gilt für Rockmusik-Clips.

Ganz im Gegensatz dazu will das musikethnologische Video keine Geschichte zur Musik erzählen, sondern *Informationen über die zu hörende Musik(-Realisierung)* geben: Den *Aussagewert bestimmt ausschließlich der O-Ton, nicht das Bild.* Letzteres soll nur *zusätzliche* (funktionelle und/oder kontextuelle) *Informationen* zum Ton bieten: „das Bild erklärt den Ton“ (umgekehrt zur habitualisierten Betrachtungsweise des TV-Zuschauers). Damit ähnelt die musikethnologische Videographie zwar einer speziellen Form des Dokumentarfilms, der Videoreportage (TV-News), die geschichtlich reale Handlungen zeigen will und deren Aussagewert sich am bildlichen Informationsgehalt und dessen Wahrheitsgrad sowie an der Fülle der gezeigten Details eines realen Geschehens misst,[6] aber im Gegensatz zum wissenschaftlichen Musikvideo werden in Nachrichten meist nur O-Geräusche und Sprechertext *ohne Musik* gezeigt. Im musikethnologischen Video hingegen soll das Bild v.a. zeigen, was in der Musik nicht zu hören ist und zugleich den *Wahrheitsgehalt* des Tons belegen: „Bilder beweisen mehr als (Worte und) Klänge.“ Da fremde (z. B. außereuropäische) Musik beim Nichtfachmann mit keinen real-bildlichen Vorstellungen assoziiert ist (bestenfalls mit Touristenfolklore aus dem Urlaub), fehlt dem Hörer so einer CD der räumlich-soziale Kontext des Musikstücks.[7] Einen Eindruck von Letzterem soll das ethnologische Musikvideo vermitteln und damit eine virtuelle Realität schaffen (Ort und Zeit sind schon historisch, die Aussage wird vom Zuschauer *bewertet*). Dies kann - durch Vorurteile - (ungewollt) negativ wirken: afrikanische Hofmusik korrekt vor einem Rundhaus von federgeschmückten,

---

[3] Z.B. gibt der Dirigent einen Einsatz: Schnitt auf die Posaunen.

[4] Dies sagten mir bekannte TV-Regisseure des ORF in den 70er-Jahren.

[5] Deshalb werden auch Architekturdetails des Konzertsaals eingeblendet oder sogar Außenszenen: exemplarische Beispiele sind die Live-Übertragungen vom Neujahrskonzert der Wiener Philharmoniker.

[6] Der Bildausschnitt interpretiert allerdings in der Regel immer emotional im Sinne einer Positiv-Negativ-Bewertung des Gezeigten: die Bildfolge „verstümmelte Leichen“ (Naheinstellung) vor „jubelnden Soldaten“ bewertet negativ, „jubelnde Soldaten mit Fahne“ vor „Explosion und niederstürzendem Feind“ in der Totale *kann* positiv-patriotisch wirken. Hierbei übernimmt die Kamera in gewisser Weise die emotional einfärbende Funktion der Filmmusik.

[7] So assoziiert der Europäer mit klassischer Musik spontan „Frack und elegante Kleidung im edlen Ambiente“, mit Volksmusik etwa „fröhliche Leute in Tracht am Wirtshaustisch“ und mit Rockmusik eine Disco mit Flackerlicht und wildbewegten Tänzern in schriller Kleidung.

halbnackten Musikern gespielt, wird beim Normalzuschauer sicher nicht „höfische Tradition" assoziieren und ihn auf die komplexe musikalische Struktur hinhören lassen, sondern ihn eher zu einer Bewertung „archaisch-primitiv" und „vitales Naturvolk" verleiten. Umgekehrt wird der Zigeuner-Musiker mit Klarinette, im eleganten Anzug mit Krawatte, weder mit *traditioneller epirotischer Volksmusik*, noch mit *orientalisch-griechischer Musik* assoziiert werden. Also steckt man die Musiker in Kulturfilmen im TV in Trachten, die sie sonst nie tragen[8] und stellt sie auf eine Wiese vor eine Schafherde oder ein byzantinisches Kloster. Doch auch wenn sie noch so traditionell spielen, ist ein solches Video „unwahr" und symbolisiert (wie im Märchen) die Musik „ideologisch-programmatisch".

Auch wenn ein musikethnologisches Video tatsächlich eine „Erzählung" ist, z.B. die Herstellung eines Instruments, die Biographie eines Sängers/Musikers oder die sozialgeschichtliche Dokumentation eines Musikstils, so bemisst sich der musikethnologische Aussagewert nicht an der Ästhetik oder spannenden Erzählung, sondern ausschließlich an den enthaltenen musikalischen Informationen als korrekter und objektiver Quelle.

So kann man manche Spielfilme oder Teile aus diesen musikpädagogisch verwenden (z.B. das *Zikr der Rufaï-Derwische aus Sarajevo* in einem alten Spielfilm, die Filme *„Rebetiko" „Leb' wohl, meine Konkubine"*, Opern- und Konzertaufzeichnungen, usw.). Ein Video wie *„Wem gehört dieses Lied?"* von Adela Peeva, einer bulgarischen Kollegin, ist zwar primär eine methoden- bzw. quellenkritische „Erzählung" (These), doch ist dabei die Korrektheit der musikalischen Details (= Bildbeweis) der Musikstücke wichtiger als die publikumsgerechte Darstellung und Videodramaturgie, die nur eine Rolle spielt, wenn der Film pädagogischen Zwecken dient.

Sinn und Zweck des Musikvideos muss es sein, optische Informationen zu geben, die rein auditiv (nur durch die Tonaufnahme) nicht zu gewinnen sind, *oder optische Beweise für Audio-Daten zu liefern,* z.B. Informationen, „wie" etwas musiziert wird oder welche unhörbare Kommunikation zwischen Musikern und Tänzern stattfindet. Auch kann die Videographie musikalischer Handlungen als *Notizbuch* dienen, *anstelle von schriftlichen Aufzeichnungen des Feldforschers.* Wegen der erst durch die synchrone optische Begleitinformation *bewusst hörbar werdenden akustischen Details* ist die Videographie umfassender als die nur schriftlich fixierten Feldnotizen und lohnt sich schon deshalb als Parallelaufzeichnung zu Audioaufnahmen.

Oft zeigt die Videographie Handlungen von Nicht-Musizierenden im Kontext der Musik (z.B. rituelle Handlungen). Da bereits eine TV-Konzertaufzeichnung

[8] Die sogenannten „Volkstrachten" in vielen Museen und bei rezenten Festen von Kulturvereinen waren in der Regel die Kleidung von Großgrundbesitzern in den Städten des 18./19. Jahrhunderts und nicht von Bauern und Hirten.

ohne O-Ton sinnwidrig[9] und quellenkritisch eine *Fälschung* wäre, folgt daraus, dass insbesondere für musikethnologische Videos gelten muss, dass

a) das Musikstück im O-Ton und möglichst komplett aufgezeichnet wird;
b) die Bilder den Ton illustrieren und dazugehören müssen (keine Stimmungs- und Landschaftsbilder, Kommentare, Architekturaufnahmen des Ambientes).

Daraus haben einige puristische Filmethnologen abgeleitet, dass die Kameraeinstellung bei wissenschaftlichen Videos „objektiv" zu sein hat und nicht durch ästhetische Effekte wie Schnitt oder Zoom „bewertet" werden dürfe. Sie forderten eine starre Kamera, möglichst nur in der Totale, und verboten Schnitte innerhalb der Musiksequenz, analog zur wissenschaftlichen Tonaufnahme (ohne Filter und Mehrkanalmischung, möglichst linear).

Dabei wurde übersehen, dass die optische Wahrnehmung nach anderen Gesetzen verläuft, als die auditive. Letztere fokussiert *intern* (subjektiv, durch bereits unbewusst wechselnde Hervorhebung von Klangmerkmalen im Gehirn). Die *optische* Wahrnehmung von objektiv *zweidimensionalen* Bildern (die Raumtiefe im Video ist fiktiv, bzw. virtuell) erfolgt hingegen in einem unbeweglichen Rahmen (Projektionsfläche, Bildschirm). Das Auge bewegt sich beim Sehen *extern* (Augen- und permanente Kopfbewegungen), und ein Fixieren von Kopf und Augen auf den Bildschirm ist unnatürlich und führt nach kürzester Zeit zwangsweise zum Verlust der Aufmerksamkeit. Folglich nutzen Video und Film notwendigerweise einen Trick, indem sie mit der Bewegung der Kamera (die das Auge vor Ort ersetzen soll), durch Schnitte und allgemeine Bilddramaturgie, die Sehbewegungen des Zuschauers ersetzen und so die Aufmerksamkeit wach halten. Ein daraus resultierendes Folgeproblem ist, dass (kulturbedingt) die Videodramaturgie durch Gewöhnung an bisher Gesehenes immer neue Reize („Spannung") verlangt,[10] um die Aufmerksamkeit nicht erlahmen zu lassen, vor allem dann, wenn der *Neuwert* („Noch nie Gesehenes") gering ist.

Selbst Videomaterial, das nur analytischen Zwecken dienen soll (z.B. Überwachungsvideos), ist nur schwer über einen längeren Zeitraum fortlaufend ansehbar und wird in der Regel am Schneidetisch durch schnellen Vorlauf und Rücklauf ausgewertet.

Die Aufmerksamkeit wird durch Bewegungen im Bild erregt, die einander aber auch nicht allzu ähnlich sein dürfen: Die lange Naheinstellung der Fingerbewegungen auf dem Violin-Griffbrett oder auf einer Flöte ermüden auch den interessiertesten zusehenden Streicher oder Bläser schon nach kurzer Zeit. Da eine auswertende Beschreibung in Textform meist nur wenig ergiebig ist, bleibt als Sinn

9 Was es auch bei manchen U-Musik-Sendungen mit nachträglich dazu synchronisierter Musik oder Backstage-Musik unzweifelhaft ist!

10 So brauchen Zuseher, die häufig Rockmusik-Videos mit ihren kurzen, rasanten Schnitten sehen, mehr Abwechslung im Schnitt, um ein Video nicht langweilig zu finden, als regelmäßige Zuschauer von Naturfilmen.

solcher Bildanalysen oft nur die detaillierte Transkription (z.B. durch Angabe der Fingersätze).

2. EPIROS: DIE VIDEOKAMERA – EIN VERSUCHSLEITER-EFFEKT?

Die Forderung nach dem „gläsernen Ethnologen" (der „unsichtbar" bleiben soll) ist eindeutig Unsinn, da in ländlichen Regionen, wo außerhalb der Dorfroutine wenig passiert, *jedes* ungewöhnliche Ereignis abseits des Gewohnten auf Jahre und Generationen hinaus Thema von Anekdoten im *Kafeneion* bleibt.[11] Schwieriger, aber nichtsdestoweniger notwendig ist es, den Dorfleuten zu erklären, *warum* man ihre Musik studiert und aufnimmt: Da aber Griechen selten etwas ohne monetären Nutzen tun und sie sich (zu Recht) nicht vorstellen können, dass man mit *ihrer* Musik (im Gegensatz zu der von professionellen Schlagersängern und Nachtclubmusikern in Athen) Geld verdienen kann, gelten wir als Sonderlinge (oder als harmlose Verrückte), die glauben, dass sich fremde Leute für „so etwas Primitives" wie Volksmusik (so sagen ihnen die Lehrer in der Schule) interessieren könnten. Da wir aber höfliche und freundliche Menschen sind, werden wir mit der Zeit akzeptiert, v.a. wenn es dadurch Gelegenheit gibt, außerhalb der Norm mit Musik in der Taverne zu feiern (*glendi* = musikalische Unterhaltung bei Essen und Trinken). So meinte einmal ein Wirt: „Eigentlich habt ihr einen schönen Job, dass ihr fürs Feiern bezahlt werdet!"

Eigenartigerweise ist die Videokamera – so sich Kameramann und Tontechniker nicht wie Elefanten im Porzellanladen ohne Rücksicht auf Musiker und Tänzer bewegen, und starke Scheinwerfer dauernd ein- und ausgeschaltet werden[12] – ein weniger auffälliges Requisit, als ein Magnetophon (Nagra) oder ein DAT-Recorder. Dank der inzwischen allgegenwärtigen Handycams griechischer (kaum ausländischer) Touristen und Emigranten auf Heimaturlaub bei Panegyria, die ihre Verwandten beim Tanz filmen, sowie des bei *allen* Hochzeiten von der Familie bestellten lokalen Video-Filmers (meist Inhaber eines Fotoladens), werden Kameras, auch solche von professionellen Dokumentarfilmern, kaum beachtet. Nur gelegentlich fragte man, ob wir vom Kanal *Alpha* (griech. TV-Sender) kämen.

---

[11] 1979 erzählte man uns in Olympos (Karpathos) im Detail, wie *50 Jahre zuvor* Baud-Bovy Feldforschung betrieben hatte (der die Genauigkeit der Beobachtungen mir gegenüber bestätigte) und *unsere* Arbeitsweise und *unser* Arbeitsziel wurde einem Berliner Byzantinisten in Baltimore (USA) von olympitischen Auswanderern ebenso genau beschrieben, obwohl wir selbst nie in den USA waren.

[12] Dies ist allerdings fast ein *Markenzeichen aller professionellen TV-Kameraleute* – man hat unwillkürlich das Gefühl, sie wollen sich primär selbst in den Vordergrund spielen: die eigentlichen Akteure sind nur Nebensache.

Da wir meist zusammen mit den Musikern, z.B. mit Yannis Papakostas, in ihrem Auto zu den Festen fuhren, waren sich diese unserer Anwesenheit sehr wohl bewusst. Da sich unsere Feldforschung schon über Jahre hinzieht und meist drei Monate (= Festsaison) dauert, weiß praktisch das ganze *Gyiali*-Café (= Musiker-Café in Ioannina, d.h. alle professionellen Musiker), was wir machen und vor allem, warum (= *„Dokumentation der traditionellen epirotischen Musik und Folklore-Unterricht an der Universität“*). Wie bei unserer 10-jährigen Karpathos-Feldforschung stellten wir auch hier wieder fest, dass unsere Anwesenheit (allerdings mehr der „Professoren“ als der Kamera wegen) den Status der Musiker erhöht, was gelegentlich den Neid Nichtgefilmter erweckt.[13] Da wir es uns zur Regel gemacht haben, den Musikern beim nächsten Aufenthalt eine Kopie des Videos als Geschenk mitzubringen, haben wir bei den Musikern einen eigenen Status erhalten: Wir gehören (wie *Meraklides* = *Connoisseurs* = Anhänger, die ihretwegen zu Festen kommen und Titel bestellen) zu ihrer *parea* (= Stammtischpublikum), und sie erheben nach einiger Zeit Anspruch, bei ihren Engagements von uns aufgenommen zu werden. Fuhren wir zu einer Konkurrenzveranstaltung, wurden wir regelmäßig gefragt, wo wir gewesen sind und warum wir nicht *sie* aufgenommen haben. Das Argument, wir möchten ja einen Gesamtüberblick über das Musikleben des Epiros gewinnen, wird nicht wirklich akzeptiert („Mit uns habt ihr doch die beste Gruppe! – Wozu andere, die nicht so gut sind, aufnehmen?“).

Ferner ließ sich beobachten, dass z.B. die Sänger genau darauf achten, ob wir wirklich aufnehmen: Da Heiligenfeste oft drei Nächte dauern (ca. 20-25^{h}) und von 1^{30}-3^{00} früh meist eine Ermüdung („Durchhänger“) der Musiker eintritt und auch wenig inspiriert getanzt wird (oft wiederholte Standard-Titel), wollten wir Band und Akkus sparen und taten gelegentlich nur so, als ob wir filmten.[14] Auf die Distanz ist dabei nur das kleine rote Licht unter der Linse zu sehen, wenn die Kamera eingeschaltet ist. Trotzdem reagierten sie (v.a. Y. Papakostas) sofort, wenn wir wirklich filmten. (Das belegt aber nur, wie genau Musiker auf Publikum und Tänzer achten.) Da meist am Schluss (6^{00}-7^{00} früh) die *Meraklides* gegen größere Geldscheine „Tischlieder“ (*tes tavlas*) bestellen (*parangellia*: ohne Verstärker), musizierten sie zuweilen, wenn Bestellungen ausblieben, ihre/unsere Lieblingsstücke (Ansage: *„yia tous filous mas“*) für uns und die Kamera.

Bei Hochzeiten (wo die Musiker nur angestellt, nicht Hauptpersonen sind) hat sich bewährt, dass wir ein Geschenk für die Brautleute mitbringen (meist ein besticktes Tischtuch-Set) und ein *Eltern*-Paar *vorher* fragen, ob wir aufnehmen dürfen

---

[13] „Die Fremden wollen ja doch nur Geschäfte mit den Videos machen!“

[14] Wir stellen uns mit der Kamera meist ca. 20-30m weg an eine unauffällige Stelle des Tanzplatzes bei den Publikumstischen.

(im Haus sind nur geladene Gäste zugelassen), was *dank des Geschenks*[15] immer der Fall war (der Tanz auf dem Dorfplatz ist hingegen frei zugänglich). Auch erhalten nicht nur die Musiker, sondern auch alle Familien ebenfalls eine DVD der Aufnahmen.

Ferner haben sich seit längerer Zeit Sammler von alten Tonträgern (Schellacks, Tonbänder, Kassettenaufnahmen) und halbprofessionelle CD-Produzenten Audio-Recorder besorgt, mit denen sie sich in die Mischpulte der Verstärkeranlagen der Musiker einklinken und privat CDs (100-200 Stück) produzieren, oder ihr altes Tonarchiv auf CDs kopieren, die sie an Ständen bei Festen oder privat in Ioannina verkaufen. Sie gelten als „Geheimtipps". Die Qualität solcher CDs ist nicht berückend, da sie Amateurkopien als Vorlagen verwenden bzw. die Live-Aufnahmen vom Mischpult verzerrt sind und sie nach Lust und Laune filtern. Videokopien sind hingegen selten, denn die Hochzeitsfilmer (s.o.) produzieren nur für die Familien der Brautleute.

Die besseren Ensembles (d.h. Klarinettisten und/oder Sänger) wurden auch auf professionelle CDs im Studio aufgenommen (Athen, Thessaloniki, weniger geschätzt: Larissa, Ioannina). Meistens werden sie dafür nicht bezahlt, sondern sie müssen selbst die Studiokosten tragen (3000.-- € aufwärts) und sind offenbar nur am Verkauf beteiligt. Da wir bei unseren „Halbstudio-Aufnahmen" (Typ *Vdoc:* in Wohnungen oder Vereinen) *Klangästhetik* bzw. *Klangbalance* nach *emischen* Kriterien (Selbstbewertung der Musiker über Kopfhörer) machen, und alle darauf überrascht reagierten,[16] beweist dies, dass griechische Studiotechniker nach international üblichen Standards aufnehmen.

3. „KREATIVITÄT" DER KAMERAFÜHRUNG VS. „OBJEKTIVE NÜCHTERNHEIT" DER WISSENSCHAFTLICHEN VIDEOGRAPHIE

Es ist schwierig und meines Erachtens auch scheinheilig, eine Grenze zu ziehen, wann eine Kamera „nur aufmerksamkeitserhaltend" ist (s.o. den Purismus der „objektiven" Kamera), und ab wann sie „zu künstlerisch" agiert: scheinheilig deswegen, weil auch bei Textpublikationen von Forschungsergebnissen ein guter, lesbarer Stil gefordert wird und angelsächsische Großverlage (selbst bei naturwissenschaftlichen

[15] Durch Schnorrer-Tourismus der 70er-Jahre und negative Erfahrungen der Familien in Deutschland und den USA hat die traditionelle griechische *„filoxenia"* (Gastfreundschaft), die sowieso eine PR-Legende der Touristik war, nachgelassen.

[16] Sie wollen sich immer umsetzen, um die Balance zu korrigieren und sind überrascht, wenn ich ihnen erkläre, sie sollten wie gewohnt sitzen, die Balance ließe sich genauso gut über eine Änderung der Mikrophonaufstellung korrigieren.

Büchern) Ghostwriter einsetzen oder der Lektor (im deutschen Sprachraum heute oft eingespart) den Autor sprachlich-literarisch korrigiert. Warum sollte Entsprechendes bei der Videoaufzeichnung verboten sein? Es ist durchaus sinnvoll, bei statischen Musikereignissen, z.B. bei Liedern am Tisch, zu zoomen oder zu schwenken, um die „expressive (aber optisch statische) Musik" bildmäßig interessant darzustellen, und das gilt auch für den Schnitt. Gerade bei diesem ist es bei zwei Kameras keineswegs verwerflich, zwischen (Halb-)Totale und Naheinstellung zu wechseln bzw. bei einer Kamera mit einem langsam-ruhigen Zoom Abwechslung ins Bild zu bekommen. Natürlich ist dies besonders dann angezeigt, wenn damit spieltechnische Details oder unhörbare Signale von Musiker zu Musiker sichtbar werden. Weniger sinnvoll sind Überblendungen (bei zwei Kameras), da dabei (bei mehr als 1s) keine Informationen zu sehen sind. Doch sind sie gelegentlich notwendig, um Bildsprünge zu kaschieren.[17] Es empfiehlt sich auch, ausreichend neutrales Zwischenschnittmaterial (z.B. Publikum) aufzunehmen, um damit technische Bildfehler (im DV-Band)[18] oder Fehler in der Aufzeichnung („Wackler", Unschärfe, jemand läuft ins Bild) per Insert-Schnitt zu überlagern, da sonst ein ganzes Musikstück u.U. nicht verwendet werden könnte.

Das Ausmaß wechselnder Kameraeinstellungen (Bildausschnitt, Schwenk, Zoom) und der Nachbearbeitung (Schnitt) ist aber nicht durch das angeblich universale Dogma *„Jeder Film erzählt eine Geschichte"* festzulegen, denn wegen des besonderen interessegeleiteten Bildinformationswerts ist dieses Ausmaß letztlich nur empirisch definierbar, da der Bildinformationswert von Aufnahmezweck und Publikum (Zielgruppe) abhängt. Letztlich bleibt es also eine Ermessensfrage, wie weit die Kamera ästhetisch geführt werden soll, da durch die habituell gewordenen Sehgewohnheiten der TV-Zuschauer (und etwa 99,9% der Wissenschaftler) das Bild die Tendenz hat, die Musik zu dominieren, d.h. von der Musik abzulenken. Man kann sich diesbezüglich selbst testen, wenn man sich bei einem Konzertmitschnitt im Fernsehen bewusst auf die musikalische Interpretation konzentriert (so, wie wenn man eine CD anhören würde).

4. TECHNISCHE VORGABEN IN DER PRAXIS

Bei *Feldforschungen* muss sich der Kameramann/die Kamerafrau nach den *vorgegebenen Aufnahmebedingungen* richten, die er/sie nicht ändern darf (und dies auch nicht versuchen sollte: So sind z. B. sind starke Scheinwerfer bei Nachtauf-

[17] Dieser Trick wird auch von professionellen Cuttern bei Dokumentarfilmen benutzt, um Fehler zu vertuschen.

[18] Gestörte Einzelframes („Risse" im Bild) kann man mit 1 *Schwarzbild* überdecken, ohne dass sich der Zuseher an einen Fehler erinnert.

nahmen, wie sie TV-Übertragungswagen des öfteren bei Festen einsetzen, nicht nur ein Kosten- und Transportproblem, sondern v.a. ein extremer Störfaktor). Andererseits sind heutige DV-Camcorder mit derart lichtstarken Objektiven (ev. *Low-Light*-Einstellungen) ausgestattet, dass in den meisten Situationen auf zusätzliches Licht verzichtet werden kann (außerdem sind z.B. die Tanzplätze im Epiros von fest montierten Scheinwerfern beleuchtet).

Die Frage nach *analogem* oder *digitalem* Camcorder ist nicht mehr aktuell, da es neu nur mehr Digitalkameras zu kaufen gibt und der anschließende Schnitt aus Qualitätsgründen praktisch nur mehr am PC stattfindet, d.h. eine Digitalisierung ohnehin unvermeidbar ist. Eine 3-Chip-Kamera ist wegen der Qualität (Farben, Schärfe) einer (kleineren, billigeren) 1-Chip-Lösung vorzuziehen. Unbedingt sollte mit SP-Einstellung (Shortplay) auf DV-Band (ev. Festplatte) und nicht auf verlustreich komprimierende DVDs aufgezeichnet werden.[19] Ob man dem Trend zum hochauflösenden TV (HDTV) folgt, ist schwer zu beantworten, denn auch von semiprofessionellen Kameras wird mit *temporaler Datenkomprimierung* aufgezeichnet, was abzulehnen ist, weil dann Bilder bei schnellen Bewegungen interpoliert werden (d. h. aus der Differenz zwischen Vollbildern im ½-Sekunden-Abstand werden u. U. in dieser Form nicht existierende Bewegungsabläufe generiert) und die Lichtverhältnisse in der Praxis meist so sind, dass Qualitätsunterschiede zu 4:3-PAL (oder NTSC) wenig ins Gewicht fallen. Arbeitet man mit 2 Kameras parallel (um Gegenschnitte zu ermöglichen), sollte man *mit Fabrikaten des gleichen Herstellers* arbeiten, da die Firmen *unterschiedliche Farbsysteme* benutzen, die beim Schnitt lästige Farbsprünge erzeugen. Negative Erfahrungen haben wir auch mit der Schärfeautomatik bei allen Kameras gemacht, da diese lange braucht, um beim Zoomen die Schärfe nachzuführen. Will man nicht wie Profis mit manueller Einstellung am Objektiv korrigieren, ist es besser, vor Beginn der Aufzeichnung vom Stativ aus auf das Motiv ganz nah zu zoomen, manuell scharf zu stellen und mit dieser Schärfeeinstellung dann auf die Totale zurückzugehen: So bleibt man in der Regel immer scharf, wenn man mit optischem Zoom (auf keinen Fall mit digitalem) arbeitet. Die Belichtungsautomatik funktioniert in der Regel gut, doch sollte man bei Schwenks ins Gegenlicht aufpassen. Mit dem Display lässt sich gut vom Stativ arbeiten, bei Aufnahme von der Schulter ist der Sucher oft zweckmäßiger (aber schneller ermüdend).

Ob man im 1080i-Verfahren (Halbzeilen 50B/sec, um 20 ms zeitlich versetzt) oder mit 720p (Voll-Bild 25 B/sec) arbeitet, ist eine ideologische Frage, denn der

---

[19] Im Feld mit einem Notebook gleich einen Rohschnitt vorzunehmen, ist m. E. wegen der Irreversibilität der gelöschten Daten problematisch. Fernsehjournalisten tun dies meist nur wegen des Zeitdrucks bis zum Sendetermin.

Gewinn an Schärfe bei schnellen Bewegungen bei letzterem wird mit gröberer Zeitauflösung erkauft.

Wichtig ist ein *festes Dreibeinstativ* mit gutem, (leider teurem), ölgelagertem Kugelkopf, empfehlenswert ein Schulterstativ für längere mobile Aufzeichnungen. Leider produzieren die Kamerahersteller immer kleinere Camcorder, die schlecht zu halten sind: Die Antiwackel-Filter sind abzulehnen, da sie die Aufzeichnung durch Interpolation verfälschen bzw. unscharf machen.

Für die *Aufnahme des O-Tons* gilt: *nie die Richtautomatik* verwenden (beim Zoomen wird dann das eingebaute oder externe Mikrophon zum Richtmikrophon), da dies beim Schnitt Tonsprünge verursacht bzw. bei Schwenks die Balance verändert: am besten eine Kugel- oder breite Nierencharakteristik beibehalten, auch wenn dadurch Nebengeräusche mit aufgenommen werden. Da das eingebaute Kameramikrophon sowieso keine HiFi-Qualität hat (*alle* filtern im tiefen Bereich 170-250 Hz weg, um nicht die Motorgeräusche der Kamera mit aufzunehmen) und nur teure (semi-)professionelle Kameras Anschlüsse für hochqualitative Zusatzmikrophone haben, andererseits die Lautsprecher von TV-Geräten keine hohe Qualität aufweisen, kann man guten Gewissens bei der Videographie im Feld auf HiFi-Qualität des Tons verzichten. Will man diese unbedingt, kommt man um die autonome parallele DAT-Tonaufnahme nicht herum.

Bei Live-Aufzeichnungen von (Hochzeiten und) Heiligenfesten im Epiros war diese Frage gegenstandslos, da alle Freiluftmusik über (mittelgute) Verstärkeranlagen[20] aus der Rockmusikbranche gespielt wird und deshalb eine Audio-HiFi-Aufnahme unmöglich ist. Auch Einklinken in die Mischpulte bringt keine Verbesserung, da Sänger und Klarinettist eigene Nahbesprechmikrophone haben, die so (laut) eingestellt werden, dass man froh ist, wenn es nicht übersteuert (pfeift). Die Klarinette spielt in der Regel in ein Standmikrophon 20 cm vom Schalltrichter. Meist gibt es 4 Lautsprecherboxen, die in den Ecken eines Quadrats oder rechts und links von der Bühne paarweise aufgestellt werden, gelegentlich hängen zwei Boxen in Bäumen. Die Gitarre/Laute hat meist einen eigenen Verstärker (für ein implantiertes Mikrophon) mit Box. Die Violine hat fast immer ein Kontaktmikrophon am Corpus.

[20] Gott sei Dank gibt es nicht mehr die total verzerrten Verstärkeranlagen aus den 70er-Jahren, die nur extrem laut eingestellt waren! Die Anlagen werden entweder vom Veranstalter gestellt (ist seltener), oder von der Gruppe gemietet. Eigene Tontechniker gibt es kaum (höchstens vom Veranstalter).

5. TYPOLOGIE UND DEFINITIONEN MUSIKETHNOLOGISCHER VIDEOS

Allgemeine Bedingungen: Die originale Zeitfolge (vorher – nachher) *muss* eingehalten werden. Der *Ton muss immer 1-Bild-synchroner O-Ton* (des Camcorders oder einer zu diesem lippensynchronen Parallel-Aufnahme des Originalsounds) sein. Es soll mit Stativ oder von der Schulter aufgenommen werden. Schnitt und Bilddramaturgie sind bei Vorführvideos zwar notwendig, sie sind aber für den wissenschaftlichen Dokumentationscharakter nachrangig (Kompromiss der Aufmerksamkeitserhaltung auch beim Fachpublikum). Nachträgliche Synchronisierung mit Fremdton oder Tonbearbeitung (über Korrektur von Fehlern hinaus) sind unzulässig.

Die sogenannte *„subjektive Kamera"* (artifizielle Zooms oder Drehen der Kamera bei der Aufzeichnung, bzw. „schräge" Kamerahaltung, u.a. Raumverzerrungen) hat natürlich bei musikethnologischer Videographie nichts zu suchen und kann nicht als „musikadäquate" Bildgestaltung gelten (weil z.B. Jazz eine „schräge" Ästhetik hat).

Primärer Zweck: visuell-auditives Speichern (Dokumentieren) eines einmaligen Ereignisses (Musik-Event) in der Gegenwart vor Ort im emisch normenkonformen sozialen Kontext als wissenschaftliche Quelle für (eine möglichst breite) nachträgliche Forschung. Dazu ist ein quellenkritisches *Begleitprotokoll* (Text) mit technischen Daten zu Aufzeichnung und Bearbeitung (Hard- und Software), mit ergänzenden Erklärungen zu Aufnahmesituation, O-Bild und O-Ton sowie mit Angaben zu den aufgezeichneten Akteuren unverzichtbar.

Archivierung: Neben den originalen Daten im ursprünglichen Format oder in linearer verlustfrei transformierter Langzeitkopie sind die Bearbeitungen (Schnittsequenzen) und das fertig geschnittene Video (Master-Video: MV) verlustfrei zu archivieren. Eine datenkomprimierte Kopie (z.B. MPEG-2 oder H.264) oder eine Kopie mit interpolierenden Codes kann das MV nicht ersetzen. Eventuell sollte ein linear kopiertes, analoges, nicht proprietäres Format (z.B. 16mm-Film) zur Sicherheit parallel archiviert werden.

Ein leidiges Thema bei TV-Sendungen über Fremdkulturen sind die bei allen Redakteuren (v.a. in Kulturabteilungen) offenbar für unverzichtbar gehaltenen *Sprecherkommentare* (am schlimmsten, weil nicht mehr nachträglich zu entfernen, vom Reporter vor Ort). Ich habe oft gehört, dass „... ein Kulturwissenschaftler natürlich dies alles weiß, aber wir müssen ja primär mit ‚Otto Normalverbraucher' als Zuseher rechnen, und der weiß das alles nicht, oder will belehrt werden!" [21]

[21] Ich will damit explizit von mir weisen, dass der Redakteur mit seiner Forderung nur einem TV-Sprecher einen Auftrag vermitteln will.

Auf einen Sprecher-Kommentar sollte in musikethnologischen Videos möglichst verzichtet werden, da dieser den Betrachter nur ablenkt, die Musik stört oder den Zuseher/Hörer im schlimmsten Fall manipuliert, indem er dessen Aufmerksamkeit auf (wichtige oder unwichtige) Details lenkt, oder nur das (mehr oder weniger) kompetente Wissen des Filmemachers vorführt. Es mag im Einzelfall richtig und wichtig sein, dem Betrachter sprachliche Zusatzinformationen zu geben, ohne die er die Bilder nicht (richtig) verstehen würde, doch kann dies bei wissenschaftlicher Videographie durch ein dem Video beiliegendes Textheft ohne die angeführten Nachteile geschehen.[22]

Oft sind Kommentare völlig überflüssig, weil Trivialitäten angesagt werden, die man im Bild ohnehin sieht („Der Heiler besprengt den Kranken mit Schnaps"). Oder es werden Informationen gegeben, die nicht notwendig zum gerade gezeigten Bild gehören („Der Heiler ist Schüler des Schamanen aus dem Nachbardorf." – „Solche Praktiken gab es schon in der Antike."), aber über die Szene gelegt werden, weil die vorgegebene Dauer der Sendung nicht überschritten werden darf.

Dokumentarfilmern sei deshalb dringend empfohlen, ihre Kommentare gesondert aufzunehmen, womit es bei der Postproduktion dann immer noch möglich ist, den Sprechertext zum O-Ton zu mischen, die Originalsequenz aber auch ohne Sprecher zu erhalten. Wenn ein Sprecher unvermeidlich ist, sollten die Kommentare also vor oder nach dem Musikstück oder dem Tanz zu Kontextbildern gegeben werden. Bei Interviews oder Erklärungen von handwerklichen Abläufen darf ein nachträglich gesprochener Kommentar natürlich über dem Bild liegen.

5.1. Live-Videoaufzeichnung (LiveVA)

Das mit einem oder mehreren Camcordern aufgezeichnete Ereignis (z. B. eine Hochzeit) muss am Originalschauplatz mit den Original-Akteuren und zum traditionell üblichen Zeitpunkt stattfinden und verläuft ohne steuernden/manipulierenden Einfluss der Kameraleute auf das Geschehen. Diese haben sich möglichst unauffällig zu verhalten (Kamera-Standort). Häufig ist Totale und Halbtotale zu verwenden; Naheinstellung dient der Verdeutlichung eines Handlungselements. Extrabeleuchtung ist tabu, nur O-Ton ist zu verwenden. In die Originalaufnahme darf kein Kommentar hineingesprochen werden!

---

[22] So wurde in alten US-Filmen zum japanischen No-Theater und oft auch in asiatischen Lehrfilmen in die laufende Aufführung hineingesprochen, obwohl man mit nur geringer Verlängerung des Films die Erklärungen *vor oder nach der Szene* hineinschneiden hätte können, womit der Zuschauer die aufgeführte Szene ungestört hätte genießen dürfen.

Schwenk, Zoom, Schnitt im originalen Zeitablauf, leichte nachträgliche Farbangleichung, neutrale Insertbilder an technisch fehlerhaften Frames sind erlaubt (Dramaturgie), doch darf die TV-analoge Dramaturgie in Vorwegnahme des späteren Schnitts die Auswahl der Bildausschnitte bei der Aufzeichnung nicht beeinflussen.

Zweck: Inhaltlich möglichst vollständige visuelle Beschreibung des Live-Ereignisses. Musikstücke sind möglichst komplett aufzunehmen, eventuelle Tonschnitte müssen erkennbar sein (keine zusammengestückelten Sequenzen in Ton und Bild, die eine originale Ganzheit unterstellen, die aber so nicht aufgezeichnet wurde).

Zielgruppe: Fach- oder breites Publikum (z. B. TV), einheimisches Publikum, DVD.

5.2. Videodokument (VDoc) - „Gestellte“ Aufzeichnung

Unter Videodokument ist ein mit einem oder mehreren Camcordern gefilmtes, nur für die Videoaufzeichnung stattfindendes Ereignis zu verstehen, das unter Quasi-Live-Bedingungen zum Zweck der Simulierung eines traditionellen Ablaufs in einem für die Musiker gewohnten Umfeld (Quasi-Studio) aufgezeichnet wurde.

Schwenk, Zoom, Schnitt im originalen Zeitablauf, leichte nachträgliche Farbangleichung, neutrale Insertbilder an technisch fehlerhaften Frames sind zulässig. Kein Sprachkommentar in der Aufnahme!

Zweck: Herstellung eines sonst aus technischen (Bild- bzw. Tonqualität) oder historischen (zum Originalzeitpunkt nicht möglich, Repertoire ist nicht mehr aktuell, nicht mehr erlaubt, etc.) Gründen im Live-Kontext nicht mehr stattfindenden Ereignisses oder eines vom Feldforscher für eine Rekonstruktion oder für besondere wissenschaftliche Fragen (z.B. Denkmäler-Edition) bestellten Ablaufs mit traditionellen Akteuren. Besonders sinnvoll und nur in dieser Form realisierbar ist dieser Typus, wenn Bild und/oder Ton bzw. Inhalte von den Traditionsträgern *nach emischen Qualitätskriterien* (z. B. Lautstärkebalance) interaktiv mit den Feldforschern kontrolliert werden.

Zielgruppe: Fach- oder breites Publikum (z. B. TV), einheimisches Publikum, DVD; für den Forscher zur späteren emischen Analyse.

5.3. Studio-Aufzeichnung/Tournee-Aufzeichnung (StV)

Wie vorhin, aber im technisch optimierten Umfeld oder bei einem Musik- oder Tanz-Festival bzw. im Ausland aufgezeichnet. Da ein Verfremdungseffekt bei den

Akteuren (auch bei professionellen Musikern!) unvermeidlich ist, ist der Quellenwert für eine authentische Realisierung gering. Die Irritation der Akteure ist auf ein Minimum zu reduzieren – auch auf Kosten technischer Qualität (keine mehrfache Wiederholung von Einstellungen). Ein Zusammenschnitt unvollständiger Bild-/Ton-Sequenzen zu einem synthetischen Ganzen entwertet den Quellenwert: Stattdessen sollte besser eine Gesamtwiederholung des Musikstücks/Tanzes erfolgen. Das gilt auch bei außereuropäischer Kunstmusik oder Opern. Sprechertext ist vor oder nach dem Musikstück, oder in die Pause dazwischen einfügbar.

Zielgruppe: Breites Publikum (TV), einheimisches Publikum, Publikation als DVD.

5.4. Analytische Aufzeichnung (ADoc)

Zweck: Ausschließlich zur späteren Detail-Analyse von Bewegungsabläufen zum O-Ton (z. B. Tanz-Transkription oder Spieltechnik) erstellte Videoaufzeichnung, ohne Absicht späterer öffentlicher Vorführung (außer als kurze Ausschnitte zum Beweis von Analysen). Meist werden es Naheinstellungen sein, ohne Schnitt der Sequenz, bei im Raum unbewegten Motiven mit unbeweglicher Kamera, oder bei sich bewegendem Motiv mit möglichst konstantem Bildausschnitt dieses verfolgend (für zeitliche und/oder räumliche Bild-für-Bild-Analyse). Wenn möglich, sollte parallel eine zweite Kamera eine *Vdoc* oder *LiveVA* erstellen.

Zielgruppe: Nur für die Bild-für-Bild-Analyse, nicht für Vorführung, außer für Fachleute als Beweis für analytische Aussagen, und ohne Sprecherkommentar – dieser sollte live bei der Vorführung erfolgen.

5.5. Lehrvideo (PädV) und Videosendung (TVDoc)

Dafür ist es sinnvoll, medienpädagogische Beratung hinzu zu ziehen, dieser aber *nicht* die Entscheidung über Auswahl der Videoquellen und Schnitt zu überlassen – d.h. der wissenschaftliche Quellenwert muss gegenüber dem pädagogischen oder Unterhaltungswert aus ethischer Verpflichtung gegenüber der Herkunftskultur überwiegen.

Zweck: Für pädagogische Zwecke erstelltes Video aus allen o.a. Typen mit eingeblendeten Text-Kommentaren oder Erklärungen sowie eventuellen Bearbeitungen (z.B. Einblendungen, Zeitlupe, etc.) für den Unterricht. *Bereits bei der Postproduktion zu differenzieren ist, ob das Lehrvideo zum Unterricht in der lokalen oder nationalen Herkunftskultur oder für Touristen oder Schulen im Ausland (z.B. bei außereuropäischer Musik in Europa) eingesetzt werden soll.* Die TV-Sendung (oder kommerzielle DVD) unterscheidet sich dabei nur durch ihren stärker unterhaltenden Charakter. Aber auch hier gilt: in die Aufnahme oder in die geschnittene Sequenz hineinzusprechen, ist eine Sünde.

Zielgruppe: Schüler oder Kursteilnehmer, breites (TV-)Publikum, einheimisches Publikum, Publikation als DVD.

6. PRAKTISCHE VIDEOERFAHRUNG DES AUTORS

1965-75 konnte ich als freier Mitarbeiter im Internationalen Musikzentrum (IMZ) in Wien, im ORF bei TV-Opern (technische Regie) und bei der Firma Schubert-Film/Wien Erfahrungen mit professioneller Schnitt- und Kameratechnik sammeln und dramaturgische Fragen mit TV-Redakteuren und Technikern diskutieren. Meine praktische Arbeit mit Video in der Feldforschung begann 1988, als ich in Anhui (China) in Dörfern Lokalopern und 1991 in Karpathos (Griechenland) eine Hochzeit und den Bau der Sackpfeife *Tsambuna* aufnahm.

Seither haben Daniela Brandl und ich in Griechenland (Epiros, Makedonia) ca. 30 Heiligenfeste und Hochzeiten live aufgenommen (LiveVA), v.a. Tänze, sowie emische Dokumentaraufnahmen (VDoc) parallel zu Audio-Aufnahmen in Quasi-Studioqualität, um die nonverbale Kommunikation der Musiker festzuhalten. Dies hat sich als äußerst wertvoll für die emisch-ästhetische Analyse der Musik herausgestellt. Auch als Notizbuch (Interviews) diente der Camcorder. (Für die Musiker machte es keinen Unterschied, ob sie auf Video oder Audio aufgezeichnet wurden.) Mit „Bild im Bild"-Technik gelang es 1996, ein *Alap* in einem indischen Raga von den Musikern selbst kommentieren und analysieren zu lassen (VDoc). Unverzichtbar war der Camcorder in China 1990/94 für die Live-Dokumentation der *Nuo-Erdgott-Riten* in Anhui, wobei die Ritualtänze durch Transkription vom Einzelbild analysiert wurden (Zeiteinheit: 1/25s). In Qinghai (Mongolen, Tibeter), in der Inneren Mongolei u.a. Provinzen wurden Maskenriten bei Feldforschungen (ca. 200h LiveVA) aufgezeichnet, 2004/05 *Kunqu-Opern* bei allen 6 Truppen in China, inkl. Proben und Gestik-Erklärungen. Den Videoschnitt mache ich ausschließlich auf dem PC.

Vesa Kurkela

Finnish tango on old amateur tapes – complementing a popular music history with local sounds

My aim is to discuss the use of old amateur tapes as source material in the historiography of local dance music. The other topic is the role of the Finnish tango on the local dance music scene. The tango is often mentioned as an example of transregional music that has "a very high energy that spills across regional boundaries, perhaps even becoming global" (Slobin 1993: 19). However, the Finnish tango is typically a regional phenomenon. Musically speaking – in its melodic structure and performance style – it is very different from its Argentine and Western European counterparts (cf. Åhlén 1987: 125). Furthermore, the Finnish tango has been popular only in Finland and partly in Sweden, among Finnish speaking audiences. In the following I shall point out that the tango in Finland is not only a regional/national style, but that there have also been several local tango styles, invisible and forgotten in the national publicity.

Invisible local music very easily becomes peripheral, insignificant, uninteresting and meaningless. On the other hand, locality is easily related to authenticity and uniqueness that are doubtlessly positive cultural values. It may be needless to say that the judgement very much depends on the critic's own situation, location, and position. Folk music research has usually benefited from these positive images of locality, whereas in popular music studies, local music quite often remains marginal. (Connell & Gibson 2003, 107-115).

1. LOCAL MUSIC AND HISTORIOGRAPHY

I am the co-author of the sixth volume of *History of Finnish Music: Popular music* (Jalkanen & Kurkela 2003). My topic was the period from the Second World War until the 1980s. From the very beginning of the writing process, the authors agreed on two main principles. First, we should make rough generalizations, in order to find the main line of Finnish salon music, dance music, popular songs, and rock music. Secondly, we felt it was very important not to ignore more marginal musical phenomena in the main story.

Finding and verifying the general line was not a big problem. However, after the book came out, I quite soon realized what had happened. I had been writing the history of kings, the story of the great and the grand. Musical mainstream, nationally acclaimed artists and songwriters played the main roles. My examples were selected mainly from the hit parades. Marginal styles were rarities, and local narratives outside the capital city of Helsinki were quite rare in the story. There were many reasons for this.

Even before the writing process I knew that the Finnish popular music scene has always been concentrated on Helsinki. This was true especially of the national recording industry until the 1980s, the decade when the story of the book ends. Concentration is also a proper term to describe music publicity, especially in the electronic media. Up until the 80s, the media image of Finnish pop songs and rock music was firmly anchored in the capital scene.

Still the concentration of the media and music publicity is partly superficial and even misleading. From the perspective of Helsinki all local cultural activities easily seem to be minor and insignificant. The media located in the capital naturally maintains a similar image. In this process the local musical life of Helsinki becomes universal and absolutely non-local and local music elsewhere in Finland becomes marginal.

The situation is totally different in the provinces. Local music has always been decidedly visible, locally speaking. In point of fact, before the age of music recording and broadcasting, nearly all dance music was local. Brass bands, fiddlers, accordion players and small dance music combos lived and played in a relatively narrow geographic area. Transregional dance musicians were practically unknown. Local players were famous, although only locally speaking.

However, the locality of dance and festival music in the 20th century is interestingly contradictory. At the beginning of the century, when a brass band in rural Finland played the ouverture *Caliph of Bagdad* by François Boiëldieu, it was a really local interpretation of this popular opera music. The same was true in the 1950s, when a local tango singer presented the tango song *Sinitaivas* (*Blue Heaven*) by Joe Rixner. The names Boiëldieu and Rixner, however, show that, at the same time, it was a question of very international and transregional music. Similar examples can be easily found in most modern dance and festival music in Finnish dance pavilions and community halls. If a historian does not precisely know how and by which route the transregional music of Paris, Vienna, St. Petersburg or New York came to Finland, she or he cannot understand the development of local styles here.

In conclusion, my experiences of writing a general history of Finnish popular music can be summarized in three short comments:

- All music and any kind of music making are essentially local, but music history books typically focus on the national and transregional level. They are histories of kings and stars, and even the social histories very often focus on the musical scenes and audiences in big cities and commercial centres.
- To combine the local and national level in the same historiography is quite difficult. This combination is even more difficult when the research is mainly based on commercial recordings: The national record industry in Finland – and elsewhere – has effectively rejected all kinds of localities.
- It is difficult to write local music history before an extensive general history is written. Without any reference to the general development, local history becomes too restricted and vacuous.

In order to correct the bias described above, various local histories should be written, from different geographical areas, from different angles and theoretical viewpoints. New research material is also needed. In this work amateur recordings are usually more important than commercial recordings, written biographies of popular artists must be replaced by personal histories and memoirs of dance musicians, often based on interviews. Here popular music historiography could easily follow the principles of traditional ethnomusicology and focus on dance music at the grassroots level. The general aim of this kind of research is to complement national music history with local sounds.

2. THE FINNISH TANGO IN SOUTHERN OSTROBOTHNIA

My current research project deals with the development of local music making in the 20th century in the province of Southern Ostrobothnia. This inland province is located in western Finland, east of the Swedish-speaking seaside regions on the Gulf of Bothnia. The area is famous for being the site of real tango maniacs: Especially in the 1960s the Finnish tango is alleged to have been almost the only accepted dance genre in the Ostrobothnian dance pavilions.

Even today, the myth of tango fundamentalism is repeated and reproduced by local storytelling. Actually, the tango and other older dance music genres seem to be a crucial part of local identity. The Finnish tango is also supposed to be a symbol of the South Ostrobothnian mentality. In recent years, the role of the tango has been strongly emphasised by the famous music festival *Tangomarkkinat* (lit. Tango Fair). Since 1984, the festival has been held in Seinäjoki town. With audiences of tens of thousands it has developed into the biggest tango festival in Europe. The

Finnish commercial TV channel MTV3 has also made the *Tangomarkkinat* nationally well-known. As a result of the media publicity, the image and style of the tango as local dance music has been replaced by those of the gala-like song competition, where the nominees for the tango titles – tango kings, queens, princes and princesses – render classical tangos in evening dress accompanied by the Seinäjoki symphony orchestra (cf. Heinonen 2003: 28-33, 46-49).

The glitzy *Tangomarkkinat* with symphonic tango performances on TV is in stark contrast to the common picture of Southern Ostrobothnia in Finnish popular culture. The popular image consists of provincial peasant habits, flat landscape, plain-spoken men called *puukkojunkkarit* (knife fighters) in folk costumes with cute little sheath knives, big cars, and huge duplex peasant houses. No wonder that Southern Ostrobothnia is often called the America of Finland. In everyday speech the image is strengthened by stereotypic folk characters attributed to all the Ostrobothnians: showmanship and boasting, commitment, directness, frankness, and seriousness.

Thus, the *Tangomarkkinat* festival fits quite poorly into the traditional image of Southern Ostrobothnian traditional culture. Similarly, the festival has little to do with local tango culture, with small dance pavilions and community halls. This dance hall tradition and the old tango recordings form a juncture that unites the mythical tango discourse and the popular image of Ostrobothnian people: the traditional Finnish tango, like stereotypic Ostrobothnian folk, is earnest, rural, masculine, bound to nature and fate, and full of veiled emotions.[1]

2.1. Local tango examples from the mid-60s

From 1962 to 1965 the Finnish popular music scene experienced an unprecedented situation. There was a real tango boom in the country. The boom was easily seen in pop music charts, where strikingly many popular songs in top positions were tangos by Finnish composers and sung in Finnish. The popularity of the tango was even greater in community houses and summer pavilions in rural areas, as the musicians' life stories and other contemporary testimonies frequently confirm. Commercial recordings, however, give quite a one-sided picture of tango singing style in the 1960s. The singers on the tango records were chosen by the recording company headquarters in Helsinki. The prevailing trend was quite monolithic, favouring young male voices, typically with the Roma background or Gypsy-like singing style.

[1] For a detailed analysis of the Finnish tango lyrics, see Kukkonen (1996: 150-155, 171-192).

Due to the tango boom, the earlier dominant style of dance music, so-called swing *schlager* (in Finnish: *swing-iskelmä*), disappeared from the Finnish hit parade. It was the end of a very remarkable era in the history of Finnish popular music. In the mid-1950s, for the first time in Finland, hit songs were mainly sung by female singers. These "alto crooners" favoured modern dance music like slow fox and Latin-American genres (Mambo, Cha-Cha-Cha, and Baion), but also Russian-influenced waltzes arranged and performed in a jazzy way. The majority of these swinging popular songs were cover versions of the international repertoire, including a lot of the then popular Italian *canzoni*. In the late 1950s, the Finnish tango was not popular at all.

The tango boom of the 1960s brought the male artists back to the dominant position – there were only a couple of female tango singers in the charts and no one with any great success. Furthermore, the share of Finnish songwriters in the domestic pop music charts considerably increased.

The amateur tapes found in Southern Ostrobothnia highlight a slightly different local reality. The tapes were recorded in Seinäjoki in 1964 by the accordionist and dance music composer Keijo Kaivo-oja (born in 1924). The existence of the tapes became known when Mr. Kaivo-oja was interviewed for a book consisting of the life stories of local dance musicians (Kurkela & Kemppi 2005).

The title and the purpose of the compilation are seen on a tape case: "The Seinäjoki District Hit Song All-Stars". Originally, the recordings were made for promotional use – to be sent to the record companies in Helsinki. The singers were young Ostrobothnians, mainly from Seinäjoki town. Some of them were semi-professional dance band vocalists, the rest were amateurs. A brief listening to the songs reveals much about the technical conditions of the recording process. The recording session was organised at Mr. Kaivo-oja's home. The singing is normally accompanied by a distant-sounding accordion only, and the recording is made by using one microphone, a slow tape speed and without any noise reduction. As a result, the recording is far from any hi-fi standard.

As mentioned above, in the early 60s, the tango singers on the commercial recordings were mainly male. The same holds almost true for the Seinäjoki tapes, but still, altogether 6 singers among 28 artists in Kaivo-oja's recordings were female. So women could also perform tangos in Seinäjoki, although they usually preferred other genres of popular song. However, the most surprising feature of the recording is the abundance of singing styles. The local singers sang in various styles with different musical backgrounds.

The most well-known local artist of the time was Yrjö Tammilehto, whose tango band actually founded the tango craze in the area: This happened in the late

1950s, a few years earlier than the domestic tangos shot onto the national hit parade. His singing style was often compared to that of Olavi Virta, the most famous Finnish hit singer in the 50s.

Yrjö Tammilehto belonged to the older generation of dance musicians with their roots in the 1940s and wartime dance music. The tango boom, however, was mainly personified in young male singers with a very sentimental way of singing. A good example on the Seinäjoki tapes was Jorma Salo, whose singing style is close to that of the young Romany singers, Taisto Tammi and Markus Allan, then very popular on the Finnish tango scene.

The third locally well-known singer on the Kaivo-oja tapes was Hannu Hietikko. He also belonged to the younger generation of pop singers, but stylistically he was quite different from the popular Romany style. His interpretation of famous Finnish tango *Kangastus* by Unto Mononen is a good example how the traditional schlager singing could be combined with jazz phrasing and intonation.

In Seinäjoki in the mid-60s, swing playing was still an important part of tango performances. The influence of earlier swing *schlager* era of the late 1950s was still strong. Since this era was famous for female singers, it is not surprising that the young female tango singers from Seinäjoki followed the old path. The most skilful female singer in the Seinäjoki tapes was Sinikka Luhtala. She was stylistically very near to older alto crooners of the late 50s. Her interpretation of the domestic tango *Tummanpunainen ruusu* by Toivo Kärki and Reino Helismaa is quite far from the standard tango singing in the mid-60s. In a way, her singing style was, simultaneously, too old fashioned and too modern for the prevailing aesthetics of the Finnish tango industry.

Finally, it is important to say a few words about Keijo Kaivo-oja, the initiator and organiser of the Seinäjoki tango documentation. In the recording year, 1964, Kaivo-oja was 40 years old and had a career of almost 25 years as a dance musician behind him. Kaivo-oja was also a singer, but no tango singer. His speciality was yodelling, or as we say in Finnish, "jodlaus". This Alpine singing tradition had been well-known in Finland since the early 19th century, due to wandering harp and zither bands and singers from Tyrol and elsewhere. However, in the mid-1960s, Tyrolean music was already forgotten, and Kaivo-oja's Ostrobothnian-Tyrolean singing style was a real innovation, which made him very popular among local audiences.

2.2. Demo tapes – a hidden musical tradition

The Seinäjoki tango recordings are fairly typical early demo tapes. By recording a demo, local artists wanted to attract attention at the headquarters of the national recording companies in Helsinki. Due to primitive conditions, the technical quality of the recording was very poor. The primary goal for everyone was, of course, to get a recording contract. In the 1960s it was not an easy task to get such a contract in the Finnish recording business. Only one singer on Keijo Kaivo-oja's tapes, Yrjö Tammilehto, gained a reputation as a recording artist. However, many of the artists recorded were really popular in their own province or became locally famous later on. In the 1960s Finland was still a country of really local music.

It is very likely that in the 1960s, amateur recordings like Mr. Kaivo-oja's tapes were made in all Western countries. During this decade tape recorders became relatively cheap so that almost every eager music lover could buy one. However, most old amateur recordings got lost and never found their way to scientific archives. As the Seinäjoki case indicates, old amateur tapes can still be found in the private collections of musical aficionados.

The technical quality of such tapes is often bad or very bad – a fact that depends more on storage conditions than on the original recording conditions. In any case, there is not much time to save the old tapes for future generations. There are also a great number of tapes that are useless for archival purposes. Typically, this group consists of badly damaged tapes and those with very little or no contextual information. From the scientific archive viewpoint, this kind of material is usually irrelevant and valueless.

In the 1970s, the quantity of demo tapes increased significantly in the wake of recording cassette players. Quite soon many diligent musicians started to achieve small home studios. Local bands and artists could quite easily make their own recordings, and by the 1980s the quality of non-commercial recordings and cassettes improved. Furthermore, a greater part of these recordings were also filed in the scientific archives or public libraries. For instance, in the folk life archives at the University of Tampere, there is a collection of about 5,000 demo tapes or non-commercial recordings produced by the musicians themselves. It is highly interesting source material that only waits for eager researchers (see Kurkela 2002: 469).

Storage life poses a major problem for this material as well. Although the tapes and cassettes are filed in the archive, their future is not guaranteed. The technical quality is very uneven and some recordings have already lost all the information content. During recent years, fortunately, the Tampere archives have received some resources for digital editing and archiving so that the – from the scientific point of view – most important materials have been digitalized and stored in adequate archival formats. However, the operation is far from complete, and a lot of new resources will be needed before the preserving of old demo tapes for the posterity can be guaranteed.

3. CONCLUSION

My experiences of the historiography of local dance music in Ostrobothnia can be summed up as follows:

Before the 1980s the great majority of Finnish dance music vocalists and orchestras had never been recorded. Therefore, we do not know precisely what kind of music was played in rural dance pavilions and community halls. A variety of styles and idioms of popular music survived several decades in the provincial areas and small towns.

There are some written sources and abundant information by word of mouth (life stories, anecdotes, narratives) about the music played in the post World War II dance halls, but the picture of musical style and change remains unclear and susceptible to misinterpretation. However, with the aid of amateur recordings we can gain a clearer picture of local styles in the 1960s and sometimes even earlier.

The knowledge of one's own musical past is important for constructing local identities. In Southern Ostrobothnia local identity is closely connected to the Finnish tango. The common image of the tango is rather mythical and monolithic. The Ostrobothnian case shows how old recordings can correct our view of the past. In the 1960s, there was no single tango style, but various competitive models of singing the tango with different musical backgrounds.

So far in Finland, the history of local music remains largely unwritten. A large amount of various amateur tapes waits for the collectors – and not only in Southern Ostrobothnia. Technical support and knowledge of digital copying, editing and storage is also needed in future research and archival work.

REFERENCES

Åhlén, Carl Gunnar. 1987. *Tangon i Europa – en pyrrusseger?: studier kring mottagandet av tangon i Europa och genrens musikaliska omställningsprocess.* (Skrifter från Musikretenskapliga institutionen, Göteborg 13). Stockholm: Proprius.

Connell, John & Chris Gibson. 2003. *Sound Tracks. Popular Music, Identity, and Place.* London and New York: Routledge.

Heinonen, Yrjö. 2003. "Tango vai markkinat? Median etukäteissuosikkien semifinaalisuoritukset tangolaulukilpailuissa 2001 lavaesiintymisten näkökulmasta". (Summary: "Tango or festival? The semi final performances of the media's favourites in the Seinäjoki Tango Festival 2001 from the viewpoint of stage performances"). *Musiikki* 2-3: 28-51.

Jalkanen, Pekka & Vesa Kurkela. 2003. *Suomen musiikin historia: Populaarimusiikki*. Helsinki: WSOY.

Kukkonen, Pirjo. 1996. *Tango Nostalgia: The Language of Love and Longing*. Helsinki: Helsinki University Press.

Kurkela, Vesa. 2002. "Tampere Sound Archives: Saving Old Analog Tapes for Future Generations". In: Berlin, Gabriele & Arthur Simon (eds.). *Music Archiving in the World*. Berlin: VWB, 468-471.

Kurkela, Vesa & Terho Kemppi. 2005. *Soittaja pärjää aina – eteläpohjalaiset muusikot muistelevat* [Players always get on– Ostrobothnian musicians look back]. Tampere: Pilot-kustannus.

Slobin, Mark. 1993. *Subcultural Sounds: Micromusics of the West*. Hanover & London: Wesleyan University Press.

OLD TAPE RECORDINGS

Yrjö Tammilehto: *Kuinka saatoitkaan* [Oh What Do You Do to Me] (tango, Twomey & Weisman)
Jorma Salo: *Ilta Santa Cruzissa* [Summer Evening in Santa Cruz] (tango, Jose & Payan)
Hannu Hietikko: *Kangastus* [Fata Morgana] (tango, Mononen)
Sinikka Luhtala: *Tummanpunainen ruusu* [Dark Red Rose] (tango, Kärki & Helismaa)
Keijo Kaivo-oja: *Pyhävuoren jodlaus & Joupin jodlaus* (yodelling, Kaivo-oja)

Cornelia Pesendorfer

Die Zwangsumsiedlung im Spiegel der Tonga-Musik

Jede Musik, überall auf der Welt, steht in einem soziokulturellen Kontext. Wie bei vielen anderen Ethnien finden sich auch bei den Tonga im Süden von Zambia Arbeitslieder, Regenlieder, Erntelieder, Lieder im Lebenszyklus wie bei Geburt, Initiation, Heirat und Tod. Andere Lieder handeln von Ereignissen im Dorf, vom Präsidenten der Republik, oder sie erzählen von Clanzugehörigkeit, AIDS, Magie und Hexerei. Die gegenwärtige Musik der Tonga ist geprägt von aktuellen Ereignissen, den sich schnell verändernden Lebensbedingungen, von der Tagespolitik und von Familienangelegenheiten.

Während meiner Feldforschungen habe ich viele Lieder aufgenommen, die alle im Phonogrammarchiv in Wien archiviert wurden. Ein immer wiederkehrendes Thema in den Liedern stellt ein Ereignis dar, das fast 50 Jahre zurückliegt: die Zwangsumsiedlung im Jahr 1958 und Geschehnisse, die im Zusammenhang mit der Umsiedlung stehen.

In den Jahren 2000, 2002 und 2005 begab ich mich für jeweils drei Monate nach Süd-Zambia, um bei den Tonga in Syakalyabanyama (Chief Chipepo), Manchamvwa Lake Shore (Chief Simamba) und Siameja (Chief Mweemba) Feldforschungen zu unterschiedlichen Themen durchzuführen. Meine Arbeit knüpft an die jahrzehntelange Forschung von Elizabeth Colson an, die seit den 1940er Jahren über die Tonga in Zambia schreibt. Die Interessensschwerpunkte meiner Forschungen liegen bei der Zwangsumsiedlung im Jahr 1958 und den langfristigen Folgen dieses traumatischen Ereignisses. Je länger ich mich mit der Geschichte der Tonga beschäftigte, umso mehr bekam ich Einblick in die Bewältigung des erlebten Verlustes der Heimat. Je länger ich in den Dörfern verweilte, umso öfter erlebte ich Feste und abendliche Zusammenkünfte, bei denen der Schmerz des Heimatverlustes durch Singen und Tanzen spezieller Lieder, Erzählen von Geschichten und durch verschiedene zeremonielle Tätigkeiten während einer Trauerfeier für die Toten erleichtert wurde.

1. GESCHICHTE DER ZWANGSUMSIEDLUNG UND IHRER FOLGEN

Im Jahr 1958 wurden 57.000 Tonga in Zambia und Zimbabwe gegen ihren Willen aufgrund eines Staudammbaus umgesiedelt. Für die meisten Tonga bedeutete dies eine wesentliche Verschlechterung der Lebensbedingungen. Viele Familien wurden auseinandergerissen, Verwandte konnten nicht mehr besucht werden, und der Kontakt zu den Ahnen wurde gestört, da die heiligen Plätze, wo die Verstorbenen begraben liegen, von den Wassermassen des Karibastausees überflutet wurden. Die meisten Tonga hatten Angst vor der Umsiedlung, ließen sich aber schließlich doch dazu überreden. Chief Chipepo hatte zuvor das Land begutachtet, in das seine Leute gebracht werden sollten und gesehen, dass der Boden wenig nährstoffreich und karg war. Dennoch willigte er ein, sein Dorf zu verlassen, da er ahnte, dass er keine andere Wahl hatte. Die am Bau des Karibastaudamms beteiligten Banken und Firmen versprachen, den Tonga als Kompensation Zugang zu Strom und sauberem Trinkwasser zu ermöglichen, außerdem würden Schulen, Krankenhäuser und bessere Straßen gebaut werden. Einige Männer von Chief Chipepo weigerten sich aber trotzdem, ihre Dörfer im Zambezi-Tal zu verlassen und bewaffneten sich mit Speeren und Äxten, um Widerstand zu leisten. Daraufhin wurden Regierungssoldaten gesendet, die mit Waffengewalt gegen die Tonga vorgingen. Acht Tonga-Männer wurden erschossen. Die anderen ergaben sich und wurden an einen 160 km entfernten Ort gebracht, wo die Tonga nur Dornengestrüpp und wilde Tiere vorfanden. Sie nannten daher diese unwirtliche neue Heimat Syakalyabanyama, was soviel heißt wie „Ort, wo wilde Tiere wohnen". Im Busch abgesetzt, klagten viele über seelische und körperliche Schmerzen.

Wenige Versprechen wurden gehalten, und die Tonga sahen sich mit ihren Problemen allein gelassen. 42 Jahre später hoffen sie immer noch auf Strom und Krankenhäuser, aber sie warten nicht untätig. Sibbuyu Abeshai gründete den Verein „The Voice of the Resettled People" und schrieb die Geschichte seiner Dorfleute auf. Er recherchierte bei den Ältesten im Dorf und wandte sich an die Verantwortlichen: an die am Bau beteiligten Banken und Firmen, die seit Jahrzehnten Strom exportieren und von den Einnahmen profitieren, die jedoch diejenigen, die die größten Opfer dafür gebracht haben, ignorieren und leer ausgehen lassen.

Die Zwangsumsiedlung hat viele Probleme mit sich gebracht. Die Leute von Chief Chipepo wurden in das Gebiet von Chief Sikongo gebracht, der sie damals in seinem Territorium willkommen hieß und eine Kompensation für die Aufnahme der Umgesiedelten erhielt. Der alte Chief Sikongo verstarb, für den neuen Chief Sikongo bedeuten die Tonga, deren Zahl seit damals um das dreifache angestiegen ist, eine große Konkurrenz, sein Land und die Ressourcen betreffend. Als der alte

Chief Chipepo im April 2002 verstarb, wurden die Probleme zwischen den sogenannten „resettled people" (Umgesiedelten) und den sogenannten „recipients" (den die Umgesiedelten aufnehmenden Bevölkerungsteilen) sichtbar.

Chief Chipepo sollte in Syakalyabanyama begraben werden und ein neuer Schrein, ein heiliger Platz, eröffnet werden. Chief Sikongo wollte dies verhindern, da der Schrein seiner Vorgänger zu nahe am geplanten Chipeposchrein lag, und die Ahnen einander stören könnten. Der Fall endete vor dem Höchsten Gericht in Lusaka, der Familie Chipepo wurde recht gegeben. Die Probleme zwischen den dort lebenden Gruppen sind dadurch nur oberflächlich und kurzfristig aus dem Weg geräumt. Ein wichtiger Streitpunkt, der nicht geklärt wurde, ist die Landrechtsfrage. Dürfen die umgesiedelten Tonga von Chief Chipepo das Land, auf dem sie leben, bald ihr eigenes nennen oder bleiben sie mehr oder weniger geduldete Gäste in einem Territorium von Chief Sikongo? Werden sie – wie alle anderen Bewohner in der Southern Province – in der District map eingezeichnet oder leben sie weiterhin in dem Gebiet, ohne auf einer Landkarte registriert zu sein? Das sind wichtige Fragen der umgesiedelten Leute, die ohne eigenes Land in sehr unsicheren Verhältnissen leben. Ein Viehzüchter und Ackerbauer, der kein Land besitzt, hat gar nichts in den Augen der Tonga.

Sibbuyu Abeshai (Gründer des Vereins „The Voice of the Resettled People"):

Datum: 29.08. 2002, Ort: Syakalyabanyama, PhA Nr.: D 3085, D 3086
When the resettled people were brought here to Lusitu they did not come here on their will, they were forced. They didn't like the idea of coming here, because they knew the disadvantages of this area and they resisted until eight were shot dead. (...)

We have not benefited anything from the construction of the Kariba dam. But us for us who are not comfortable we have opted now to voice our thoughts to those people who brought us here. These are some of the few things that has led us to say whatever we are saying now. Because we are talking of nothing but the truth ! It is the truth only!!

We were brought here. This is not our original land. We originated from Old Chipepo where we used to harvest three times per annum. But us of here: we have been impoverished! We are likely to die of hunger! We have been affected with a lot of diseases! The resettlement area is infected with Tsetseflies. Borhole water is bad! No good communication. No good roads. No electricity ! No power at the palace. But when we go in certain areas far, far away from the Kariba dam you find that there is power in the palaces. But why isn't there any power in Chief Chipepo's palace? ...

Interview mit Saliya Mateba Chipepo.

Datum: 27.10. 2002, Ort: Manchamvwa Lake Shore, PhA Nr.: D 3119, D 3120
Saliya Mateba Chipepo = SC (von Paul Chisomo Tembo ins Englische übersetzt), Cornelia Pesendorfer = CP

Übersetzung: Paul Chisomo Tembo = PT

SC: We were promised electricity. They said: “We want to bring electricity here! Don’t worry, all the villages at the Lake Shore will all be supplied with electricity, especially the Chief.” And the people said: “Oh, electricity!“ So some of them accepted. But it was after brutality.

CP: But there is no electricity.

SC: That’s what they are now debating. If everything goes well… there will be electricity…

CP: Even in Lusitu?

PT: In Lusitu they are ok, I am sure this time electricity is there.

CP: No, it’s not, I have just been there.

PT: Where the Chief stays.

CP: No.

PT: Sure? No wonder these people at first refused. They knew these are just things to make us move away from here. But anyway, some of the country have benefited, but those who were the owners of that land, they did not benefit anything from the whole project.

2. REFLEXIONEN DER ZWANGSUMSIEDLUNG IN DER POESIE, MUSIK UND DARSTELLENDEN KUNST

Seit 2000 wird jährlich im August ein Tonga-Musikfestival in Chikuni abgehalten, um die reiche Musiktradition der Tonga zu pflegen. Es gibt 10 Kategorien, von Kalumbu- und Kankobelamusik über Tänze bis zu Poetischer Dichtkunst, in denen die Musiker antreten und von denen die besten Interpreten mit Preisen belohnt werden. Bei diesem Festival habe ich das Thema der Zwangsumsiedlung in verschiedenen Liedern, Tänzen und Erzählungen wiedergefunden. Aber auch bei anderen Anlässen kam das Thema zur Sprache.

2.1. Instrumente

Die Lieder und Tänze, die die Zwangsumsiedlung zum Thema haben, werden mit folgenden Instrumenten begleitet:

kankobela (Lamellophon)

Die Lamellophone bei den Tonga bestehen aus Eisenlamellen, die auf einem Brett oder Kasten befestigt sind und im allgemeinen mit dem linken und rechten Daumen gespielt werden. Auf der Rückseite mancher Instrumente ist eine Öffnung eingeschnitten. Diese ist mit der Membran von Kokons der afrikanischen Hausspinne verklebt, um einen speziellen Klang zu erzeugen, auch anderes Material, etwa Zigarettenpapier, kann hierfür verwendet werden.

kalumbu (kalebassenresonierter Musikbogen)

Ein typisches Instrument bei den Tonga ist der *kalumbu* genannte Musikbogen.

Das Spiel der Musikbögen ist besonders variantenreich. Die Saite kann gezupft, angeschlagen oder gestrichen werden (Abb. 1).

Abb. 1: Bbohyekwa spielt auf einem *kalumbu*, 27. Jänner 2005.

ngoma (Trommel)

Es gibt Trommeln in verschiedenen Größen und Formen. Eine Trommel kann auch sein: Nachrichtenüberbringer, religiöses Kommunikationsmittel, Heilinstrument, etc.

Buntibe-Trommeln werden bei der Trauerfeier gespielt, um den Tod eines Menschen zu beklagen. Sie bestehen aus einem Satz von 7 Begräbnistrommeln. Die kleineren werden mit Stäbchen (*mwunzyo*) gespielt, die größeren mit der Hand angeschlagen und die größte mit einer geöffneten Faust. Die Trommeln heißen *mpati, pininga, mundundu, siamunjanja* und *ngogogo.*

Trommelbauen ist eine Arbeit, die nur von einem Spezialisten gemacht werden kann. Der hohle Körper einer Trommel wird bespannt mit Tierhaut, zum Beispiel von einem Zebra, Elefanten oder Ochsen. Elefantenhaut wird vorrangig verwendet für die kleineren *buntibe*-Trommeln. Sie produziert einen hohen Klang von langer Dauer. Kleine Trommel-Stäbchen werden aus dem *mwingili*-Baum (bicolortree) gemacht. Zur Herstellung von *buntibe*-Trommeln wird *muntundu*,- und *mukamba*-Holz und Öl von den Samen der *musikili*-Pflanze verwendet.

namalwa (Reibetrommel)

Reibetrommel, bei der ein an das Fell von außen her gebundener Stock gerieben wird. (Externe Reibung wie bei den iberischen Reibetrommeln).

nyele (Blasinstrument)

Nyele–Hörner werden aus Antilopen- oder Ziegenhörnern hergestellt. In der Vergangenheit wurden *buntibe*-Trommeln und *nyele*-Hörner nur bei Begräbnissen gespielt, beim Betrauern der Toten.

Die Ensembles, die bei einem Trauerfest (*idilwe*) spielen, setzen sich aus folgenden Mitwirkenden zusammen: An der Spitze des Zuges laufen Männer mit Speeren und Äxten und deuten Kampfgebärden an (Abb. 2). Sie geben die Richtung an, in die sich das Ensemble bewegt. Dahinter gehen die Trommler mit den großen und kleineren *buntibe*-Trommeln, gefolgt von den *nyele*-Bläsern (Abb. 3). Den Abschluss des Zuges bilden die Frauen, die mit den Rasseln dazu spielen. Laut Notice Simunzingili sind Äxte, Speere und Drohgebärden Relikte aus der Zeit der Zwangsumsiedlung. *Buntibe*-Trommeln werden heutzutage auch gespielt, um Besucher zu begrüßen, damit sie sich zu Hause fühlen sollen. Der *buntibe*-Tanz ist auch oft ein Wettkampf zwischen sogenannten *buntibe*-Gruppen.

Die Namen der *nyele*-Hörner sind: ***kampeeku, siamuliansikili, nsekunseku, nyingainga, mpindaakati, siamupa, mukwele, mpaku*** und ***flymachine.*** Das letztgenannte Horn, "flymachine", wird als musikalischer Anführer der Gruppe gesehen.

Abb. 2: Männer laufen mit Speeren und Äxten voran, der Trauerzug folgt ihnen, Mateuaunga, 2. November 2000.

Abb. 3: *Nyele*-Bläser in Mateuaunga, 2. November 2000.

In einem Gespräch mit Sibbuyu Abeshai fragte ich ihn, warum die Tonga bei der Trauerfeier, wenn sie *budima* zelebrieren, Äxte und Speere verwenden.

Datum: 29.08. 2002, Ort: Syakalyabanyama, in englischer Sprache, PhA Nr.: D 3085, D 3086

Sibbuyu Abeshai = SA, Cornelia Pesendorfer = CP

CP: What does the *budima* mean ? The spears they are using and the *nyele* horns?

SA: Tonga people are keepers of grazing animals. You find in most cases when they go to herd their cattle, they carry their spears and shields. In cases they encounter dangerous animals which would like to kill their herds. That is the symbolic of protection. In 1958 when they fought with the government soldiers they used the same spears. It is a symbol of protection.

CP: And the *nyele*?

SA: It is an instrument, just like when there is a funeral in the Western culture a cassette is brought and some songs pertaining to the funeral are played, now with the *nyele*, that horn they blow, it is just the same thing. It's there to entertain the moaners. They will sing songs that are closely connected to the event.

Interview mit Chief Chipepo und Ronah Chisamu.

Datum: 3.11. 2000, Ort: Syakalyabanyama

Übersetzung: Ronah Chisamu, PhA Nr.: DAT OB. Nr.: 6

Chief Chipepo: When somebody dies, budima should be played. When people were being killed with those spears and the drum was being beaten before the battle started. So that's what it means when somebody dies, they should play budima. They say that today somebody is going to die and spears should be there, because there is a dead body.

Ronah Chisamu, 3.11.2000: I think the meaning of Budima is that you are comforting the moaners. If there is another danger to come you are prepared to face it. If there are enemies to come we shall face that. That's the meaning.

2.2. Dichtkust: *Kuyabila*

Kuyabila nennt man die reiche Dichtkunst bei den Tonga, die sehr rhythmusbetont mit schweren Trommelschlägen vorgetragen wird oder mit einer *namalwa*. Der Sänger/Poet kreiert eigene Wörter und rezitiert sie in verschiedenen Stimmlagen, meistens in höherer.

Er erzählt Geschichten und erzeugt Geräusche und Effekte, sowohl mit seiner Stimme als auch mit der *namalwa*. Oft hörte ich Klagen und Geschichten über die Zeit der Zwangsumsiedlung.

2.3. Lieder über die Zwangsumsiedlung

Andrew Mweemba (Künstlername: Georgie Munyumbwe): geboren 1925 im Dorf Hamunali, Gwembe-Distrikt, wohnhaft in Hamunali (Chief Munyumbwe).

Das Lied (mit Gesang und *kankobela*) wurde am 9. August 2002 in Chikuni (Mukanzubo) aufgenommen.

Übersetzung: Yvonne Ndaba

PhA Nummer: 20020809.K01 (Audio) 3. Lied bei 00:19:10, 20020809K02_03 (Video) 3. Lied (3.Schnitt)

In diesem Lied werden mehrere Geschichten verarbeitet. Zuerst wird die Bedeutung und Herkunft des Namen „Zambezi" bei den Tonga erklärt und wie die Kolonialherren den Fluss nannten. Nachdem sich manche Tonga dem Befehl der damaligen Regierung, ihre Dörfer zu verlassen und sich in entfernten Gebieten anzusiedeln, widersetzten, kamen Soldaten ins Gwembetal. Der Laut der Gewehre wird in dem Lied immer wieder nachgeahmt: „kon kon kon, paw paw paw, te te te"

„The Tonga are afraid of the white people, they are afraid of guns", sagt Andrew Mweemba. Er verändert die Stimme beim Singen.

Ich belasse die englische Übersetzung wortwörtlich.

This song is about: during the time when they were building the Kariba dam, now when the expatriates came, they asked the people who is staying near the banks of the River Zambezi which we used to call 'nsambey' where people should wash. Now because the expatriates they couldn't pronounce the word in a proper pronunciation 'nsambey', they called it 'Zambezi', whereby the right meaning is 'nsambey': 'where should I wash ?'

And they gave this name because the river Zambezi was full of crocodiles, they had to be careful to watch: 'where should I wash?' That's how it came to be Zambezi river. And then the people they accepted how the expatriates called the name Zambezi. Now coming back to the same song, now when the expatriates came and asked them: 'Could you move from this place because we want to build a dam from Zambezi river, Kariba dam.' So the Tonga people told them: 'No, we can't move. You can't just come in the country and tell us what to do. We have to stay here on the banks of the river cause that's where we can grow our foods very easily, where we wash and fish.' So that's the reason they gave. And they came together, the Tonga people, saying: 'We are not going to move!' And they organized themselves, they collected spears and axes. 'No we are not going to move.' So themselves, the expatriates, came with guns and started shooting them. The Tonga people started running away. Some they just threw themselves in the river. And then this bird was watching them, when they were shooting them. And this bird kept singing, you heard him singing 'tsche tschore tsche tschore'. We have this belief in Tongaland, that this bird – even these days you can hear – if it sees something dangerous it will come and warn you by saying 'tsche tschore tsche tschore'. They believed, that this bird was telling them to move and that's how they moved from the Zambezi river to give in to the expatriates. That's the meaning of the song.

Nkomeshi Muchindu: geboren 1922 in Uzyimbwamano, wohnhaft in Chilindi village, Chief Chipepo, District Siavonga.

Die Lieder (mit Gesang und *kankobela*) wurden am 11. Dezember 2000 und am 1. September 2002 in Chilindi aufgenommen.

Übersetzung: Sibbuyu Abeshai

PhA Nr.: 20001211.K01 (Audio), 20020901.K01 (Audio), 20020901.K03 (Video)

Das erste Lied handelt davon, dass der Komponist eine Planierraupe gesehen hat. Jemand hat mit diesem Fahrzeug Bäume entwurzelt, um sie im Zuge des Staudammbaus umzupflanzen.

I was watching a caterpillar how it was uprooting trees. I was surprised, the first time I saw a caterpillar how it was uprooting trees. I stood and watched.

Das zweite Lied von Nkomeshi Muchindu trägt den Titel „The prison at Ibbwemunyama".

The police of Ibbwemunyama cruelly beats. Siavundu who was guiding the District Commissioner at the time the Boma was at Ibbwemunyama. The song is about the District Commissioner who was administering Ibbwemunyama at that time.

3. RESUMÉ

Den meisten Tonga ist der Schatz ihrer Musik und ihrer reichen Traditionen bewusst. Die Tonga-Kultur wird an die jüngere Generation weitergegeben; in der Schule, bei Workshops, die von den älteren Frauen und Männern organisiert werden, aber auch im Tonga-Radio oder beim alljährlichen Tonga-Festival in Chikuni. Die Tonga-Kultur ist durch die Umsiedlung nicht untergegangen, wie manche Leute befürchtet und vorausgesagt haben. Aber die Stimmen der Menschen sollen auch gehört und nicht wieder übergangen werden, daher ist es wichtig, immer wieder darauf aufmerksam zu machen, was in der Vergangenheit passierte.

LITERATUR

Akuffo, F.W.B. & L.J. Simwemba. 1979. "Tonga Traditional Social and Religious Patterns before The Coming of the Europeans". In: *History Staff Seminar, Zambia Papers 1979, Rural Development Studies Bureau.* Lusaka: University of Zambia.

Clark, Sam et al. 1995. "Ten Thousand Tonga: A Longitudinal Anthropological Study from Southern Zambia, 1956 – 1991". *Population Studies* 49: 91-109.

Colson, Elizabeth. 1971. *The Social Consequences of Resettlement: The Impact of the Kariba Resettlement upon the Gwembe Tonga.* (Kariba Studies 4). Manchester: Manchester University Press.

—, 1996. "The Bantu Botatwe: Changing Political Definitions in Southern Zambia". In: Parkin, David, Lionel Caplan & Humphrey Fisher (eds.). *The Politics of Cultural Performance.* Oxford: Berghahn Books.

—, 1997. "Places of Power and Shrines of the Land". *Paideuma* 43: 47-57.

—, 1999. "Gendering Those Uprooted by Development". In: Lorren, Indra (ed.). *Engendering Forced Migration: Theory And Practice.* New York/Oxford: Berghahn Books.

Kubik, Gerhard. 1983. „Verstehen in afrikanischen Musikkulturen". In: Simon, Artur (Hg.). *Musik in Afrika.* (Veröffentlichungen des Museums für Völkerkunde, Neue Folge 40, Abteilung Musikethnologie IV). Berlin: Museum für Völkerkunde, 313-326.

—, 1989a. "The southern African periphery: Banjo traditions in Zambia and Malawi". *The World of Music* 31/1: 3-30.

—, 1989b. "Subjective patterns in African Music". *Cross Rhythms. Papers in African Folklore/Music* 3: 129-154.

—, 1998. *Kalimba, Nsansi, Mbira – Lamellophone in Afrika.* Berlin: Museum für Völkerkunde.

—, 2004. *Zum Verstehen afrikanischer Musik.* Wien: Lit-Verlag.

Mukanzubo Institute for Cultural Research (ed.). 1996. *Dilwe lya Mutonga. Nkamu ya Mukanzubo.* Lusaka: Zambia Educational Publishing House.

Sibbuyu, Abeshai. 2001. *The Voice of the Resettled People.* Lusitu, Siavonga District. [Noch unveröffentlicht; ein Exemplar ist im Besitz von Cornelia Pesendorfer.]

Jürgen-K. Mahrenholz

Venezuela – Stationen einer Forschungsreise

PROLOG

Gegenstand des folgenden Artikels ist meine erste, etwa drei Monate währende Reise nach Venezuela im Jahr 1992. Meine Entscheidung gerade diese schon sehr lang zurückliegende Reise hier zu thematisieren, hängt mit mehreren Faktoren zusammen. Einerseits sammelte ich auf dieser Reise meine ersten praktischen Felderfahrungen, weshalb sie für mich den Übergang von der universitären Theorie zur eigenen Praxis markiert, andererseits korrelieren hiermit in besonderem Maß Faktoren wie Themensuche und Feldforschungsethik. Es lag in der Absicht meiner ersten Forschungsreise, innerhalb von drei Monaten einen möglichst breiten Überblick über die musikalische Vielfalt des Landes zu erwerben. Meine Aufenthalte zwischen den Jahren 2000 und 2004 waren hingegen zielgerichtet und galten einer vertiefenden Auseinandersetzung mit dem *Tamunangue*, der María-Lionza-Religion[1] und der Musik der Guajibos in der Nähe von Puerto Ayacucho.

1. PLANUNG UND VORBEREITUNG

Ziel meiner Reise nach Venezuela war es, eine interdisziplinäre Feldforschung auf Grundlage meiner Studienfächer Vergleichende Musikwissenschaft, Ethnologie und Altamerikanistik in Lateinamerika durchzuführen. Bis zu diesem Zeitpunkt basierte mein Wissen über Feldforschung ausschließlich auf der einschlägigen Literatur, es bestand also aus theoretischen Kenntnissen. Darum war es mir nun wichtig, vor Ort die typische Musik nach Möglichkeit im Rahmen der üblichen Darbietungen zu beobachten und mit den mir zur Verfügung stehenden Mitteln – zunächst Fotografie und Schallaufzeichnung[2] – zu dokumentieren. Da ich die ethischen Standards, keine Forschung zu erzwingen und keine heimlichen Auf-

[1] Den Begriff Religion nutze ich hier in Anlehnung an R. Mahlke 1992.

[2] Ab 2002 nutzte ich zusätzlich auch eine Videokamera.

nahmen durchzuführen, als verbindlich empfinde, ging ich nicht selbstverständlich davon aus, auch tatsächlich mit Musikaufnahmen wieder nach Deutschland zurückkehren zu können.

Meine Reiseeindrücke und die Dokumentation der von mir verwendeten Audio- und Filmmaterialien habe ich im Feldtagebuch, kleineren Notizheften, die ich im Gegensatz zum Tagebuch beständig bei mir führte, und in Form von Skizzen zu den jeweiligen Aufnahmesituationen festgehalten. Hieraus resultiert als methodischer Ansatz die teilnehmende Beobachtung.

Die Entscheidung, welches unter den vielen Ländern der Karibik sowie Mittel- und Lateinamerikas ich für meinen ersten direkten Kontakt wählen sollte, war nicht einfach. Letztendlich entschied die geographische Lage, die das Land zu einem spannenden Ort machte: Der lange Küstenstreifen liegt im karibischen Raum, Teile des Landes gehören zu den Anden und der Süden weist Regenwaldgebiete mit großflächigen indigenen Territorien auf. Die landschaftliche Vielfalt machte mich ebenso neugierig wie die kulturelle Heterogenität Venezuelas.

Vor allem die Publikationen von Isabel Aretz (Aretz 1967) und ihrem Ehemann Ramón y Rivera (Ramón y Rivera 1969, 1971, 1976) waren für mich eine wichtige Vorbereitung, um den größten Teil der Musikinstrumente in Venezuela benennen zu können sowie grobe stilistische und regionale Zuordnungen vorzunehmen: Alles Sachverhalte, die einen guten Anknüpfungspunkt für Unterhaltungen mit Musikern ergeben sollten. Auch konnte ich für meinen Aufenthaltszeitraum einen Festtagskalender mit dazugehörigen Ortschaften zusammenstellen und in meinem Feldtagebuch auf einer gesonderten Seite eintragen. Diese „Termine" sollten mir stets mehrere Optionen auf meiner Route eröffnen.

Mit der landeskundlichen Vorkenntnis und dem Wissen, welche Instrumente in welchen musikalischen Stilen Verwendung finden und wo sie in etwa anzutreffen sind, fühlte ich mich gut vorbereitet auf meine Feldforschung. Vor allem versetzten sie mich in die Lage, dort flexibel auf die meisten Gegebenheiten eingehen zu können. Das Festlegen einer definitiven Reiseroute lehnte ich trotz des angelegten Festtagskalenders ab. Er sollte Möglichkeiten aufzeigen aber keine Verbindlichkeiten schaffen. Alle Entscheidungen wollte ich erst im Land selber treffen. Um viele unterschiedliche lokale Musikstile kennen zu lernen, verfolgte ich lediglich den Grundsatz, mich an keinem Ort länger als vier, maximal fünf Tage am Stück aufzuhalten, ein Vorsatz, dem ich jedoch nicht immer treu blieb.

Zur besseren Orientierung sind die im Folgenden genannten Ortschaften meiner Reise in dem Kartenausschnitt Venezuelas verzeichnet (s. Abb. 1).

2. STATIONEN DER REISE

2.1. CARACAS

Die ersten Tage in Venezuela verbrachte ich in Caracas. Neben dem Besuch einiger Museen und Sehenswürdigkeiten wollte ich dort entscheiden in welcher Gegend ich meine Reise durch das Land starte. Caracas bildet insofern den idealen Ausgangspunkt, da es die einzige Stadt ist, von der aus eine direkte Anbindung in alle Bundesstaaten des Landes möglich ist. Darüber hinaus befinden sich gerade für Forschungsreisende in Caracas die Zentralen der wichtigsten Institutionen. Sei es ein Besuch der CONAC (*Consejo Nacional de la Cultura*) – dem Kultusministerium von Venezuela –, der FUNDEF (*Fundación de Ethnomusicologia y Folklore*) – ein von Isabel Aretz und ihrem Mann gegründetes Institut, das zu den wichtigsten musikethnologischen Forschungsstätten Lateinamerikas zählt –, oder der OCAI (*Oficina Central de Asuntos Indígenas*), wo man eine Genehmigung für die Erforschung indianischer Gebiete beantragen kann.

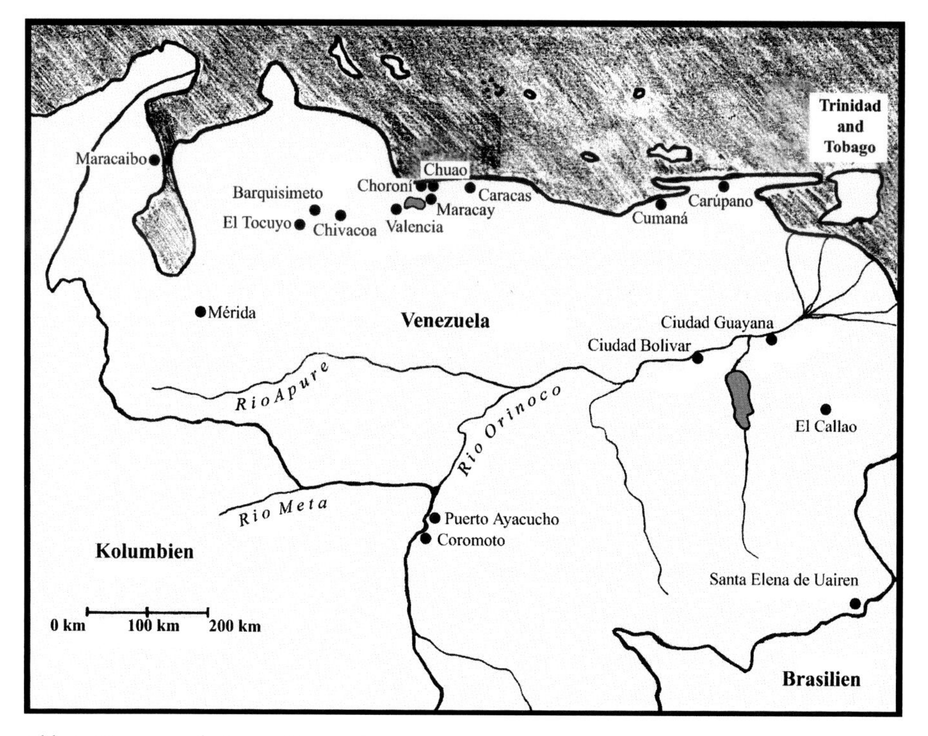

Abb. 1: Kartenausschnitt von Venezuela

Bei einem meiner Besuche der CONAC machte ich unter anderem auch Bekanntschaft mit Musikern der Gruppe *Madera* (Holz), die sich besonders der Pflege afrikastämmiger Musik aus verschiedenen Gegenden Venezuelas annehmen. Neben den Proben der Musiker konnte ich auch einen Live-Auftritt mitschneiden. Für die Musiker, denen ich gleich im Anschluss eine Kopie anfertigen konnte, waren meine Aufnahmen von Vorteil, da sie hierdurch die akustische Wirkung ihrer Musik im Zuschauerraum nachvollziehen konnten.

2.2. Fahrt in Richtung Merida

Um mich besser an das Klima der Tropen zu akklimatisieren, plante ich zunächst einige Tage im Andengebiet in der Umgebung von Merida zu verbringen. Auf dem Weg dorthin wollte ich in dem Bus einen ersten Eindruck von dem Land außerhalb der Metropole gewinnen. Merida erreichte ich allerdings auf meiner ersten Reise nicht, weil ich unterwegs eine Entdeckung machte, die mich eine andere Route einschlagen ließ. Etwa auf halbem Weg zwischen Caracas und Merida konnte der Bus in Barquisimeto, der Hauptstadt des Bundeslandes Lara, wegen eines Schadens nicht mehr starten. Da es keinen Ersatzbus gab, waren die Reisenden dazu gezwungen sich ein Nachtquartier zu suchen. Nachdem ich mein Gepäck in einem nahe gelegenen Hotel untergebracht hatte, ging ich in ein Lokal. Bei meiner Unterhaltung mit einigen Gästen erfuhr ich, dass es besondere Musik im Bundesstaat Lara gebe: den *Tamunangue*. Einige grundlegende Informationen erfuhr ich an diesem Abend: Es handle sich beim *Tamunangue* um einen aus insgesamt acht Teilen bestehenden Tanz zu Ehren von San Antonio de Padua[3], der von einem Ensemble begleitet werde. Da meine Gesprächspartner auf viele meiner Fragen keine genauen Antworten wussten, gaben sie mir schließlich den Rat nach El Tocuyo zu reisen. Dort sei der *Tamunangue* am tiefsten verwurzelt und dort könne ich auch umfassendere Informationen erhalten. Auf meinem Weg zurück ins Hotel wurde mir klar, dass mein Interesse am *Tamunangue* geweckt war und meine Reise nicht wie ursprünglich geplant nach Merida, sondern nach El Tocuyo führen würde. Von diesem Zeitpunkt an begann meine Reise durch das Land eine eigene Dynamik zu entwickeln.

---

[3] San Antonio de Padua lebte von 1195 bis 1231 und zählt zu den bekanntesten Heiligen der katholischen Kirche. Nach dem schnellsten Heiligsprechungsprozess der Kirchengeschichte wurde er bereits 1232 von Gregor IX. kanonisiert. In dem Jahrhundert nach seinem Tod nahm seine Verehrung in der Volksfrömmigkeit eine einzigartige Dynamik an. Er gilt allgemein als Schutzpatron der Bäcker und Bergarbeiter sowie der Reisenden und Liebenden (Wimmer 1966: 130). Speziell in Venezuela hat er zusätzlich eine starke landwirtschaftliche Bedeutung und wird ebenso für ein gesundheitliches Wohlergehen angerufen (Aretz 1970: 14).

2.3. El Tocuyo[4]

Als ich nächsten Tags El Tocuyo erreichte, suchte ich die *Casa de la Cultura* auf. Dort hatte ich Gelegenheit zu beobachten, wie ein Lehrer Kindern diesen Tanz beibrachte. Nach kurzen einführenden Worten boten mir die Kinder unter seiner Anleitung den kompletten Zyklus der *sones* genannten Tanzformationen, aus denen sich der *Tamunangue* zusammensetzt, dar. Bereits ihre Darstellung erstaunte mich durch die Unterschiedlichkeit choreographischer Bestandteile. Um mir von der Musik des *Tamunangue* ein treffenderes Bild machen zu können, lud mich der Lehrer noch für denselben Abend dazu ein, ihn und seine Gruppe – die *„Los Veteranos del Tamunangue"* – aufzunehmen. Als ich mich zur verabredeten Zeit in seinem Haus einfand, wurde ich von den Musikern erwartet und konnte so das Spiel eines vollständigen Ensembles aufnehmen und mich mit ihnen an den Folgetagen über die von ihnen gespielten Instrumente, die Musik, den Tanz und natürlich auch über sie als Musiker selbst unterhalten. Wie ich auch später von anderen Gruppen erfuhr, sind viele Musiker der Ensembles miteinander verwandt. Oft handelt es sich um Handwerker oder Bauern – die Musik üben sie ausschließlich in ihrer Freizeit aus. Die Instrumentierung des *Tamunangue* gibt es in dieser Zusammenstellung nur noch in ähnlich religiös besetzten Zusammenhängen. Das Ensemble besteht aus einem *cumaco*, ein paar *palos* und *maracas* sowie diversen Saiteninstrumenten: *cuatro, cinco, cinco de seis cuerdas* und *cinco y medio.* Während unserer Gespräche brachten mir die Musiker eine Reihe von Aspekten der verwendeten Instrumente näher.

Der *cumaco* ist eine Trommel und wird – mit Ausnahme der jährlichen Prozession am 13. Juni – auf dem Boden liegend gespielt. Der Durchmesser des Korpus liegt zwischen 20 – 50 cm, wobei nur eine Seite mit einer aufgenagelten Fellmembran versehen ist. Die Länge des Korpus reicht von einem Meter bis zu 2,20 Metern. Verwendung findet der *cumaco* im Bundesstaat Lara nur in der Musik, die zu einem religiösen Kontext gehört. Die Spielweise des Instruments ist bemerkenswert: Der Spieler sitzt auf dem liegenden Trommelkorpus und setzt einen seiner Fußballen so vor die Membran, dass er während des Spiels mit der Ferse die Spannung des Fells erhöhen und neben unterschiedlichen Orten und Handstellungen des Schlags auf die Membran eine zusätzliche Variable in sein Spiel einbringen kann. Um diese Spielposition zu erreichen, umgreift er mit seinen Armen das vorgestellte Bein.

[4] In meiner Magisterarbeit habe ich mich, über die hier nur überblicksweise dargestellten Themenkomplexe zur Musik und zum Tanz hinaus, intensiver mit der Geschichte der Ortschaft, dem historischen Hintergrund des Verbreitungsgebiets, dem kirchlichen Einfluss und der allgemeinen Aufführungspraxis dieses Brauchtums auseinandergesetzt (vgl.: Mahrenholz 1997).

Der *cumaco* wird gleichzeitig auch als Idiophon gespielt, indem ein seitlich hinter dem Trommler sitzender Mitspieler mit dickeren Holzstäben, den *palos* oder auch *laures*, auf den Korpus schlägt. Als weiteres Idiophon wird ein Paar *maracas* genutzt. Auffällig an den meisten *maracas*, die von den Ensembles genutzt werden, ist, dass sie eine durchbrochene Kalebasse aufweisen und paarweise über eine Schnur am unteren Ende der Griffe miteinander verbunden sind. Die Schnur dient zur hängenden und somit sicheren Aufbewahrung der *maracas* in den Wohnräumen.

Der *cuatro* sieht aus wie eine stark verkleinerte Gitarre und ist das mit Abstand am weitesten verbreitete Chordophon in Venezuela. Die Saiten werden im Regelfall *rasgueado*, also geschlagen, gespielt. Dieses Instrument leitet sich nach Isabel Aretz aus der viersaitigen *vihuela* Spaniens aus dem 15. Jahrhundert ab (Aretz 1967: 122). Die Bezeichnung *cuatro* erfolgte in Analogie zur Anzahl der Saiten (*cuatro* = vier). Die Grundstimmung des Instruments lautet: a-f'-c'-g.

Der *cinco* wird auch *quinto* genannt, ist ebenfalls sehr verbreitet, wird aber fast ausschließlich im Bundesstaat Lara auch in den abgeleiteten Formen *cinco de seis cuerdas* und *cinco y medio* genutzt. Die Maße des *cinco* sind ein wenig größer als die des *cuatro* und er weist, wie der Name bereits ausdrückt, fünf Saiten auf. Eine häufig anzutreffende Stimmung lautet: a-e-c-G-d. Aus diesem Grundtypus leitet sich der *cinco de seis cuerdas* (fünf mit sechs Saiten) ab. Der Unterschied hier besteht in der oktavierten 4. Saite, die doppelchörig neben derselben geführt wird. Die Stimmung lautet hier: a-e-c-G-g-d. Bei dem *cinco y medio* (fünf und die Hälfte) hingegen wird die 5. Saite „halbiert", d.h. oktaviert und vor die erste Saite gesetzt. Hieraus resultiert die Stimmung: d'-a-e-c-G-d (Aretz 1967: 148ff).

Die Reihenfolge der insgesamt acht *sones* genannten Teile des *Tamunangue* ist genau festgelegt. Sie beginnt mit dem *La Batalla*, einem stilisierten Kampf zwischen zwei Männern, der mit *garrotes*, etwa 80 cm langen und bis zu 3 cm im Durchmesser umfassenden Kampfstöcken aus einem besonders harten Holz, ausgetragen wird. Beim zweiten bis einschließlich siebten *son* handelt es sich jeweils um einen Paartanz. Die Hälfte dieser *sones* beinhaltet einen Wechselgesang zwischen Vorsänger und Chor. Das Tanzpaar setzt die vorgetragenen Anweisungen des Sängers sofort um, während der Chor sie hierbei mit repetitiven Floskeln verbal unterstützt. Die Tanzpaare selbst rekrutieren sich stets spontan aus den sich um die Tanzfläche bildenden Zuschauern. Nur der letzte *son* bildet diesbezüglich eine Ausnahme: Hier tanzen drei Paare zusammen, die verschiedene 2er, 3er, 4er und 6er Formationen fließend ineinander übergehend organisieren. Diesen *son* choreographisch umzusetzen obliegt einzig den Tänzern und Tänzerinnen, die mit zur Musikgruppe gehören und im Zusammenspiel miteinander geübt sind.

Ein *Tamunangue* kann in drei verschiedenen Kontexten aufgeführt werden:
- Während einer Prozession am Namenstag von San Antonio de Padua, dem 13. Juni,
- Anlässlich einer privaten Feier zu Ehren des Heiligen und
- Als *espectáculo* (Schauspiel) auf einer Bühne.

Die Prozession am 13. Juni findet als Kirchenfest statt. Eingeleitet wird sie bereits in der Nacht zuvor, indem vor der Statue auf dem Kirchhof ein *velorio* (Totenwache) durchgeführt wird. Bestandteile sind eine gesungene *salve* (Grußgebet) sowie einige *décimas* (zehnzeiliges Versmaß) begleitet von Saiteninstrumenten. Die Prozession mit der lebensgroßen Statue des Heiligen beginnt am frühen Morgen und dauert den ganzen Tag, selbstverständlich begleitet vom *Tamunangue*-Zyklus. Die Musiker sind während des Prozessionsgangs direkt vor der Statue positioniert (Abb. 2). Der Zug wird von den Tänzern angeführt. Ist der Prozessionszug in Bewegung, wird ausschließlich der *son La Batalla* gespielt und in frei wechselnder Besetzung choreographisch umgesetzt. Die übrigen *sones* führt man während der festen Stationen aus. Auch in den vorangehenden Tagen gibt es einige öffentliche Aktivitäten, beispielsweise einen Wettkampf mit Jury unter den verschiedenen *Tamunangue*-Schulen. Unter der heutigen Regierung von Hugo Chávez Frías wurde der *Tamunangue* zum *Patrimonio Nacional* (nationales Kulturgut) erklärt.

Abb. 2: Bei einer Prozession zu Ehren von San Antonio de Padua wird seine Statue hinter den Musikern getragen, fotografiert am 13. Juni 2002 in El Tocuyo.

Im privaten Rahmen gehört zur Durchführung eines *Tamunangue* ein mit Blumen und Kerzen geschmückter Altar, auf dem eine Figur oder ein Bildnis des Heiligen steht. Die Musiker positionieren sich und ihre Instrumente zum Altar so, dass in dem dazwischen liegenden Raum genügend Platz zum Tanzen bleibt. Für die zahlreich geladenen Gäste werden von den Gastgebern spezielle Speisen vorbereitet sowie eine üppige Versorgung mit alkoholischen Getränken gewährleistet. Private Feste zu Ehren von San Antonio finden in El Tocuyo und in den umliegenden Ortschaften nahezu jedes Wochenende statt. Die Gläubigen richten eine solche Feier für den Heiligen aus, um ihm für seinen Schutz und seine guten Taten zu danken. Der *Tamunangue* in diesem Kontext beginnt mit dem zeremoniellen Einzug der Figur des Heiligen von der Straße bis zum Altar. Dies findet unter musikalischer Begleitung des Ensembles statt. Feierlicher Abschluss eines *Tamunangue* ist eine *salve* sowie Lobgesänge auf San Antonio mit anschließenden Fürbitten für das Haus und alle Familienangehörigen.

Im Rahmen der jährlichen Prozession und der privaten Feiern ist der *Tamunangue* eine Performance mit religiösem Charakter, die zugleich Ritual, Tanz, Poesie und vor allem Musik umfasst. In dieser Atmosphäre entsteht eine enge Kommunikation unter den Akteuren, also zwischen Musikern, Tänzern und Zuschauern, in deren Zentrum die Verehrung von *San Antonio de Padua* steht. Wird der religiöse Hintergrund verlassen und der *Tamunangue*-Zyklus auf einer Bühne öffentlich aufgeführt, verliert er seinen rituellen Charakter und wird dann treffend als *espectáculo* (Schauspiel) bezeichnet. Derartige Darbietungen reduzieren das Geschehen auf eine Demonstration der Musik und Choreographie für ein Publikum, das nicht aktiv an dem Geschehen teilnimmt, wie mir *Tamunangue*-Gruppen immer wieder bestätigten.

Bei Festlichkeiten im privaten Bereich ist in den letzten Jahren eine häufige Überschneidung zwischen der María-Lionza-Religion (s. 2.4.) und dem *Tamunangue* zu beobachten. In diesen Fällen befindet sich in dem Gehöft ein Hausaltar für María Lionza, der bei der Durchführung eines *Tamunangue* mit einbezogen wird. Mir fiel dabei auf, dass die Akteure auf eine räumliche Trennung der Altäre von María Lionza und San Antonio achten.

Von El Tocuyo aus unternahm ich mehrmals Ausflüge zum Zentrum der María-Lionza-Religion nahe der Ortschaft Chivacoa im Bundesstaat Yaracuy, um dort die Praktiken dieses Glaubens zu beobachten. Viele meiner Informanten im Jahr 1992 empfanden meine Fahrten nach Chivacoa als befremdlich. Für sie ist María Lionza eine *creencia* (Glaube), dagegen sei der *Tamunangue* Teil der *religión* der Katholiken.

2.4. Chivacoa

Die María-Lionza-Religion entwickelte sich aus indianischen, katholischen und afrikanischen Glaubensvorstellungen in der ersten Hälfte des 20. Jahrhunderts in Venezuela. Sie ist einem beständigen Wandel unterlegen und integriert in sich eine Vielzahl anderer religiöser Praktiken und Strömungen (Mahlke 1992: 29f). María Lionza nimmt den höchsten Rang unter den Geistern dieser Religion ein. Für sie, wie auch für eine Vielzahl des übrigen Pantheons, gibt es besondere Rhythmen wie auch Lobgesänge. Einer Legende nach ist sie das Kind einer indianischen Prinzessin und eines Spaniers. Als junge Frau soll sie auf der Flucht in die Wälder der Berge von Chivacoa gelangt sein und dort nach einer Reihe eindrucksvoller Erlebnisse von einem göttlichen Wesen die absolute Macht über die Natur dieses Geländes erhalten haben. Seit dieser Zeit soll sie dort als Geist die Bitten der Pilger erhören. Ihre beiden Gefährten Negro Felipe und Guaicaipuro sind Nachfahren historischer Personen.[5] Negro Felipe wurde zum Helden des kubanischen Unabhängigkeitskampfes im ausgehenden 19. Jahrhundert, und Guaicaipuro war Häuptling der Teques, die um 1560 in den Bergen um das heutige Caracas siedelten und bis zur Festnahme ihres Anführers erfolgreich Widerstand gegen die Spanier leisteten (Mahlke 1992: 86). Zu Weltruhm gelangte María Lionza 1978 durch ein gleichnamiges Lied von Rubén Blades. Bereits in diesem Salsa-Titel wird María Lionza als eine wohltätige Göttin mit einer sehr hohen Popularität in der venezolanischen Bevölkerung beschrieben (Blades 1978). Und in der Tat lassen sich viele Referenzen auf sie und das übrige Pantheon im alltäglichen Leben der Venezolaner finden. So z.B. in Form eines Aufklebers im Font eines Autobusses, oder auch eines an einer Kette befindlichen Amuletts.

Ein circa fünf Kilometer außerhalb der Ortschaft Chivacoa gelegener Berg gilt landesweit als spiritueller Sammelpunkt der „Marialionzisten". Am Fuß des Berges, direkt am Fluss Yaracuy, liegen die Wirkungsstätten Sorte, Quivallo und l'Oro, wo ganzjährig Pilgergruppen aus dem gesamten Land zu Ritualen zusammentreffen (Abb. 3). Vor dem Betreten des Geländes nahm ich Kontakt zu einer der eintreffenden Gruppen auf, mit der Bitte, sie begleiten und Aufnahmen machen zu dürfen. Die Gruppe wollte genau wissen, zu welchem Zweck ich die Aufnahmen nutzen werde. Von der Gruppe wurde ich zunächst an einen Priester dieses Glaubens verwiesen, der in einer vorgelagerten Hütte wohnte. Erst wenn er mit meinem Besuch der Wirkungsstätten einverstanden sei, dürfe ich der Gruppe folgen. Sie einigten sich mit dem Priester auf einen Platz am Berg, wohin ich der Gruppe nach der Unterhaltung folgen solle. Von dem Priester wurde ich in seiner abgedunkelten Wellblechhütte vor einen mit Kerzenlicht ausgeleuchteten María-Lionza-Altar geführt, und wir sprachen über die Gründe meines Besuchs, wie auch über die María-Lionza-Religion an sich. Nach bereits wenigen Minuten durfte ich der Gruppe folgen.

[5] Jeder dieser drei Hauptpersonen sind weitere Geister zugeordnet. Zum Beispiel gehören zur Gefolgschaft des Negro Felipe sieben afrikanische Geister, ein direkter „Import" der bedeutendsten *orishas* aus dem kubanischen *Santería* Glauben, dessen Ursprung wiederum in der Glaubensvorstellung der Yoruba in Westafrika liegt.

Abb. 3: Beispiel eines Altars der María-Lionza-Religion in Sorte, fotografiert am 16. Februar 1992.

Jede der eintreffenden Gruppen baut auf dem Gelände einen eigenen Altar, auf dem zumindest die Bildnisse oder Statuen von María Lionza, Negro Felipe und Guaicaipuro thronen. María Lionza kommt hierbei stets eine zentrale Bedeutung zu. Auf dem Gelände werden verschiedenste Handlungen durchgeführt. Neben den obligatorischen Opfern für die Geister (Alkohol, frische Blumen, Früchte), Weissagungen durch Auslesen der Asche von Zigarren (Flores Díaz 1991: 31ff) sowie der Äußerung von Bittgesuchen, werden Reinigungs- und Heilungszeremonien im Trancezustand durchgeführt (García Gavidia 1996: 71ff). In Trance geraten die Anhänger dieser Religion mittels perkussiver Musik und kollektiven Gesangs oder aber durch *velaciones*[6]. Dadurch werden sie zu Medien für die Geister und dienen als Mittler zwischen der Geister- und der Menschenwelt. Die von den Gruppen mitgebrachten Trommeln sind unterschiedlichster Art. Manchmal finden auch statt Trommeln dickere Bambusrohre Verwendung, die sie mit ebenfalls in den Wäldern vorgefundenen und bearbeiteten Stöcken schlagen.

Die nächste Station meiner Reise galt dem Karneval – übrigens der einzige Eintrag meines Festtagskalenders, dem ich auch folgte. Zu diesem Anlass hatte ich mir

[6] Unter *velaciones* ist ein besonderes Ritual mit Kerzen zu verstehen. Ausführlich beschrieben in Mahlke 1992: 96ff.

in meinem Festtagskalender die Stadt Carúpano, im Osten von Venezuela im Bundesstaat Sucre gelegen, vorgemerkt. In der Literatur wird der Karneval dieser Stadt als herausragend dargestellt.

2.5. Carúpano

Bereits vor Beginn der offiziellen Karnevalsumzüge gab es musikalische Einstimmungen. In einem Hotel hatte ich in der Nacht zuvor die Gelegenheit eine ehemalige Karnevalskönigin bei einem Liederabend aufzunehmen. Ihr Repertoire wurde professionell von einem Gitarrenspieler begleitet und bestand aus allgemein bekanntem Liedgut, das nicht speziell mit Karneval konnotiert ist. Bei einer Vielzahl der populären Lieder stimmten die anwesenden Gäste nach den ersten Takten mit ein. Ob es auch in anderen Lokalen und Hotels ähnliche Veranstaltungen gab, und ob solche Ereignisse fester Bestandteil der Festlichkeiten sind, entzieht sich meiner Kenntnis.

Neben den offiziellen Straßenumzügen, die nach dem brasilianischen Vorbild ausgestaltet werden, konzentrierte ich mich vor allem auf das informelle Geschehen in den Seitenstraßen. Hier gab es kleinere Ensembleformationen, die durch die Gassen der Stadt ziehen, zu entdecken. Die Ensembles bestehen aus einem Paar

Abb. 4: Ensembleformation mit Handwagen beim Karneval in Carúpano, fotografiert am 29. Februar 1992.

Trommeln, *maracas*, und einem Melodieinstrument, in der Regel eine Violine oder eine Mandoline. Eine Besonderheit dieser Straßenmusiker ist es, dass sie die Trommeln sowie einen Verstärker für die Melodieinstrumente auf einem schmalen Handwagen installieren (Abb. 4). Die Lautverstärkung der Violine bzw. Mandoline erfolgt über die am Wagen angebrachten Megaphone. Die Verstärkeranlage wird mit Strom von den ebenfalls im Wagen eingebauten Autobatterien versorgt. Die Ausgabe des Schalls der Melodieinstrumente über die Megaphone erzeugt den charakteristischen, blechernen Klang dieser Ensembles. Einer dieser Gruppen begegnete ich mehrfach. Dabei fiel mir der große Variantenreichtum auf, mit dem sie stets ein und dieselbe Melodie spielten. Über die tatsächliche Breite des Repertoires konnte ich trotz Nachfragens keine weiteren Informationen erhalten.

Nachdem ich mich auf den ersten Stationen meiner Reise vor allem europäisch und afrikanisch beeinflusster Musik gewidmet hatte, wollte ich das Spektrum auch um die Musik indigener Gruppen in der Umgebung von Puerto Ayacucho erweitern.

Die Notwendigkeit, eine entsprechende Forschungsgenehmigung bei der OCAI zu beantragen und ausstellen zu lassen, ließ mich wieder den Weg nach Caracas einschlagen. Die Beantragung für eine Forschungsgenehmigung für die von den Guajibos bevölkerten Gebiete südlich von Puerto Ayacucho war problemlos möglich. Die einwöchige Wartezeit auf die Ausstellung der Papiere nutzte ich für einen Aufenthalt in Choroní und Chuao, zwei Ortschaften, die mir durch meine Beschäftigung mit afrovenezolanischer Musik über die Literatur vertraut waren.

2.6. Choroní/Chuao

Die Ortschaften Choroní und Chuao liegen hinter dem Nebelwald des Parque Nacional Henry Pittier an der Küste des karibischen Meeres. Chuao gehört mit zu einer Reihe von Ortschaften, die jedes Jahr zu Fronleichnam die Aufmerksamkeit des Landes durch die *diablos danzantes* (tanzenden Teufel) auf sich ziehen. Durch die Literatur (Ortiz 1982) wurde mein Interesse an diesem Phänomen geweckt, und ich wollte mich nach Möglichkeit vor Ort über Dauer und Verlauf der Feierlichkeit informieren. Vom Fischerhafen von Choroní aus ließ sich die Ortschaft Chuao mit einem Boot erreichen. Während der drei Tage, in denen die *diablos danzantes* durch die Ortschaft tanzend ziehen, kehren sie in etwa 100 Häuser ein, wo sie jeweils für 10 Minuten verweilen und ihnen kleine Speisen und alkoholische Getränke angeboten werden. Aufgesucht werden nur die Häuser, aus denen auch einer der teilnehmenden *diablos danzantes* stammt.

Vom 16. bis 19. Jh. gab es in den Ortschaften an der Küste Venezuelas einen besonders hohen Anteil von Sklaven. Ihr Einfluss ist heute noch in der Musik zu beobachten, die kaum europäische Musikinstrumente aufweist. In Choroní erklingt besonders am Wochenende abends auf dem großen Boulevard in Hafennähe Trommelmusik. Hierfür werden 2-3 verschieden große und vom Durchmesser ebenso differierende *cumacos* nebeneinander auf den Boden gelegt und von einem einzigen Perkussionisten gespielt. Gleichzeitig werden auch hier die Korpora der Trommeln mit *palos* geschlagen. Über die *Casa de la Cultura* war es mir möglich Kontakt zu einer Gruppe aufzunehmen, die noch die typischen Tänze pflegt. Hier hatte ich Gelegenheit den Proben beizuwohnen.

2.7. Coromoto

Zum verabredeten Termin holte ich bei der OCAI in Caracas meine Forschungsgenehmigung ab und reiste über Puerto Ayacucho, wo ich alle wichtigen Materialien und vor allem Lebensmittel einkaufte, nach Coromoto, einer kleinen Ortschaft der Guajibos.

Die Guajibos leben in der Umgebung um Puerto Ayacucho entlang des Rio Orinoco und seiner Nebenflüsse. Ihr Territorium liegt zu etwa 3/4 auf der kolumbianischen und zu 1/4 auf der venezolanischen Seite des Flusses. Sie sprechen ein von den angrenzenden Gruppen ihrer Gebiete unabhängiges Idiom, das mit zu der Sprachfamilie Guahiban zählt (Gordon 2005). Auch in weiteren Bereichen ihrer Kultur, der Musik, der Zubereitung von Speisen sowie der Kleidung unterscheiden sie sich von anderen indianischen Gruppen in ihrem Umfeld.

Den Mitarbeitern des ethnologischen Museums in Puerto Ayacucho sicherte ich vor meiner Weiterfahrt zu, ihnen alle von mir gesammelten Materialien zu zeigen und mit ihnen über meine Beobachtungen zu sprechen. Darüber hinaus sollte auch eine Kopie der Audio-Aufnahmen im Museum, wie auch bei den Musikern verbleiben.

Der Fahrer der *transporte de indígenas* ließ mich mitten in Coromoto mit meinen Sachen von der Pritsche des LKW springen. Die Gastfreundschaft der Guajibos wurde mir gleich hiernach zuteil. Ein sich in der Nähe befindlicher junger Familienvater bot mir spontan an, mich in seinem Haus aufzunehmen.

Trotz der mir entgegengebrachten Offenheit und Gastfreundschaft gab es Momente der Reflexion, in der mir die Richtung der teilnehmenden Beobachtung unklar wurde, denn ich fühlte, dass auch meine Gewohnheiten von den Bewohnern Coromotos erforscht wurden. Dieser Eindruck entstand vor allem, weil ich gewissermaßen im öffentlichen Raum lebte. Durch die offen einsehbare Hütte, in der kein Rückzugsbereich zur Verfügung stand, war ich steter Beobachtung ausgesetzt. Durch die Öffentlichkeit meines dortigen Lebens verkehrte sich für mich die Forschungssituation, in der ich vom Beobachter zum Beobachteten wurde.

In den Hütten findet tagsüber das gesamte soziale Leben der Guajibos statt, doch zum Schlafen ziehen sie sich in die von der Mission gestifteten Betongebäude zurück. Die Herstellung von Lanzen für den Markt in Puerto Ayacucho, das Backen von *cazabe*[7] zum eigenen Verzehr oder andere produktionsartige Tätigkeiten werden ausnahmslos in den Hütten durchgeführt. Die Gesänge der Guajibos nehmen unter anderem auch Bezug auf ihren Speiseplan, der vor allem aus *cazabe* und Fisch besteht. Es gibt Gesänge über bestimmte Fischsorten oder auch für das bessere Gedeihen der *yuka*-Pflanzen. Ferner gibt es alle Lieder in einer instrumentalen Fassung, die auf paarweise zu spielenden Panflöten erklingen. Jede Panflöte weist fünf Röhren auf. Die Melodien setzen sich aus den alternierend angespielten Panflöten, die nach *hembra* (weiblich) und *macho* (männlich) unterschieden werden und differierende Längen aufweisen, zusammen.

Auf meiner Weiterreise wollte ich vom kolumbianischen Grenzgebiet ins östliche guayanische Bergland bis nach St. Elena de Uairen vor die brasilianische Grenze vorstoßen. Meine Route führte mich über Ciudad Bolivar zunächst nach Callao, wo noch in englischer Sprache der Calypso-Stil, aus Tagen gemeinsamer Kolonialzeit mit Trinidad, fortlebt. Bei meiner Ankunft hatte ich jedoch nicht das Glück hiervon Aufnahmen machen zu können. Vielmehr erhielt ich die Auskunft, dass dieser Musikstil lediglich zu Karneval gepflegt würde und ansonsten im musikalischen Leben der Stadt keine Rolle spielte, so die einschlägige Rede des einzigen Sängers dieses Stils, den ich ausfindig machen konnte.

3. IM RÜCKBLICK

Die von mir 1992 durchgeführte Feldforschung war letztendlich das Resultat einer sich entwickelnden Eigendynamik, die sich schrittweise von annähernd Vertrautem (der Verehrung eines katholischen Heiligen) zu großer Fremdheit (die indigene Kultur der Guajibos), von zentralen großen Städten zu immer kleineren und entlegeneren Siedlungen bewegte und sich ohne konkrete Planung ergab. Hiermit korrespondierend nahm auch der Grad der Fremderfahrung für mich in fast jedem neuen „Feld“ zu. Entscheidend war bei diesem Prozess ein Sich-Einlassen auf Unvorhergesehenes, gepaart mit einer selektiven Wahrnehmung, die zunächst auf Musik fokussiert war, sich dann aber auch von dort ausgehend auf andere Lebensbereiche ausweitete. Durch diese Offenheit konnte ich die anfangs geäußerte Ab-

[7] Ein säuerliches Brot aus der bitteren *yuka*- (Maniok-) Wurzel.

sicht meiner Reise, Musik vor Ort aufzunehmen und zu dokumentieren, in den meisten Fällen umsetzen. Eine bis in jede Einzelheit durchorganisierte Reise wäre vermutlich weniger erfolgreich verlaufen. Bei meinen späteren Reisen nach Venezuela hingegen verfolgte ich konkrete Ziele und Fragestellungen. Vor allem wollte ich die Musiker in El Tocuyo besuchen, über deren Interpretation des *Tamunangue* ich meine Magisterarbeit schrieb, und die Thematik durch weitere Aufnahmen auch in den umliegenden Ortschaften vertiefen. Zudem plante ich die Siedlung Coromoto der Guajibos am *Rio Orinoco* aufzusuchen, um auch hier möglichst neue Aufnahmen zu realisieren.

In Bezug auf meine erste Forschungsreise nach Venezuela war für mich wichtig, eigene Erfahrungen und Beobachtungen vor Ort zu machen. Das Vorwissen über Instrumente und einige Musikstile des Landes erwies sich als sinnvoll, da ich mich hierdurch Musikern und Informanten gegenüber als Spezialist ausweisen konnte und deshalb auf viele Fragen aufmerksam wurde.

Angebracht war für mich auch die Herangehensweise, zuerst eigene Beobachtungen zu machen und anschließend zu einem späteren Zeitpunkt die vertiefende Literatur zu speziellen Themen zu lesen. Ich wollte damit vermeiden, die Gegebenheiten durch die Brille einer anderen Person zu betrachten, statt sie zunächst durch mein eigenes Interesse motiviert miteinander in Verbindung zu setzen.

Den *Tamunangue* hätte ich vermutlich nicht auf diese Weise kennen lernen können, wenn ich mich nicht auf die Fremderfahrung eingelassen hätte. Diese erlaubte es mir auf der Suche nach musikethnologisch relevanten Themen genau die Begebenheiten aufzugreifen, die sich mir auf der Reise in einem fremden Land und durch die Begegnung mit fremden Menschen eröffneten. Der Bewusstwerdungsprozess, der dabei das Fremde und das Eigene vermittelt hat, erlaubte es mir während der Feldforschung, die im akademischen Diskurs bisweilen festgestellte Diskrepanz zwischen universitärer Theorie und persönlicher Praxis aufzulösen.

LITERATUR UND DISKOGRAPHIEVERZEICHNIS

Aretz, Isabel. 1967. *Instrumentos Musicales de Venezuela.* Cumaná: Universidad de Oriente.

—, 1970. *El Tamunangue.* Barquisimeto: Universidad Centro-Occidental.

Blades, Rubén & Willie Colón. 1978. *Siembra.* New York: Fania Records.

Flores Díaz, Dilia. 1991. *La Adivinación por el Tabaco en el Culto a María Lionza.* Maracaibo: Universidad de Zulia.

García Gavidia, Nelly. 1996. *El Arte de Curar en el Culto a María Lionza.* Maracaibo: Universidad de Zulia.

Gordon, Raymond G., Jr. (ed.). 2005. *Ethnologue: Languages of the World.* Fifteenth edition. Dallas, Texas: SIL International. [Online version: http://www.ethnologue.com/]

Mahlke, Reiner. 1992. *Die Geister steigen herab – Die María-Lionza-Religion in Venezuela.* Berlin: Reimer.

Mahrenholz, Jürgen-K. 1997. *Zur Musik im Tamunangue (Venezuela) – Die Tradition der „Los Veteranos".* Berlin: Freie Universität Berlin.

Ortiz, Manuel Antonio. 1982. *Diablos Danzantes de Venezuela.* Caracas: Fundacion la Salle de Ciencias Naturales.

Ramón y Rivera, Luis Felipe. 1969. *La Música Folklórica de Venezuela.* Caracas: Monte Avila Ed.

—, 1971. *La Música Afrovenezolana.* Caracas: Imprenta Universitaria.

—, 1976. *La Música Popular de Venezuela.* Caracas: Armitano.

Wimmer, Otto. 1966. *Handbuch der Namen und Heiligen.* Innsbruck [u.a.]: Tyrolia-Verlag.

Regine Allgayer-Kaufmann

Alles dreht sich um den Bumba-meu-Boi

1. DAS SPIEL

Im Bumba-meu-Boi verbinden sich Musik, Tanz und Dramaturgie zu einem mehrdimensionalen Ereignis. Im Mittelpunkt des Geschehens steht ein Ochse (portug. *boi*). Die Akteure nennen es Spiel, *brincadeira*, und sich selbst *brincantes*, Spieler. Das Verb *brincar* bedeutet im Portugiesischen spielen, sich vergnügen. Im Bundesstaat Maranhão im Norden von Brasilien ist der Bumba-meu-Boi mit dem Juni Festzyklus verbunden. Anfang und Ende sind durch diesen bestimmt. Pünktlich am Ostersamstag beginnen die Proben. Dann treffen sich die Akteure des Bumba-meu-Boi dort, wo das Spiel im vergangenen Jahr endete: im *sede*, dem Sitz des Boi. Der Sitz ist ein Haus, in dem Requisiten (Masken und Kostüme) und (seltener) die Instrumente aufbewahrt werden. Es gibt dort immer auch eine Kapelle mit einem Altar, in der der Bumba-meu-Boi, solange er spielt und lebt, aufgestellt wird. Vor dem Altar findet am Vorabend des Johannistages (24. Juni) die rituelle Taufe des Ochsen statt. Nach seinem rituellen Tod – zwischen August und November – versammeln sich die Spieler dort erneut zu einer Zeremonie des Abschied-Nehmens. Gespielt wird auf dem Platz oder auf der Straße vor dem Haus, im Freien also. Der Boi ist eine Maske, die Kopf und Rumpf eines Ochsen darstellt. Sie besteht aus einem Holzgestell, über das ein mit bunten Pailletten besticktes Tuch (genannt *couro*, die Haut) gezogen ist. Nach dieser zentralen Figur nennt sich das ganze Ensemble schlicht ebenfalls Boi. Man sagt, man hat einen Boi, wenn man der Leiter eines solchen Ensembles ist, oder man spielt in einem Boi, wenn man dazu gehört. Die Bois heißen nach dem Dorf oder dem Ortsteil, aus dem sie kommen „Boi de Maracanã“ oder „Boi da Fé em Deus“, etc. Es gibt eine große Zahl von Mitwirkenden: Musiker (Instrumentalisten und Sänger), Tänzer und Schauspieler. Eine Aufführung besteht aus einer Sequenz von 10-12 Liedern. Zwischen diesen Liedern werden Szenen gespielt. Diese Szenen erzählen eine Geschichte, die in ihren Grundelementen die folgende ist: Catirina ist die Frau eines afrikanischen Sklaven mit Namen Francisco. Sie ist schwanger und hat ein unstillbares Verlangen nach der Zunge des Ochsen. Dieser Ochse ist ausgerechnet der Lieblingsochse des Fazendabesitzers. Catirina bittet ihren Mann inständig, ihr die Ochsenzunge zu beschaffen. Er versucht zunächst sie umzustimmen, leider vergeblich. Aus Angst, das Kind könne Schaden nehmen, macht sich Francisco schließlich auf und stiehlt den Ochsen. Selbstverständlich wird der Diebstahl entdeckt. Der Patron ruft seine Leute zusammen. Er schickt zunächst die Viehhirten (*vaqueiros*) aus, um den Ochsen zu suchen. Sie kehren ohne Erfolg zurück. Die Indianer *(indias guerreiras* oder *caboclos guerreiros*) finden – da sie besonders ortskundig sind – schließlich den Dieb und stellen ihn. Leider ist es zu spät; denn Catirina hat die Zunge schon gegessen. Der Ochse liegt tot am Boden. Was tun? Die ganze Geschichte dreht sich im Weiteren darum, wie *nego chico* (Francisco) den Ochsen wieder lebendig machen kann. Dabei ist der Phantasie der Mitwirkenden keine Grenze gesetzt. Im Spiel des „Boi de Maracanã" wird ein Junge nach Japan geschickt, um einen Doktor zu holen. Dieser schafft es, durch ein Vexiermittel den Ochsen wieder lebendig zu machen:

<table>
<tr>
<td>Garoto me leva um recado
Além de eu te pagar bem pago
Me faz um favor
Viaja no primeiro avião
Vai no Japão
E me traz um doutor
O trabalho é pesado
É pra muito dinheiro
Tó decepcionado com doutor brasileiro

Humberto, Amo do Boi de Maracanã</td>
<td>Junge, überbring schnell eine Nachricht
Ich bezahle dich gut
Und habe noch eine Bitte
Nimm das erste Flugzeug
Direkt nach Japan
Und bring mir einen Arzt
Die Arbeit ist schwierig
Und kostet viel Geld
Von den brasilianischen Ärzten bin ich enttäuscht.
(deutsche Übersetzung R. A.)</td>
</tr>
</table>

Am Schluss gibt es immer ein Happy-End. Der Ochse steht wieder auf und beginnt zu tanzen. Dazu wird das „Urrou o boi" (Der Ochse hat gebrüllt) gesungen.

In den Wochen zwischen Taufe und rituellem Tod wird viele Male gespielt, in der Regel an den Wochenenden, vom 24. – 29. Juni jedoch, von Johanni bis Peter und Paul, dreht sich in São Luís buchstäblich alles um den Bumba-meu-Boi. Dies ist die so genannte heiße Zeit, in der jeden Abend, vom Einbruch der Dunkelheit bis zum frühen Morgen, auf allen Festplätzen der Stadt die Bois tanzen. Es gibt in São Luís ein gutes Dutzend solcher Festplätze, genannt *arraiais*, die eigens für die beiden großen Festzyklen des Jahres, Karneval und Johannisfest, angelegt wurden. Die Ensembles treten im Laufe der Nacht auf verschiedenen Plätzen auf, wo sie von

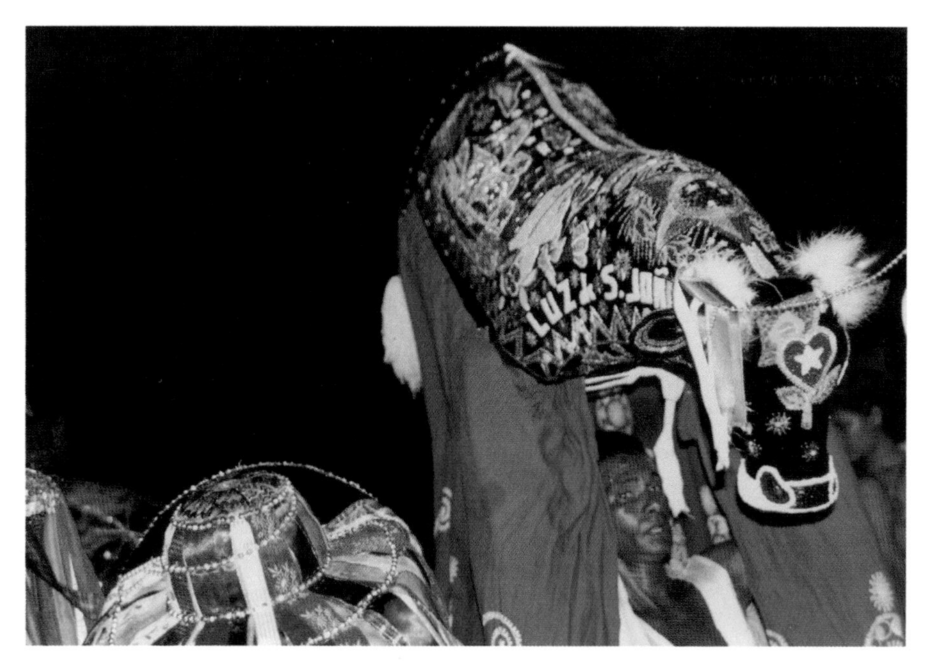

Abb. 1: Der Ochse mit Namen „Luz de São João". Bumba-meu-Boi de Maracanã. São Luís, Juni 2000.

einem begeisterten Publikum erwartet werden. Sobald die Tänzer und Tänzerinnen, die Sänger, die Instrumentalisten und alle übrigen Darsteller den Festplatz betreten haben, verwandelt sich dieser in eine Theaterbühne, mit einem einzigen aber wichtigen Unterschied, nämlich dass die Zuschauer nicht vor der Bühne auf Sesseln sitzen, sondern stehend einen Kreis um die Akteure bilden. Im Mittelpunkt von allen umringt befindet sich der Bumba-meu-Boi. Der Junge, der die Maske trägt, hält diese zu Beginn mit ausgestreckten Armen nach oben (Abb. 1), so dass sich der Ochse über den Köpfen der Menge hin und her wiegt und fast darüber zu schweben scheint. Dann stülpt der Spieler die zoomorphe Maske über sich, ein Abrupt-in-die-Knie-Gehen, Kopf nach unten, erst ein, zwei Schritte zurück, dann eine schwungvolle seitliche Drehung, die Menge formt sich zum Kreis, setzt sich im Gegenuhrzeigersinn in Bewegung und dreht sich singend und tanzend um die eigene Mitte, um ihren Bumba-meu-Boi. Das Spiel beginnt.

2. DER SCHAUPLATZ

São Luís ist die Hauptstadt des Bundesstaates Maranhão im Norden Brasiliens. Sie hat 800.000 Einwohner und liegt auf einer dem Festland vorgelagerten Insel an der nördlichen Atlantikküste, 1600 Kilometer nordwestlich von Recife. Von den Franzosen 1615 gegründet, wurde São Luis bereits drei Jahre später von den Portugiesen eingenommen. Die Altstadt (*Praia Grande*) mit 1100 historischen Gebäuden – die Mehrzahl davon aus dem 18. und 19. Jahrhundert – wurde als Weltkulturerbe unter den Schutz der UNESCO gestellt.

3. DIE QUELLEN

Die früheste schriftliche Quelle erwähnt den Bumba-meu-Boi in Recife und stammt aus dem Jahr 1840. Miguel do Sacramento Lopes Gama, ein Benediktinermönch aus dem Kloster in Olinda und Moralist, schreibt im *O Carapuceiro*: „Von allen Vergnügen, Spielen und volkstümlichen Unterhaltungen, die wir in Pernambuco haben, kenne ich keines, das ebenso einfältig, dumm und ohne jeglichen Reiz wäre wie das übrigens recht bekannte Bumba-meu-Boi. In diesem Spiel gibt es nicht einmal ein Thema, keinen Bezug zur Realität, keine Handlung: es ist einfach so ein Sammelsurium." (*O Carapuceiro* 2, Recife, 11.1.1840, zit. nach Cascudo 1971: 187). Aus dem Bundesstaat Maranhão gibt es Quellen, die darauf hinweisen, dass das Spiel in den 1860er Jahren sogar verboten gewesen war. 1868 berichtet der Chronist des „Semanário Maranhense", João Domingos Pereira do Sacramento, begeistert vom Wiederaufleben dieser Tradition und begrüßt sie als eine weise Entscheidung des Polizeipräfekten. Maria Michol Pinho de Carvalho schließt daraus, dass der Bumba-meu-Boi in Brasilien ursprünglich eine Unterhaltung der Sklaven gewesen war. Diese hätten – da sie am Rande der Gesellschaft lebten – durch das Spiel eine Möglichkeit gehabt, ihre Aggressivität auszuleben und ihren Protest zu artikulieren. Dies wiederum sei den Autoritäten ein Dorn im Auge gewesen, sie fühlten die öffentliche Ordnung bedroht und reagierten daher mit Verfolgung und Verboten (Carvalho 1995: 37).

Die ältesten Tonaufnahmen, die wir besitzen, stammen aus dem Jahr 1938, und zwar von der Missão de Pesquisas Folclóricas, einer vom Schriftsteller Mário de Andrade initiierten, von vier Forschern (Antônio Ladeira, Benedito Pacheco, Luís Saia und Martin Braunwieser) durchgeführten Feldforschung. Die Missão hatte auf ihrer 6-monatigen Reise durch verschiedene Bundesstaaten des Nordens und Nordosten in Recife (REG.[1] 30-64), Patos (REG. 196-199, 213-219), Sousa (REG. 540-555), Areia (REG. 741-750), São Luis (REG. 996-1021) und Belém (REG. 1024-1155) Aufnahmen von Bumba-meu-Boi Spielern gemacht.

[1] REG. = registro do arquivo dBase, Discoteca Oneyda Alvarenga, Centro Cultural de São Paulo.

Die Aufnahmen in São Luis wurden am 19. Juni 1938 gemacht, also wenige Tage vor dem Johannisfest. Es handelt sich im Einzelnen um die folgenden Stücke:[2]

REG 996	Oh lua nova, oh lua cheia
REG 997	Boi, boi, boi dá
REG 998	Estrela D'Alva alumiou
REG 999	Eu ando apaixonado
REG 1000	Lua formosa, oh lua brilhosa
REG 1001	Menina varra sua porta
REG 1002	Toquei corneta, animou meu pessoal
REG 1003	Lá vai currupião
REG 1004	Oh de longe eu te conhecia
REG 1005	Quero-quero, quero ver meu currupião morrer
REG 1006	Já morreu meu boi de fama
REG 1007	Chama doutor pra receitar
REG 1008	Meu boi urrou
REG 1009	O ceu e o mar
REG 1010	Vou m'embora pelo mundo
REG 1011	Rapaziada, as coisas estão piotando
REG 1012	No ano de 22 a 28 a coisa não era assim
REG 1013	A lua é uma beleza só no dia em que ela sai
REG 1014	Lua vá reparando meu pandeiro que furou
REG 1015	Levantou tua bandeira
REG 1016	Meu povo quando eu morrer
REG 1017	Minha morena tuas faces é teu valor
REG 1018	Oh boi, boi, boi, oh boi, boi, dá
REG 1019	Morena, morena, tu botas sombrinha na mão
REG 1020	Lá vai meu batalhão
REG 1021	Adeus, adeus, eu já vou me retirar

Offenbar hieß der Bumba-meu-Boi „Currupião". Im „Lá vai Currupião" (= dort geht Currupião) (vgl. REG 1003) wird seine Stärke und Kraft besungen und beschworen. Ein Stück, das mit der Textzeile „Lá vai" beginnt, ist auch heute noch ein fester Bestandteil des Repertoires und wird bei jeder Aufführung gesungen, ebenso das bereits erwähnte „Meu boi urrou" (REG 1008) und der Ruf nach einem Doktor, der helfen soll „Chama o doutor pra receitar" (REG 1007). Diese Stücke sind deshalb unverzichtbar, weil sie die Aufführung strukturieren, indem sie die wichtigsten Szenen der Dramaturgie kommentieren oder einleiten. Die Tatsache,

[2] Angaben nach Carlini 1993: 34.

dass das Repertoire von 1938 neben anderen auch diese Lieder enthält, Lieder, die auf die Geschichte von Catirina und Francisco Bezug nehmen, weist darauf hin, dass diese Geschichte bereits damals gespielt wurde. Die Dokumentation vermerkt: 2 maracás (Rasseln), 2 pandeiros (Handtrommeln) und 8 Paare matracas (Gegenschlaghölzer). Ladeira notiert: Bumba-meu-Boi der Insel[2], aufgenommen in João Paulo.[3] Pacheco notiert: Chor mit 20 Personen. Diese Angabe hat Ladeira korrigiert und in seinen Notizen durch 15 ersetzt (Carlini & Leite 1993: 98). Über den Solisten und Leiter der Gruppe, Manuel Secundino dos Santos, vermerkt die Dokumentation folgendes:

> Inf. Nr. 362
> 36 Jahre alt, Junggeselle
> Hautfarbe: Mulatte
> Schulbildung: kann lesen
> gesellschaftliche Stellung: arbeitet in einem Baumwollgeschäft
> Vater: Theodoro dos Santos
> Mutter: ihren Namen weiß er nicht
> geboren in Maranhão.
> Wo, wann, wie und von wem hat er gelernt?
> Er hat es gelernt an einem Ort namens Mata-Vila da Ilha. 1921 fing er an zu spielen.
> 1922 gründete er sein erstes Ensemble in São Luís.[4]

Über weitere 8 Mitglieder des Ensembles macht die Dokumentation biographische Angaben.

Es gibt drei Photos (424-426), auf denen einige der Mitwirkenden zu sehen sind. Die Dokumentation der Aufnahmen an jenem 19. Juni 1938 verfassten allein Antônio Ladeira und Benedito Pacheco. Dies legt den Verdacht nahe, dass weder Luís Saia noch Martin Braunwieser an diesem Tag dabei waren. Wir wissen nicht, warum. Eigentlich war Braunwieser stets derjenige gewesen, dem die Entscheidung oblag, welche Musik aufgenommen wurde. Er bestimmte auch die Aufstellung der Mikrophone. Braunwieser hat an anderen Orten nicht nur die Aufnahmen dokumentiert, sondern auch Skizzen und Transkriptionen angefertigt. Benedito Pacheco aber war lediglich für die Technik zuständig. Er war bestens vertraut mit dem *Presto Recorder*, der eigens für diese Feldforschung angeschafft worden war. Und Antônio Ladeira war technische Hilfskraft, er half beim Transport des Gepäcks, der Aufnahmegeräte samt Zubehör, die groß und schwer waren. Luís Saia aber war der Chef der Mission. Er hatte Ingenieurwissenschaften studiert, aber auch Vor-

[2] Gemeint ist die Insel, auf der São Luís liegt.

[3] João Paulo ist ein Stadtteil von São Luís, in dem auch heute noch sehr viele Musiker und Bumba-meu-Boi Spieler leben.

[4] Nach eigener Abschrift (Übersetzung R. A.) aus dem Originaldokument. Dieses befindet sich im Centro Cultural, Archiv der Discoteca Oneyda Alvarenga, Rua Verguerio, 1000, São Paulo.

lesungen über Ethnografie und Folklore bei Dina Lévi-Strauss besucht. Er war Mitbegründer der Gesellschaft für Ethnografie und Folklore in São Paulo.

Neben den bereits erwähnten 26 Aufnahmen, den drei Photos und der Dokumentation gibt es vom 19. Juni außerdem ein Blatt mit Skizzen der Instrumente: *maracá, matracas* und *pandeiros*. Sie stammen von Ladeira. Diese sind auch heute noch die wichtigsten Instrumente des so genannten „Boi de Matraca", eines Stils, der vor allem auf der Insel und somit auch in der Hauptstadt São Luis populär und beliebt ist. Auch die Tonaufnahmen lassen keinen Zweifel daran, dass es sich hier tatsächlich um einen Bumba-meu-Boi des Stils *matraca* handelt.

Die Aufnahmen wie auch die Photos wurden an einem einzigen Tag gemacht. Vom 13. – 23. Juni herrscht heute „die Ruhe vor dem Sturm", d.h. die letzte Probe findet vor dem 13. Juni, dem Todestag des Heiligen Antonius, statt. Der eigentliche Auftakt, nämlich die Taufe der Ochsen, ist in der Nacht vom 23. auf den 24. Juni. So hat im rituellen Kalender alles seine Zeit. Für die meisten Spieler ist auch heute noch ein Auftritt „außerhalb der Zeit" ein Verstoß gegen Tradition und Glauben und wird daher abgelehnt. Wir wissen nicht, ob die Wissenschaftler vor über 70 Jahren Überzeugungsarbeit leisten mussten, um die Spieler für die Aufnahmen zu gewinnen. Wir wissen aber aus anderen Quellen (Carlini 1993, Toni 1988), dass die Gesandten aufgrund der politischen Ereignisse unter erheblichem Zeitdruck standen und daher nach kurzem Aufenthalt in São Luís bereits am übernächsten Tag nach Belém weiterreisten, der letzten Station ihrer Reise. Das heißt, sie hatten keine Zeit, bis zum 24. Juni zu warten. Dies erklärt möglicherweise auch, warum die Spieler auf den Fotos keine Kostüme tragen. Wir sehen keine *caboclos* und keine *vaqueiros*, keinen *nego chico* und keinen Bumba-meu-Boi, d.h. wir sehen und hören nicht Ausschnitte einer live Performance, sondern wir sind buchstäblich „außerhalb der Zeit".

Die Audio und Videoaufnahmen sind Dokumente einer besonderen Aufnahmesituation, die auch einmal die Situation der Wahl sein kann. Es kommt auf die Fragestellung an. Die Dokumentation zeigt Bruchstücke einer ganzheitlichen Erfahrung. Das, was in der Wirklichkeit zusammengehört und eine Einheit bildet, wird durch die Dokumentation in einzelne Bestandteile zerlegt: Tonaufnahmen, Fotos, Zeichnungen von Instrumenten und Feldforschungsnotizen. Wie kann es je gelingen, aus diesen das Ganze wieder zusammen zu setzen? Und obwohl wir wissen, dass keine Dokumentation in der Lage ist, die Wirklichkeit total zu erfassen, ist die Diskrepanz im vorliegenden Fall extrem groß.

Zugegeben, in den letzten fünfzig Jahren sind Kontexte wichtiger geworden, d.h. Ethnomusikologen haben mehr und mehr Fragestellungen entwickelt, die auch die Kontexte einbeziehen. Selbstverständlich können wir all das, was wir nicht in

Ton und Bild festzuhalten in der Lage sind, auch als Beobachtung registrieren, indem wir unsere Feldforschungstagebücher und Notizbücher mit Texten darüber füllen. Aber da die Aufnahmegeräte leichter sind und ihre Handhabung einfacher geworden ist, können wir heute mehr Technik auch praktisch umsetzen. Wir sind dadurch zugleich auch anspruchsvoller und ehrgeiziger geworden. Die Erwartungen und Ansprüche hinsichtlich technischer Qualität und medialer Präsenz von Realität sind gestiegen. Wir verlangen von uns, dass wir nicht nur mit eigenen Augen sehen und mit eigenen Ohren hören, sondern dass wir zugleich zeigen, dass wir unseren Informanten oder Gewährspersonen auch wirklich nahe gekommen sind, mit Respekt – versteht sich – und der nötigen Sensibilität. Zugleich sollen wir diese einmalige, heikle Situation *in actu* nicht nur erleben, sondern auch festhalten und zugleich reflektieren, das Ergebnis ohne Informationsverlust auf ein Medium schreiben und zwar so, dass wir es später auch präsentieren können.

4. MEIN FORSCHUNGSINTERESSE

Mich hatte der Bumba-meu-Boi von Anfang an als mehrdimensionales Ereignis fasziniert. Ich fragte mich, wie es möglich wäre, dass hundert oder hundertfünfzig oder sogar zweihundert Menschen sich so organisierten, dass dabei ein Theaterstück mit Musik und Tanz entsteht. Sie sind alle Laien. Da gibt es keinen professionellen Regisseur und keine Regieassistenz und – so schien es zumindest – keinen Choreographen, keinen Kapellmeister und keinen Chorleiter. Ich interessierte mich jedoch nicht nur für die produktionsästhetische Perspektive, sondern auch für den rezeptiven Blickwinkel, d.h. für die Perspektive der Zuschauer. „There must be someone there, because I can't think that it means very much if you're playing to nobody", sagt der Jazz Saxophonist Ronnie Scott (Bailey 1993: 45). Was für die Musik gilt, gilt umso mehr für das Theater. Mehr noch: Im Gegensatz etwa „zu Romanlesern können Theaterzuschauer ihren „Text" sogar (in seiner Materialität) verändern, nicht nur durch Applaus und Türenschlagen" (Hiß 1993: 12). Ich wollte nicht nur wissen, was die Akteure tun, sondern auch, was die Zuschauer einer Bumba-meu-Boi Präsentation erleben und in welcher Weise sie diese mit gestalten. Dramaturgie, Sprache, Gesten, Bewegungen, Musik, Tanz, Licht... im Spiel ereignen sich viele Dinge gleichzeitig. „Eine rätselhafte Instanz in unseren Köpfen scheint dafür zu sorgen, dass wir, was auf uns einströmt, zu übergeordneter Bedeutung ‚verrechnen'", schreibt der Theaterwissenschaftler Guido Hiß (1993: 32) und spricht von „Wegen durch den Zeichenwald" (1993: 144), die der Zuschauer konstruiert, indem er aus der Fülle von Zeichen, die ihm geboten werden, einzelne auswählt und sie zueinander in Beziehung setzt, miteinander verrechnet. So werden Bedeutungen konstruiert. Die Kreativität der Rezeption führt dazu, dass jeder Zuschauer (theoretisch) seine eigene Aufführung erlebt.

5. ÄSTHETISCHE ERFAHRUNG

Ich war überzeugt, dass dies genau das richtige Modell wäre, um die Rezeption einer Bumba-meu-Boi Aufführung zu beschreiben. Meine Idee war daher gewesen, das Geschehen so zu dokumentieren, dass diese Vielfalt der Perspektiven zur Darstellung kommt. Es gibt Raum- und Zeitperspektiven. Die räumlichen Perspektiven sind extrem vielfältig, weil die Bumba-meu-Boi Spieler jede Nacht auf einem anderen Festplatz spielen, ja sogar innerhalb einer Nacht von einem Festplatz zum anderen ziehen. Ich begleitete sie eine Nacht lang von Festplatz zu Festplatz, um möglichst viele verschiedene Plätze kennen zu lernen; später wartete ich – wie die meisten Zuschauer – auf einem Festplatz auf die verschiedenen Bois, die im Laufe einer Nacht dort eintrafen. Während der Festtage war es – im Gegensatz zu den Proben in der *sede* – auf den Plätzen voll, so dass es manchmal schwierig war, im Laufe einer Vorstellung den Platz zu wechseln. Aus verschiedenen Perspektiven entstehen verschiedene Wahrnehmungen, es macht einen Unterschied, ob man näher dran ist oder weiter weg, ob man oben steht oder mitten drin im Geschehen ist. Denn inmitten von zwanzig *pandeiros* (Abb. 2) vibrieren nicht nur die Trommelfelle, sondern man spürt auch die Anstrengung und Kraft, die nötig ist, um die großen Trommeln kräftig zu schlagen, während man sie mit ausgestreckten Armen hoch über den Köpfen hält. Unter den kräftigen Schlägen der Trommler scheint– wie in den Liedern besungen – die Erde wirklich zu beben. Aber nicht nur Hör- und Bewegungssinn werden angesprochen: ein intensiver Geruch der am Feuer erhitzten Trommeln breitet sich hier aus, das Feuer im Hintergrund spendet Wärme und Licht, in seinem Gegenlicht verzerren sich Bilder zu Schatten. Bei den *matraca* Spielern (Abb. 3) wird gespielt und auf der Stelle getanzt, während *caboclinhos, vaqueiros* und *indias guerreiras* sich im Gegenuhrzeigersinn um den Bumba-meu-Boi drehen, gefolgt vom Publikum, das versucht, sich einzureihen. Die Grenzen zwischen Zuschauern und Akteuren werden unscharf. Wer *matracas* hat, stellt sich einfach dazu und spielt mit: durch Dreier- oder Zweierteilung synchron oder im Wechsel entsteht ein sehr schneller Puls und eine permanente Konkurrenz von zwei gegen drei. Die bunten Kostüme der Mitwirkenden – mit unzähligen Pailletten bestickt – funkeln und glitzern im Mondlicht oder unter den Scheinwerfern (Abb. 4). Die Stimme des Solisten und Vorsängers aber schallt – von riesigen Lautsprechern verstärkt – über den ganzen Platz. Sie ist als einzige allgegenwärtig und nicht zu orten.

Durch eine mehrmonatige Feldforschung von April bis November 2000 konnte ich von den ersten Proben am Ostersamstag bis zum Ende, dem Tag, an dem der rituelle Tod des Bumba-meu-Boi (*A Morte do Boi)* den Festzyklus beendet, dabei sein. Die Proben fanden immer an den Wochenenden in der Nacht von Samstag auf Sonntag statt. Sie begannen gegen Mitternacht und endeten am nächsten Morgen erst nach Sonnenaufgang. Geschlafen hat in diesen Nächten außer den Kindern

Abb. 2: „Pandeiros" (Spieler mit Handtrommeln), Bumba-meu-Boi de Maracanã. Maracanã, Mai 2000.

niemand. Die Probennächte gehören zu den wichtigen Erfahrungen dieser Feldforschung. Um zwei oder drei Uhr morgens war ich in der Regel so erschöpft und müde, dass ich gezwungen war, Kamera und DAT Gerät einzupacken. Hier schließen die abschließenden Überlegungen an.

Man kann nicht an mehreren Orten gleichzeitig sein. Die Tatsache, dass mehrdimensionale Ereignisse je nach Perspektive unterschiedlich rezipiert werden, entzieht sich der unmittelbaren Erfahrung. Die Rezeption hängt nicht nur von Zeit- und Raumperspektiven ab, sondern u.a. auch von der Aufmerksamkeit des Individuums. Diese Aufmerksamkeit wiederum ist zwar abhängig von den Zeit- und Raumperspektiven, aber ebenso von individuellen Einstellungen und Prädispositionen verschiedenster Art. Es ist zu fragen, ob man mit DAT-Recorder und Filmkamera „bewaffnet" ästhetische Erfahrungen machen kann. „Als Mittel zur Beglaubigung von Erfahrung verwandt", schreibt Susan Sontag, „bedeutet das Fotografieren [...] auch eine Form der Verweigerung von Erfahrung [...] indem man Erfahrung in ein Abbild [...] verwandelt" (2003: 15). Erfahrung, die in Bilder verwandelt wird, ist eine Erfahrung der Nicht-Teilnahme, der Distanz zu den Ereignissen, der Nicht-Einmischung. Der Fotograf schiebt die Kamera zwischen sich und das Ereignis. Das ist beruhigend und gibt Sicherheit. Es sind aber eben diese Bilder, die nicht nur das Ereignis, sondern auch die Zeit überdauern. Wir hinterlassen mit ihnen Bilder nicht gelebter Erfahrung. Erfahrung wäre Berührung gewesen. Diese hat nicht statt gefunden. Erfahrung bedeutet unter Umständen Einmischung. Susan Sontag erinnert an das Foto des vietnamesischen Priesters, der nach dem Benzinbehälter greift, und erklärt unser Entsetzen angesichts solcher Fotos damit, „dass wir wissen, wie plausibel es geworden ist, wenn ein Fotograf, der sich vor die Alternative gestellt sieht, eine Aufnahme zu machen oder sich für das Leben eines anderen einzusetzen, die Aufnahme vorzieht. Wer sich einmischt, kann nicht berichten; und wer berichtet, kann nicht eingreifen" (2003: 17f.).

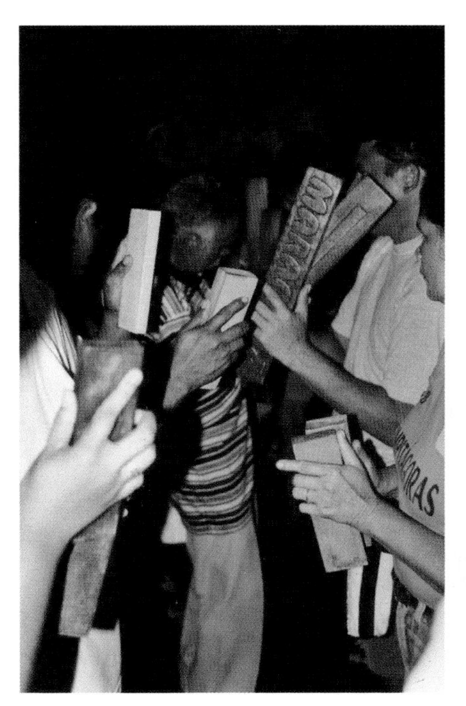

Abb. 3: „Matracas“ (Spieler mit Gegenschlaghölzern), Maracanã, Mai 2000.

Abb. 4: „Vaqueiros“ (Tänzer im Kostüm eines Viehhirten). Bumba-meu-Boi de Maracanã. São Luís, Juni 2000.

Das klingt übertrieben dramatisch, es macht aber deutlich, warum ästhetische Erfahrung sich der Dokumentation entzieht. Erleben und Dokumentieren schließen einander gegenseitig aus. Ästhetische Erfahrung ist unmittelbar. Der Blick durch das Objektiv der Kamera ist distanziert und lässt die Ereignisse klein und weit entfernt erscheinen. So konnte es geschehen, dass ich während des Filmens von einem wild tanzenden Bumba-meu-Boi umgerannt wurde. Der Blick durch das Objektiv täuscht. Ich glaubte, er wäre noch weit entfernt und als ich bemerkte, dass er direkten Kurs auf mich genommen hatte, war es zu spät. Wir wissen, dass auch die Filmkamera nur eine von mehreren möglichen Sichtweisen wiedergibt, und wir wissen nicht einmal, ob ihre Perspektive zu den wahrscheinlichen oder nahe liegenden zählt. Wir können auf die Theaterwahrnehmung der Zuschauer nicht unmittelbar zugreifen, der individuelle Aufmerksamkeitsfokus lässt sich von außen nicht beobachten und daher auch nicht filmen. Gedanken und Erlebnisse der Zuschauer sind allenfalls in der Rückschau, also durch Befragung und nachträgliche Verbalisierung zu erfassen.

Musik ist ein Ereignis in der Zeit. Sie existiert nur für den Augenblick, in dem sie erklingt. Daran ändert keine Form der medialen Fixierung etwas, keine Tonaufnahme, kein Bild, ja nicht einmal eine Partitur. Das nicht Wiederholbare, Unwiederbringliche, Einmalige, Flüchtige und nur im Moment Gegenwärtige ist ihr besonderer Reiz. Für die unmittelbare, sinnlich empfundene – mithin ästhetische – Erfahrung zählt nur dieser Moment. Er lässt sich nicht festhalten. Nachhaltig ist bestenfalls die Erinnerung.

LITERATUR

Bailey, Derek. 1993. *Improvisation. Its Nature and Practice in Music.* USA: Da Capo Press.

Carlini, Álvaro. 1993. *Cachimbo e Maracá: O Catimbó da Missão (1938).* São Paulo: CCSP.

Carlini, Álvaro & Egle Alonso Leite (eds.). 1993. *Catálogo Histórico-Fonográfico Discoteca Oneyda Alvarenga Centro Cultural São Paulo.* São Paulo: CCSP.

Carvalho, Maria Michol Pinho de. 1995. *Matracas que desafiam o tempo: É o Bumba-Boi do Marnhão. Um estudo da tradição/ modernidade na cultura popular.* São Luis: o.V.

Cascudo, Luís da Câmara. 1971. *Antologia do Folclore Brasileiro.* São Paulo: Martins.

Hiß, Guido. 1993. *Der theatralische Blick. Einführung in die Aufführungsanalyse.* Berlin: Reimer.

Sontag, Susan. 2003. „In Platos Höhle". In: Sontag, Susan (Hg.). *Über Fotografie.* Frankfurt/Main: Fischer Taschenbuch, 9-30.

Toni, Flavia Camargo. 1988. *A Missão de Pesquisas Folclóricas do Departamento de Cultura.* São Paulo : CCSP.

4.

Dokumentieren – standardisieren – analysieren: Linguistik und Diskursanalyse

CHRISTIAN HUBER

Researching Local Languages in Kinnaur

INTRODUCTION

The District Kinnaur (Himachal Pradesh, India) is known to be an area of great linguistic diversity, hosting linguistic varieties belonging to the Indo-European and Sino-Tibetan (Tibeto-Burman) language families. In the course of the FWF project *Documentation of oral traditions in Spiti and Upper Kinnaur, Himachal Pradesh, India* (P15046) first steps were taken to research and document three hitherto hardly studied speeches of Kinnaur. Speech communities often comprise only a few villages and may be further subdivided according to caste. As a consequence of the effects of modern life on the speech communities the long-term survival of these languages is seriously threatened.

In the present paper I will report on the project's research activities and deliver a brief sketch of the results as it concerns the Kinnauri area, whereby the main focus will be the linguistic aspects of the research work. In section 1 I briefly introduce the project and summarise the results of its documentary efforts. In section 2 I sketch the language situation in Kinnaur as presented in the literature and introduce the languages under investigation. Section 3 deals with the research strategies employed in the field and summarises the results. Section 4 concludes the paper.

1. THE *DOCUMENTATION OF ORAL TRADITIONS* PROJECT (2001–2004)

The project's objective was to document oral traditions such as songs, narratives and other local lore but also local celebrations and festivals by means of audio and video recordings beside gathering materials for an ethnomusicological pre-survey. The field researchers were Veronika Hein (University of Bern), the present author and Dietrich Schüller (both Phonogrammarchiv, Austrian Academy of Sciences). Hein and the present author undertook four field trips each (amounting for each to ca. 8 months of research in the field), project leader Schüller joined in the Autumn field trip in 2002. Hein was in charge of the Tibetan varieties spoken in Spiti and certain areas of Upper Kinnaur. The present author was in charge of the non-Tibetan Tibeto-Burman and Indo-European language varieties of Kinnaur. The project was also successful in establishing a reliable research infrastructure in the relevant area, e.g. by building up a network of local informants supporting the fieldwork and even engaging members of the local population in doing documentation work on their own (under the guidance and technical assistance of the Phonogrammarchiv), from which future research will benefit greatly.

1.1. Recorded documentation

The field recording activities produced 287 hours of audio material and 47 hours of video material, amounting to a total of 334 hours. The recorded material comprises songs, narratives, speeches, interviews, linguistic elicitations, and documentation of festivals, celebrations, and other events, and is deposited in the Phonogrammarchiv. The project thus succeeded in collecting a comprehensive and unique corpus of recorded data pertaining to oral traditions and local culture of Spiti and Upper Kinnaur. The gathered data offer first-hand sources that are not available otherwise. Much of the song and narrative or interview material could already be transcribed and translated. All transcriptions, translations and analyses of texts were made with the help of and in collaboration with local informants, most notably, Sonam Chering (village of Tabo), Kesar Negi (village of Kanam) and Gopi Negi (village of Jangi). As a matter of principle, local individuals that participated in a recording session were given copies of the recordings in which they participated, if they so wished, and/or copies of photos.

1.1.1. Songs

A total of more than 300 songs and instrumental pieces was collected (Tibetan: 156 (transcribed and translated: 100, see also Hein in print); Kinnauri: 130 (76); Kinnauri-Harijan: 6 (3); for most of the remaining songs, partial transcriptions/translations or summaries exist). The songs are about local deities, the founding of temples, mythological and religious issues, events in connection with festivals, or personages from villages in past times. Some songs are of modern origin. A number of songs are about Lotsa Rinpoche. Songs in Kinnauri-Harijan, the language of the lower castes in lower Kinnaur, appear to be exclusively Shivratri songs (for Shiva's main festival) and are sung only by members of the lower castes. Songs often employ obsolete expressions that pose lexical difficulties to the speakers of the present-day language.

1.1.2. Narratives

In the Tibetan-speaking areas stories of two categories were recorded: (i) *namthar* stories, which tell the story of an important, usually religious person's life, and (ii) so-called king's stories, i.e. parts of the epic of King Gesar (in Spiti known as *Lingsingsing Gyalwo*). Recordings were made also of a certain type of formalised speech called *mola*. V. Hein is working on these materials. Oral tradition was also recorded in the form of interviews with village elders about their knowledge of local myths and the way village festivals are celebrated. In the non-Tibetan-speaking area of Upper Kinnaur and adjacent areas of Lower Kinnaur, recordings were made of narratives and interviews in the language of the Shumcho area, in the

Fig. 1: location of Himachal Pradesh in India (adapted from www.mapsofindia.com)

language of the lower castes of Lower Kinnaur, and in the high caste language of Jangi, Lippa and Asrang, and in Kinnauri. Aside from recording folk tales, oral traditions were collected pertaining to local culture, general issues of life in the villages, the history of Buddhist monasteries and religious issues, such as local festivals and deities, and the topic of *grokhs* (i.e. trance media). Most of these materials could be transcribed and translated.

1.1.3. Festivals, celebrations

The following events (festivals, celebrations, etc.) were documented phonographically and/or videographically (name(s) or description(s) of the event(s) in italics are followed by the place(s) in paretheses): *Namken* (Demul, Tabo), *Menthoko* (Kanam), *Presentation of the Heir* (Kanam, Nako, Ribba, and various sites in lower Spiti), *Shuktok* (Dubling), *Ukhyang* (Ribba), *Bishu* (Ribba), *dance gathering* (Ribba), *Phulaij* (Sangla), *Chakhar* (Tabo), *Rarang Devi meets Lochen Tulku and both speak to the local population* (Malling), *wedding ceremony* (Mane), *New Year's celebration* (Gyu), and a *Kinner Kailash Parikrama* (circumambulation of the sacred mountain of Kinner Kailash).

2. INVESTIGATION INTO SOME UNSTUDIED LANGUAGES OF KINNAUR

Since the project was concerned with the recording and documentation of oral traditions in the form of narratives, interviews, songs, etc., basic knowledge of the respective languages (and their distribution) was a (minimal) prerequisite for analysing the recorded texts. As the language situation in the research area is rather complex and some of these languages are still unstudied, the analysis of recorded texts had by necessity to go along with linguistic investigations.

2.1. The language situation in Kinnaur

To date, no detailed studies are available for many linguistic varieties of Kinnaur. Likewise, linguistic data to establish the precise areal and social distribution of languages or all their dialects over the villages and the dialect boundaries are still insufficient. Apart from varieties of Tibetan spoken in the areas towards the borders with the Spiti region and Tibet (in the villages of Charang, Kunnu and Nesang; in Upper Kinnaur, starting in Pooh), the following three (groups of) varieties have been proposed for the remaining (non-Tibetan) Tibeto-Burman speech in Kinnaur:

(i) *Kinnauri* (also termed Kanauri, Kanawari, Milchang, etc.), which is spoken along the Satluj valley and its side valleys from Chaura to Moorang, and in the Baspa valley apart from the villages of Rakchham and Chhitkul;

(ii) *Chhitkuli*, spoken in the villages of Rakchham and Chhitkul;

(iii) *Thebarskad* (Thebör skad, Tibarskad, Tibberkad, etc.), attributed to villages in Upper Kinnaur such as Lippa, Jangi, Asrang, Labrang, Kanam, Sunnam, Namgia and Shyaso (see e.g. A. Cunningham 1854: 391, Bailey 1911: 661, Sharma 1988: 6).

Kinnauri is sometimes subdivided into Lower Kinnauri and Standard Kinnauri (e.g. Bailey 1911: 661). The term Thebarskad is mostly used as a cover term for three linguistic varieties spoken in Upper Kinnaur. While Gerard (1841: 88, 1842) reserves the term for the variety spoken in Sunnam and recognizes two additional varieties, one spoken in Lippa, the other one in Kanam and Labrang, J. D. Cunningham (1844: 224, 225, note) includes all three under the heading of Thebarskad. The three varieties are also mentioned in Sanan and Swadi (1998: 99): "[dialects of] Sunnam, Jangram, Sumcho", in Bajpai (1991: 43): "Sangnaur", "Jangiam", "Shumcho", and in Grimes (2000a: 465, 442, 464): "Sunam", "Jangshung", "Shumcho"; however, they do not present any data. According to the last two works, the Shumcho variety is spoken in Kanam, Labrang, Spillo, Shyaso, Talling and Rushkilang, the Jangram variety is spoken in Jangi, Lippa and Asrang, and the Sunnam variety is spoken only in the village of Sunnam (for the location of these and other villages see the appended maps). A. Cunningham (1854: 391), Bailey (1911: 661f) and Sharma (1988) use the term Thebarskad without further sub-divisions. Beames (1868) lists the Shumcho variety ("Sumchu") as an independent language beside Thebarskad (i.e. here the Sunnam variety). Some authors place Kinnauri, Chhitkuli and the remaining related varieties all within a Kinnauri dialect continuum. Some examples of dialectal variation are given in Neethivanan (1976) and Sharma (1988: 7–11). All non-Tibetan Tibeto-Burman speech varieties of Kinnaur are nowadays classified as West(ern) Himalayish (e.g. Grimes 2000b: 703, van Driem 2001: 934f, 939). Grimes (2000a, b) proposes a sub-group of West Himalayish termed "Kanauri", containing (among other languages from outside Kinnaur) Kinnauri, Shumcho, Jangshung and Sunnam (note, however, that Grimes wrongly lists here also "Kinnauri, Bhoti" and "Tukpa", which are in fact varieties of Tibetan). Scarcity of available data, however, does not allow us to fully determine the position of the Thebarskad varieties with respect to Kinnauri (or other West Himalayish languages) or to each other. In fact one is frequently told by locals that in Kinnaur the language changes every 10 or so kilometres. It would thus be interesting to know whether Grimes' (2000a, b) list needs to be extended. However, this would require an in-depth linguistic survey covering most, if not all, villages.

It has also been noted that in many villages the lower castes apparently speak a language different from the high caste. The phenomenon was first pointed out by J. D. Cunningham (1844: 224) and is mentioned also in Sharma (1988: 6f., 1994: 4), Bajpai (1991: 43), and Sanan and Swadi (1998: 99). In Lower Kinnaur, the lower castes speak an Indo-European language (a brief word list sample is given in J. D. Cunningham 1844: 225ff.), whilst the high caste speaks Kinnauri. In Grimes (ed. 2000a: 444f.) the language appears as "Kinnauri, Harijan" and is classified as Western Pahari. In Upper Kinnaur, according to Sharma (1988: 6), various forms of Thebarskad come into play.

Linguistic data from Kinnaur were published as early as the early-to-mid 19th century in works such as Herbert (1825), Gerard (1842), J. D. Cunningham (1844), A. Cunningham (1854), and Beames (1868). However, these data do not go beyond collections of words and numerals and a handful of simple sentences. Among the non-Tibetan speech varieties of Kinnaur, only the language nowadays referred to as Kinnauri has received greater attention. Grammatical sketches are found in Konow (1905), Bailey (1909), Grierson (1909), and Joshi (1909), the latter also containing a Kinnauri dictionary. Another Kinnauri vocabulary is Bailey (1911). Joshi (1911) also published a collection of Kinnauri songs. More recent grammatical treatments of Kinnauri are Neethivanan (1976) and Sharma (1988). Particular grammatical issues are addressed in Saxena (e.g. 1992, 1995, 1997, 2002a, b, 2004) and Takahashi (2001). The only other non-Tibetan speech variety of Kinnaur apart from Kinnauri to which separate studies have been dedicated is Chhitkuli (Bailey 1915: 78–86, Sharma 1992).

To date no study is available of any of the Thebarskad (or Indo-European lower caste language) varieties. The scarce published Shumcho data are confined to collections of some words, numerals and a few sentences or simple phrases in works such as Gerard (1842: 548–551), J. D. Cunningham (1844: 225–228, Kanam entries), Beames (1868: 80), Neethivanan (1976) and Sharma (1988: 7–11). Some interspersed forms appear also in the Kinnauri vocabularies of Joshi (1909) and Bailey (1911). Some Shumcho forms also occur in some of the songs published in Joshi (1911). Published data from the high caste language of Jangi, Lippa and Asrang is perhaps confined to the words collected in the Lippa entries of J. D. Cunningham's (1844: 225ff.) list of Thebarskad ("Tibberkad") words.

2.2. Languages under investigation

Since most of the speech varieties of Kinnaur have to date received little or no scientific attention, in-depth linguistic investigations were begun in addition to the documentation activities as language informants became available. Thus it was possible to confirm the existence of a number of local linguistic varieties mentioned only in passing in some of the literature. It could also be confirmed that in many villages the lower castes speak a language different from the high caste. Unfortunately, with the exception of Kinnauri, there is no general terminology for the language or dialect names of the area in question. In particular, the locals themselves often appear to have no widely accepted names for their languages or dialects. Terms such as "Milchang" or "Thebarskad" (see 2.1) were not met in the field and appear to be unknown to present-day speakers.

Fig. 2: location of Kinnaur in Himachal Pradesh (adapted from Sanan & Swadi 1998: 12)

Fieldwork started out with the language spoken in the area locally known as "Humcho", lit. "bunch of three" (*hum* = "3", *cho* = "bunch, group"), which refers to the villages of Kanam, Labrang and Spillo (in Kinnauri: "Shumcho"), and was carried out with individuals from Kanam, Labrang, Spillo, Jangi and Shyaso. The language was found to be spoken by all castes in Kanam, Labrang, Spillo and the small hamlet of Karla. Outside of Shumcho it is spoken by the two lower castes in Jangi, Lippa and Asrang. The high caste in the latter villages speaks a different language (local informants all distinguish three castes in Kinnaur). According to the consulted locals from Shumcho and Jangi, the language of Shumcho is also spoken (or at least understood) in the villages of Shyaso, Sunnam, Rushkilang, Gyabong and Ropa, although details are currently unknown; moreover, they say that other languages are also spoken there. The issue will be closer investigated in future field trips. Shumcho speakers say that there is also some dialectal variation between their villages. Some variation between speakers could indeed be detected but could so far not be related to particular villages. In Shumcho speakers from e.g. Jangi there may be some interference with the other language spoken in the village.

As informants became available, the research work was extended to the language of the high caste in the villages of Jangi, Lippa and Asrang (the language of the two lower castes in these villages, as noted, being the language of Shumcho). The fieldwork was carried out with individuals from Jangi. According to the informants, members of the lower castes in these villages are also fluent in the upper caste language (a fact that was also confirmed in the field) but not vice versa.

Both languages are varieties of what appears under the heading Thebarskad e.g. in J. D. Cunningham (1844) and belong to what is sometimes termed the "complex pronominalised" group of Tibeto-Burman (see e.g. Grierson 1909), that is, they display complex verbal agreement morphology. The language of Shumcho corresponds to Gerard's (1842) "Soomchoo" data and Beames' (1868) "Sumchu" data. Grimes (ed. 2000a: 464) and others list the language as *Shumcho*, which is the Kinnauri name for the area where it is spoken. The high caste language of Jangi, Lippa and Asrang appears to correspond to the language represented in the Lippa entries of J. D. Cunningham's (1844) list of Thebarskad ("Tibberkad") words. To judge from the indication of villages it is entered in Grimes (ed. 2000a: 442) as *Jangshung* (not to be confused with the extinct Zhangzhung language, for which see e.g. various papers in Nagano & LaPolla 2001). J. D. Cunningham (1844: 225, note) attributes it also to Akpa, which however could not yet be verified in the field (note, in this connection, that according to locals, the village of Akpa constitutes the border between Upper and Lower Kinnaur). Both languages are different from the language represented in Gerard's (1842) "Theburskud" data or A. Cunningham's (1854) "Tibarskad" data, which is the Sunnam variety.

Fig. 3: District Kinnaur in more detail (adapted from Verma 2002: xiv)

As mentioned above, consulted speakers were not aware of any names for their languages; however, these speakers insisted that their languages are distinct from, and not mutually intelligible with, Kinnauri or with each other. This point is supported by the fact that there are significant differences in lexicon and grammar, and was tested in the field by playing recorded texts to speakers of different languages and by confronting speakers of different languages with each other (see 3.4). This indicates that speaking one of these languages as a mother tongue does not *per se* enable speakers to also understand and converse with speakers of one of the other languages, unless some knowledge of that language has been acquired additionally. In fact, the local population in Kinnaur is quite plurilingual. Apart from their home language, Hindi (and, increasingly, English), people often have knowledge (in varying degrees) of other local languages or dialects, be it because one parent is from a different area, or the speaker grew up or later spent time in different places. In earlier times, Kinnauri served as the lingua franca of Kinnaur (Sharma 1988). However, while some older people from different linguistic areas may still use Kinnauri as a means of communication in a contact situation, the middle and younger generations will shift to Hindi in such cases.

Finally, it was also possible to do research on the Indo-European lower caste language of Lower Kinnaur. According to informants from Ribba, it is spoken in many dialects by the lower castes from Ribba downwards in all of Lower Kinnaur. Again, members of the lower castes are also fluent in the language of the high caste (here, Kinnauri) but not vice versa. Fieldwork was done mainly on the Ribba dialect with a number of individuals from the village of Ribba, and to some smaller extent with a speaker of the Sungra dialect. In addition, speakers from Kalpa and Brellingi were consulted. Comparison of the Ribba and Sungra data does indeed show several differences. In Grimes (2000a:444f.) the language appears as "Kinnauri, Harijan" but the consulted speakers were not aware of a name for the language.

Research was done mostly on the language of Shumcho since the present research infrastructure is most fully developed for that language, and only to a lesser extent on the high caste language of Jangi, Lippa and Asrang and the lower caste language of Lower Kinnaur. At present, no numbers of fully competent and fluent speakers can be given with any certainty for any of the languages.

3. RESEARCH STRATEGIES

Since all three languages are unwritten and therefore have no written tradition, all linguistic data have to be gathered directly from the speakers. In gathering linguistic data in the field, a dual strategy was pursued. Data were mainly gained from two sources: (i.) direct elicitations, and (ii.) texts recorded from speakers. Thus, for all three languages, data were gained in lexicon and grammar elicitation sessions with native speakers, as well as by recording, transcribing, translating and analysing narratives, folk tales, interviews, songs and conversations in the field with the help of local informants. The linguistic research was complemented by photographic and videographic documentation (e.g. of treated items, locations, procedures etc.).

3.1. Direct data elicitation

Systematic elicitation of data took place in general linguistic fieldwork sessions covering all areas of language structure, i.e.phonetics, phonology, morphology, syntax, semantics, lexicon plus other aspects (e.g. pragmatic, cultural) as they arose. In data elicitation sessions informants are mainly presented with materials prepared in advance by the researcher, such as word lists or grammatical questionnaires. Word lists serve for collecting lexical items in order to build or expand the vocabulary of a language. This goes along with eliciting additional aspects of an expression's meaning or use, such as the circumstances in which it would normally be used, in the case of verbs also providing example sentences that demonstrate in which sentential context(s) a verb may occur and which construction(s) it may demand or allow. Word lists are also the starting point for detecting the sound system of a language.

Grammatical questionnaires are used to investigate the grammar of a given language, e.g. to establish conjugation paradigms, examine different clause types and constructions, or to discover other grammatical phenomena. To give just a few examples, investigated issues include nominal and adjectival morphology, the case system, the pronominal and deictic system, honorificity, the expression of number, verb morphology (e.g. tense/aspect, agreement), modality, evidentiality, the expression of reflexivity and reciprocity, transitivity alternations, causatives, different clause types (interrogative, relative, subordinate, etc.), clausal or phrasal expression of possession, co-reference vs. disjoint reference, information structural phenomena, and many more. Phonetic/phonological, lexical and grammatical issues were also addressed as they arose when translating and analysing recorded texts. In general it proved useful to reserve a certain degree of flexibility in working sessions and to address interesting or unexpected issues in ad hoc investigations if it was necessary or if the occasion was favourable. In order to detect misunderstandings, eliminate errors and correct mistakes or to reveal the necessity of going into more detail at certain points, results from earlier sessions or field trips etc. were subjected to frequent checking and cross-checking. Data elicitation sessions (as well as text analysis sessions) often assumed an interactive character that allowed language informants to provide information beyond what was directly asked.

Attention was also paid to data one came across accidentally outside planned sessions or other recorded occasions. If an interesting piece of data cropped up e.g. at some informal occasion, an investigation was done on the spot, or a note was taken, etc. The investigation of such data was then resumed and the data were cross-checked in a regular working session. The working sessions were documented to the largest possible extent with digital audio recordings, accompanied by the field notes taken during the sessions.

3.2. Recorded texts

Recording folk tales, personal narratives, conversations/interviews, songs, and other instances of spoken language in formal or informal settings documents the language in its actual use and complements the data gained from direct elicitations. At the same time, such recordings (especially when pertaining to the history and culture of the area) are the basis of any documentation of oral traditions, since they locate the elicited language in socio-cultural time and space.

Since the audio recordings were made by means of a digital medium (R-DAT, 16 bit/48 kHz), they could be transferred to a notebook and subjected to further analytic procedures right in the field. The use of audio editing software allowed for easy segmenting and partitioning of the resulting sound files. The recorded texts were then listened to and transcribed, translated, glossed and analysed with the help of local informants. These data provided input for further linguistic investigations and elicitations. However, work on such texts was not restricted to treating grammatical, lexical or phonological matters but also included discussing questions of general interest that arise from a text, e.g. issues that shed light on its cultural or historical background. Such texts will also form the basis for an exemplary corpus of transcribed, glossed, translated and commented texts.

A notebook equipped with an external high-capacity hard disk and audio editing software proved to be an indispensable device in the field for transcribing and analysing recordings, and for playing them back to local informants. It allows the comfortable location, marking or isolation of passages in a recording with great precision, which immensely facilitates and speeds up the evaluation and analysis procedures. Sufficient hard-disk capacity makes it possible not only to store recordings of a given field trip but furthermore allows one to take to the field mp3 versions of recordings from previous expeditions, or other electronic materials, for reference purposes.

3.3. Testing intelligibility

When it became evident that the Shumcho, Jangshung and Kinnauri varieties exhibit considerable lexical and grammatical differences it was decided to test their intelligibility among speakers. This was done by confronting speakers of different varieties with each other and by playing recorded texts to speakers of different varieties.

A tape-recorded short text in the high caste language from Jangi was played to speakers of the Humcho variety from Kanam and Labrang, and also to Kinnauri speakers from Lower Kinnaur, all of whom had no family ties to the villages of

Jangi, Lippa and Asrang and did not spend time in that area. Similarly, tape-recorded short texts from Kanam in the Shumcho language were played to Kinnauri speakers from Lower Kinnaur who had no family ties to the Humcho area and did not spend time there. When asked to retell the contents of the texts played to them, the respective individuals claimed that they could not do so, as they did not understand the respective language. Direct personal confrontations of speakers with each other on various occasions yielded the same results.

Likewise, when attempting to translate songs and short narrative texts in the Kinnauri language, recorded in villages in Lower Kinnaur, with the help of informants from Kanam and Jangi whose native tongues were the language of Humcho, this soon turned out to be an unsuccessful strategy because the informants did not understand the Kinnauri language beyond occasionally recognizing individual expressions which they happened to know. Kinnauri speakers from Lower Kinnaur who were then asked to assist in such sessions did not find this astonishing at all and attributed it to the fact that their native languages are different. Since also the comparison of the Kinnauri-Harijan data of the Ribba and Sungra varieties shows several differences, similar tests will be attempted with Kinnauri-Harijan speakers in upcoming field trips.

3.4. Extralinguistic issues

In researching "off-road" languages, also extra-linguistic factors come into play that have to be considered. One such factor is the accessibility of the research area. The villages where the fieldwork was done (mainly Kanam, Labrang, Spillo, Jangi, and Ribba) are located at altitudes around 3000 metres above sea-level in mountainous territory. Although they can meanwhile be reached via (mostly unpaved) roads, rainfall or landslides may block the roads and make it difficult or impossible to reach a particular village at a particular time. Thus, even under favourable circumstances, due to the general landscape and road conditions, covering even short distances can be quite troublesome and time-consuming. For such reasons, the technical equipment must not be bulky but should be easy to transport or to carry. Since electricity is unstable or non-existent in the research area, all recording activities and most other technical operations must necessarily rely on batteries for their power supply. The electric technical equipment (e.g. recording instruments, computers) must therefore be such that it can be battery-powered. Moreover, the main research area (i.e. the villages of Kanam, Labrang and Spillo) lies inside the so-called "Innerline", a restricted area bordering on Tibet, for which a special permit is needed. Permits are issued for one or two weeks only, after which a new permit must be applied for. Local authorities often pursue a somewhat restrictive permit policy, so that it cannot be taken for granted that the "Innerline" area can be entered on any desired day.

When it was not possible to enter the research area or the relevant villages were unreachable, the research work was carried out in Reckong-Peo, which is the administrative centre of District Kinnaur. Reckong-Peo lies outside the restricted area but is located close to all the relevant villages. Work in Reckong-Peo was done mainly with language informants from the villages that were hired as full-time assistants, and, to some extent, with speakers of the relevant languages residing there. If necessary, informants from the villages could also be brought there (e.g. in case of a permit problem). Whereas the fieldwork in the villages often concentrated on recording narratives or songs or on special data elicitations with villagers not available otherwise (beside documenting festivals, celebrations or other events), the work in Reckong-Peo was mainly dedicated to transcribing and translating recorded texts, in-depth grammatical investigations, extended lexical elicitations and the like with the permanent assistants. When working with the permanent informants, the choice of topics was made according to the necessities prevalent at the respective time.

The choice of topics to work on a given occasion depended not only on the accessibility of the relevant villages but also on the availability of informants and what topics they are suitable for. People's routines and other concerns of their lives determine who is available when and for how long. Arrangements with speakers in villages therefore could often be made only at short notice. In working with informants, respect must be paid also to their individual abilities (e.g., someone who is a good singer or story-teller need not necessarily be equally gifted for systematic grammatical elicitations, and vice versa). Thus, the decision as to where recordings were made, in which language and on what particular topic was determined to a large extent by external factors. The field researcher must remain flexible and adapt to the respective situation and informant(s). In general, the research work could rely on the stock of local informants and the good contacts with the villages established during earlier expeditions, and maximal use could be made of the available time.

As was already mentioned (in 1.), selected local informants were also equipped with recording instruments, to allow them to collect stories or songs, or to conduct interviews independently between field trips and thus supplement unavailable opportunities during the field missions themselves.

3.5. Results

During the four field trips it was possible to assemble a rich vocabulary of the Shumcho language, based on word list elicitations and other lexical investigations, lexical items from recorded texts and examples from grammatical investigations. Most of the recorded narratives and interviews could be transcribed, translated, analysed and glossed. Many areas of the language's grammar could be covered in grammatical investigations and by analysing recorded texts. Further research to confirm and expand the findings will be done in upcoming field trips. Ideally, all data should be confirmed by several speakers of both genders and of all age groups. Also for the Jangshung and Kinnauri-Harijan languages it was possible to assemble a vocabulary, study grammatical issues and transcribe, translate, analyse and gloss recorded texts and songs. Since the main focus of the linguistic fieldwork was on the Shumcho language, however, the gathered data from the latter languages are less extensive. The sound recordings provide what perhaps is the first phonographic evidence of the three languages.

4. CONCLUSION

According to UNESCO and other estimates, roughly half of the world's 6,000 languages are in danger of disappearing within the 21st century (e.g. Wurm 2001, Hale et al. 1992). In the course of the fieldwork it soon became evident that also the three languages under investigation are seriously threatened by the intrusion of modern life into the traditional communities. Speakers often spend considerable parts of their childhood outside their villages and speech communities for educational purposes. Later on they are often forced to seek work away from their home villages in a different linguistic environment. Due to the influence of mass media and the fact that the medium of instruction at school is Hindi, almost all speakers are (at least) bilingual with Hindi. Although the indigenous languages are still the preferred means of communication within the villages, the influence of Hindi can be noticed at all levels. Especially the middle and younger generations habitually mix their languages with Hindi (and to some extent also English). As a consequence, many traditional terms and language-specific means of expression remain known only to old speakers, but have passed out of use with younger speakers and are disappearing. Likewise, the availability and great popularity of television and video players even in remote valleys of the Indian Himalayas disrupts narrative traditions (e.g. story telling) so that folk tales and other forms of traditional knowledge are no longer passed on to younger generations and are being lost as the older people die. Since the languages in question have never been written and thus never developed literatures of their own, it is foreseeable that this part of the local cultural heritage will eventually be entirely lost. Many speakers are perfectly aware of the fact that their languages are slowly fading away. However, as the languages, being "tribal languages", do not enjoy high prestige among their speakers, nothing is done to preserve them. It is therefore necessary to do research on these languages as long as the languages, their speakers and their traditions are still available.

REFERENCES

Bailey, Thomas Grahame. 1909. "A Brief Grammar of the Kanauri Language". *Zeitschrift der Deutschen Morgenländischen Gesellschaft* 63: 661–687.

—, 1911. *Kanauri Vocabulary in Two Parts*. London: The Royal Asiatic Society.

—, 1915. *Linguistic Studies from the Himalayas, being Studies in the Grammar of fifteen Himalayan Dialects*. [Reprint 1975: Delhi, Asian Publication Services]

Bajpai, Shiva Chandra. 1991. *Kinnaur: A Remote Land in the Himalaya*. New Delhi: Indus Publishing Company.

Beames, John. 1868. *Outlines of Indian Philology*. 2nd edition. London: Trübner & Co.

Cunningham, Alexander. 1854. *Ladák, physical, statistical, and historical; with notices of the surrounding countries*. London: Allen & Co.

Cunningham, James D. 1844. "Notes on Moorcroft's Travels in Ladakh, and on Gerard's Account of Kunáwar, including a general description of the latter district". *Journal of the Asiatic Society of Bengal* 13: 172–253.

van Driem, George. 2001. *Languages of the Himalayas*. Leiden: Brill.

Gerard, Alexander. 1841. *Account of Koonawur, in the Himalaya*. [Reprint 1993: New Delhi, Indus Publishing Company]

—, 1842. "A Vocabulary of the Koonawur Languages". *Journal of the Asiatic Society of Bengal* 11: 478–551.

Grierson, George A. (ed.). 1909. *Linguistic Survey of India. Vol. III: Tibeto-Burman Family. Part I. General Introduction, Specimens of the Tibetan Dialects, the Himalayan Dialects, and the North Assam Group*. Calcutta: Superintendent of Government Printing. [Reprint 1967: Delhi, Varanasi, Patna: Motilal Banarsidass]

Grimes, Barbara F. (ed.). 2000a. *Ethnologue Vol. 1 : Languages of the World*. 14th edition. Dallas, Texas: SIL International.

—, (ed.) 2000b. *Ethnologue Vol. 2: Maps and Indexes*. 14th edition. Dallas, Texas: SIL International.

Hale, Kenneth et al. 1992. "Endangered languages". *Language* 68: 1–42.

Hein, Veronika. (in print). "A preliminary analysis of some songs in Tibetan language recorded in Spiti and Upper Kinnaur". In: Klimburg-Salter, Deborah, Kurt Tropper & Christian Jahoda (eds.). *Proceedings of the 10th Seminar of the International Association for Tibetan Studies, Oxford, September 2003*, Leiden.

Herbert, J. D. 1825. "An account of a tour made to lay down the course and levels of the river Setlej or Satúdrá, as far as traceable within the limits of the British authority, performed in 1819". *Asiatic Researches* 15: 339–428.

Joshi, Tika Ram. 1909. *A Dictionary and Grammar of Kanawari*. [Reprint 1989: Himachal Academy of Arts, Culture and Languages, Shimla]

—, 1911. "Notes on the Ethnography of the Bashahr State, Simla Hills, Punjab". *Journal of the Asiatic Society of Bengal* (New Series) 7: 525–613.

Konow, Sten. 1905. "On some Facts connected with the Tibeto-Burman Dialect spoken in Kanawar". *Zeitschrift der Deutschen Morgenländischen Gesellschaft* 59: 117–125.

Nagano, Yasuhiko & Randy J. LaPolla (eds.). 2001. *New Research on Zhangzhung and Related Himalayan Languages.* Osaka: National Museum of Ethnology.

Neethivanan, J. 1976. *Survey of Kanauri in Himachal Pradesh.* Calcutta: Office of the Registrar General.

Sanan, Deepak & Dhanu Swadi. 1998. *Exploring Kinnaur and Spiti in the Trans-Himalaya.* New Delhi: Indus Publishing Company.

Saxena, Anju. 1992. *Finite verb morphology in Tibeto-Kinnauri.* PhD dissertation, University of Oregon.

—, 1995. "Finite verb morphology in Kinnauri". *Cahiers de Linguistique – Asie Orientale* 24: 257–282.

—, 1997. *Internal and External Factors in Language Change: Aspect in Tibeto-Kinnauri.* [RUUL 32] Uppsala: Department of Linguistics, Uppsala University.

—, 2002a. "Speech reporting strategies in Kinnauri narratives". *Linguistics of the Tibeto-Burman Area* 25: 165–190.

—, 2002b. "Request and command in Kinnauri: the pragmatics of translating politeness". *Linguistics of the Tibeto-Burman Area* 25: 185–193.

—, 2004. "On discourse functions of the finite verb in Kinnauri narratives". In: Saxena, Anju (ed.). *Himalayan Languages – Past and Present.* Berlin, New York: Mouton de Gruyter, 213–236.

Sharma, Devi Datta. 1988. *A Descriptive Grammar of Kinnauri.* Delhi: Mittal Publications.

—, 1992. "Chhitkuli Dialect". In: Sharma, Devi Datta (ed.). *Tribal Languages of Himachal Pradesh.* Part 2 Delhi: Mittal Publications, 197–304.

—, 1994. *A Comparative Grammar of Tibeto-Himalayan Languages (of Himachal Pradesh & Uttarakhand).* Delhi: Mittal Publications.

Takahashi, Yoshiharu. 2001. "A descriptive study of Kinnaur (Pangi dialect): a preliminary report". In: Nagano, Yasuhiko & Randy J. LaPolla (eds.). *New Research on Zhangzhung and Related Himalayan Languages.* Osaka: National Museum of Ethnology, 97–119.

Verma, V. 2002. *Kanauras of Kinnaur: A Scheduled Tribe in Himachal Pradesh.* New Delhi: B.R. Publishing Corporation.

Wurm, Stephen (ed.). 2001. *Atlas of the world's languages in danger of disappearing. 2nd edition.* Paris: UNESCO Publishing.

Norbert Cyffer

35 Jahre Forschung in Nigeria – und immer noch kein Ende

1. DER ANFANG

Feldforschung steht meistens im Zusammenhang mit der Erfassung von Daten, die anderweitig nicht erhältlich sind. In der Afrikanistik ist das wohl der Normalfall. Zwar gibt es für viele Sprachen Quellen in gedruckter Form, aber es ist unwahrscheinlich, dass diese einer sprachwissenschaftlichen Auswertung gerecht werden. Weder die ‚Orthographie' noch die Markierung von Tonhöhen (die meisten afrikanischen Sprachen sind Tonsprachen) sind so zuverlässig, dass sie für die linguistische Analyse hinreichend sind. Tonhöhen wurden nur sehr selten markiert.

Noch weniger vorhanden sind akustische Sprachaufzeichnungen. Die Gründe für eine Feldforschung sind daher plausibel. Auch die möglichen Sponsoren brauchen hier nicht besonders überzeugt zu werden.

In dem von mir geschilderten Fall geht es zunächst um eine für 1968 geplante Feldforschung nach Nordostnigeria. Damals war mir natürlich nicht bewusst, dass es der Anfang einer mehr als 30 Jahre andauernden Forschungsperiode sein würde. Ausgangspunkt für die erste Feldforschung war das von meinem Betreuer und mir entwickelte Dissertationsthema „Syntax des Kanuri"[1]. Die Durchführung einer sechsmonatigen Feldforschungsreise wurde gesichert durch ein Reisestipendium des Deutschen Akademischen Austauschdiensts sowie der Aufstockung eines Stipendiums des Evangelischen Studienwerks. Etwas komplizierter war die Beschaffung einer nigerianischen Aufenthaltsgenehmigung. Hier muss man zwei Dinge berücksichtigen:

1. meine bis dahin vorhandene Unerfahrenheit in solchen administrativen Belangen,
2. Nigeria befand sich im Bürgerkrieg, der als ‚Biafra-Krieg' (1967 - 70) bekannt wurde.

---

[1] Die Arbeit wurde vom damaligen Direktor des Seminars für Afrikanische Sprachen und Kulturen an der Universität Hamburg, Prof. Dr. Johannes Lukas, betreut.

Für die Gewährung eines entsprechenden Visums war zunächst eine *affiliation* mit einer nigerianischen Universität erforderlich. Deshalb wandte ich mich an die Ahmadu Bello University im nordnigerianischen Zaria. Ich war fest davon überzeugt, dass diese Anbindung eine problemlose Formsache sei. Stattdessen kam eine kurze Antwort, dass die Universität leider nicht helfen könne (übrigens dieselbe Universität, bei der ich einige Jahre später meine berufliche akademische Karriere begann). Erfreulicherweise war die University of Ibadan in Südnigeria meinem Anliegen gegenüber positiver eingestellt. Dann lief alles andere relativ problemlos ab. Im Oktober 1968 begann die Reise nach Nigeria, zunächst nach Lagos und von dort über Zaria und Kano nach Maiduguri im Nordosten des Landes. Ich besuchte trotz der abweisenden Haltung die Universität in Zaria und stellte dort fest, dass zu der Zeit an der Forschung und Lehre nigerianischer Sprachen kein Interesse bestand. Der dort für Sprachwissenschaft verantwortliche Romanist versuchte mich sogar von der Weiterreise abzuhalten.

In Maiduguri begannen die unerwarteten Ereignisse gleich bei der Ankunft am Flughafen. Es gab zwar einen wöchentlichen Flug von Kano, aber vom Flughafen Maiduguri in die Stadt zu gelangen war weitaus komplizierter. Zur jener Zeit gab es in Maiduguri keine Taxis, auch keine anderen öffentlichen Verkehrsmittel. Immerhin hatte die Hauptstadt des derzeitigen North-Eastern State 80.000 Einwohner (heute liegen die Schätzungen bei einer Million). Die mitreisenden Passagiere hätte man zwar bei Kenntnis der Lage um Hilfe beim Transport in die Stadt bitten können, aber bevor ich daran dachte, waren alle verschwunden.

Schließlich ging doch alles gut voran. Unterkunft war schnell arrangiert, Kontakt zu Behörden wurde hergestellt (es durfte ja nicht ein Gerücht aufkommen, ein ausländischer Agent hätte sich eingeschlichen) und, vor allem, für meine sprachwissenschaftliche Arbeit geeignete Mitarbeiter wurden bald gefunden. Inzwischen waren etwa vier Wochen seit der Abreise vergangen, und dem Beginn der Feldforschung stand nichts mehr im Weg.

2. DIE ERSTE FELDFORSCHUNG

Ich gebe zu, ich hatte kaum eine Vorstellung, wie ich mit meiner Feldforschung beginnen sollte. Mitstudierende in Hamburg konnten mir nicht helfen, da unter ihnen niemand Feldforschungserfahrung besaß. Vorhandene Literatur zum Thema war für meine Bedürfnisse weniger geeignet. Mit meinem Professor wollte ich darüber nicht reden. Er hatte zwar seit den 1930er Jahren mehrere Male in Maiduguri geforscht, aber in jener Zeit waren die äußeren Bedingungen offensichtlich andere. Die koloniale Administration erleichterte den Aufenthalt eines europäischen Wissenschaftlers. Später forschte er vorwiegend in eher ländlichen Gebieten. Hier waren Missionsstationen eine große Hilfe in Bezug auf Wohnmöglichkeiten und Suche von Mitarbeitern. Da die Kanuri-Bevölkerung ausschließlich islamisch ist, wollte ich vermeiden, als christlicher Missionar identifiziert zu werden. Ich befürchtete, dass ich dadurch in meiner Arbeit behindert werden könnte.

Also sah ich die beste Möglichkeit darin, mein Arbeitsumfeld selbst zu organisieren und zur Kanuri-Gesellschaft gute Kontakte zu etablieren. Das tat ich, indem ich mich bei der lokalen Schulbehörde vorstellte und schließlich den traditionellen Führern der Kanuri Besuche abstattete. Dazu gehörten der Shehu von Borno und der Waziri von Borno. Diese Kontakte haben sich in späteren Jahren als außerordentlich hilfreich erwiesen, obwohl die alten Amtsinhaber durch jüngere abgelöst waren. Mit dem jetzigen Waziri von Borno, Alhaji Yerima Mukhtar, hat sich eine seit Jahrzehnten dauernde persönliche Freundschaft entwickelt.

Zum Hintergrund der Kanuri-Sprache und ihrer Sprecher: Kanuri ist um den Tschadsee in Nigeria, Niger und Tschad verbreitet. Im Tschad ist die Sprache als Kanembu bekannt. Die Verbreitung des Kanuri (-Kanembu) steht im engen Zusammenhang mit der Ausbreitung des Kanem-Borno Reiches, das im 10. Jahrhundert seinen Anfang nahm und bis ins 19. Jahrhundert andauerte. Die politische und ökonomische Kraft des Volkes führte zur steigenden Rolle des Kanuri in der Tschadsee-Region. Besonders in Nordostnigeria, den heutigen Borno- und Yobe-States, haben Prozesse der ‚Kanurisierung', d.h. Wandel von der ursprünglichen Identität zu Kanuri, stattgefunden. Das schloss neben der Islamisierung auch die Übernahme der Kanuri-Sprache ein. Die Gesamtsprecherzahl macht etwa 4-5 Millionen aus, die meisten Kanuri-Sprecher leben im nordöstlichen Nigeria.

Die wichtigsten Mitarbeiter für die Spracharbeit waren die damaligen Lehrer Ali Abdullahi Geidam und Mustafa Ngadami. An erster Stelle muss jedoch Alhaji Ibrahim Walad erwähnt werden. Er war zweifelsohne der prominenteste Mitarbeiter. Er war ein pensionierter Schulrektor, allerdings mit einer außerordentlich interessanten Biographie. Er wurde als Schüler von der britischen Kolonialverwaltung ausgewählt, um die in der ersten Hälfte des 20. Jahrhunderts renommierteste höhere Schule Nordnigerias, das Katsina College, zu besuchen. Er war hier in bester Gesellschaft mit der späteren politischen Elite Nigerias. Der Grund, dass ich mich an ihn wandte, war sein Ruf, ein ausgezeichneter Geschichtenerzähler zu sein. Dieser Ruf sollte sich später in jeder Hinsicht voll bewahrheiten. Das einzige Problem war, dass er sich seiner Qualitäten und seines hohen gesellschaftlichen Ansehens voll bewusst war, und sein Honorar mein begrenztes Budget stark beanspruchte. Als wir darüber diskutierten, meinte er: „Ich weiß, dass ich etwas mehr Geld möchte, aber eines Tages, wenn ich nicht mehr in dieser Welt bin, wirst Du für Deine Leistung Anerkennung gewinnen. Wenn ich dazu ein wenig beitragen kann, was ist dann schon das etwas höhere Honorar." Wie recht hatte Alhaji aus der Retrospektive!

Die Aufnahme oraler Texte unterschiedlicher Genres war die Hauptbeschäftigung mit I. Walad. Die rhetorisch ausgezeichnet vorgetragenen Texte wurden mit einer interlinearen Übersetzung versehen und offene Fragen zur Grammatik erörtert.

Die genauere inhaltliche und v.a. grammatikalische Analyse wurde dann mit den beiden jüngeren Mitarbeitern Ali Abdullahi Geidam und Mustafa Ngadami bearbeitet. Mit beiden transkribierte ich zunächst die von anderen auf Tonband aufgezeichneten Texte. Die von Ibrahim Walad wurden nochmals auf ihre Genauigkeit hin überprüft. Im nächsten Schritt wurden sie mit einer interlinearen Übersetzung versehen. Es hat sich später gezeigt, dass die möglichst genaue Analyse des Textmaterials im Forschungsgebiet von größter Bedeutung war.

Ich war vor die Wahl gestellt, innerhalb von fünf Monaten entweder umfangreiches Material aufzunehmen, dieses grob zu übersetzen und die grammatikalischen Strukturen halbwegs zu begreifen, oder die Aufnahme von Texten zu begrenzen, diese aber genauestens zu übersetzen und deren Grammatik detailliert zu untersuchen. Letzteres hat sich als weitaus Gewinn bringender erwiesen. Ich habe später erkannt, dass meine weniger intensiv bearbeiteten Daten bei weitem nicht so nützlich für die spätere Analyse waren wie die exakter analysierten. Ich hatte mir vorgenommen, möglichst viele Texte soweit inhaltlich und grammatikalisch zu bearbeiten, sodass ich später bei der Datenauswertung keine Probleme bekommen würde. Denn zu Hause in Hamburg stand kein Kanuri-Sprecher zur Verfügung, den ich hätte weiter befragen können.

Die Wahl der Textinhalte war auch vorgegeben. Da es vor allem und eine syntaktische Analyse ging, wurden solche Texte bevorzugt, die möglichst vielfältige Ausdrucksformen enthielten. So erwiesen sich Texte über die Geschichte des Kanem-Borno Reiches zwar als inhaltlich sehr interessant, aber in der Wahl der Grammatikkategorien als recht monoton. Alle Erzählungen, die über die historischen Ereignisse handelten, hatten mehr oder weniger den gleichen stilistischen Ablauf, da meistens nur die Aufeinanderfolge von Handlungen geschildert wurde. Anders verhielt es sich bei anderen Genres. Märchen, z.B., wurden so lebendig erzählt als ob sie in der Gegenwart stattfänden und der Erzähler sie erlebt hätte. Die stilistischen und grammatikalischen Möglichkeiten wurden hier voll ausgenutzt.

Die genauere inhaltliche und v.a. grammatikalische Analyse wurde dann mit den beiden jüngeren Mitarbeitern durchgeführt. Wie erwähnt, ging es mir vor allem um das möglichst genaue Verständnis der Texte. Dem schloss sich die Analyse der Grammatik, besonders der Syntax an. Auf dem Verständnis der Texte aufbauend wurden (vorläufige) grammatikalische Regeln erarbeitet. Diese wurden mit den beiden jüngeren Mitarbeitern (A. A. Geidam, M. Ngadami) erörtert, evtl. verändert und gegebenenfalls verifiziert. Jede Regel wurde durch weitere Beispiele, die die Mitarbeiter lieferten, ergänzt.

Hier ein Beispiel: Die Auffassung von Zeit unterscheidet sich im Kanuri von der anderer Sprachen. Hier reicht die Textanalyse nicht aus, um das gesamte komplexe Zeitsystem zu erfassen. Daher wurden einzelne Komplexe in Zusammenarbeit mit den Mitarbeitern durch weitere Beispiele ergänzt, um somit ein Gesamtbild des Problems zu erhalten. Bewusst wurden auch sogenannte ungrammatische Formen abgefragt, da dadurch das grammatikalische Feld der behandelten Kategorie genau abgegrenzt werden konnte.

Natürlich wurden auch andere Textmaterialien herangezogen, z.B. solche, die bereits publiziert waren (Schulbücher, etc.). Ziel war es, nach Abschluss der Feldforschung mit einem bestens aufbereiteten Korpus und einer soliden Grundanalyse die Dissertation in Hamburg voranzubringen. Dabei hoffte ich, vor dem Abschluss der Arbeit noch einmal die Ergebnisse mit Muttersprachlern überprüfen zu können.

Ich konnte bald feststellen, dass ich von meinen neuen Bekannten aus der Kanuri-Gesellschaft, aber auch der sogenannten *expatriate community* (meistens Lehrer, Bankmanager, Vertreter von Firmen, protestantische und katholische Missionare) als Mitglied der verschiedenen Gesellschaftsgruppen in Maiduguri integriert und anerkannt wurde. Meine – zugegebener Weise noch begrenzten – aktiven Kenntnisse des Kanuri trugen auch dazu bei, dass ich bald in Maiduguri bekannt war, was meinen Aufenthalt erleichterte. Vielleicht hat auch das positive Verhalten der Kanuri gegenüber den „Fremden" dazu beigetragen. Ich hatte nie das Gefühl, dass man mich von oben herab oder von unten hinauf betrachtet hat. Das Verhältnis war völlig auf gleicher sozialer Ebene und von gegenseitigem Respekt und Toleranz geprägt. Es überrascht nicht, dass von mir auch ein gewisses Rollenverhalten erwartet wurde. So war man erstaunt, dass ich anfangs meinen Transport in der Stadt mit einem Mietfahrrad, später einem eigenen Rad organisierte. Ein Moped, das mir später ein Engländer überließ, wertete auch meinen sozialen Status auf.

Je mehr die Zeit in Maiduguri verging, umso mehr kam ab und zu ein beklemmendes Gefühl auf, ob am Schluss genug Daten vorhanden wären, um die Dissertation zum erfolgreichen Abschluss zu bringen. Das bedeutete auch, dass ich gegen Ende der Feldforschung noch mehr Zeit mit meinen Mitarbeitern verbrachte. Oft kam mir auch der Gedanke, dass ich noch einmal, kurz vor Abschluss der Dissertation, nach Maiduguri zurückkehren würde, um letzte offene Fragen zu klären und Lücken zu füllen. Insofern war die Rückkehr nach Hamburg planmäßig (nicht ohne vorher noch einen kurzen Ausflug nach Togo und Ghana zu unternehmen) aber nicht unbedingt euphorisch.

Während eines Besuchs im Tschad lernte ich den Direktor des der Universität Frankfurt angegliederten Frobenius-Instituts kennen. Da an seinem Institut das Projekt „Atlas Africanus" durchgeführt wurde, wurde ich eingeladen, materielle Kultur der Kanuri für das Institut zu erwerben. Dabei handelte es sich ausschließlich um Gebrauchsgegenstände (z.B. Werkzeuge, Hausrat, Kleidung, Musikinstrumente), die reproduziert wurden. Mir bot sich dadurch ein guter Einblick in den damaligen Ablauf des ländlichen Lebens. Aus heutiger Sicht haben einige Gegenstände und Fotos einen ideellen Wert erlangt, da sie nicht mehr hergestellt werden. Die Gegenstände gelangten über Lagos und Hamburg nach Frankfurt, blieben dort aber beinahe 20 Jahre unbeachtet auf dem Institutsspeicher. Sie wurden dann mit dem Beginn eines neuen Projekts umso wertvoller (s.u.).

Zum Ertrag der Menge und Qualität der Daten kann gesagt werden, dass diese mit jedem Monat an Quantität und Qualität stark zugenommen haben. Es ist daher nicht übertrieben zu behaupten, dass der Gewinn in jedem Monat mehr als doppelt so groß wie im vorangegangenen Monat war.

Die weitere Bearbeitung der Daten setzte bald nach der Rückkehr von Nigeria ein. Trotz der vermeintlich guten Aufarbeitung ließen sich viele offene Fragen nicht beseitigen. Die Probleme wurden ein wenig gemildert durch neue Kontakte zu Kanuri-Sprechern in London, was aber niemals die intensive Feldforschung in Maiduguri ersetzen konnte. Ich glaube schon, dass das vorhandene Sprachmaterial für die Dissertation ausgereicht hätte, die volle Zufriedenheit war aber nicht vorhanden. Die Hoffnung auf eine baldige Rückkehr nach Nigeria blieb, und sie sollte sich bald erfüllen.

3. DIE ZWEITE FELDFORSCHUNG

Prof. Dr. Johannes Lukas, mein Betreuer, beantragte für sich und seine jüngeren Mitarbeiter eine Forschungsreise nach Nordostnigeria bei der Deutschen Forschungsgemeinschaft, die auch genehmigt wurde. Es ging nicht primär um das Kanuri, vielmehr standen tschadische Sprachen, eine Gruppe der afroasiatischen Familie, im Vordergrund. Diese Sprachen sind ebenso wie Kanuri im nordöstlichen Nigeria vertreten. Meine Aufgabe war die Dokumentation der Buduma-Sprache. Dieses Mal waren 18 Monate Feldforschung vorgesehen.

Das Buduma, die Eigenbezeichnung ist Yedina, wird auf den Inseln des östlichen Tschadsees gesprochen. Weitere Buduma-Wohngebiete finden wir in beinahe allen größeren Orten am Tschadseeufer in Nigeria, Niger und in der Republik Tschad. Obwohl die Feldforschungssituation für das Buduma äußerst attraktiv war, sollte sich kein späterer Schwerpunkt herausbilden.

Ich hatte meine Basis wieder in Maiduguri eingerichtet. Die Ankunft hier war Weihnachten 1971. Vieles hatte sich seit dem letzten Aufenthalt, der ja nur wenig mehr als zwei Jahre zurücklag, verändert. In der Stadt fuhren jetzt Taxis und Kleinbusse, und die Urbanisierung schritt weiter voran. Was den Transport betraf, war ich unabhängig, da ich dieses Mal einen Landrover zur Verfügung hatte. Das ermöglichte mir auch einen Einblick in das Innere von Borno und ins benachbarte Kamerun und in den Tschad.

Meine Mitarbeiter für die Untersuchung des Buduma fand ich zunächst in einem Krankenhaus außerhalb von Maiduguri. Hier hatte die Sudan United Mission mehrere Jahrzehnte zuvor ein Hospital für Lepra-Kranke aufgebaut. Dieses Krankenhaus, das von kirchlichen Trägern unterhalten wurde, war weit über das engere Einzugsgebiet bekannt, und Patienten kamen von weit her, u.a. aus Niger und Tschad. Die Patienten, mit denen ich zusammenarbeiten konnte, empfanden die Mitarbeit bei der Sprachforschung als anregend, auch die Monotonie des Hospitals wurde für sie ein wenig zurück gedrängt.

Ich fuhr mit einem Kanuri-Freund auch zum Tschadsee in der Hoffnung, einen Buduma zu gewinnen, der für einige Monate mit ins 200 km entfernte Maiduguri kommen würde. Es brauchte nicht viel Anstrengungen, um Mai Kashim, ca. 18 Jahre alt, zum Mitkommen zu bewegen, denn Maiduguri war für jüngere Menschen die Metropole mit vielen Attraktionen. Dass ich dadurch auch eine besondere Verantwortung auf mich nahm, wurde mir erst später bewusst. Für Mai Kashim war es die erste Reise nach Maiduguri. Die Verlockungen großstädtischen Lebens waren recht groß, und es zeigte sich, dass er besonders das Vergnügen bis in die Nacht liebte (ich muss eingestehen, dass ich erleichtert war, als Mai Kashim am Ende meines Aufenthalts von mir wieder wohlbehalten nach Baga am Tschadsee zurückgebracht wurde).

Eine interessante Erfahrung machte ich bei dem Versuch, Buduma-Texte auf das Tonbandgerät aufzunehmen. Da sprachliche Kommunikation nicht immer einfach war, spielte ich den Sprechern eine bereits aufgenommene Geschichte vor. Die Erzähler hörten diese und begannen mit ihren Erzählungen. Dann bemerkte ich, dass jede Aufnahme mit der Erwähnung einer langen Namensliste begann. Zunächst war es mir rätselhaft, bis ich realisierte, was es damit auf sich hatte. Die Sprecher glaubten, ich sei Radioreporter, deshalb hat jeder erst einmal seine Verwandten und Freunde gegrüßt.

Die Forschung über die Buduma-Sprache hat keine besonderen Eindrücke bei mir hinterlassen. Ich spürte, dass es sich hier eher um Auftragsforschung im Rahmen des vorgegebenen Projekts handelte. Meine Besuche bei den Buduma waren eher sporadisch, wenn ich von einem einmonatigen Aufenthalt in einer kleinen Missionsstation auf einer Tschadseeinsel absehe. Natürlich ist mir auch ein einwöchiger Segeltörn auf dem See in bleibender Erinnerung.

Die britische Zoologin Sylvia Sykes forschte in den 1960-er Jahren über die Fauna des Tschadsees und seines Ufers. Dazu verwendete sie eine seetüchtige Segelyacht, die einzige, die wohl jemals auf dem Tschadsee kreuzte. Nach dem Ende ihrer Forschungstätigkeit schenkte sie die Yacht den Schweizer Missionaren auf der Insel Haikoulou im Tschad.

Ich hatte keinen wirklichen Zugang zum Volk der Buduma, wie etwa zu den Kanuri. Alles, was ich machte, waren Interviews zur Buduma-Sprache und Gesellschaft, es handelte sich also nur um ein Untersuchungsobjekt.

4. FORSCHUNG FÜR NIGERIA

Das Beste, das mir – aus der Retrospektive – in meiner wissenschaftlichen Laufbahn passieren konnte, war ein Angebot, als *research fellow* am Centre for the Study of Nigerian Languages (CSNL) an der Ahmadu Bello University (Kano Campus) zu arbeiten. Es sei erinnert, dass diese Universität wenige Jahre zuvor wegen Desinteresses an der Forschung nigerianischer Sprachen nicht gewillt war, eine Anbindung (*affiliation*) zu unterstützen. Im Februar 1974 schloss ich meine Dissertation ab und begann im April desselben Jahres meine Tätigkeit im CSNL, das eine reine Forschungsinstitution ist.

Die folgenden Jahre erwiesen sich als besonders fruchtbar, was den weiteren Verlauf der Kanuri- Sprachforschung betraf. Gleichzeitig mit mir kam ein amerikanischer Linguist, John P. Hutchison, zum CSNL. Das erste größere Projekt war die Schaffung eines Kanuri-Englisch Wörterbuchs. Damit einher ging die Standardisierung der Kanuri-Schrift. Bald wurde uns klar, dass Kano für Kanuri-Forschung weniger geeignet war. Zum einen war es ein Zentrum der Hausa, zum andern fehlte die Nähe zur Kanuri-Gesellschaft. Wir fuhren daher bald in das 600 km entfernte Maiduguri und begannen die Vorbereitungen für einen dauerhaften Wohnsitz und für die Einrichtung eines Forschungsbüros. Mit Unterstützung der lokalen Freunde, der guten Kontakte zur Schulbehörde und zur Führung des traditionellen Borno-Emirats konnten wir nach einiger Zeit ein Büro in unmittelbarer Nähe des Palasts des Shehu von Borno einrichten.

Die Führung der Kanuri-Gesellschaft erkannte bald, dass es ein allgemeines Interesse an der weiteren Entwicklung ihrer Sprache gab. Die Idee eines Kanuri Sprachkomitees wurde geboren. 1975 wurde vom Council des Borno-Emirats das Kanuri Language Board (KLB) in Anlehnung an das schon länger bestehende Hausa Language Board gegründet. Einer der Gründe war die engere Kooperation mit der universitären Forschung und die Beteiligung der Kanuri-Sprecher an Aktivitäten der Sprachentwicklung, Sprachpolitik, etc. Die erste Aktivität des CSNL und des KLB war die Schaffung einer einheitlichen Schrift für das Kanuri. Vorarbeiten dazu waren schon vorhanden. Die Research Fellows des CSNL, d.h. mein Kollege und ich, produzierten in Zusammenarbeit mit Kanuri-Sprechern 1974 einen ersten Entwurf. Dieser wurde in den Folgemonaten zirkuliert und – wie kann es bei einer Orthographie anders sein? – heftig kritisiert. Aufgrund dieser Vorarbeiten war 1975 ein weiterer Entwurf fertiggestellt. Dieser wurde innerhalb weniger Monate offiziell als Standard Kanuri Orthography (SKO) anerkannt. Übrigens: Die Kritik an der Orthographie ging weiter, sie verstummte erst, als die SKO 1979 in einer ansprechenden äußeren Form gedruckt und publiziert wurde (Cyffer & Hutchison 1979).

Ein wichtiger Schritt im Hinblick auf die Anerkennung der Sprachforschung im Ansehen der Bevölkerung war getan. Unsere Forschungsarbeit wurde inzwischen als dauerhafte Einrichtung betrachtet. Das brachte auch die immer leichteren Forschungsbedingungen mit sich, z.B. bei Forschungen in ländlichen Gebieten, wo durch Empfehlung von höchster Stelle eine problemlose Forschung möglich wurde, Unterkunft zur Verfügung stand, etc.[2]

Es erwies sich als glückliche Fügung, dass kurz nach der Ankunft von John Hutchison und mir beim CSNL die nigerianische Regierung über eine neue Sprachpolitik im Bildungswesen nachdachte. Bisher wurde im Schulunterricht das Prinzip „Straight for English" verfolgt. Das bedeutete, dass Englisch Unterrichtsmedium vom ersten bis zum letzten Schultag sein sollte, obwohl die Schulkinder – besonders in ländlichen Gebieten – vorher nie mit Englisch in Kontakt gekommen waren, und selbst die Lehrer nicht immer kompetent in der Sprache waren. Entsprechend enttäuschend waren die Lernerfolge. Die neuen Empfehlungen gingen in die Richtung, dass ein Kind am besten in seiner Muttersprache lernt, so wie es die UNESCO schon früher propagiert hatte. Nun waren Sprachwissenschaftler gefordert, der Empfehlung entsprechend, die Voraussetzungen für den Unterricht in der Muttersprache zu schaffen, also die Kenntnisse der Phonologie, Morphologie und Syntax so umzusetzen, dass sie im Schulunterricht angewandt werden. Das war natürlich eine große Herausforderung für uns als Kanuri-Sprachforscher.

Die Arbeit am Wörterbuch, an der Orthographie und Grammatik wurde begleitet von Workshops über Sprachplanung, Terminologienbildung, etc. Dass die Arbeit nicht von zwei ausländischen Linguisten durchgeführt werden sollte, war uns von Anfang an bewusst. Daher waren wir immer bestrebt, interessierte Kanuri mit einzubeziehen. Da es an der Ahmadu Bello University auch Studenten aus Borno gab, die an einer Mitarbeit interessiert waren, bildete sich bald ein Team, das noch lange in der Spracharbeit kooperieren sollte.[3]

---

[2] An dieser Stelle muss der ‚District Head' von Machina im äußersten nordwestlichen Gebiet der Kanuri erwähnt werden. Der Alhaji Bukar Mai Machinama erwies uns eine äußerst großzügige Gastfreundschaft. Bis zu seinem Tod blieben wir freundschaftlich verbunden.

[3] Besonders zu erwähnen sind Tijani El Miskin und Shettima Bukar Abba, beide damaligen Studenten blieben im Bildungswesen tätig. Prof. El Miskin wurde an der University of Maiduguri Islamwissenschaftler, Dr. Shettima Bukar Abba wurde Direktor des Kashim Ibrahim College of

5. DIE UNIVERSITY OF MAIDUGURI

Die nigerianische Bildungspolitik befand sich Mitte der 1970er Jahre in einem Umbruch. Ich habe schon erwähnt, dass in der Grundschulausbildung dem Unterricht in der Muttersprache ein größeres Gewicht zukommen sollte. Aber auch in anderen Bildungsbereichen wurden Veränderungen vollzogen, so beispielsweise im Universitätsbereich. Bisher gab es in Nigeria fünf Universitäten, in jeder der ehemaligen vier Regionen eine (Ife, Lagos, Nsukka, Zaria), zusätzlich gab es in Ibadan eine nationale Universität, die überregional sein sollte.

In einem neuen Anlauf sollte in jedem der damaligen Bundesstaaten eine Universität entstehen. Das war 1976 die Geburtsstunde der University of Maiduguri. Sie lag im Einzugsbereich des Kanuri-Sprachraums. Es war die Absicht der Universitätsleitung, Forschungsaktivitäten aus dem Einzugsgebiet besonders zu fördern. In das gerade eröffnete Department of Languages and Linguistics wurde eine Kanuri Research Unit integriert. John Hutchison und ich wurden vom CSNL nach Maiduguri transferiert.

Durch diesen Schritt wurden die verschiedenen Forschungsaktivitäten des Kanuri auf eine feste Basis gestellt. In Maiduguri wurden drei Säulen der Kanuri-Spracharbeit aufgestellt:
1. Lehre auf universitärer Ebene (B.A. und M.A. Kurse),
2. Lehrerausbildung,
3. Fortsetzung der Grundlagenforschung.

1977 konzipierten wir für Grundschullehrer einen Certificate Course in Kanuri Studies. Dazu mussten Lehrer von ihren Behörden zu uns gesandt werden, damit das Abschlusszeugnis die gewünschte Anerkennung bekam. Daher nahmen wir mit dem Erziehungsministerium des (damaligen) North-Eastern State Kontakt auf, um den Kurs von den Schulbehörden anerkannt zu bekommen. Es sei erwähnt, dass die Universität in Maiduguri Bundesinstitution ist, und die Grundschulen Länderinstitutionen sind.

Natürlich musste das Ministerium vordergründig wohlwollend sein, aber wir bemerkten bald, dass die hinhaltende Zustimmung in Wirklichkeit ablehnend war, ohne dass wir eine Erklärung dafür hatten. Irgendwann bemerkten wir doch die wahren Gründe. Das Erziehungsministerium war von Angehörigen der Fulbe dominiert. Uns wurde indirekt zur Kenntnis gebracht, dass die Anerkennung nur gewährt werden könne, wenn gleichzeitig ein ähnlicher Kurs für Fulfulde (die Sprache der Fulbe) eingerichtet werde. Der Hinweis, dass uns dafür die professionelle Kompetenz fehlt, wurde nicht akzeptiert.

Die Lösung des Problems schaffte bald die Politik. In einer Verwaltungsreform wurde der North-Eastern State dreigeteilt. Die Fulbe-Beamten wurden in den von ihnen dominierten Staat trans-

---

Education, an dem er eine Kanuri Sektion eingerichtet hat. Hier werden Dozenten darin ausgebildet, Lehrer für entsprechende ‚Teacher Training Colleges' auszubilden.

feriert, und der Kanuri-Kurs bekam seine Zustimmung im neuen Borno State. Übrigens: etwa zehn Jahre später gab es auch einen entsprechenden Fulfulde-Kurs.

Die Vorbereitung eines Lehrplans war von besonderer Bedeutung, da dadurch die Kontinuität der Beschäftigung mit der Sprache in Maiduguri sicher gestellt werden sollte. Die Lehrerausbildung, die noch etwa 15 Jahre weiter geführt wurde, unterstützte die Grundschulbehörden bei der Implementierung des Muttersprachunterrichts in der Grundschule. Im linguistischen Bereich waren gute Vorarbeiten gemacht worden, z.B. Orthographie, Terminologien, einfache Grammatikbeschreibungen, Sammlung und Bearbeitung von aufgezeichneten Erzähltexten. Natürlich waren Sprachwissenschaftler überfordert, die gesamte Ausbildung zu übernehmen. Mit aktiver Hilfe der Erziehungswissenschaftler wurde ein ein-, später zweijähriger Certificate Course in Kanuri Studies eingerichtet. Die Grundlagenforschung, v.a. zum begonnenen Wörterbuch und zur Grammatik, wurde fortgesetzt.

Es war anfangs nicht einfach, gute Studenten für ein akademisches Studienfach ‚Kanuri' zu begeistern. Zum einen handelte es sich um ein völlig neues Fach mit unbekannten Berufsaussichten. Zum anderen wusste man nicht, wie sich die Zukunft des Fachs gestalten würde, zumal noch kein einheimisches Personal zur Verfügung stand. Schließlich wurde die grundsätzliche Frage gestellt, ob das Studium der eigenen Sprache überhaupt eine lohnende Wahl sei. Die, die dieses Wagnis eingegangen sind, sollten es nicht bereuen. Heute gibt es an der Universität in Maiduguri zwei Professoren für Kanuri, so wie mehrere Dozenten und Assistenten. Andere, die die Universität nach einem erfolgreichen Abschluss verließen, sollten gute Positionen im Bildungsbereich erhalten.

6. DIE RÜCKKEHR NACH EUROPA

1981 kehrte ich nach Deutschland zurück, in der Hoffnung, mich im europäischen akademischen Leben zu integrieren. Ermutigt dazu wurde ich nicht zuletzt durch die Tatsache, dass ich ein Jahr zuvor auf der Berufungsliste einer Universität stand, allerdings nicht an erster Stelle. Ich hatte das Gefühl, dass für meine Lebensplanung eine europäische Universität wichtig wäre, wollte aber nicht auf die Lehr- und Forschungskooperation mit Maiduguri verzichten müssen.

Nachdem ich einen Ruf an die Universität Mainz erhalten hatte (einen gleichzeitigen Ruf an die University of Maiduguri lehnte ich ab), bemühte ich mich, die Kontakte mit Maiduguri wieder zu intensivieren. In Zusammenarbeit mit dem Deutschen Akademischen Austauschdienst praktizierten wir eine Art Sandwich-Programm, d.h. im Rahmen eines Postgraduiertenprogramms gab es Studienaufenthalte von jungen nigerianischen Wissenschaftlern in Mainz und wissenschaftliche Aufenthalte von mir in Maiduguri. Dieses Programm lief erfolgreich bis zum Abschluss zweier Promotionen.

7. FORSCHUNGSPROJEKTE

Die Forschungsarbeit rückte wieder in den Mittelpunkt, als ich 1990 bei dem an der Universität Frankfurt beheimateten Sonderforschungsbereich (SFB) Projekt Kulturentwicklung und Sprachgeschichte im Naturraum Westafrikanische Savanne (Deutsche Forschungsgemeinschaft, SFB 268) mit einem Teilprojekt Wandel und Kontinuität von Sprache, Literatur und Musik in der Tschadsee-Region mitarbeitete. In diesem multidisziplinären Teilprojekt versuchten wir, die drei Disziplinen Linguistik, Literaturwissenschaft und Musikwissenschaft thematisch zusammenzuführen.

Neben zwei Mitarbeitern aus Deutschland (Thomas Geider und Doris Löhr) hatten wir drei *Counterparts* von der University of Maiduguri einbezogen. Dadurch konnten sich auch die beiden früher betreuten Nachwuchswissenschaftler in die Forschungsarbeiten integrieren.[4]

Durch die Forschungskooperation wurde die Zusammenarbeit mit der University of Maiduguri weiter gefestigt. Aus dem Projekt gingen mehrere Publikationen hervor, darunter eine Habilitation (Geider) und ein Sammelband mit Beiträgen der Projektmitarbeiter und von Wissenschaftlern der University of Maiduguri (Cyffer & Geider 1997).

Bedingt durch die Annahme eines Rufs an die Universität Wien konnte das Projekt nicht über 1996 weitergeführt werden. In Wien wurde allerdings ein neues Projekt konzipiert. Von 2002 bis 2005 lief das Projekt Sprachliche Innovation und Konzeptwandel in Westafrika.[5] Die beiden Forschungsregionen lagen in Mali/Burkina Faso und erneut in Nordostnigeria. An die alten Forschungskontakte konnte wieder angeknüpft werden. Ein neues Projekt, gefördert vom Wissenschaftsfonds FWF, wurde 2007 begonnen. In enger Zusammenarbeit mit Kollegen der Universität Maiduguri wird über Aspekte der „Dynamik sprachlichen Wandels in Nordostnigeria" gearbeitet.

[4] Die beiden Kollegen, Umara Bulakarima und Yaganami Karta, waren im Kanuri-Programm seit seinem Bestehen, zunächst als Studenten, später als Dozenten und schließlich als Professoren. Umara Bulakarima war zwischenzeitlich Erziehungsminister im Borno State.

[5] Das Projekt wurde vom Fonds zur Förderung der Wissenschaftlichen Forschung gefördert (P15764); Projektmitglieder: Norbert Cyffer, Erwin Ebermann und Georg Ziegelmeyer, der bereits vorher eine Feldforschung in Nigeria durchführte.

8. WAS HINTERLASSEN WIR ALS FORSCHER?

Ein Freund aus Kano besuchte uns zum ersten Mal in Maiduguri. Er kam zu unserem Büro, fand uns aber nicht vor. Da unser erstes Büro recht abgelegen war, ließen wir es bewachen. Er fragte den Wächter, ob hier die beiden Europäer arbeiteten. Er antwortete auf die Frage etwa folgendermaßen: „Na ja, Europäer gibt es hier schon, aber arbeiten tun sie sicher nicht. Sie kommen jeden Tag und schreiben und lesen, aber das ist alles." Gut, dass sich unser Freund nicht dadurch abweisen ließ.

Normalerweise kommt ein Forscher oder eine Forscherin in das geplante Forschungsgebiet, verweilt einige Monate oder vielleicht ein ganzes Jahr, schließt die Arbeit ab und verlässt das Gebiet wieder. Wenn der Forscher oder die Forscherin sensibel genug ist, bedankt er oder sie sich schriftlich für die Gastfreundschaft und schickt die aus der Forschung hervorgegangenen Publikationen an wissenschaftliche Institutionen des betreffenden Landes. Welche Nachwirkungen sie hinterlassen haben, bleibt meistens verborgen.

Natürlich ist man selbst positiv berührt, wenn man erfährt, dass die eigene wissenschaftliche Arbeit auch einen Beitrag zur praktischen Sprachentwicklung geliefert hat, besonders dann, wenn die Bevölkerung das anerkennt.

1994 erschien das English-Kanuri Dictionary. In der von Herrmann Jungraithmayr und mir beim Rüdiger Köppe Verlag, Köln, begründeten Reihe Westafrikanische Studien gab es mit dem Verlag die Vereinbarung, dass ca. 150 Exemplare kostenlos nach Nigeria gesandt würden und an wissenschaftliche Institutionen und andere Bildungseinrichtungen kostenlos übergeben würden. Der Grund dafür war u.a., dass damit eine Anerkennung für die von Staat und Bevölkerung erwiesene Gastfreundschaft geleistet würde, und vor allem die wissenschaftlichen Beziehungen zur Forschungsregion zu festigen. Um gleichzeitig die Öffentlichkeit über die Aktivitäten zu informieren, haben die Kanuri-Experten der Universität, Akademien und weiterführenden Schulen eine offizielle Übergabe des Wörterbuchs an den Shehu von Borno vorbereitet, begleitet von Fernsehen und anderen Medien. Es war meine Aufgabe dabei, nach einer kurzen Ansprache dem Shehu das Wörterbuch zu überreichen. Die kurze Rede auf Kanuri lernte ich zwar auswendig, beschloss aber im letzten Moment, sie abzulesen, um nicht in einem nervösen Moment vor den laufenden Kameras mein Konzept zu verlieren.

So geschah es, und alles lief wie geplant ab. Am Abend wurde das Ereignis gesendet, und für mich gab es eine überraschende Reaktion aus der Bevölkerung. Man schätzte nicht so sehr, dass ich Kanuri sprach, das war für die, die mich kannten, auch nicht wirklich überraschend; vielmehr schätzte man, dass ich meinen Text las. War hier die Annahme vorhanden, dass eine geschriebene Sprache mehr wert sei als eine gesprochene? Fazit: spätere Reden auf Kanuri las ich vom Manuskript ab.

Da ich längere Forschungsaufenthalte in Nigeria durchgeführt hatte, fragte ich mich selbstkritisch immer wieder, was wäre, wenn mein Kollege, John Hutchison, und ich zu der Zeit nicht an dem Platz gewesen wären. Auf alle Fälle sähe die Standard Kanuri Orthography anders aus. Es gibt nämlich viele Prinzipien für die

Schaffung einer guten Rechtschreibung. Für den akademischen Studiengang Kanuri and Linguistics haben wir 1977 die Weichen gelegt. Es gab im Laufe der zurückliegenden Jahre natürlich Anpassungen und Änderungen, aber die Grundstrukturen des damals erarbeiteten Studienplans sind nach wie vor dieselben. Gäbe es Professoren und Dozenten für Kanuri aus der Kanuri-Gesellschaft, wenn nicht zur bestimmten Zeit ausländische Sprachwissenschaftler am Ort gewesen wären? Sind das alles positive Erscheinungen, oder sehen das Kritiker als Einmischung von außen?

> Ein Kollege beschloss, seine im Laufe seiner Forschungsaufenthalte aufgenommenen Texte in einer nigerianischen Sprache in Buchform zu veröffentlichen und in einer Zeremonie der Sprachgemeinschaft zu überreichen. Er wollte damit seinen Dank für die erwiesene Gastfreundschaft in seinem Forschungsgebiet ausdrücken. Ich kam einige Wochen vor der Zeremonie in die betreffende Stadt - ihre Bevölkerung ist mehrsprachig - und traf einen der früheren Mitarbeiter des Kollegen. Anstatt Genugtuung über das kommende Ereignis auszudrücken, war die Reaktion fast feindselig. Er solle sich ja nicht blicken lassen, denn er habe nur für eine Sprache ein Buch verfasst und die anderen Sprachen ignoriert.
>
> Die Übergabe des Buchs und die damit verbundene Zeremonie fand dennoch statt. Mein Kollege musste aber versprechen, dass ein weiteres Textbuch in einer der anderen Sprachen fertiggestellt werde. Seitdem sind mehrere Jahre vergangen. Vor einigen Monaten fragte ich ihn, wann er wieder in sein altes Forschungsgebiet reisen wolle. Seine Antwort: „Ich kann nicht, denn das versprochene Buch ist nicht fertig."

Als ich später als Mitglied des Frankfurter Sonderforschungsbereichs nach Maiduguri kam, machte ich eine neue Erfahrung als Forscher in der Region. Jetzt waren zeitweise mehr als 10 mehr oder weniger erfahrene europäische Wissenschaftler anwesend. Alle wohnten im selben Haus, saßen abends zusammen und sprachen eine für die anderen fremde Sprache. Selbst wenn ein Besucher kam, wurde deutsch gesprochen. Mit fünf hellfarbenen Mercedes-Geländewagen waren sie in der Stadt nicht zu übersehen. Die Geographen und Geologen hatten verständlicherweise eine andere Beziehung zur Bevölkerung als die Ethnologen oder Sprachwissenschaftler. Daher ist das „Frankfurt House" immer ein fremdes Objekt geblieben. Die Interaktionen mit der übrigen Community waren auf die Universität begrenzt. Die Anwesenheit der Europäer fiel auch deshalb stärker auf, weil die Zahl der anderen *expatriates* sich stetig verringert hat. Forscher in Maiduguri zu sein, war zur Normalität geworden. Meine eigene Rolle war davon unberührt, da 20 Jahre Forschungsarbeit davor lagen und meine Rolle fixiert war.

In der akademischen Gemeinde hatte die starke Präsenz durchaus positive Effekte. So entwickelte sich eine Partnerschaft zwischen Maiduguri und Frankfurt, wodurch der Austausch von Gastwissenschaftlern im größeren Umfang möglich wurde. Der Umgang mit ausländischen Wissenschaftlern in Maiduguri ist weniger spektakulär, aber unkomplizierter geworden. Wir Afrikanisten haben einen großen Vorteil gegenüber Forschern anderer Disziplinen. Unser Forschungsgebiet deckt sich häufig mit dem der Kooperationspartner in den Regionen. Der Wissenstransfer ist keine Einbahnstraße sondern vollzieht sich zweigleisig.

9. EPILOG

Mit meinen Freunden und Kollegen in Maiduguri bin ich weiter in Kontakt. E-mail und das Handy haben die Kommunikation wesentlich verbessert. Einige Freunde leben nicht mehr. Oft waren es Verkehrsunfälle, die ihr Leben beendeten (und nicht etwa Schlangenbisse oder Attacken wilder Tiere). Andere haben eine bemerkenswerte Karriere gemacht: Minister, Professoren, etc. Maiduguri hat sich schneller als irgendeine europäische Stadt verändert, leider nicht immer zum Guten. Was sich aber nicht gewandelt hat, sind die unverändert ausgezeichneten zwischenmenschlichen Beziehungen.

Am 17. Februar 2005 hat sich die Kanuri-Gemeinschaft mir gegenüber erkenntlich gezeigt, indem der Shehu von Borno mir den traditionellen Titel Shettima Luggama Kanuribe verlieh. Es war übrigens das erste Mal, dass ein Europäer vom Shehu von Borno einen Titel erhielt.

LITERATUR

Cyffer, Norbert. 1974. *Syntax des Kanuri.* Hamburg: Helmut Buske.

—, 1994. *English-Kanuri Dictionary.* Köln: Rüdiger Köppe.

Cyffer, Norbert & John P. Hutchison. 1979. *The Standard Kanuri Orthography.* Lagos: Thomas Nelson.

Cyffer, Norbert & John P. Hutchison. 1990. *Dictionary of the Kanuri Language.* Dordrecht: Foris.

Cyffer, Norbert & Thomas Geider. 1997. *Advances in Kanuri Scholarship.* Köln: Rüdiger Köppe.

Karta, Yaganami (ed.). 2000. *Strides in Kanuri Studies: The Journey So Far.* Maiduguri: University of Maiduguri.

Tamara Prischnegg
John Rennison

Nigeria ganz anders – zwei Monate Sprachforschung bei den Jukun

1. DAS FORSCHUNGSPROJEKT

Am Wiener Institut für Sprachwissenschaft wird seit Juli 2003 ein Forschungsprojekt realisiert, das es sich zur Aufgabe gemacht hat, eine vom Aussterben gefährdete afrikanische Sprache zu dokumentieren. Das Projekt mit dem Titel „Sprechende Dokumentation einer bedrohten Jukunoid-Sprache" wird vom Österreichischen Forschungsfonds (FWF) gefördert und ist für vier Jahre anberaumt, endet also mit Ende Juni 2007. Am Vienna Yukuben Project (www.univie.ac.at/linguistics/yukuben) beteiligt sind der Projektleiter und Sprachwissenschaftler John Rennison, die Afrikanistin Tamara Prischnegg, sowie Reinhard Bachmaier, David Djabbari, Patrick Grosz, Alexander Haager, Susanne Höfler, Karoline Maronitsch, Friedrich Neubarth, Mathias Newrkla, Kevin Perner, Jakob Steixner, Regula Sutter und Karoline Zawadzki als ProjektassistentInnen. Die ProjektmitarbeiterInnen sehen das Ziel ihres Vorhabens darin, die Süd-Jukunoidsprache Yukuben vor dem Sprachtod zu bewahren und einer linguistisch interessierten Öffentlichkeit zugänglich zu machen. Unsere Herangehensweise unterscheidet sich jedoch stark von den bisher üblichen Methoden zur Sprachbeschreibung.

Das Projekt sieht zwar auch eine traditionelle Sprachdokumentation vor. Es werden also eine schriftliche Grammatik und ein Wörterbuch zum Yukuben angefertigt. Zusätzlich wird aber auch an einer „sprechenden" Version des Yukuben gearbeitet. Diese „sprechende" Version wird im Internet frei zugänglich sein. Ein Mausklick soll es AnwenderInnen ermöglichen, das vom Projektteam aufgenommene Sprachmaterial selektiv abzurufen und anzuhören. Diese Methode bietet – verglichen mit einer schriftlichen Sprachdokumentation – einen entscheidenden Vorteil: Sie gewährt den am Yukuben Interessierten nicht nur Zugang zu transkribiertem und analysiertem Material, sondern die von uns gemachten Tonaufzeichnungen können mit eigenen Ohren auch angehört werden. Das heißt, WissenschaftlerInnen werden sich selbst ein Bild von den Sprachdaten des Yukuben machen und die Richtigkeit der Transkriptionen überprüfen können. So ist es auch möglich, eigene, alternative Sprachanalysen auf allen Ebenen der Sprache vorzunehmen. Der linguistische Fachkreis muss sich nicht länger damit begnügen, das transkribierte Sprachmaterial unreflektiert und vertrauensvoll zu übernehmen. Vor allem für PhonologInnen dürfte diese Technik von entscheidendem Interesse sein. Ein weiterer positiver Nebeneffekt besteht darin, dass das Yukuben auch noch zu einer Zeit gehört werden kann, in der kein lebender Mensch mehr diese Sprache spricht. Auf diese Weise bleibt es noch lange nach dem vorhersehbaren Sprachtod für die wissenschaftliche Nachwelt akustisch erhalten.

2. WARUM GERADE YUKUBEN?

In Afrika herrscht eine kaum zu überschauende Sprachenvielfalt. Dies trifft im Besonderen auf Nigeria zu. Die meisten der mehr als 500 nigerianischen Sprachen sind akut vom Sprachtod betroffen, da sie zugunsten überregionaler Sprachen aufgegeben und nicht mehr an die nächste Generation weitergegeben werden. Bis heute sind so gut wie alle dieser Klein- und Kleinstsprachen nicht oder nur unzureichend beschrieben. Es ist also höchste Zeit, dies zu tun, bevor sie von der sprachlichen Landkarte verschwinden und in Vergessenheit geraten. Das Yukuben ist eine dieser vom Aussterben bedrohten Sprachen. Ebenso gut hätten wir eine beliebige andere afrikanische Sprache wählen können. Großteils ist es also dem Zufall zu verdanken, dass das Yukuben seinen fixen Platz in der afrikanischen Sprachwissenschaft erhalten wird. Genetisch wird das Yukuben zum Sprachstamm des Niger-Congo gezählt. Es ist eine bisher undokumentierte Süd-Jukunoidsprache. In dieser Sprachgruppe findet sich bis jetzt lediglich eine beschriebene Sprache, das Kuteb. Die überwiegende Mehrzahl der rund 20.000 SprecherInnen des Yukuben lebt im äußersten Osten Nigerias, ein geringer Teil auch in Dörfern über der Grenze zum Kamerun. Das Yukuben-Sprachgebiet umfasst ein Areal von nur knapp über 100 km^2. Die geringe SprecherInnenzahl ist aber nur ein Teil der Wahrheit, warum das Yukuben als bedroht gilt.

20.000 Yukuben würden den Sprachtod vielleicht nicht verhindern können. Die Zahl an Sprechenden dürfte aber ausreichen, das Yukuben noch mehrere Generationen lang am Leben zu halten. Weit gravierender ist die Tatsache, dass die Sprache zugunsten der dort gebrauchten Verkehrssprachen, allem voran des Jukun, nach und nach aufgegeben und vergessen wird. In einigen Nicht-Yukuben-Dörfern in dieser Gegend ist diese Entwicklung bereits Wirklichkeit geworden. So finden sich für die beiden Süd-Jukunoidsprachen Bete und Lufu jeweils nur noch ca. 10 SprecherInnen in den gleichnamigen Dörfern, die alle weit über 60 Jahre alt sind und ihre Erstsprachen für die tägliche Kommunikation nicht mehr verwenden. Alle übrigen DorfbewohnerInnen kennen nur noch Jukun als ihre Muttersprache. Auch bei den Yukuben gehört Zwei- oder gar Mehrsprachigkeit bereits zum Alltagsleben. Das heißt, sie sprechen Yukuben und Jukun, meist auch noch Hausa. Die größeren Sprachen werden positiv bewertet, da mit ihrer Kenntnis meist eine Verbesserung der Lebenssituation einhergeht, die für die Yukuben alles andere als rosig ist. Infrastruktur gibt es in den Dörfern so gut wie keine. Die Gegend ist gebirgig und von zahlreichen Flüsschen durchzogen. Insgesamt existieren auf nigerianischem Boden sieben Dörfer, in denen Yukuben gesprochen wird. Fünf befinden sich an den gebirgigen Ausläufern des Grenzgebiets zwischen Nigeria und Kamerun, zwei liegen im Gebirge selbst und sind nur in einem strapaziösen stundenlangen Fußmarsch zu erreichen.

Die Menschen in den Dörfern leben ausschließlich von der Landwirtschaft, manche betreiben auch Kleinviehhaltung, die sich vornehmlich auf Hühner beschränkt und selten zum Fleischverzehr dient. Hauptsächliche Anbaugüter sind Hirse, Yams, Kassava und Erdnüsse. Vereinzelt wachsen Bananenpalmen und Mangobäume. Die Früchte werden aber kaum selbst konsumiert, sondern sind großteils für den Export bestimmt. Weiters werden Palmöl und Palmwein für den Eigengebrauch produziert. Die meisten Yukuben sind mit einem Wort auf Subsistenzwirtschaft angewiesen. Bezahlte Arbeit existiert so gut wie nicht. Positiv hervorzuheben ist, dass jedes Dorf seine eigene Grundschule hat. Höhere Bildung oder Arbeit ist aber nur außerhalb des Yukuben-Areals zu finden.

Im Hintergrund dieser Lebenssituation wird deutlich, warum das Yukuben akut vom Sprachtod betroffen ist. Gerade für junge Menschen sind die Zukunftsaus-

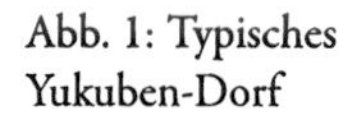
Abb. 1: Typisches Yukuben-Dorf

sichten in den Dörfern trist, und sie kritisieren zunehmend die fehlende Infrastruktur in ihren Dörfern. In der Hoffnung auf einen besseren Lebensstandard versuchen sie ihr Glück in größeren Städten außerhalb des Yukuben-Gebiets, wo sie bei ihrer alltäglichen Kommunikation auf Jukun oder Hausa angewiesen sind. Mit einem Ortswechsel ist also auch ein Sprachwechsel verbunden, da das Yukuben außerhalb des Kernareals von niemandem gesprochen oder verstanden wird. So reduziert sich für ambitionierte junge Menschen die Bedeutung des Yukuben auf ein Mindestmaß und die Gefahr ist groß, dass sie ihren Kindern die Sprache nicht mehr beibringen. Dieses Faktum bringt mit sich, dass die SprecherInnenzahl des Yukuben in den nächsten Jahren rapide sinken wird und dass das Yukuben vermutlich schneller von der afrikanischen Sprachenkarte verschwinden wird als es aufgrund seiner jetzigen SprecherInnenzahl zu erwarten wäre. Das Vienna Yukuben Project will mit seiner Analysetechnik die Lebensdauer des Yukuben zumindest artifiziell verlängern. Es ist aber zu hoffen, dass die Veröffentlichungen des Projekts das Selbstbewusstsein der Yukuben-SprecherInnen stärkt und somit den Prozess des Sprachtods etwas bremst.

3. DIE TECHNIK

Wie wird dieses Vorhaben bewerkstelligt? Um mit der linguistischen Bearbeitung des Yukuben beginnen zu können, werden unsere Aufnahmen noch vor Ort elektronisch vorarchiviert. Das Herzstück unserer Sprachforschung heißt STx, ein speziell für die Dokumentation und Analyse von Audiomaterial entworfenes Software-Programm. Jedes von uns während der Feldforschung aufgenommene Band wird für diesen Zweck in den Computer eingespielt und kann per Mausklick von dort aus angehört werden. Die Länge einer Aufnahme beträgt durchschnittlich ein bis zwei Stunden. Bis hierher unterscheidet sich diese Methode nicht von herkömmlichen analogen oder digitalen Aufnahmen. Der entscheidende und gewinnbringende Unterschied ist aber, dass die eingespielte Feldforschungssitzung nun am Computer nicht nur gehört, sondern auch bearbeitet werden kann. Für die Bearbeitung sehr hilfreich ist es, dass mit STx die computerisierte Bandaufnahme sowohl akustisch als auch visuell wiedergegeben wird. Das heißt die Kassetten sind am Bildschirm als Wellenformen zu sehen.

Der nächste Schritt besteht darin, jede Feldforschungssitzung in kleinere Abschnitte zu unterteilen. Der gewünschte Ausschnitt einer Aufnahme kann somit jederzeit gehört und kontrolliert werden. Ein Abschnitt oder Großsegment beinhaltet alles Wesentliche rund um eine von uns gefragte englische Glosse. Die jeweilige englische Frage und die Entsprechung im Yukuben mit der mehrmaligen Wiederholung eines bzw. auch mehrerer SprecherInnen bilden also ein Großsegment.

Je nach Eignung und Kontext können Diskussionen über eine englische Glosse zum jeweiligen Großsegment dazugenommen oder als eigenes Segment betrachtet werden. Auf diese Art werden Wörter, Phrasen und Sätze segmentiert und so wird die gesamte Aufnahme strukturiert. Das erleichtert das Auffinden einer bestimmten Stelle am Band erheblich. Zwecks Übersichtlichkeit bekommen die Großsegmente eine laufende Nummer (A001, A002, etc.). Der Anfangsbuchstabe kann verwendet werden, um einen neuen Sprecher anzuzeigen, also A001... für Sprecher A, B001... für Sprecher B, etc.

Ist das gesamte Band in Großsegmente unterteilt, beginnen wir mit der Unterteilung in Kleinsegmente und der Transkription der Glossen. Jede Yukuben-Äußerung (Wort, Satz, etc.) wird als eigenes Kleinsegment markiert und wiederum mit einem Kleinbuchstaben zusätzlich zur Nummer des Großsegments alphabetisch bezeichnet (A001a, A001b, etc.). Die Durchnummerierung gewährleistet die schnelle Auffindbarkeit der Glossen in STx. Dies wird vor allem dann gebraucht, wenn die Daten in ein anderes Datenbank-Programm, zum Beispiel Shoebox, übertragen werden. So können leicht nachträgliche Korrekturen zu den Transkriptionen vorgenommen werden.

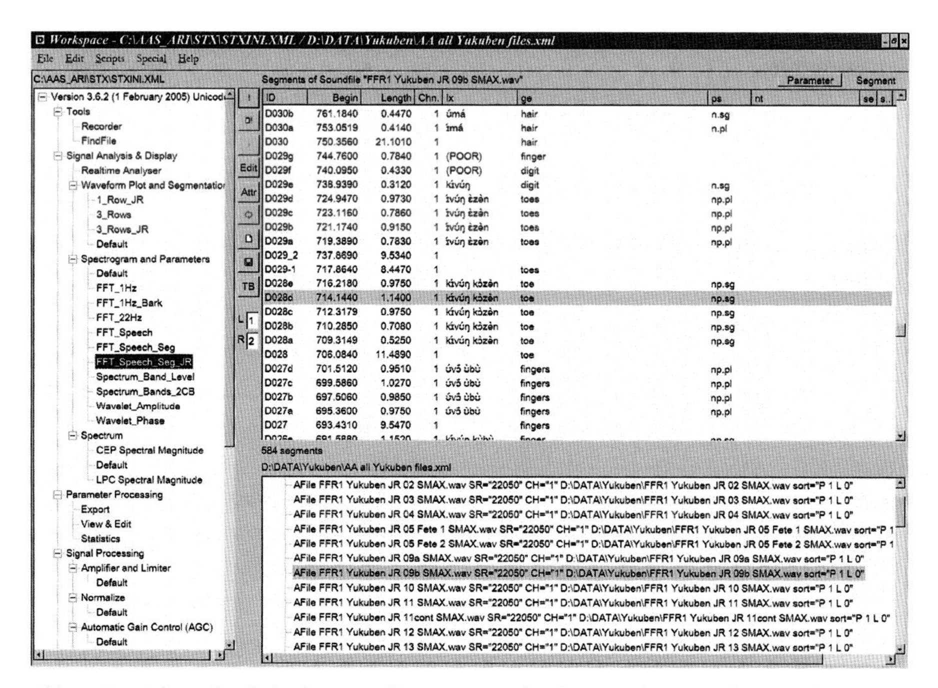

Abb. 2: Die Arbeitsoberfläche („Dataset“) von STx. Links: die Liste der Darstellungsmethoden etc.; rechts oben die Liste der Segmente (groß und klein); rechts unten: die Liste der Aufnahmen

Was beinhaltet nun ein solches Kleinsegment? Im Gegensatz zu einem Großsegment, das allein durch die englische Glosse markiert ist (z.B. „The man is going to his house."), besteht ein Kleinsegment aus verschiedenen Kolumnen, die das jeweilige Tonsegment weiter untergliedern. Wir gehen dabei folgendermaßen vor: In der ersten Spalte (ID) werden die zurechtgeschnittenen Segmente zum Identifizieren durchnummeriert (A001a, A002a, etc.). Die Spalte „Begin" zeigt den Beginn des jeweiligen Segments relativ zum gesamten Soundfile in Sekunden an. Die Länge des Segments, wiederum in Sekunden, wird in der Kolumne „Length" angegeben.

Linguistisch interessant sind dann die Spalten „lx", „ge", „ps" und „nt". Die Spalte „lx" steht für „lexeme". Dort scheinen die von uns transkribierten Wörter, Phrasen und Sätze des Yukuben auf. Für die Transkription verwenden wir SILDoulosUnicodeIPA. Im Feld „ge" („gloss English") erscheint die jeweilige englische Übersetzung zur Yukuben-Äußerung und „ps" („part of speech") gibt an, um welche Wort- bzw. Satzkategorie es sich handelt. Das heißt die transkribierten Einheiten werden in Nomen Singular und Plural, Verben, Fragesätze, Imperativsätze, negierte Sätze, etc. untergliedert. Eine letzte Spalte „nt" ist für allfällige Anmerkungen reserviert. Wenn etwa im Yukuben das Wort für „Tier" und „Fleisch" ident ist, kann das in der Spalte „nt" vermerkt werden. Die durchnummerierten und alphabetisch bezeichneten Kleinsegmente A001a, A001b, etc. ergeben dann zusammen das Großsegment A001. Dasselbe gilt für das Großsegment A002, das aus den Yukuben-Transkriptionen A002a, A002b, etc. besteht. In dieser Art und Weise wird die gesamte Aufnahme transkribiert. In Abb. 2 ist der STx-Arbeitsbereich zu sehen.

Bei Bedarf kann der Arbeitsbereich alternativ nach jeder Spalte alphabetisch sortiert werden. Dies erleichtert das Auffinden einer englischen bzw. einer Yukuben-Glosse in STx erheblich. Zusätzlich zu dieser hilfreichen Untergliederung des aufgenommen Sprachmaterials hat STx noch eine weitere praktische Funktion: Zu jeder Äußerung wird ein akustisches Softwarepaket mitgeliefert, mit dessen Hilfe unverzüglich akustische Analysen durchgeführt werden können. So zeigt STx auf Wunsch ein Spektrogramm zu einem ausgewählten Segment an. Mithilfe der Cursor-Positionen ist es dann möglich das zu bearbeitende Segment in noch kleinere Abschnitte zu zerlegen. Der mit den Cursoren markierte Bereich kann dann beliebig oft wiederholt werden. Darüber hinaus berechnet STx die Frequenz der jeweiligen Äußerung. Das ist vor allem für die richtige Analyse des Tonmusters eine entscheidende Hilfe. Abb. 3 zeigt eine von vielen akustischen Analysen, die mit STx möglich sind.

Nachdem das Sprachmaterial auf diese Weise bearbeitet wurde, können alle Yukuben-Äußerungen per Mausklick und ohne lästiges Suchen am Band sofort abgerufen werden. So können auch Tonsegmente aller vorhandenen Aufnahmen

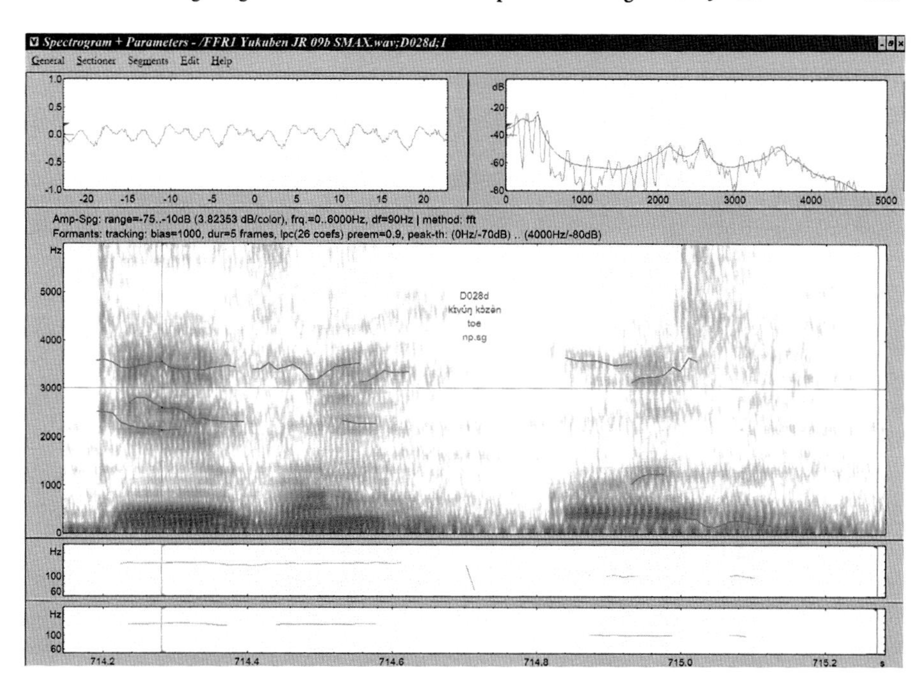

Abb. 3: Verschiedene akustische Analysen des Kleinsegments D028d 'toe' aus Abb. 2. Oben links: Vergrößerung der Wellenform an der aktiven Cursorposition; oben rechts: Frequenzspektrum an der aktiven Cursorposition; Mitte: Schallspektrogramm mit Formanten; unten: der Stimmton (F) nach zwei Analyseverfahren.

miteinander verglichen werden. Dies erleichtert die grammatische Analyse erheblich. Ist das gesamte Material transkribiert, kann es ohne großen Aufwand in andere elektronische Datenbanken übertragen werden. Für das Erstellen eines Wörterbuchs hat sich das Vienna Yukuben Project für die Toolbox Version des S.I.L. Shoebox Programms entschieden. Dies bedeutet, dass ein komplett formatiertes Wörterbuch auf Papier oder als PDF File in einer halben Stunde erstellt werden kann. Toolbox verbindet dabei unikale Äußerungen (types) aller transkribierten Aufnahmen, die sowohl im Englischen als auch im Yukuben ident sind, miteinander. Dabei wir jedes Vorkommen (token) der Äußerung notiert. So ist es leicht möglich, eine gewünschte Äußerung, sei es ein Satz oder ein Wort, mit Toolbox zu suchen und alle möglichen Varianten der Reihe nach abzuhören und zu vergleichen. Die Vorteile einer elektronischen Datenanalyse dieser Art sind:

- Kontrolle eines Ausschnitts der Aufnahme zu jeder Zeit in Form einer Hörprobe
- kein zeitkonsumierendes Suchen nach bestimmten Tonbandsequenzen

- Vergleich einer beliebigen Auswahl von Segmenten aller Tondateien in Form einer Hörprobe (durch die STx „sequence" Funktion)
- Vergleich einer beliebigen Auswahl von Segmenten eines einzigen Audiofiles in Form einer Hörprobe (zusätzlich) durch händisches Markieren aller gewünschten Segmente
- qualifizierte Anzeige akustischer Analysen für jedes Soundsegment oder Teile davon
- XML Database mit beliebig definierbaren Feldern
- Unicode Kompatibilität in Datenbank und Analysenanzeigen

Um aufrichtig zu sein, sollen auch die Nachteile einer elektronischen Analyse von Sprachdaten auf Feldforschung nicht unerwähnt bleiben. Der größte Nachteil einer elektronischen Vorarchivierung der sprachlichen Daten liegt auf der Hand: gute Computerkenntnisse sind unerlässlich. Eine zweite Konstante, die in Betracht gezogen werden muss, wenn man sich für eine elektronische Methode entscheidet, ist der Zeitfaktor. Das Transkribieren des digitalisierten Sprachmaterials nimmt wesentlich mehr Zeit in Anspruch als herkömmliche Methoden zur Analyse dies täten. Bei einer Block-und-Zettel-Methode reicht es aus, ein Wort oder einen Satz einmalig zu transkribieren. In STx wird jede Yukuben-Äußerung transkribiert, unabhängig davon, ob die jeweilige Glosse bereits bekannt und segmentiert ist oder nicht. Mit anderen Worten erreicht der Korpus der zu transkribierenden Daten mit einer elektronischen Datenanalyse ein beachtliches Ausmaß. Positiv gesehen hat dieser Mehraufwand aber auch den Vorteil, dass die Daten für längere Zeit im Kopf bleiben, daher das Gefühl für die Sprache schnell anwächst und ein aktives Sprachwissen die Belohnung für diese Mehrarbeit ist. Durch einen derartigen Crashkurs ist uns eine Unterhaltung in der Muttersprache der InformantInnen schneller, als es sonst üblich wäre, möglich. Dieser Umstand trägt wesentlich zu einem ambitionierten Arbeitsklima und einer ernsthaften Überzeugung von unserer Arbeit bei. Ein weiterer Nachteil der elektronischen Feldforschungsmethode ist, dass wir bei dieser Arbeit auf Elektrizität angewiesen sind. Diese ist gerade in dem Gebiet, wo wir arbeiten, leider nicht immer vorhanden. So kann es im Extremfall passieren, dass wir mit leerem Laptop im Hotelzimmer sitzen und zwei Tage auf Strom warten. Neben guten Computerkenntnissen gehört also auch eine gehörige Portion Geduld dazu, entscheidet man sich für eine Feldforschung in Afrika, wie jede/r WissenschaftlerIn bestätigen kann, der/die auf diesem Gebiet schon Erfahrung gesammelt hat.

Bei einer Sprachforschung spielen natürlich nicht nur Daten, Grammatik und Wörterbuch eine Rolle sondern auch und vor allem Menschen. Bevor eine professionelle Sprachbeschreibung am Internet erscheinen kann, müssen Daten in manchmal komischen, manchmal sehr widrigen Umständen eingeholt und aufgenommen werden. Wie sieht also unser Feldforschungsalltag aus?

4. DIE AUSRÜSTUNG

In insgesamt drei Feldforschungsreisen (Juni bis August 2004, Jänner bis März 2005, Jänner bis März 2006) nach Nigeria werden Daten zum Yukuben gesammelt. Jede Feldforschungsreise ist für zwei bis drei Monate anberaumt und führt uns in den Taraba State, ein Bundesstaat im Osten Nigerias.

Unser Gepäck beinhaltet neben einem DAT-Recorder und einem Mikrophon für jede/n MitarbeiterIn (zur Verfügung gestellt durch das Phonogrammarchiv der Österreichischen Akademie der Wissenschaften) Ersatzteile und zahlreiche DAT-Bänder (60/90/120 min.). Es wäre unmöglich, diese Utensilien in Nigeria zu erstehen. Weiters bringen wir Batterien samt Aufladegeräten und unterschiedlich genormte Steckdosen von zuhause mit. Bei unserer zweiten Feldforschungsreise war außerdem ein GPS-Gerät mit im Gepäck, um die exakten Koordinaten und die Höhenlage der Yukuben-Dörfer bestimmen und auf einer Karte einzeichnen zu können. Außerdem führen wir stets eine Videokamera mit uns, die es uns ermöglicht, Videoclips von kulturell wichtigen Ereignissen der Yukuben, wie Hochzeitsfeiern, Begräbnissen oder anderen Feiern anzufertigen. Andererseits sollen Filmaufnahmen von Mimik und Gestik der Befragten unsere Sprachaufnahmen bereichern. Jede/r ProjektmitarbeiterIn bringt überdies einen Laptop nach Nigeria mit, um

Abb. 4: Einige unserer MitarbeiterInnen aus Sabon Gida Yukuben

bereits vor Ort mit der elektronischen Datenanalyse beginnen zu können. Mit dieser Gerätschaft ausgestattet nehmen wir im Feld einen Korpus von Yukuben-Sprachmaterial vorerst digital auf. Unser Basislager in Nigeria ist Takum, das etwa 40 km vom ersten Yukuben-Dorf entfernt liegt. In dieser Stadt gibt es zwar weder Telefonnetz noch Postamt und somit keine Verbindung zur Außenwelt, doch fließt hier teilweise Strom durch die Leitungen, der für unsere Arbeit unbedingt gebraucht wird. So müssen unsere Sprachaufnahmen vom Band in den Computer eingespielt werden, um sie bearbeiten und analysieren zu können. Außerdem können wir in Takum unsere Batterien aufladen. Batterien könnten in Takum zwar käuflich erstanden werden, sind aber verhältnismäßig teuer. In Takum gibt es auch zahlreiche Geschäfte, wo wir uns mit Schreibutensilien für unsere Feldforschung ausstatten können. Von Takum aus unternehmen wir per Motorrad ein- bis mehrtägige Reisen in die nahe gelegenen Yukuben-Dörfer. Elektrizität und fließendes Wasser gibt es in den Dörfern nicht, auch keine Geschäfte oder Lokale. Das heißt wir müssen mit einem großen Vorrat an Batterien und DAT-Bändern in den Dörfern einlangen, um unsere Arbeit durchführen zu können. Während unseres Aufenthaltes in den Dörfern versorgen uns die DorfbewohnerInnen mit Nahrung und Wasser, da es nichts Essbares käuflich zu erwerben gibt. Auch eine Unterkunft wird uns zur Verfügung gestellt. Wegen der fehlenden Elektrizität bleibt der Laptop in der Zwischenzeit in Takum, in das auch wir nach spätestens einer Woche Kurztrip im Yukuben-Gebiet zurückkehren. Zum einen, um die Gastfreundschaft der Yukuben nicht über Gebühr zu strapazieren, zum anderen um die fehlende Infrastruktur geschickt zu umgehen. Ist unser neu mitgebrachtes Material dann elektronisch gespeichert und zum großen Teil auch transkribiert, begeben wir uns mit neuen Fragen und leeren Tonbändern wieder aufs Motorrad.

5. GUT DING BRAUCHT WEILE...

In einem Yukuben-Dorf angelangt führt uns der erste Weg direkt zum Dorfchef. Das dortige Vorstellen und Begrüßen gehört zur moralischen Pflicht auf diesem Fleckchen Erde, egal ob EuropäerIn oder AfrikanerIn. Wir erklären dem Dorfchef und der versammelten Menschenmenge kurz unsere Mission. Unserer Bitte nach Yukuben-SprecherInnen wird bereitwillig aber anfangs noch verständnislos nachgekommen.

Für unsere allererste Aufnahme suchte der Dorfchef höchstpersönlich geeignete InformantInnen aus. Das waren aber nicht etwa jüngere, englischsprechende und an unserer Arbeit interessierte Leute, nein, es mussten diejenigen sein, die dafür bekannt waren, ihre Sprache bis ins feinste Detail zu kennen. Und so schickte man Boten los, um die gewünschte Klientel von unserem Vorhaben zu unterrichten. Das

Problem daran war, dass es sich bei diesem speziellen Personenkreis ausschließlich um Ältere handelte, die nicht Englisch sprachen und deren Aussprache wegen nicht vorhandener Zähne oder einfach körperlicher Schwäche litt. Das wurde bereits bei der ersten Aufnahme schnell klar. Wie aber dem Dorfchef beibringen, dass die von ihm eigens ausgewählten Personen nicht unseren Vorstellungen entsprachen? Dass wir lieber jüngere, englischsprechende Leute hätten? In einer Kultur, wo Alter gleichbedeutend ist mit Respekt, Erfahrung und Weisheit, war es eine Ehre, dass man uns für wert befand, mit den Ältesten zusammenzuarbeiten. So dauerte es eine Weile, bis wir ohne jemanden zu beleidigen unseren Kreis ambitionierter Yukuben-SprecherInnen fanden, mit dem wir auch jetzt noch zusammenarbeiten.

Um den Erfahrungswert unserer ersten Aufnahme bereichert machten wir uns auf ins nächste Dorf. Es war ja nicht vorhersehbar, dass gerade dort interessiert mitarbeitende InformantInnen schon auf uns warteten, die durch Mundpropaganda von unserer Arbeit erfahren hatten! Wir konnten gleich loslegen. Das erste Großsegment lautete „The bird is sitting on the roof". Auf Yukuben *ɛ́nv̀n ɩ́ lɩ́ nɩ́ kɩ́ràg kɛ̀tə̀m*. Linguistisch nichts Exotisches, ein grammatisch korrekter Satz eben. Die paar Minuten Bandaufnahme mit allgemeinem Gelächter und anschließenden Erklärungen darüber, dass Vögel im Yukuben nicht sitzen können, weil ihnen ein Gesäß dazu fehlt, konnten mit unserer computergestützten Analysetechnik leicht herausgeschnitten werden. Leider waren wir für diesen Trip nur mit Batterien für ein paar Stunden Sprachaufnahme ausgerüstet und so blieb uns nichts anderes übrig als zurück nach Takum zu fahren.

Beim Eintreffen im nächsten Yukuben-Dorf regnete es in Strömen. Wir entschlossen uns, hier mit soziolinguistisch relevanten Studien zu beginnen. So sollte jeweils ein männlicher Forscher und eine weibliche Forscherin abwechselnd eine Yukuben-Frau und einen Yukuben-Mann interviewen. Mit dieser Vorgehensweise wollten wir überprüfen, ob es geschlechtsspezifische Varianten des Yukuben gibt. Um Misstrauen bezüglich unserer Forschung oder peinliche Gedankengänge von Beginn an zu unterbinden, einigten wir uns darauf, dass John seine Sprachaufnahmen mit einem männlichen Informanten beginnen, während Tamara anfangs eine Frau interviewen sollte. Johns männlicher Informant erschien sofort und John konnte mit seiner Arbeit beginnen. Tamara wurde in der Zwischenzeit mit Hirsebier und Huhn gestärkt. Es dauerte eine Weile, bis akzeptiert wurde, dass die europäische Frau nicht nur Begleitung war, sondern auch forschen wollte, und das noch dazu mit einer Yukuben-Frau als Mitarbeiterin. Nachdem John unser Vorhaben also noch einmal geduldig erklärt hatte, machte man sich auf die Suche nach einer Yukuben sprechenden Frau. Das Problem war nur, es gab im Dorf keine weibliche Person, die Yukuben sprach und gleichzeitig auch englisch konnte. So setzte man der auserwählten Informantin einen männlichen Übersetzer an die Seite, der die englischen Fragen gleich selber ins Yukuben übertrug, bevor er sie an die Informantin weiterleitete. Für eine soziolinguistische Studie war es also offensichtlich noch zu früh. Nach dem Abfragen von nur drei englischen Wörtern fand die Sitzung durch einen entsetzlichen Regenguss aber ohnehin ihr natürliches Ende. Denn die Regentropfen prasselten mit etlichen Dezibel auf das Wellblechdach unseres „Aufnahmestudios", sodass die Sprachaufnahmen selbst für unsere STx-Software unbrauchbar waren.

6. GEHT NICHT, GIBT'S NICHT

Ein Jahr im Yukuben-Gebiet teilt sich klimatisch in zwei Regenzeiten, eine Trockenzeit und eine Zeit des Harmattans auf. Die größte Herausforderung während der Regenzeit ist, überhaupt erst einmal in die Yukuben-Dörfer zu gelangen. Die kleinen Flüsschen, die das Gebiet durchziehen, können dann zu recht passablen Strömen anwachsen. Das bedeutet das Ende der Reise per Motorrad, die Flüsse können im besten Fall noch schwimmend bewältigt werden. Den Preis zahlt man in Form einer nassen und somit unbrauchbaren Ausrüstung und die ganze Arbeit war umsonst. Zu manchen Zeiten ist es schlichtweg unmöglich, einige der Flüsse zu durchqueren. So kann es passieren, dass manche Yukuben-Dörfer für Wochen von der Außenwelt abgeschnitten sind. Pech für uns und das Voranschreiten unserer Arbeit, sitzt man mit leeren Batterien in einem solchen Dorf und wartet auf Sonnenschein; eine Tragödie für Kranke oder Verletzte, die ins Krankenhaus gebracht werden müssen.

Aufgrund der gesammelten Erfahrungen entschieden wir, unsere zweite Feldforschungsreise in die Trockenzeit zu verlegen (Jänner – März). In den ersten zwei

Abb. 5: John Rennison auf seinem Weg in ein Yukuben-Dorf

Abb. 6: Waschmittelfeste DAT-Kassette

Wochen auf nigerianischem Boden wurde diese Entscheidung reichlich belohnt. Die Tage waren heiß, die Nächte jedoch angenehm kühl und so kam unsere Arbeit gut voran. Nach zwei Wochen zog ein starker Sandsturm über die Osthälfte Nigerias und von da an herrschte für die nächsten zwei Monate absolute Windstille. Das Thermometer pendelte sich konstant auf 42° C ein, auch nachts. An eine durchgehende Nachtruhe war bei dieser Hitze nicht zu denken. Unser linguistischer Enthusiasmus wurde zunehmend von einer lähmenden Lethargie abgelöst. Nicht nur das Klima, auch die Topographie der Gegend änderte sich erheblich. Bäume, die bei unserer ersten Reise als markante Landmarken in einem Dschungel von Sandpisten dienten, verloren angesichts der Trockenheit, die jetzt herrschte, ihre Blätter und damit ihre für uns wichtige Rolle als Wegweiser. Intuition, Zufall und PassantInnen halfen uns jetzt bei der Routenplanung. Dazu kam, dass die Pisten zu den Yukuben-Dörfern in der Trockenzeit so versandet waren, dass Stürze vom Motorrad eingeplant werden mussten. Man konnte nur hoffen, dass das Motorrad keinen Schaden nehme oder zumindest PassantInnen an der Unfallstelle vorbeikommen und Hilfe leisten könnten. Außerdem gab es kaum Wasser. Das heißt, das Waschen sowohl des Körpers als auch der Kleidungsstücke, das ohnehin hauptsächlich im Fluss über die Bühne geht, wurde zu einer Rarität. Abgesehen von diesen alltäglichen Beschwernissen erwies sich die Hitze und hohe Luftfeuchtigkeit auch für unsere Arbeit als problematisch. Es konnte so heiß werden, dass sich die DAT-Bänder kräuselten oder schlichtweg verklebten und die Qualität der Tonbandaufnahme im besten Fall wesentlich herabsetzten. Ließ man sich vom Wetter nicht allzu sehr demotivieren und kehrte mit brauchbaren Aufnahmen nach Takum zurück, bedeutete das noch nicht den gelungenen Abschluss einer Feldforschungssitzung, wie man sich auf Bild 6 überzeugen kann. Wundersamerweise hat die Aufnahme durch den unfreiwilligen Waschgang nicht gelitten.

Zusammenfassend betrachtet hat also jede jahreszeitliche Periode ihre Tücken. Die gewünschte Zeit für die Feldforschung kann aus den Kategorien sandig oder nass gewählt werden. Für unsere dritte und letzte Feldforschungsreise entschieden wir uns wiederum für die Trockenzeit.

7. DIE FOLGEERSCHEINUNGEN UNSERER SPRACHFORSCHUNG

Taraba State wird von keinem Tourismusunternehmen angepriesen. Wilde Tiere sahen durch die Beackerung der Felder ihren Lebensraum schon vor langer Zeit gefährdet und verschwanden, die dezente Hügellandschaft kann mit süd- und ostafrikanischen Naturlandschaften nicht mithalten, kulinarische Höhepunkte sind rar und das Klima wirkt auf BesucherInnen aus gemäßigten Zonen schlichtweg erdrückend. So verbreitete sich die Nachricht vom Eintreffen der zwei Weißen in Takum wie ein Lauffeuer. Mit einem „What is your mission?" blickten uns ständig neugierige Augenpaare an. Die paar Weißen, die in den letzten 100 Jahren hier eintrafen, waren allesamt Missionare gewesen. Es lag also auf der Hand, dass wir Ähnliches vorhatten. Als wir uns als SprachwissenschaftlerInnen zu erkennen gaben, war das Erstaunen groß. Woher wussten wir davon, dass die Yukuben im Allgemeinen und die Sprache im Besonderen existierten? Und was war unser Beweggrund, diese Sprache auch noch zu analysieren? Berechtigte Fragen, die uns auch zuhause immer wieder gestellt werden. Schwer, darauf eine Antwort zu finden. Also beschlossen wir, am besten die Arbeit für sich sprechen zu lassen. Besonders in der Trockenzeit, wo es am Feld nichts zu tun gibt, ist die Mitwirkung beim Vienna Yukuben Project für die Yukuben eine angenehme Einkommensquelle. Unsere InformantInnen lernten mit uns die Grundzüge der Grammatik des Yukuben. Und mittlerweile werden wir gefragt, welche Wortkategorie ein Wort im Yukuben denn nun habe, wie viele Laute ihre Sprache kenne und welche Besonderheiten am Satzbau uns aufgefallen seien. Mann und Frau, jung und alt, Kind und Kegel arbeiten begeistert mit, jede/r will einen Beitrag zur Sprachdokumentation leisten. Mit einem Wort grassiert das Fieber der Sprachwissenschaft. Manche wollen jetzt unbedingt die Matura nachholen, um Linguistik studieren zu können. Andere Ethnien in Takum fragten enttäuscht, warum wir gerade Yukuben aufzeichnen wollen und nicht eine andere – zum Beispiel ihre eigene – Sprache. Die Frage nach unserem Beweggrund und unserer Motivation wird von niemandem mehr gestellt. Und wir sind auch ein bisschen stolz darauf, ein paar Menschen am anderen Ende der Globalisierungskette vom Sinn und Nutzen der Geisteswissenschaften überzeugt zu haben.

Emo Gotsbachner

Diskursanalyse – Untersuchungen zu Machtverhältnissen und ‚unsichtbaren' Hierarchien in Wiener Alltagsgesprächen

Der *linguistic turn* in den Sozialwissenschaften hat die Aufmerksamkeit darauf gelenkt, dass unser Verständnis der Wirklichkeit durch Sprache, durch ihre Begrifflichkeiten, Kategorisierungssysteme und metaphorischen Bilder geprägt ist. Sprachlich reproduzierte Sinnvorstellungen haben dadurch nicht nur wesentliche Wirkungen auf unser Verhalten, sondern sind auch konstitutiver Bestandteil jeder Form sozialer Organisation. Die Diskursanalyse ist eine Disziplin der verstehenden Soziologie, welche unter ihrem Leitbegriff ‚Diskurs' den Zusammenhang zwischen wiederkehrenden sprachlichen Mustern, Sinnvorstellungen und darauf aufbauenden Wirklichkeitskonstruktionen untersucht. Wenn sie sich mit der Interpretation von Interpretationen beschäftigt, heißt das aber nicht, in einen unendlichen Regress von Spiegelungen zu verfallen, sondern mit methodisch reflektierter Genauigkeit Erkenntnisse darüber zu erarbeiten, wie gesellschaftliche Gruppen die Welt deuten, wahrnehmen, ihre Handlungspraktiken danach ausrichten und dadurch die Realität gesellschaftlicher Strukturen hervorbringen. In Diskursen reproduzierte Arrangements von Deutungen lassen sich auf ihre impliziten Handlungsvoraussetzungen und -folgen untersuchen, um dann in spezifischen diskursiven Praktiken ihre Wirkungsweise offen zu legen, insbesondere in Hinblick auf ihren Beitrag zur Reproduktion sozialer Schichtungen. Obwohl Menschen im Gebrauch spezifischer Diskurse meist durchaus praktische Zwecke verfolgen, sind wesentliche Teile ihrer Funktion für die Beteiligten selbst unsichtbar und nur vorbewusst wirksam, weil sprachliche Bedeutungen unterschwellig immer durch eine bestimmte Lebensform geprägt und damit im non-pejorativen Sinn ‚ideologisch' sind. Hinter einer nur scheinbar gleichen Sprache werden darin versteckte Hegemonialansprüche wirksam, Kämpfe um die Entwicklung, Durchsetzung und Verankerung einer eigenen Sprechweise, die darauf aus ist, dass in ihr die Konzepte gruppen- oder schichtspezifischer Wirklichkeitsbestimmungen dinglichen Charakter annehmen.

Dies wird vor allem bei der Inanspruchnahme und Zuweisung von Identitäten deutlich, einer der wichtigsten Wirkungsweisen von Diskursen, durch die ungleichgewichtige Verteilungen von Definitions- und Verfügungsgewalten, Prestige und informellen Rechten im Alltag als selbstverständlich behandelt und so als ‚normal' eingeübt werden. Die Habitualisierung ideologisch geprägter Sprechweisen lässt interessensgeprägte Deutungsmuster zum implizit vorausgesetzten Interpretationsrahmen sozialer Situationen werden, zu ‚sozialem Wissen' oder *common sense.* Man kann also davon ausgehen, dass in den habitualisierten bzw. institutionalisierten Sprachgebrauch gesellschaftliche Machtverhältnisse eingelassen sind, die in ihm kulturell stabilisiert und sedimentiert werden, und Diskurse die Sprechenden somit „für eine bestimmte Weltsicht rekrutieren, ohne dass sie sich dessen bewusst werden" (Rampton 2001: 99).

Der ‚zersplitterte', heterogene und konfliktgeladene Charakter von Sprache und ‚Kultur' muss methodologischer Ausgangspunkt für sinnrekonstruierende Untersuchungen sein, denn das Verständnis der emischen Perspektiven, der jeweiligen Innensichten, wie handelnde Personen sich selbst in der Welt orientieren, ist für die sozialwissenschaftliche Erklärung sozialer Praktiken unumgänglich. Die künstliche Vogelschau quantitativer Studien vernachlässigt das viel zu oft, indem sie unterschiedliche Bedeutungen und Sinnwelten über den gleichen Kamm schert. Die Diskursanalyse hingegen begreift den Kampf um die Durchsetzung von Bedeutungen, den „Klassifikationskampf", wie ihn Bourdieu nannte, als zentralen Mechanismus gesellschaftlicher Dynamik. Sie muss deshalb die feinen Unterschiede partikularer Sprechweisen genau erfassen und bestimmten Gruppen von Interpreten zuordnen können, für welche sie je eine erfahrungsnahe Welt von Bedeutungszusammenhängen repräsentieren.

Aufschluss über diese Forschungsbereiche kann man nur bekommen, wenn man in der Datensammlung einerseits jene gesellschaftlichen Orte und Prozesse erfasst, wo Bedeutungsmuster verbreitet und eingeübt werden, und andererseits jene, wo deren Sinnstiftungen in die alltägliche Praxis habitualisierten und/oder institutionalisierten Verhaltens hineinwirken. Im Folgenden möchte ich anhand eines diskursanalytischen Forschungsprojektes über die „Aushandlung von Identitäten in Alltagsgesprächen zwischen Alteingesessenen und Zuwanderern"[1] skizzieren, wie sich die komplexen Zusammenhänge sprachlich etablierter Deutungen in der Reproduktion sozialer Hierarchien empirisch genau nachzeichnen lassen. Als wichtigstes Forschungsergebnis des 1997-98 von einem interdisziplinären und multiethnischen Team durchgeführten Projekts werde ich zeigen, wie die innere Struktur,

[1] Das Projekt wurde als Forschungsauftrag GZ. 27.014/2-II/2/96 des österreichischen Bundesministeriums für Wissenschaft und Forschung im Rahmen des Forschungsschwerpunktes Fremdenfeindlichkeit durchgeführt. Unser Dank gilt auch Werner Kallmeyer, der uns geholfen und beraten hat.

Logik und Dynamik von normalisierten, fremdenfeindlichen Diskursen in spezifischen alltäglichen Situationen, wie z.B. in Schlichtungsverhandlungen, ihre diskriminierende Wirkung entfalten. Zuerst werde ich methodische Fragen eines Forschungsdesigns berühren, welches die notwendigen Voraussetzungen liefert, zu aussagekräftigem Untersuchungsmaterial zu kommen, und dann auf die Grundzüge und Stoßrichtungen der Analyse selbst eingehen.

1. FELDFORSCHUNG UND ARBEIT AN DETAILLIERTEN TRANSKRIPTEN

Vorurteilsdiskurse eignen sich für empirische Untersuchungen von Sprache und Macht in besonderem Maße. Das liegt einerseits daran, dass sie in ihren Sinnstrukturen *per definitionem* simpler angelegt sind als andere soziale Repräsentationen und sie sich somit leichter über eine Fülle relevanter sozialer Kontexte hinweg verfolgen lassen, selbst wenn ihre groben Unterstellungen und Wertungen meist implizit bleiben. Andererseits sind vorurteilshafte Zuschreibungen auch in ihren Konsequenzen gut nachvollziehbar, da die Mechanismen gesellschaftlichen Ausschlusses ein wohlbeleuchteter soziologischer Untersuchungsbereich sind. Dass eine minutiöse Sprachanalyse alltäglicher Gespräche dazu noch Wesentliches beitragen könnte, erkannten Elias & Scotson schon 1965 in ihrer klassischen Studie über „Etablierte und Außenseiter" (1965, 1990: 111).

Um die partikulare Sprechweise der untersuchten Personen mit der in ihr implizit reproduzierten Weltsicht greifbar machen zu können, ist klassische soziologische Feldforschung notwendig, welche die Untersuchten im natürlichen Kontext ihrer Lebensumstände aufsucht, um relevante kommunikative Abläufe zu identifizieren, zu erreichen und aufzuzeichnen. Natürliche Sprechereignisse lassen sich durch Fortschritte der Aufnahmetechnik mit hoher Genauigkeit dokumentieren und absolut wortgetreu verschriftlichen, mit allen wichtigen Merkmalen der Intonation und des Sprechrhythmus, allen Versprechern, Verzögerungspartikeln etc. Diese sind nicht bloß Beiwerk und mehr oder weniger unwillkürliche ‚Hintergrundgeräusche', die man herausfiltern muss, um zum ‚eigentlichen Informationsgehalt' des Gesagten vorzustoßen – wie es Inhaltsanalysen oft handhaben. Wenn man Sprechen als Handeln versteht, enthalten die Details in Formulierung und Inszenierung diejenigen Charakteristika, durch die Kommunizierende sich gegenseitig deren Bedeutung und die weiteren Zusammenhänge, in denen sie es verstanden wissen wollen, signalisieren (Lee 1992: 196f.; Potter 1996: 152; Deppermann 2000: 98). Gerade für Außenstehende zunächst unscheinbare, lokal verwendete Bedeutungskomponenten mobilisieren die kontextuellen Bezüge von gruppen- oder schichtspezifischen Kosmologien, welche für eine minutiöse Analyse zugänglich gemacht werden müssen (Gumperz 1996). Die ethnomethodologische Konversationsanalyse hat sich als erste moderner Audioaufnahmen bedient, um anhand ereignisgetreuer Transkripte diese Aufzeigeleistungen festzuhalten und zur Beschreibung der Grundmechanismen kommunikativer Verfahren zu verwenden. Etwa haben die bahnbrechenden Arbeiten von Sacks, Schegloff & Jefferson (1978) über den alltäglichsten Mechanismus der Gesprächsorganisation gezeigt, dass die Rederechtsverteilung ohne Vorabkoordination u.a. auf der Wahrnehmung von Mikropausen aufbaut, wobei erstaunlicherweise auf Zehntelsekunden punktgenaue Anschlüsse der Redeübergabe die beobachtbare Regel sind. Mikropausen müssen also – weil sie Punkte möglichen Sprecherwechsels sind – in dieser Genauigkeit mit transkribiert werden, da sie beim Kommunizieren wesentliche Funktionen erfüllen. Das Anfertigen und Auswerten akribisch genauer Transkripte stellt „[...] den Analytiker auf eine besonders harte Probe, da er seine Aussagen an widerständigen Daten bewähren muss, die nicht um Phänomene bereinigt sind, die unverständlich, überflüssig oder erwartungsinkongruent erscheinen" (Deppermann 2000: 97). Nur ein geeignetes, d.h. hochauflösendes technisches Equipment gewährleistet dabei, dass alle lexikalischen, phonetischen und prosodischen Signale, welche Kommunizierende in der Handlungs- und Bedeutungskonstitution alltäglicher Kommunikation verwenden, für die Analyse aufgezeichnet und bewahrt werden.

Um für so ein aufwändiges Verfahren auch entsprechend aussagekräftiges Material zur Verfügung zu haben, ist der Datensammlung besonderes Augenmerk zu schenken. Die Bauprinzipien spezifischer Bedeutungsmuster und Handlungsroutinen, ihre wesentlichen Strukturen, Prozesse und deren Bezüge zueinander, lassen sich bevorzugt an ‚natürlichen', d.h. unabhängig von der Untersuchung stattfindenden Ereignissen erforschen, an alltagsnahen Gesprächen in unterschiedlichen, mehr oder weniger institutionalisierten Zusammenhängen. Sprachanalyse und Lebensweltanalyse fallen in diesem – günstigsten – Untersuchungsdesign zusammen. In einem offenen Forschungsprozess tastet man sich sukzessive an immer ‚zentralere' Abläufe heran, wobei man sich vornehmlich daran orientiert, in welchen Situationen das stattfindet, was die Untersuchten selbst als relevant für ihre Lebenszusammenhänge erachten, um zu empirisch gesicherten, ‚gegenstandsnahen' Konzepten (in der methodologischen Tradition von Glaser & Strauss 1998) zu kommen.

Als Ausgangspunkte für die Erforschung von Identitätspolitik und Fremdenfeindlichkeit suchten wir uns Kontaktsituationen zwischen Alteingesessenen und Zuwanderern aus, auf die populäre Erklärungen des ‚Ausländerproblems' immer wieder verweisen: die Situation in zuwanderungsreichen Wiener Wohnvierteln, Konflikte zwischen Hausparteien und Begegnungen in öffentlichen Parks. Als wir uns z. B. in einem Park nahe dem Brunnenmarkt als Forschende vorstellten und erklärten, worüber wir arbeiteten, bestätigte uns die spontane Antwort der älteren

Damen, „Setzns Ihna do her und schaun's, da sehn's selba, wos da los is" (Feldnotiz 17.7.)[2], dass wir am richtigen Untersuchungsort waren. Solche Erklärungen sind so formuliert, als ob für jedermann evident wäre, was die Sprechenden an dem Szenario selbst wahrnehmen. Wir besuchten die Damen – Pensionistinnen, die sich fast täglich im Park treffen, um zu tratschen, und wie sie sagen, „schaun, daß mia die zwa Bänke irgendwie – die zwa Bänke do – Bänke immer besetzt hoidn dan" (Pk. 29.9.: 408/9), weil „sunst is alles besetzt mid Ausländа" (427) – über viele Wochen, um anhand der Geschichten, die sie einander erzählten, ihre Wahrnehmungsmuster zu verstehen. Die Vorstellung als Wissenschafter war dabei notwendig, um Fragen stellen zu können, die im Alltagskontext von Parkgesprächen sonst ungewöhnlich oder befremdlich wären. Einen kontinuierlichen Kontakt und ein Vertrauensverhältnis aufzubauen diente hier nicht nur einer gewissen Quasi-Sozialisierung der Forschenden in die zu untersuchenden Gruppen, sondern war auch wichtig, damit sie das Mikrophon nicht störte, wenn sie die Erlaubnis für Tonbandaufnahmen ihrer Gespräche gegeben hatten.

Wir beobachteten mehrere solcher Gruppen, etwa auch ein wöchentliches Kaffeekränzchen in einem Nachbarschaftszentrum, um verschiedene, voneinander unabhängige Belege über den dort vorherrschenden ‚Schimpftratsch' über Zuwanderer zu sammeln. Anhand diverser Interaktionsmerkmale, wie etwa der engen Verzahnung thematisch konvergenter Redebeiträge oder der Bezeugung von Konsens, lässt sich hier zeigen, wie die Gruppenmitglieder ihre Gruppenmeinung aufbauen und laufend als ‚angemessene Weltsicht' stabilisieren. Etwa in folgendem Ausschnitt, auf die Frage nach ihren Schwierigkeiten mit verschiedenen Arten von Zuwanderern (Nbz.14.3.: 215-221)[3]:

1	FRI:	Also Schwierigkeiten, i muaß sogn i hob kane Schwierigkeiten,	[wal i fong] ma nix an,
2		also hob i kane Schwierigkeiten.	
3	FOR:		[I a net]
4	HUB:	So is, genau.	
5	SAB:	Genau.	
6	FRI:	Weil die kennan sie net (.) hmn eingwonan, die hobn ihren Ding, auch die die geboren sind da,	
7		nicht, weil die werden jo daham erzogn nach ihnan (.) Ding, net.	

Was sich hier, neben der Darstellung des ‚mangelnden Anpassungswillens' von Zuwanderern *im allgemeinen* (die Differenzierungsinitiative der Ethnogra-

[2] Diese Kürzel dienen der internen Identifizierung des Untersuchungsmaterials, sie bezeichnen entweder Feldtagebucheintragungen oder die Transkripte der Arbeitsmaterialien mit den Zeilennummern des Ausschnitts.

[3] In der Transkriptionsweise der Konversationsanalyse denotieren eckige Klammern Parallelgesprächspassagen, wo mehrere Teilnehmer gleichzeitig sprechen, und (.) bezeichnet Mikropausen unter 0,5 Sekunden.

phin wird nicht aufgegriffen), besonders abzeichnet, ist die ebenfalls an vielen Stellen sichtbar werdende Identitätsarbeit der Gruppe, die Darstellung ihrer eigenen Position, wo Ansprüche an standesgemäßes Verhalten ausgehandelt werden: Man hat sich mit ‚Ausländern' gar nicht abzugeben, weil diese ‚ihren Ding' nicht aufgeben wollen – Frau FRI vermeidet hier das Wort ‚Kultur' weil sie, wie sich in anderen ihrer Äußerungen zeigt, die Kultur von Zuwanderern als minderwertig betrachtet.

In solchem Tratsch geht es um die Zuweisung von Identitäten, fremden wie auch eigenen, welche einen wichtigen Teil der Redearbeit ausmacht. Um die damit verbundenen Ansprüche von Prestige, Würde und informellen Rechten in ihrer Wirkung beobachten zu können, mussten wir Orte suchen, die nicht wie hier von bewusster Kontaktvermeidung geprägt waren. Ein Beispiel, das sich anbot, waren Nachbarschaftskonflikte in Häusern mit hohem Zuwandereranteil. Wir konnten mit gewisser Sicherheit davon ausgehen, dass dabei die unterschiedlichen Identitätsansprüche bzw. -zuweisungen in einem dichten Kontext praktischer Zusammenhänge zur Sprache kommen würden. In der Rechtsanthropologie hat sich die *extended case method* als Königsweg etabliert[4], um in der genauen Beobachtung von Konfliktbehandlungsfällen die dabei geäußerten Rechtsmeinungen und sozialen Perspektiven zu untersuchen, die Aushandlung von Situationsdeutungen und informellen Regeln (also hier etwa, ob spielende Kinder als Lärmbelästigung gelten, der Betrieb einer Waschmaschine Sonntag spätabends hingegen nicht), aber unweigerlich auch der damit verbundenen Definitions- und Zugriffsrechte, die Einzelnen je zuzukommen haben („I loß ma von denen ned vurschreibn, wia i mei Wäsch woschn tua" Feldnotiz 6.7.). Sie machen den Kampf um Etablierung eines Deutungs-Rahmens aus, die ‚Identitätspolitik', welche uns hauptsächlich interessierte.

Die Vertrauensbildung und der Zugang zum Feld war da umso schwieriger, weil es nicht nur um eine, sondern um verschiedene, konkurrierende Weltsichten ging. Für die methodischen Erfordernisse dieses Problems hat die klassische Sozialanthropologie bloß theoretische Orientierungen parat: Marcus (1992) fordert für Ethnographien in ‚modernen' Gesellschaften eine polyphone Vielstimmigkeit, welche komplexe Situationen aus der Warte aller Hauptbeteiligten rekonstruiert, dabei den einzelnen Sinnperspektiven aber jeweils in ihrer eigenen inneren Logik gerecht wird. Diese Forderung ist für gültige Ergebnisse einer Forschung zur Politik der Bedeutung mehr als plausibel. In der Literatur unbeantwortet bleibt aber, wie die ‚Selbstentgrenzung' bzw. multiple Aufsplitterung des subjektiven Ichs der Forschenden praktisch funktionieren soll, in der Lernphase, wo es diesen Logi-

[4] Die Entwicklung dieser Disziplin ist verbunden mit Namen wie Llewellyn & Hoebel, Paul Bohannan, Max Gluckman, oder Sally Falk Moore, um nur einige der wichtigsten zu nennen.

ken auf die Spur zu kommen gilt. Wir versuchten hier, durch eine geeignete Zusammenstellung eines interkulturellen Forschungsteams Abhilfe zu schaffen. Die Vielfalt der zu untersuchenden Perspektiven sollte sich in der Forschungsgruppe wiederspiegeln, d.h. eine Repräsentation in den einzelnen Mitgliedern finden, welche in allen Phasen der Exploration, der vorläufigen Materialanalyse und Bestimmung weiterer Untersuchungsschritte gleichberechtigt waren. Meine Kolleginnen Jelena Tosič – Ethnologin jugoslawischer Herkunft – und Aslihan Sanal – in der Türkei geborene und aufgewachsene Soziologin – brachten nicht nur ihre muttersprachliche Kompetenz ein, sondern machten im Verlauf der Feldforschung auch klar, dass nicht alle gesellschaftlichen Situationen allen potentiellen Forschenden gleichermaßen offen stehen. Christine Hochsteiner, Ethnologin und Vierte im Team, konnte das hautnah erleben, als sie in einem türkischen Lebensmittelgeschäft den Inhaber fragte, ob er viele türkische Kunden habe, und keine schlüssige Antwort erhielt, obwohl dieser unmittelbar zuvor meiner Kollegin Sanal gegenüber auf Türkisch erklärt hatte, er könnte allein von der türkischen Stammkundschaft leben (Feldnotizen 14.4.).

In heiklen Situationen wie Nachbarschaftskonflikten an alle Beteiligten gleichermaßen heranzukommen, erforderte, die Kommunikationskanäle in genügendem Maße zu eröffnen, um so auf dem Laufenden zu sein, dass man bei den spontanen Konfliktbegegnungen, in welchen die wichtigen Streitigkeiten verhandelt wurden, rechtzeitig dabei sein konnte. Wir waren da bei Ereignissen, welche der Konfliktbesprechung bzw. -entladung Stoff lieferten, stets zu spät dran, wir bekamen immer nur Erzählungen davon, kaum direkte Dokumente, und mussten auch einsehen, dass wir das schwer einholen konnten.[5] Wir begannen Hausversammlungen auf unsere Initiative einzuberufen, um einen Fokus für sonst verstreute und für uns schwer zugängliche Prozesse zu schaffen, wobei die methodische Herausforderung darin bestand, diese möglichst ‚authentisch' fassbar zu machen. Da man davon ausgehen muss, dass es keine gesellschaftlich ‚neutralen' Untersuchungssituationen gibt, welche eine direkte, ‚unverzerrte' Beobachtung zulassen, galt es dabei, ein Szenario zu nutzen, das dem eigenen Untersuchungsinteresse entgegenarbeitet, indem es bei den Untersuchten genau jene habitualisierten Prozesse und Handlungsroutinen mobilisiert, die sie auch sonst verwenden. Die detaillierten Entscheidungen über Ort, Zusammensetzung, Initialreiz und Moderationsstil der Gesprächsrunden bauten auf ein in der Feldforschung erarbeitetes Wissen über vorgefundene Konstellationen in drei verschiedenen ‚Problemhäusern' auf, welche

[5] Eine noch weiter gehend partizipative Forschungskonzeption als unsere, welche die betroffenen Parteien einbindet und für den sonst kaum dokumentierbaren Relevanzfall mit einer auch in ereignisreichen Situationen laiensicheren Dokumentationsmöglichkeit ausstattet, also einem ohne tontechnische Betreuung funktionsfähigen Aufnahmesystem, könnte hier Abhilfe schaffen.

dieses gleichzeitig umsetzten und verifizierten: Dies insofern, als sich bei Erfolg in der nachfolgenden Analyse der Transkripte zeigen lässt, wie sehr die Handlungsentwicklung in der Erhebungssituation von den Beteiligten selbst getragen wurde, ihnen die Themeninitiative und -behandlung im Rückgriff auf habitualisierte Ressourcen also weitestgehend selbst überlassen blieb.[6]

Eine weitere Untersuchungslinie waren Gespräche in Wirtshäusern mit ethnisch gemischtem Stammpublikum, wo wir davon ausgingen, dass die Lokalwahl von Gästen darauf beruht, dass Vorstellungen der eigenen Identität mit der Identität des Lokales korrespondieren, die sich wiederum über das Publikum definiert. Unsere Beobachtungen resultierten dort in mehreren gelungenen Aufnahmen von Gesprächen, wo Gäste in einem von äußeren Zwängen weitgehend unbelasteten Umfeld frei über ihre Lebenssituation sprechen. Als besonders aufschlussreich erwies sich eine dreistündige Diskussion zwischen Herrn HUB, dem älteren Wiener aus dem oben zitierten Gesprächsausschnitt im Nachbarschaftszentrum, und türkischen Besuchern eines Vorstadtbeisels (Sam. 9.6.), die sich als sehr anschaulich für die Bedingungen erwies, unter denen eine ‚Einforderung von Reziprozität' seitens der Zugewanderten stattfindet (Gotsbachner 2002).

Das bezüglich Machtverhältnissen und Identitätspolitik dichteste Material von einem halben Dutzend hochwertiger Aufnahmen sammelten wir bei Schlichtungsverhandlungen am ‚Außergerichtlichen Tatausgleich'. Dass wir zu diesem Material eher ungeplant, durch etwas Glück und den Vertrauensvorschuss der Mediatoren gelangten, ist wohl ein weiteres Spezifikum von Feldarbeit, wo solche Unwägbarkeiten den Ausgleich dafür leisten, dass in anderen Fällen oft nur geringe Kommunikationsfehler wochenlange Arbeit zu zweitklassigem Datenmaterial degradieren, dem, was letztlich nur als ausschmückendes Begleitbeispiel in den Fußnoten taugt, wenn die alles auf den Punkt bringende Tonaufnahme nicht funktioniert. Allgemein lässt sich sagen, dass man selbst bei vielschichtigem, sensibel entwickeltem Untersuchungsdesign damit rechnen muss, von kaum mehr als einem Viertel der konkreten Beobachtungsorte letztlich auch ‚dichtes' Material zu bekommen, obwohl diese Art aufnahmeunterstützter Feldforschung für das Sammeln und Interpretieren von ‚authentischem', d.h. relevante Prozesse der Bedeutungskonstitution dokumentierendem Untersuchungsmaterial unverzichtbar ist.

Am ‚Außergerichtlichen Tatausgleich' beobachteten wir über drei Monate Schlichtungsfälle, die eine alteingesessene und eine zugewanderte Streitpartei in-

[6] In unserem Fall konnte die erste von uns initiierte Versammlung leider nur als praktische Fingerübung in Moderationstechnik dienen, während ein zweites, auf diesen Erfahrungen aufbauendes Gespräch in einem anderen Haus ‚dichtes' Untersuchungsmaterial geliefert hätte, wäre die Aufnahme nicht durch ein technisches Versagen der Mikrophonspeisung unbrauchbar.

volvierten. Von Zuwanderern wurden uns solche ‚offiziellen', ‚amtlichen' Situationen immer wieder als diejenigen genannt, in denen sie ihre Diskriminierung am stärksten spürten – immerhin steht für sie eine Verurteilung vor Gericht und Abschiebung aus Österreich auf dem Spiel. Wir konnten hier besonders jene ‚normalisierten' Formen von Ausländerdiskursen untersuchen, die, da die Mediatoren offen fremdenfeindliche Äußerungen unterbinden, unterhalb der Wahrnehmungsschwelle funktionieren (Gotsbachner 1999). Ich werde darauf noch eingehen, möchte zuvor aber anhand eines Beispiels einige Charakteristika von Ausländerdiskursen und ihre Funktionsweise analysieren und dabei exemplarisch anreißen, wie eine sozialwissenschaftliche Diskursanalyse vorgeht, um in alltäglichen „Sprachspielen" (Wittgenstein) das in ihnen reproduzierte Weltverständnis offen zu legen.

2. DIE INNERE LOGIK, DYNAMIK UND MACHTWIRKUNG VON ‚AUSLÄNDER'-DISKURSEN

Die folgende Geschichte erzählten die schon erwähnten Pensionistinnen im Park als Beleggeschichte, mit der sie ihr unmittelbar davor geäußertes Urteil begründeten, es kämen deshalb so viele ‚Ausländer' nach Österreich, „weus zoit k'riag'n" (Pk. 29.9.:108-132):

1 GRE: Jo wissn's wos dea g'sogt hot do eintn? Dea wos i Ihnan is letzte Moi dazöt hob, vo den
2 Inschtalatea. Wissn's wos dea sogt? Dei Leit san jo so deppat, des Göd liagt jo am
3 Brunnenmoakt umanaund, des b'rauch ma nua z'aumg'laum. I hob no kan's g'fundn, sog i.
4 DEI: I aa no net.
5 I: Wia hat ea des g'mant?
6 GRE: <zu DEI> Sie hom aa no kan's g'fund'n?
7 DEI: Naa
8 GRE: <zu I> Nau dea Installatea, wos i Ihnan dazöt hob, dass a si so int'hei oaweitn tuat, sogt a. Bei
9 uns miassn si zwa Genarationen, drei Genarationen, [bevor's in d'hei keman]
10 DEI: [Na, do miass na amoi], ehrlich g'sogt, vo
11 die Hecharen a heakuman und se des auschaun.
12 GRE: Weu dein frogn's net wohea er der Göd heanimmt. Dea is g'lei kumman, hot im Nu a
13 Eigentumwohnung g'hobt, hot a G'schäft aufg'mocht, hot drei via Auto scho, hot a zweits
14 G'schäft aufg'mocht, jetzt sui ea a Haus a scho hom (1) Nau (.) Wia laung muass'n bei uns
15 ana weakln bevor a des- bis a des in'd He bringt?
16 I: Kommt d'rauf an wia g'schickt [ea is.]
17 GRE: [Do] stimmt jo wos net- Na, do stimmt jo wos net. Jo,
18 entweda tuan's mit Haschisch wos, oda iagent wos stimmt do ned. Ea hot g'sogt am
19 Brunnenmoakt- hot a g'sogt- liagt nua's Göd zum zaumg'laubn. Sogt a.
20 DEI: I hob no [kan's g'fundn.]
21 GRE: [Do stimmt/] .(.) Waun eam a oide- a oide Frau, waun eam, - i hob eam
22 söwa scho g'hobt, ois Inschtallatea - bis heit funktioniat mei Klo net. Net amoi a Klomuschl
23 kaun a aufsetzn.

Die Geschichte ist ein gutes Beispiel für fremdenfeindlichen Schimpftratsch, durch den die Deutungsmuster, wer ‚die Ausländer' sind, wie sie denken, was sie tun, mit allen inneren Bewertungen transportiert und als für die Sprechenden gültige, erfahrungsnahe Darstellung der Wirklichkeit stabilisiert werden. Da diese in mehrerer Hinsicht kontrafaktisch ist, ist es notwendig, die ‚innere Logik' ihres narrativen Aufbaus zu rekonstruieren, um zu zeigen, wie Plausibilität hergestellt wird.

Der Brunnenmarkt (Zeile 3) hat sich tatsächlich zu einem florierenden Viktualienmarkt und wichtigen Nahversorgungszentrum entwickelt, seit die Stände mehrheitlich von Zuwanderern übernommen wurden, während er zuvor wie die meisten anderen Vorstadtmärkte zu veröden drohte. Er könnte also insofern durchaus für erfolgreichen Unternehmergeist von Zuwanderern stehen. Wie Frau GRE hingegen das gebräuchliche Sprichwort ‚das Geld liegt auf der Strasse' nicht als Bezeugung von Unternehmergeist, sondern genau umgekehrt als Beleg für die angeblichen klientelistischen Erwartungen des jugoslawischen Installateurs deutet, stützt ihre Unterstellung einer ‚falschen Mentalität'.

Die jähe Wendung der Geschichte, wo GRE dem wirtschaftlich erfolgreichen Installateur Drogenhandel unterstellt (Zeile 18), leitet sie narrativ ein, indem sie dessen Aufstiegserfolge ins Unglaubwürdige übertreibt (Zeilen 12-14 „im Nu", „drei via Auto") und somit unter dem Blickwinkel des ‚suspekten Konsumismus' behandelt. Die Behauptung „die leben von uns", wie es in einem anderen Gespräch die Kaffeerunde ausdrückt (Nbz. 14.3.: 554/5), ist dabei die innere Logik, auf die auch diese Erzählung hinausläuft: Durch sie versuchen GRE und DEI zu erklären, warum in Wien viele Zuwanderer seien („weus zoit k'riag'n" Pk. 29.9.:108), wobei sie mit „Dei vamean si jo wia de Kiniklhosn" (Pk. 29.9.:107) auf die um sie herum spielenden Kinder verweisen.

Das Deutungsmuster lässt sich als Grundschema von fremdenfeindlichem Schimpftratsch durchgängig durch quasi alle an verschiedenen Orten in unterschiedlichen Gesprächsrunden gesammelten Geschichten verfolgen, die in vielfältiger Weise darum kreisen, dass ‚Ausländer' unberechtigt Sozial- oder Kinderbeihilfe beziehen, kriminell seien, oder in sonst einer Weise auf Kosten der Alteingesessenen leben würden.

Der schematische, narrative Aufbau von Ausländergeschichten, welche dieses fremdenfeindliche Deutungsschema immer wieder reproduzieren, funktioniert hauptsächlich über die regelmäßig wiederkehrenden Haupttopoi und deren innere Organisation, welche einen impliziten Kausalzusammenhang herstellen und als normalisiertes Denk- und Wahrnehmungsschema einüben. Die Unterstellung einer ‚falschen Mentalität', Ausländer seien unfähig (Zeilen 22f.), ungebildet, faul und schmutzig, ist dabei ein Haupttopos, der neben der Darstellung von Zuwanderern als ‚mittellose Sozialschmarotzer' implizit ‚erklärt', warum ‚Ausländer' eben zu nichts kommen können und deshalb ‚von uns leben'. Die Stabilität des Diskurses beruht auf seiner hermetischen Organisationsstruktur, wobei nur Geschichten, welche dem Schema entsprechen, als erzählungswürdig ausgewählt und in die ‚Tratschmühlen' (Elias & Scotson 1990) eingespeist werden. Oder sie werden durch bewusste Rekategorisierung der Ereignisse so umgedeutet und umarrangiert, dass sie wieder in das Schema passen. Unser Beispiel zeigt das sehr anschaulich, da in nüchternerer Betrachtung die Bezeugung von Unternehmergeist und Erfolg des Installateurs beiden Haupttopoi des Ausländerdiskurses widersprechen würden, hätte GRE diese Erzählelemente nicht auf stereotype Art umarrangiert. Die Pseudo-Kausalverknüpfungen zwischen den Topoi funktionieren dabei in mehreren Richtungen und ermöglichen so eine breite Variationsmöglichkeit von Geschichten, die dennoch auf der immer gleichen inneren Logik basieren. Der flexiblen Einpassung widerstrebender Fakten dient auch ein weiterer Mechanismus: das ständige Pendeln zwischen Abstraktem und Konkretem, Einzelnem und Allgemeinem, wo Einzelereignisse als allgemein gültige Belege formuliert und verstanden werden, wenn sie das Schema bestärken, sonst hingegen als unbedeutende Ausnahmen gelten. Elemente, die zum vollständigen Schema fehlen, werden entweder durch blanke Unterstellung in der Erzählung ergänzt (Zeile 18 „entweda tuan's mit Haschisch wos, oda iagent wos stimmt do ned", provoziert durch den Einwurf des Ethnographen Zeile 16), oder sie werden mittels anspielungsreicher Formulierungen angedeutet oder überhaupt von einem rezeptiven Publikum von alleine mitverstanden, welches das Muster aus der Übung unzähliger anderer Geschichten kennt und selbstständig auffüllen kann. Wie weit das Schema dieses „Sprachspiels" selbst als prägender Diskurs stabilisiert ist, den die Sprechenden als ‚wahren Diskurs' funktionieren lassen, zeigt sich darin, wie Geschichten als ‚Ausländergeschichten' erkannt werden, selbst wenn sie gar nicht explizit bezug auf Zuwanderer nehmen: Etwa wenn die Kaffeerunde über „Kopftüachlweiba" schimpft, die „Wäsch woschn tuan, in die Brunnen do drinnen" (Nbz. 14.3.: 304-8, gemeint sind Zierbrunnen auf einem öffentlichen Platz). Sie berufen sich dabei auf einen Artikel in der Bezirkszeitung, obwohl darin kein Wort von ‚Ausländerinnen', Kopftüchern oder dergleichen vorkommt. Die Wiedererkennbarkeit eines Deutungsschemas, seiner inneren Logik oder einzelner Themenelemente[7] macht das aus, was einen Diskurs mit allen darin assoziierten Bedeutungszusammenhängen und impliziten Bewertungen mobilisiert, sodass sie von Zuhörenden automatisch mitverstanden werden. Das beruht im Prinzip auf zwei grundlegenden Mechanismen, wie Menschen ihrer Umwelt Bedeutung zuschreiben: einerseits auf einem Prototypeneffekt (Taylor 1989), der steuert, was einem als erstes einfällt, wenn eine Kategorie

[7] Hier der ‚abweichenden Mentalität' von ‚Ausländerinnen', welche neben dem Bild von Dorfbrunnen in Balkanländern die Geschichte erst funktionieren lässt.

angesprochen wird (also eher ‚Taube' als ‚Pute' oder ‚Pinguin' bei der Kategorie ‚Vogel', und bei ‚Ausländer' in diesen Fällen eher ‚Kopftüchlweiber' oder ‚Asylwerber' als ‚Computerexperte'), mit allen daraus abgeleiteten Assoziationen, andererseits darauf, dass im Akt des Wahrnehmens bzw. des ‚etwas-als-etwas-Bestimmtes-Verstehens' einzelne charakteristische Bedeutungselemente gesamte Deutungsrahmen aktivieren, anhand derer dann wiederum die Einzelaspekte sinnvoll zusammengefügt – und auch ergänzt – werden (Entman 1993). Was Vorurteilsdiskurse bei diesen allgemeinen Mechanismen charakterisiert, ist die Rigidität, mit der sie nur eine Deutung und Bewertung zulassen. Die Unterstellung, Zugewanderte würden auf Kosten der Alteingesessenen leben, hat gleichzeitig auf der sozialen Seite eine handlungspragmatische Funktion: die symbolische Absicherung und Legitimierung sozialer Hierarchien. Wer ‚von uns lebt', kann nicht beanspruchen, als gleichwertiges Gesellschaftsmitglied anerkannt zu werden.

In der Untersuchung von Kontaktsituationen zeigte sich, dass wesentliche Strukturelemente von xenophobem Schimpftratsch, vor allem dessen innere Logik und Dynamik, auch in ‚normalisierten' Ausländerdiskursen wirksam werden, die für manche Beteiligten nicht sofort als diskriminierend erkenntlich sind (Gotsbachner 2000, 2001). Auf der Ebene habitualisierter Deutungsmuster entfalten sie diese Wirkung in erster Linie dadurch, dass sie auch Elemente konkurrierender Diskurse über Zuwanderer nach ihrer inneren Logik ‚verarbeiten'. Erste Hinweise erhält man in jenen Passagen, wo eindeutig fremdenfeindliche Personen z.B. Diskriminierung ansprechen,[8] sie gleich aber in ihrer Bewertung ‚kippen', indem sie hinzufügen, dass Zuwanderer für ihre Diskriminierung selbst verantwortlich sind, weil sie sich ‚nicht anpassen' könnten (Gotsbachner 2000, 2001). Die Unterstellung einer falschen Mentalität kann durchgehend als jenes narrative Element identifiziert werden, durch das dieses habitualisierte Deutungsmuster aktiviert wird.

Die innere Struktur von Ausländerdiskursen und vor allem die Unterstellung einer falschen Mentalität sichern gesellschaftliche Hierarchien ab, indem sie beeinflussen, welche Rollen und Ansprüche in der Öffentlichkeit als selbstverständlich vorausgesetzt werden. Die ungleichen Chancen zur Durchsetzung von Deutungen, welche normalisierte Ausländerdiskurse etablieren, konnten wir anhand von Schlichtungsverhandlungen am „Außergerichtlichen Tatausgleich" (ATA) nachweisen (Gotsbachner 1999).

[8] Ste. 18.1.: 215f: „i denk ma oft dass konn a den Ausländer net sei – sei Wille sein, jo, denk i mir des is wie ein moderner Sklave"; Nbz. 14.3.: 488: „dass de Z i g tausend zoiln müassn für a Wohnung"; oder Feldnotiz 6.7.: „Das kann man offenbar nur mit solchen machen, ein Österreicher tät sich das ja nicht gefallen lassen", in allen Fällen geäußert von Personen, die nur kurz zuvor oder danach heftig über Zugewanderte schimpfen.

Um so einen diskursanalytischen Nachweis zu führen, sind bestimmte Voraussetzungen notwendig. Die Anforderungen an die Datensammlung habe ich bereits erwähnt. Bei der Analyse der Feintranskripte gilt es zuerst, jedem einzelnen Fall in seiner spezifischen Handlungskonstitution gerecht zu werden. Das heißt, in der beschreibenden Terminologie einer Gesprächsanalyse (Kallmeyer & Schmitt 1996; Deppermann 2000) genau nachzuzeichnen, wie die Beteiligten sequenziell ihre Situationsdeutungen einbringen und in ihren Reaktionen ratifizieren – oder in Streitgesprächen eben darum konkurrieren – was als angemessene Themenbehandlung gilt. Die wechselweisen Reaktionen sind eine wertvolle Ressource der Analyse, da sich in ihnen die Interpretationsleistungen und Perspektiven der Beteiligten, die in den Gesprächen rhetorisch in Stellung gebracht werden, nachvollziehen lassen.

Im ATA, wo kleinere Strafdelikte behandelt werden, lässt sich zeigen, wie sehr der Verhandlungsausgang von der Inanspruchnahme von vorgezeichneten Identitäten abhängig ist, wobei die Selbstwahrnehmungen der Streitgegner permanent auf der Kippe stehen. Die konkurrierenden Darstellungen des konfliktauslösenden Vorfalls im ATA stützen ihre argumentativen Verkürzungen jeweils auf bestimmte Elemente von ‚sozialem Wissen', welche die Beteiligten als ‚selbstverständlich' einbringen und die Opponenten entweder als gültig anerkennen, oder eben nicht. Auf diese Weise kann schließlich die als gemeinsam behandelte Gesprächsbasis des *common sense* herausgearbeitet werden, die eher zu einem Bewusstsein der am Streitgespräch Beteiligten für das wird, was ohne weitere Erklärung sagbar ist, und was sie als situationsangemessenen Referenzrahmen akzeptieren, egal, ob sie die weltanschaulichen Perspektiven selbst auch teilen oder nicht.

Der nächste diskursanalytische Schritt nach dem Analysieren des Referenzrahmens in Einzelereignissen ist, aus einem Korpus vergleichbarer und für ein diskursives Ereignis signifikanter Fälle die Gemeinsamkeit an akzeptiertem, ‚sozialem Wissen' herauszuarbeiten, sozusagen die wirksame ‚Normalform' des Handlungs- und Deutungsrahmens. Die Auswertung der Schlichtungsgespräche ergab hier ein differenziertes Bild: Obwohl zugewanderte Konfliktparteien in ihren Fallschilderungen ganz gezielt kulturalistischen Unterstellungen ihrer alteingesessenen Streitgegner entgegenarbeiteten, griffen sie die Deutungsmuster der unterschwellig mobilisierten ‚Ausländerdiskurse' auf einer allgemein-symbolischen Ebene nicht an und ratifizierten sie so unwillkürlich als selbstverständlichen Referenzrahmen der Streitgespräche. In den Transkripten lassen sich die daraus resultierenden Effekte u.a. in den Unterschieden an inszenierten Rollen und Identitäten belegen, wo Alteingesessene sich – selbst als Beschuldigte oder anderweitig Stigmatisierte (Arbeitslosigkeit, Vorstrafen, Alkoholismus...) – häufig zu Ordnungshütern stilisierten, während Zugewanderte wichtige Teile ihres Selbstverständnisses (z.B. ‚Familiensinn', siehe Gotsbachner 1999: 211-235) nicht einbringen konnten, weil sie unter dem dominanten Diskurs eine negative Bewertung erfahren. Die Drohung des dominanten Diskurses, Selbstdarstellungen von Zugewanderten in ihrer Bewertung zu ‚kippen', äußert sich im krass unterschiedlichen Rechtfertigungsdruck, der sich im Vergleich von bekannten Fakten und rhetorischen Abwehrmaßnahmen gegen gegnerische Unterstellungen nachzeichnen lässt. Hier wird die Fähigkeit von normalisierten Ausländerdiskursen offenbar, Bedeutungskomponenten anderer Diskurse ihrer inneren Logik zu unterwerfen, was Konsequenzen nicht nur für Möglichkeiten eines erfolgreichen Prozessausganges hat, die für Alteingesessene und Zuwanderer sehr ungleich verteilt sind, sondern auch auf Unterschiede von inszeniertem Status: Zugewanderte sehen sich wesentlich mehr gesichtsverletzenden Angriffen ausgesetzt als Alteingesessene (Gotsbachner 1999). Im Detail lässt sich hier nachvollziehen, wie die diskursiven Mechanismen funktionieren, wo zwar einesteils in jeder Situation, in der sich menschliche Individuen gegenüberstehen, die Verteilung von informellen Rechten und Ansprüchen neu zur Verhandlung steht, andererseits vorgezeichnete, dominierende und offenbar nur bedingt umgehbare Sprech- und Darstellungsweisen die Absicherung des herrschenden Status von Machtverhältnissen ebenso effektiv wie unauffällig garantieren.

3. FAZIT

Das menschliche Verständnis der Welt in allen, besonders seinen sozialen Komponenten beruht auf Bedeutungsmustern und emblematischen Bildern, die in den „Sprachspielen" alltäglicher Kommunikation reproduziert und weitergegeben werden. Gesellschaftliche Prozesse der Habitualisierung und Verdinglichung lassen diese wiederkehrenden Sprechweisen, welche eine kritische Sozialwissenschaft als ‚Diskurse' untersucht, zu sozialen Fakten *sui generis* werden, die in historisch und lokal begrenzten Sinnwelten konkrete soziale Bedingungen erzeugen. Zu analysieren, wie dies genau geschieht, sehe ich als die wichtigste Aufgabe und originäre Leistung einer sozialwissenschaftlichen Diskursanalyse. Sie baut auf einer soziologischen Einbettung der Datengewinnung auf, die aus mehreren Gründen ein gewisses Maß an Feldforschung erfordert. In der Dokumentation und minutiösen Analyse weitest möglich ‚natürlicher' Gespräche sind jene sozialen Orte zu erfassen, wo gesellschaftlich verfügbare Deutungsschemata reproduziert und in ihrer Wirkung abgesichert werden. Die Erklärungskraft der Diskursanalyse liegt im Nachweis der Machtwirkungen, wie Diskurse als Deutungsrahmen gesellschaftlich dominant werden und dabei die Lebensumstände von Menschen bestimmen, selbst oder gerade wenn diese die in ihnen eingelassene ideologische Weltsicht nicht teilen.

In dem hier exemplarisch vorgestellten Forschungsprojekt galt es zu zeigen, wie vorurteilsbelastete Diskurse über Zugewanderte als normalisiertes ‚soziales Wissen' letztlich die Realität alltäglicher interkultureller Beziehungen regulieren und wie man dies empirisch erkunden kann, indem man diskursiv verankerte Bedeutungen und ihre Effekte über eine breite Palette sozialer Situationen verfolgt. Grundproblem der Analyse von Vorurteilsdiskursen ist, wie im Sprechen über und mit Minderheiten Vorurteilsgehalte von den Beteiligten mitverstanden werden und ihre diskriminierende Wirkung entfalten können, obwohl sie großteils unausgesprochen bleiben. Diese Mechanismen adäquat zu erfassen kann vermeiden helfen, selbst unbewusst durch seine Sprechweisen zu dieser Diskriminierung beizutragen, denn wenn man normalisierte Vorurteilsdiskurse analysiert und dabei nicht auf die eigenen Vorurteile stößt, hat man wahrscheinlich etwas falsch gemacht.

LITERATUR

Deppermann, Arnulf. 2000. „Ethnographische Gesprächsanalyse: Zu Nutzen und Notwendigkeit von Ethnographie für die Konversationsanalyse". In: *Gesprächsforschung* 1: 96-124.

Elias, Norbert & John, L. Scotson. 1965. *The Established and the Outsiders. A sociological enquiry into community problems.* London: Frank Cass & Co.

—, 1990. *Etablierte und Außenseiter.* Frankfurt/Main: Suhrkamp.

Entman, Robert M. 1993. "Framing: Toward Clarification of a Fractured Paradigm". *Journal of Communication* 43/4: 51-58.

Glaser, Barney G. & Anselm L. Strauss. 1998. *Grounded Theory: Strategien qualitativer Forschung.* Bern: Huber.

Gotsbachner, Emo. 1999. „Identitätspolitik: Ausländerbilder als symbolische Ressource in Schlichtungsverhandlungen". In: Pelikan, Christa (Hg.). *Mediationsverfahren: Jahrbuch für Rechts- und Kriminalsoziologie 1999.* Baden-Baden: Nomos, 189-240.

—, 2000. „Schimpftratsch und fremdenfeindliche Normalität: Identitätspolitik im Schatten der inneren Dynamik von Ausländerdiskursen". In: Berghold, Josef, Elisabeth Menasse & Klaus Ottomeyer (Hg.). *Trennlinien: Imaginationen des Fremden und Konstruktionen des Eigenen.* Klagenfurt/Celovec: Drava, 47-76.

—, 2001. "Xenophobic Normality: The Discriminatory Impact of Habitualized Discourse Dynamics". *Discourse & Society* 12/6: 729-759.

—, 2002. "Claim for Reciprocity: Problems of Challenging Prejudiced Discourse in Daily Interaction". *CLIC (Crossroads of Language, Interaction and Culture)* 4: 91-114.

Gumperz, John J. 1996. "The Linguistic and Cultural Relativity of Conversational Inference". In: Gumperz, John J. & Stephen Levinson (eds.). *Rethinking Linguistic Relativity.* Cambridge: Cambridge U.P., 374-406.

Kallmeyer, Werner & Reinhold Schmitt. 1996. „Forcieren oder: die verschärfte Gangart. Zur Analyse von Kooperationsformen im Gespräch". In: Kallmeyer, Werner (Hg.). *Gesprächsrhetorik: Rhetorische Verfahren im Gesprächsprozeß.* (Studien zur Deutschen Sprache 4). Tübingen: Narr, 19-118.

Lee, David. 1992. *Competing Discourses: Perspective and Ideology in Language.* London: Longman.

Marcus, George. 1992. "Past, present and emergent identities: Requirements for ethnographies of late twentieth-century modernities worldwide". In: Lash, Scott & Jonathan Friedman (eds.). *Modernity and Identity.* Oxford, 309-330.

Potter, Jonathan. 1996. *Representing Reality: Discourse, Rhetoric and Social Construction.* London: Sage.

Rampton, Ben. 2001. "Critique in Interaction". *Critique of Anthropology, Special Issue: Discourse and Critique* 21/1: 83-107.

Sacks, Harvey, Emanuel Schegloff & Gail Jefferson. 1978. "A Simplest Systematics for the Organisation of Turn-Taking for Conversation". In: Schenkein, Jim (ed.). *Studies in the Organisation of Social Interaction.* New York, 7-55.

Taylor, John R. 1989. *Linguistic Categorisation: Prototypes in Linguistic Theory.* Oxford: Clarendon.

5.

Traditionell strukturiert – virtuell benutzbar – permanent verfügbar: Archivistik

Gisa Jähnichen

Das Archiv für traditionelle Musik in Laos

EINFÜHRUNG

Als ich 1996 das erste Mal in Laos war, gab es zwei asphaltierte Straßen in Vientiane. Zwischen den „Ban“, den Stadtteilen, die sich jeweils um ein „Wat“, einen Tempel, gruppieren, lagen palmengesäumte Reis- und Gemüsefelder, Fischteiche und Tümpel. Auf begrünten Plätzen traf man Kühe und Ziegen an, die das Gras kurz hielten. 85% der Häuser waren Pfahlhäuser aus Holz. Man begann gerade, die Räume zwischen den freistehenden Pfählen teilweise zuzumauern, um weiteren gesicherten und komfortablen Wohn- und Abstellraum zu gewinnen. Bis dahin standen Geräte und Utensilien frei unter der Wohnfläche. Zu den Luxusgütern, die man sich in der Metropole leisten konnte, gehörten Ventilatoren, Lampen mit Schirm, Kassettenrecorder, Fahrräder, Wasserpumpen. Seltener waren Kühlschränke, Fernsehapparate, Mopeds, Raritäten hingegen Hauswasserleitungen, Autos, Klimaanlagen und Satellitenschüsseln.

2002 sah das Bild bereits beträchtlich anders aus. Der Straßenbauboom, geplant von der Regierung, ausgeführt zumeist von vietnamesischen Facharbeitern und bezahlt von internationalen Organisationen bzw. den Regierungen Japans, Australiens oder Thailands, brachte Mittel ins Land, genauer gesagt, die Aussicht auf Mittel in Form von bezahlten Arbeitsmöglichkeiten durch Teilhabe an der Administration. Steinhäuser schossen aus dem Boden, Kanalisationsanlagen verbesserten nicht nur die Infrastruktur, sondern schufen auch die wesentlichen Voraussetzungen für die Baulanderschließung. Die Felder verschwanden zusehends, die Stadt dehnte sich flächenmäßig enorm aus. In den letzten 5 Jahren wurden 36 Straßen aus- oder neugebaut. Zahlreiche chinesische Großhändler haben sich angesiedelt, Dienstleistungsfirmen im Bau- und Mediengewerbe konzentrieren sich in der Hauptstadt, asiatische Kreditbanken schlagen ihre Zelte auf. Die Zahl der Mopeds ist auf das 40-fache, die der Autos auf das 20-fache gestiegen. Kühlschränke und Fernsehapparate sind inzwischen Standard, selbst in kleinen Holzhäusern. Die Armut indes, einst überall gleichermaßen vorhanden und „verstanden“, ist größer geworden, da sich viele Haushalte hoch verschulden, um dem augenscheinlichen Standard zu genügen und dem Konsumdruck zu folgen. Inzwischen sind *mobile phones* das Erstrebenswerte, eine weitere Ursache stetig zunehmender Schuldenlasten.

Auf dem Land sind ähnliche Prozesse festzustellen. Neue Straßenschneisen werden auf kürzestem Wege durch den Dschungel von Marktstädtchen A nach Marktstädtchen B oder zu Grenzorten geschlagen, Kanalröhren ersetzen die kreuzenden und ableitenden Wasserläufe. Führten einst unbefestigte und zumeist schmale Wege von Dorf zu Dorf und verbanden diese miteinander, sind nun die Dörfer, weit ab vom Schuss, auf dem Weg zur neuen Straße. Die neue Straße bringt neue Kommunikationsmöglichkeiten, Anschluss an die moderne Welt, Elektrizität, Busse, Warenverkehr. Bauern, die noch vor wenigen Monaten von ihrer Ernte und ihrer bescheidenen Tierzucht leben konnten, verkaufen ihre Zugtiere für Konsumgüter. Ein Fernsehapparat wird zum Kulturzentrum der neuen Straßendörfer, ein Kühlschrank zur Grundlage einer neuen Kneipe mit gekühlten Getränken. Saatgut wird gegen ein Moped eingetauscht. So nimmt die Armut beständig zu, und dadurch hat die Bevölkerung nicht einmal mehr das, was sie zum Feldbestellen braucht. Erst unter den neuen Bedingungen ist es möglich geworden, sehr viel weniger als nichts zu besitzen, denn die Schuldenlast erhöht sich täglich, seit diese Bauern nicht mehr in der Lage sind, sich selbst zu ernähren. Neue Abhängigkeiten werden organisiert, die neue, ebenso existenziell wesentliche Kommunikationsstrukturen schaffen. Alles wird anders, aber nicht unbedingt besser (Abb. 1).

Abb. 1: Ein Dorf bei Khamkeut in der Provinz Bolikhamsay, das kurz vor seiner Verlagerung an die Hauptstraße zwischen Paksan und Laksao, dem Grenzübergang zu Vietnam und zur Küste bei Vinh, steht.

Die Schulen, nun näher gerückt durch Busanschluss, vermitteln nichts über die Gefahren moderner Verarmung, im Gegenteil: Sie sind die Umschlagplätze für Informationen über das „neue Leben", begierig aufgesogen von den Jugendlichen, um die Daheimgebliebenen und sich selbst unter Druck zu setzen.

Dem Straßenbau (Krings 1996, 1997) fallen außerdem direkt und indirekt ganze Wälder zum Opfer. Direkt durch den Weg, den die Straßen unweigerlich nehmen müssen, indirekt durch die dadurch geschaffene Möglichkeit, große Mengen illegal geschlagenen Holzes schneller abtransportieren zu können. Der dramatische Rückgang an Waldbeständen hat Überschwemmungen und Dürre entlang der urbanen Adern zur Folge. Doch die Menschen wollen den modernen Standard nicht mehr missen. Sie bleiben trotzdem an der Straße, auch wenn sie sich vor Missernten und existentiellen Nöten in den unerschlossenen und nur im notwendigen Maße gelichteten Waldgebieten besser schützen könnten. Doch Schuld sind nicht die Straßen. Schuld sind vielleicht diejenigen Planer, die glaubten, mit dem Bau von Straßen das Problem der Unterentwicklung schnell lösen zu können[1].

Kluge Leute in Vientiane behaupten, dass sie umsichtiger und überlegter vorgegangen wären, hätten die zuständigen Regierungsabteilungen selbst jeden Quadratmeter Asphalt bezahlen müssen. Sie wären dadurch gezwungen gewesen, die Interessenslagen und die Entwicklungspotenzen in den Orten gründlich studieren und diese fördern zu müssen, damit sich die Dörfer selbst ihre Straßen hätten leisten können und damit auch an ihrer weiteren Instandhaltung interessiert gewesen wären. So hängen eben diese Dörfer am Tropf öffentlich verteilter und damit abstrakter Gelder fremder Organisationen und Regierungen, die sich ihrerseits wenig Mühe gemacht haben, die unmittelbaren Folgen ihres Tuns zu bedenken.

Das Hauptproblem besteht wohl inzwischen in der Unterentwicklung des Umgangs mit und des Verständnisses von „Entwicklung" und zwar auf beiden Seiten, auf der Seite der Helfenden und auf Seiten derjenigen, die mit Hilfe bedacht werden sollen. Dass es auch anders geht, beweisen Bemühungen einiger skandinavischer Organisationen in Sekong und Luang Prabang, die sich mit der Entwicklung interner Ressourcen beschäftigen. Ein Projekt, in Luang Prabang etwa, fördert den kontrollierten Anbau von traditionellen Hanfsorten, sogenanntem dunklen Hanf, der nicht zur Rauschmittelherstellung sondern zur Herstellung von Tuchfasern dient. Dunkler Hanf wurde schon seit Jahrhunderten als Zwischenfrucht angebaut,

[1] Zu nennen wären u.a. Berater der Firmen GOLDEN TEAK INTERNATIONAL MANUFACTURE Co., Ltd, eingetragen am 15/01/2003, Sitz in Ban Donmai, M. Luang Prabang, Luang Prabang Province, ein Joint Venture zwischen Laos und den USA, oder die kleinere malaysische Firma SUIMIWATA (LAO) Co., Ltd., eingetragen am 10/01/2003, Sitz in Ban Nongduang, M. Sikottabong, Vientiane Municipality. Beide sind im Holzgeschäft engagiert.

bis der weiße Hanf eingeführt wurde, der dann – aus bekannten Gründen – verboten wurde. Die Erfahrungen sind jedoch noch vorhanden. Der Verkauf dieser Tuchfasern bringt genug ein, die Menschen bleiben Bauern, verdienen mehr als je zuvor und die Kommunen gedeihen. Ein anderes Projekt beschäftigt sich mit einem speziell kontrollierten Brandrodungsfeldbau, der weitaus weniger Waldsterben verursacht als die bislang propagierten modernen Feldbaumethoden. Ergänzt durch die Förderung traditioneller Pharmazeutika, die aus Waldpflanzen gewonnen werden, und die Förderung von traditionellem Kunsthandwerk, sind die Kommunen nunmehr in der Lage, sich Schulen und Krankenstützpunkte selbst einzurichten, genügend Wasserpumpen für alle anzuschaffen und sich je ein neues Gemeindehaus aus legal erworbenem Holz im traditionellen Stil zu bauen, in dem sie ihre Feste abhalten, eine Bibliothek eingerichtet haben, in denen ihre eigenen Manuskripte aufbewahrt werden und in denen ihre Musikinstrumente untergebracht sind – so wie es seit jeher sein sollte. Die Straßen in die Distrikthauptstadt sind jedoch nach wie vor nur in der Trockenzeit von großen Fahrzeugen passierbar und wahrscheinlich ist es einigen nicht ganz unrecht, wenn nicht jeder Beamte jederzeit zu ihnen vordringen kann. Wenn es soweit ist, dann scheinen solche Dörfer gewappnet zu sein und nicht so leicht euphorischen Verheißungen zu erliegen, die die Segnungen der Zivilisation mit sich bringen. Der Anstoß von außen ist in diesen Projekten nicht eingleisig, nicht belehrend oder rein materieller Natur, er begründet sich auf umfangreichen Recherchen zu Geschichte und Kultur und nimmt Rücksicht auf Stabilitätsfaktoren der einzelnen Gemeinschaften.

Diese Beispiele zeigen, dass es außerordentlich wichtig ist, kulturelle Ressourcen zu erschließen, die mithelfen, die Menschen zu verwurzeln und nicht „frei verfügbar zu machen", sondern ihnen in ihrer Gemeinschaft Halt geben. Und in diese soziale Strategie passt sich auch das Grundanliegen des „Archivs für traditionelle Musik in Laos" ein, das zwar ein solches ist, aber eben nicht nur. In den Augen der Bevölkerung ist es vor allem eine mobile Einrichtung der „musikalischen Beweisaufnahme". Die Frage, was bewiesen werden soll, ist leicht beantwortet: die Sammlung soll das kulturelle Sein eines jeden beweisen, sei es als Angehöriger einer ethnischen, einer sozialen, einer durch Alter, Geschlecht oder Konfession bestimmten Gruppe. Musikalisch lassen sich aber auch die Einzigartigkeit der zeiträumlichen Umstände und die Individualität einzelner Charaktere bezeugen. Das Unaussprechliche kann festgehalten, das Unfassbare in Musik formuliert sein. Jeder Beteiligte taucht so aus der Masse auf und nimmt teil an der Formung eines Abbildes der eigenen Kultur.

1. ENTWURF, FINANZIERUNG UND DURCHFÜHRUNG DES PROJEKTS

Frau Ursula Koch, begeisterte Laos-Reisende, Amateurgeigerin und Professorin für Soziologie an der Fachhochschule Emden hatte zuerst die Idee, ein Projekt „mit Musik" in Laos anzustrengen. Auf einer ihrer von der GTZ (Gesellschaft für Technische Zusammenarbeit beim Bundesministerium für Wirtschaftliche Zusammenarbeit) finanzierten Reisen lernte sie das vom Auswärtigen Amt der Bundesrepublik Deutschland unterstützte Bailan-Projekt zur Bewahrung des traditionellen Schrifttums kennen und die damit verbundenen finanziellen und technischen Möglichkeiten, die sich dadurch boten. Ihr soziologisches Interesse sollte durch eine musikologische Fachkraft ergänzt werden und die Wahl fiel, vermittelt durch Doris Stockmann, auf mich. Wir trafen vor Ort zusammen und suchten gemeinsam eine geeignete Partnerorganisation. Schließlich entschieden wir uns, wie die Bailan-Projektleitung, für die Nationalbibliothek. Entwürfe zu Inhalt und Umfang wurden verfasst, geprüft, verworfen, verbessert und schließlich mit Minimalkosten genehmigt. Finanzielle Unterstützung kam von der GTZ und von der DFG (Deutsche Forschungsgesellschaft).

Wesentliches Ziel sollte die Errichtung eines Musikarchivs an der Nationalbibliothek in Vientiane sein. Darüber hinaus beinhaltete der Forschungsgegenstand eine „Interne Systematisierung von traditionellen Musikpraktiken in Laos" – so lautete der wohlüberlegte Arbeitstitel.

1.1. Technische Einrichtung

Der elementare Aufbau des „Archivs für Traditionelle Musik in Laos" begann nach kurzer Vorbereitungsphase im Juni 1999.

In der Laotischen Nationalbibliothek im Zentrum Vientianes am Nam Phou, dem meistfrequentierten Platz der Stadt, wurde der ehemalige Geschäftsraum der Direktorin Kongdeuane Nettavong, die zugleich als Projektdirektorin fungierte, zur Verfügung gestellt. Der Raum befindet sich im zweiten Stockwerk eines alten französischen Verwaltungsgebäudes, das während des letzten Krieges als Gefängnis gedient hatte. Es folgten drei Wochen intensiver Aufräumungsarbeiten.

Büromöbel, Ablagen, PC- und Archivierungsplätze mussten den beengten Bedingungen entsprechend entworfen und unter Einhaltung der laotischen und der deutschen Dienstvorschriften beschafft werden. Mitunter kam uns die Einhaltung der Vorschriften teurer als der zu beschaffende Gegenstand selbst. Alle Stücke sind Einzelanfertigungen aus einheimischer Produktion. Für die Lagerung der Tonträger und Filme erprobten wir Schranktüren aus Weidengeflecht, die wir mit dicht ge-

Abb. 2: Weidenflechtwerk und Baumwolltücher als alternative Lager.

webtem Baumwollstoff auskleideten (Abb. 2). Da sowohl die räumlichen als auch die finanziellen Gegebenheiten den Einbau einer kompletten Klimaanlage mit Entfeuchtungsstation nicht erlaubten, hatten wir damit eine Alternative gefunden, Staub und Feuchtigkeit zugleich gering zu halten. Der Archivraum hat keine Außenwand und so sind die Temperaturen jeweils selten höher als 27°C.

Unsere erste Einlagerung war die bereits vorhandene und teilweise beschädigte Schallplattensammlung von 922 Stück aus den Beständen der aufgelösten Botschaften der UdSSR und der DDR. Die Platten wurden von uns fachgerecht gesäubert, mit Signaturen versehen und in einem eigens dafür gefertigten Regal gelagert.

Gleichzeitig leiteten wir die Beschaffung der notwendigen Audio-Technik in die Wege und trieben weitere Elektroinstallationen im Raum voran. Die starken Stromschwankungen erforderten dringend einen *Voltage-Stabilizer* und Schutzgeräte für die Computer sowie Leitungen und Schalter, die den Sicherheitsstandards entsprachen.

Aus einem internen Missverständnis heraus war es nicht möglich, die entsprechende Audio-Ausrüstung bis Ende Juli 1999 zu beschaffen. So erfolgten die Ausbildung und die ersten Aufnahmen mit meinem privaten Audio-Equipment[2]. Erst im September wurden von Frau Ursula Koch einige wenige Geräte in Thailand

[2] DAT-Recorder, Mischpult, Mikrophone, Kopfhörer, Video-Kamera usw.

besorgt[3], die jedoch noch nicht ausreichten bzw. für die notwendigen Digitalkopien nicht genutzt werden konnten. In einem zweiten Anlauf erhielten wir die komplette Audio-Ausrüstung Anfang November 1999.

Im April 2000 begannen unsere Bemühungen um die notwendige Video-Technik, die aus terminlichen Gründen erst Anfang Juli 2000 eintraf. Bis dahin sollte aber auch schon ein wesentlicher Teil der einführenden Ausbildung der Mitarbeiter absolviert sein.

1.2. Trainingsinhalte und Ausbildungspraxis

Alle Bemühungen konnten nur sinnvoll sein, wenn das Archiv mit seinen Mitarbeitern gemeinsam wuchs. Für mich bedeutete dies, sehr viel Ausdauer und Geduld in der Ausbildung zu zeigen. Die Voraussetzungen auf der Seite der zugewiesenen Mitarbeiter bestanden im Wesentlichen darin, dass es sich um musikalisch talentierte Personen handeln sollte, die gute Kenntnisse des Laotischen als Amtssprache vorweisen konnten. Nicht voraussetzen konnte ich Computer- oder Englischkenntnisse, grundlegendes Wissen aus Physik oder Elektrotechnik, sowie sozialwissenschaftliche Kenntnisse aus der Ethnologie, der Kulturwissenschaft, Sozialkunde oder hier noch anders benannten ähnlichen Fachgebieten.

Im ersten Ausbildungsabschnitt „Classification and archiving of sound material" ging es hauptsächlich um grundlegende archivierungstechnische Fragen bis hin zu rechtlicher und ethnologischer Terminologie. Das eigens für diesen Zweck kreierte Fach beinhaltete sehr unterschiedliche und dennoch notwendig ineinander greifende Gebiete, die im steten Wechsel behandelt wurden:

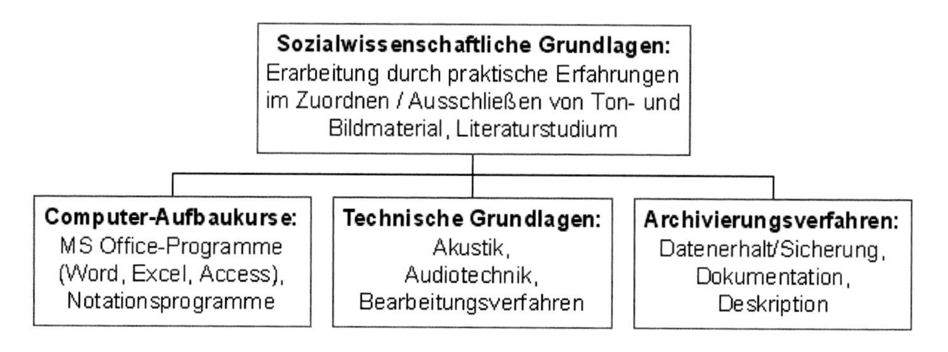

[3] CD-Player, MC-Doppeldeck, Kopfhörer jeweils von unterschiedlichen Herstellern. Die mitgelieferte Video-Kamera wurde allerdings wieder zurückgeschickt, weil sie nur Mono-Ton aufnehmen und wiedergeben konnte und das als praktisch und beliebt gepriesene ‚schnurlose' Mikrophon ebenfalls, da es zumindest für Feldaufnahmen gänzlich untauglich war.

Die Ausbildungspraxis bestand in den ohnehin anfallenden Tätigkeiten während der Feldforschungen, die mir deshalb eine besonders hohe Konzentration abverlangten, denn jeder Arbeitsgang musste in der ersten Zeit geprüft, diskutiert, mitunter auch wiederholt werden. Anfang Dezember 1999 begaben wir uns gemeinsam mit einem weiteren Kollegen aus dem Ministerium für Information und Kultur, Herrn Duangmixay Likaya – ein in Bulgarien studierter Komponist und inzwischen ministerialer Kulturpolitiker der Hmong[4] – zu unserer ersten planmäßigen Feldforschung in die Provinz Xiengkhuang und nach einer dreiwöchigen Pause zur Fortsetzung der Ausbildung und zum Archivieren anschließend in die Provinz Huaphan. Das dort aufgenommene Material sowie das Material vom Wat-Phou-Festival in Champassak vom Februar 2000 bildete zunächst den Grundstock des Archivs und wurde durch externe Sammlungen, die von der laotischen Projektleiterin Kongdeuane Nettavong erworben wurden, aber leider nicht ausreichend dokumentiert werden konnten, ergänzt.

Die Ausbildung hatte zum Ziel, dass die einzelnen Arbeitsgänge möglichst umfassend beherrscht werden, d.h. sie sollten auch durch genügend Hintergrundwissen bewusst ausgeführt und nicht nur formal nachgeahmt werden. Nur so ist dann in der Alltagspraxis ein flexibler Umgang mit Technik und Material möglich. Die komplexen Arbeitsgänge waren gegliedert in Aufnahmevorbereitung, Aufnahme bzw. Dateneingabe, Datensicherung und dokumentierte Archivierung. Zur Aufnahme gehörten folgende Bereiche:

- visuell kontrollierte Audioaufnahme auf DAT mit 2 externen Mikrofonen,
- Videoaufnahme auf Digital 8 vorwiegend im manuellen Verfahren,
- Fotografie mit einer analogen Spiegelreflexkamera,
- Befragungstechnik und Erstellung supplementärer, schriftlicher Dokumente.

Die Datensicherung und anschließend dokumentierte Archivierung umfasst die Herstellung von Primärkopien von Ton- und Bildträgern, deren Auswertung, Systematisierung durch multiple Indexierung, das Anfertigen von Zeichnungen oder Grafiken, selektive Notationen und verbale Beschreibungen.

Die Ausbildung setzte mit den Fächern „Audio engineering" und „Instrumental sound production" fort. Darin ging es im weitesten Sinne um moderne Tontechnik,

[4] Die Hmong sind eine zahlenmäßig bedeutende Minderheit, die in beinahe allen Teilen des Landes anzutreffen ist. Ihre kommunale Organisation ist straff und weitgehend autonom von anderen Volksgruppen. In der jüngsten Geschichte Laos' spielten die Hmong-Clans mitunter eine Rolle als Kollaborateure oder als starke Unterstützer der Viet Minh. Heute werden sie teilweise von früheren Emigranten in den USA instrumentalisiert. Forschungen in den Hmong-Gebieten sind an der Seite eines erfahrenen Kollegen, der alle verbreiteten Dialekte beherrscht und die Situation, auch gegenüber den laotischen Beamten, jeweils richtig einschätzen kann, sehr viel erfolgversprechender.

Arbeit mit digitalen und analogen Maschinen, Schnitt- und Regelungstechnik, Fehler-Management, sowie um Grundlagen der Instrumentenkunde.

Die Mitarbeiter übernahmen dann den Hauptteil der digitalen Archivierungsarbeiten und widmeten sich außerdem umfangreichen Transkriptionen. Anschließend begann die Ausbildung im Fach „Video engineering“, kurz vor unserer zweiten Feldforschungsetappe in die Zentralprovinzen Bolikhamsay, Khammuan und Savannakhet. Das eingebrachte Material wurde sofort archiviert, die Deskriptionen von Musikinstrumenten, die Transkriptionen von Musik und Text fortgesetzt und einige Einzelforschungen zu Tempeltrommeln, zu einem Manuskript aus der Vientianer Musiktradition sowie die Video-Dokumentation vorangetrieben.

Durch alltagspraktische Herausforderungen waren die Mitarbeiter außerdem gezwungen, sich ständig weitere Kenntnisse zu erarbeiten. Dies betraf z.B. alle Fragen der Videotechnik, vor allem in Verbindung mit digitaler Schnittprogrammierung, Gerätepflege, Fehlermanagement und Trägerpflege (Abb. 3, Abb. 4).

Ebenso wichtig waren uns weitere Literaturarbeit zur Organologie und Ethnologie, der Erstellung von Forschungsberichten zu Musterforschungen, das Englischstudium im Abendkurs und sämtliche Probleme der Büroverwaltung und der öffentlichen Serviceaufgaben. Allein die buchhalterische Verwaltung des Archivs kostete verhältnismäßig viel Zeit und musste dringend effektiviert werden.

Abb. 3: Thongbang Homsombat arbeitet mit Schnittprogrammierung am Video-Arbeitsplatz.

Abb. 4: Routinierte Gerätewartung ist im Archiv sehr wichtig.

Als Echo auf die Vorstellung des Projektes bei der IASA (International Association of Sound and Audiovisual Archives)-Konferenz im Juli 2000 in Singapur setzte ein reger Besucherverkehr ein. Ende September 2000 wurde uns für unsere anerkannten Bemühungen von der Japan Foundation ein zweiter PC-Arbeitsplatz zur Verfügung gestellt. Archivierungs- und Verwaltungsaufgaben konnten danach getrennt durchgeführt werden und die Ausbildung im Office-Programm „Access" oder im Notationsprogramm „Encore" wurde wesentlich ergebnisreicher.

Anfang Oktober 2000 wurde uns eine deutsche Praktikantin, Sonja E. Mezger, anvertraut, die sich bereit erklärte, aus eigenen Mitteln für 6 Monate in der Provinz Bokeo intensive Feldforschungen zu rituellen Praktiken zu betreiben. Sie wurde gründlich in ihre Aufgaben eingeführt.

Kurz darauf erklärte sich auch die DED (Deutscher Entwicklungsdienst)-Mitarbeiterin Claudia Polzer zu Forschungen in der Provinz Luang Namtha bereit.

Im November erreichte uns die Nachricht vom Ausscheiden der deutschen Projektleiterin, Frau Prof. Ursula Koch, und dem möglichen Abbruch des Projektes. Aus Verantwortung gegenüber dem laotischen Partner war ein Abbruch jedoch nicht möglich, besonders wegen der noch nicht abgeschlossenen Ausbildung.

Mit Unterstützung der Botschaft der Bundesrepublik und durch private Finanzierung konnte die letzte Ausbildungsphase zu Video-Programmierung und digitalem Video-Schnitt bis Ende Dezember fortgeführt werden. Die geplante dritte Feldforschungsetappe in den Süden musste auf das kommende Frühjahr verschoben werden. Im Zusammenhang mit der Umstellung des Projektes auf Privatfinanzierung schieden 2 Mitarbeiter aus. Nach der Klärung einiger Fragen zur Fortführung des Projektes in der nunmehr umbenannten Fachhochschule Oldenburg-Ostfriesland-Wilhelmshaven, sowie mit den Verantwortlichen von GTZ und DFG konnte das Vorhaben im März 2001 fortgesetzt werden. Der Dekan des Fachbereiches Sozialwesen an der Fachhochschule, Prof. Georg Rocholl, erklärte sich zur Vertretung der administrativen Projektleitung bereit.

Durch die Menge der geplanten Vorhaben in diesem kurzen Zeitraum von März bis Mai 2001 war es sinnvoll, einen weiteren Kollegen in die Ausbildung zu nehmen, Herrn Bouaket Saynyasan, der sich neben audiotechnischen vor allem organisatorischen und logistischen Aufgaben widmen sollte. Die anstehende Feldforschungsreise in den Süden und eine kurze Informationsreise nach Luang Prabang erbrachten weiteres wertvolles Material, das unter großer Zeitnot bis zum Tag der Übergabe des Archivs an die Öffentlichkeit am 11. Mai 2001 archiviert und dokumentiert wurde. Bedeutend sind auch die eingegangenen Sammlungen und hervorragenden Dokumentationen von Frau Sonja E. Mezger sowie das Material von Claudia Polzer. Die unabhängige Überprüfung vor Ort und die finale technische Abnahme der Audio- und Videoausrüstung wurden auf Eigeninitiative von Herrn Rolf-Dieter Gandert, Tonmeister im Phonogrammarchiv des Ethnologischen Museums Berlin, vorgenommen.

Die Eröffnungsveranstaltung war ein großer Erfolg, der ausführlich in den laotischen Medien dargestellt wurde. Die weitere Arbeit der laotischen Kollegen wird zunächst privat von mir und weiteren Freunden des Archivs weiterfinanziert. Die Mittel fließen als nominierte Spende über die SEAPAVAA (Southeast Asia-Pacific Audiovisual Archives Association) an das Archiv (Abb. 5).

Frau Thongbang Homsombat ist von der Direktorin Kongdeuane Nettavong mit der Leitung des Archivs betraut worden. Ihr obliegt auch die weitere Ausbildung der anderen Kollegen. Im Jahr 2002 sind zwei Absolventinnen der Nationalen

Abb. 5: Die Akteure im Archiv sind Bounmy Phonsavanh, Kongdeuane Nettavong, Gisa Jähnichen, Bounchao Phichit, Thongbang Homsombat und Bouangeun Phisayphan (v.l.n.r.).

Musik- und Tanzschule zu Archivassistentinnen ausgebildet worden, eine von Ihnen, Bouangeun Phisayphan, wurde nach Ablegen der erforderlichen Prüfungen als 2. Audio- und Video-Ingenieurin übernommen. Inzwischen sind auch „Vorbereitung von Editionen“, „Besucherservice“ und „PC-Audiorecording“ zu Trainingsinhalten von jährlichen Weiterbildungswochen geworden und die Sammlungsaktivitäten weiten sich auf neue Felder aus.

1.3. Feldforschungsmanual und Dokumentationsverfahren

Das geringe Budget zur Anschaffung von Aufnahmegeräten für die Feldforschungen und meine langjährigen Erfahrungen zur Stromversorgung, zu den logistischen, räumlichen und zeitlichen Aufnahmebedingungen in der Region erforderten eine starke Konzentration auf das Wesentliche: jede Aufnahmemöglichkeit muss nutzbar sein, an jedem Ort und unter jedweden Bedingungen. Die Zeit ist nicht nur für uns als Feldforscher, sondern sie ist im Rahmen der zu erwartenden Veränderungen äußerst knapp bemessen. Grundlegend war und ist auch die jeweils so gut als möglich vorbereitete Kooperation mit den lokalen Behörden, die uns vor Ort begleiten müssen. Schon im Vorfeld sollten immer alle Fragen zu Forschungsinhalten, logistischer Umsetzung und natürlich zu den finanziellen Bedingungen geklärt sein.

Unsere Ansprüche an die technische Ausrüstung lauteten von Anfang an: 1. qualitativ hochwertig, 2. leicht, 3. Energie-unabhängig, 4. robust. Da andere Formate als DAT, Digital 8 und eine Peripherie-unabhängige Spiegelreflexkamera nicht in Frage kommen konnten, ging es letztlich nur um die Ausstattung mit ergänzenden Hilfsmitteln. Stative erwiesen sich als gänzlich unbrauchbar, da wir zumeist in Pfahlhäusern mit wankendem Boden oder im Gehen, etwa bei Prozessionen oder Spielen im Freien, aufgenommen haben. In einigen Fällen konnten wir Kisten oder Fahrzeuge als Stativersatz optimal nutzen. Ein weiterer Grund, uns von Ballast wie zusätzlichen Lampen usw. zu trennen, war die Tatsache, dass wir oft außerordentlich wenig Zeit zum Einrichten der Aufnahmen hatten, und außerdem wenigstens die Hälfte der Gruppe mit der Sicherung der Aufnahmebedingungen zu tun hatte. Dazu zählte vor allem das Diskutieren mit den Bewohnern, die aus allen Richtungen herbeiströmten und aus möglichst geringer Distanz zusehen wollten. Unserer Erfahrung nach konnte jedoch die jeweils beschwörend versprochene Ruhe unter den Zuschauern nie länger als 4 Minuten gehalten werden. Gerade in den Dörfern, die erst kürzlich Zugang zu Elektrizität gewonnen haben, war mindestens einer aus unserer Gruppe damit beschäftigt, die umliegenden Bewohner davon abzuhalten, animiert vom Musizieren, Radio- oder Fernsehapparat einzuschalten. In der Regel fuhren wir in einer Gruppe von 4-5 Personen. Die einzelnen komplexen Aufgaben waren folgendermaßen verteilt:

- Audioaufnahmen (evtl. + 1 Assistent)
- Videoaufnahmen
- Fotografie und Erstdokumentation
- Logistik (Transport, technische Vorbereitung, Sicherung der Aufnahmebedingungen)

Grundlegend verfolgten wir zwei unterschiedliche Strategien. Zum Ersten unternahmen wir sogenannte Punktaufnahmen, d.h. wir besuchten ganz gezielt eine musikalische Aktion, ein Fest, eine Zeremonie oder eine Aufführung, um nur diese Aktion mit allen peripheren Erscheinungen aufzunehmen, wie z.B. das Wat-Phou-Festival oder die unterschiedlichen Neujahrsfeierlichkeiten der Minderheiten. Zum Zweiten – und darin bestand die eigentliche Herausforderung – strebten wir Breitenforschungen an. Wir kamen ohne Vorgabe und suchten musikalisches Können unter den Bedingungen des internen Alltags. Nach anfänglichen Schwierigkeiten (vgl. Jähnichen 2001) waren das die erfolgreichsten Unternehmungen, nicht nur des gesammelten Materials wegen, sondern vor allem im Sinne der musikalischen Aktivierung der Aufgenommenen. Es gelang uns vielerorts, ihnen ihre eigene kulturelle Bedeutung bewusst zu machen und sie auch für darüber hinaus gehende Aspekte zu gewinnen. In den letzten beiden Jahren sind zu diesen Aktionen auch soziologische Befragungen hinzu gekommen, die sich mit Arbeits- und Lebenswelten in unterschiedlichen Alters- und Geschlechtergruppen beschäftigen. Unsere Aufnahmeprinzipien lauteten dabei:

- Es gibt keine uninteressante Musik
- Jeder ist in der Lage, in irgendeiner Form an bestimmten musikalischen Aktivitäten teilzunehmen
- Aus unseren Diskussionen sollen sich keine Wertungen herleiten lassen. Allen Akteuren gilt unser Respekt in gleicher Weise.
- Wir nehmen Musik in der von den Akteuren vorgesehenen Gesamtheit auf und sortieren nicht nach evtl. späterer Verwendbarkeit.

Zu den Aufnahmen gehörte auch eine rechtliche Aufklärung über die zukünftige Nutzung der Aufnahmen. Nach der Sicherung im Archiv bekamen die Kommunen Kopien der Aufnahmen zur lokalen Verbreitung, Fotos und die dazugehörige Dokumentation.

Inzwischen haben wir einige Orte ein zweites Mal besucht und ganz deutlich Fortschritte im Sinne einer bewussten Pflege des eigenen Könnens, der Weitergabe diese Könnens an Jüngere und des Stolzes auf die wiedergewonnenen Fähigkeiten festgestellt. Wenn es unsere Mittel erlaubten, hinterließen wir auch Musikinstrumente in den Dörfern oder reparierten diese vor Ort. So gehörten zu unserer Ausrüstung jeweils auch immer ein bis zwei Mundorgeln, ein Klumpen von einer Teer-Wachs-Mischung, Saitenmaterial, Rosshaar, Ziegenhaut, und ein Schnitzmesser.

Nach Eingang der Sammlung ins Archiv und nach der Erstellung jeweils einer digitalen und einer analogen Benutzerkopie, zweier weiterer digitaler Sicherungskopien und der Integration der zusätzlichen Daten in die Datenbank, sind alle Aufnahmen öffentlich zugänglich.

So wie für externe Sammlungen Sammlerverträge, können wir auch bei Kopiebedarf Benutzerverträge schließen, die entsprechende Hinweise zu den Verwendungsbedingungen enthalten. Eine solche Sicherung ist notwendig, um das Vertrauen der Musizierenden zu rechtfertigen. Sie macht die bislang ungewöhnlich[5] akribische Erhebung von persönlichen Daten plausibel. Sämtliche Ton- und Video-Aufnahmen sind außerdem von mir in regelmäßigen Abständen im Phongrammarchiv des Ethnologischen Museums Berlin archiviert und nach dem dort gültigen System dokumentiert worden. Auch in diesem Bestand sind sie der Öffentlichkeit in vollem Umfang zugänglich und ermöglichen zugleich die Sicherung der klimatisch belasteten Originale in Laos.

2. WEITERFÜHRENDE AUFGABEN IN FORSCHUNG UND ÖFFENTLICHKEITSARBEIT

Die „Interne Systematisierung traditioneller Musikpraktiken in Laos" ist auf der Grundlage aller im vorliegenden Forschungsbericht angefertigten Darstellungen und Analysen erfolgt. In der regelmäßig fortgeführten Gesamtdokumentation sind Beispiele für die praktische Handhabung angeführt, die es nachfolgenden Forschungen wesentlich erleichtern werden, Ansatzpunkte und Zuordnungen zu finden bzw. nach diesen Beispielen selbst zu erstellen. Der wirkliche Wert der Bemühungen wird sich jedoch erst mit wachsendem Archivbestand erweisen.

Zusammenfassend kann festgestellt werden, dass die Kriterien der Systematisierung nach der Anzahl der beteiligten Personen und des Musizieranlasses als Komplex betrachtet den kulturinternen Klassifizierungen am nächsten kommen, so wenig präzise sie auch erscheinen mögen. Die Klassifizierung nach der Beschaffenheit des musikalischen Materials hingegen erfordert gründliche, praktische und historische Kenntnisse und zugleich ein hohes Maß an Sorgfalt und Vorsicht, um tatsächlich verwertbare Angaben zu treffen. Aus diesen Gründen ist jede rasterartige Eingrenzung, etwa auf Oktavräume und formale Gruppierungen, weitgehend vermieden worden, sofern sie nicht eindeutig in solche Zusammenhänge zu bringen ist. Wichtig schien vor allem auch die Einbeziehung der Flexionen als semantische

[5] Normalerweise gehen Datenerhebungen nicht über Vornamen und Alter hinaus. Wir brauchen jeweils eine verlässliche zentrale Adresse, Nachnamen, Geburtsort, Geschlecht und Beruf. Anders wäre es oft nicht möglich, Personen nach Jahren in einem umgezogenen Dorf wieder zu finden.

Abb. 6: Friedensnobelpreis für Kongdeuane Nettavong.

Einheiten und die aufschlussreiche sonische Hierarchie, die durch Intervallverhältnisse ausgedrückt wurde und die dringend weiter untersucht werden sollte.

Obwohl die Menge des archivierten Materials gemessen an der zur Verfügung gestellten Zeit und unter Berücksichtigung der technischen Ausfälle (Juli - November 1999, Oktober 2000 - März 2001) recht groß ist, kann es kaum einen Anspruch auf umfassende Repräsentanz der verschiedenen Musikkulturen in Laos erheben. Schwer zugänglich sind nach wie vor nicht nur abgelegene Gebiete, sondern auch spezielle traditionelle Musikpraktiken, die sich nur durch teilnehmende Beobachtung und unterweisende Akzeptanz seitens der Musiker erschließen lassen. Dies wird die Aufgabe weiterer Forschungen sein müssen, für die das Archiv mit all seinen Möglichkeiten und seinen engagierten Mitarbeitern eine hervorragende Arbeitsgrundlage bildet.

Zwischen 2002 und 2005 wurden in gemeinsamer Aktion zwischen Archiv, SEAPAVAA, vertreten durch mich und Bounchao Phichit, Leiter des Laotischen Filmarchivs und Board-Mitglied der SEAPAVAA, und dem Ministerium für Kultur und Information in Laos zahlreiche weitere Forschungsprojekte verwirklicht:

- „Professional Production of Free Reed Instruments in Laos", aus welchem eine erste umfangreiche Veröffentlichung zum Thema (Nettavong 2003) in laotischer Sprache hervorgegangen ist.
- „Musical Traditions of the Nam Ngeum Region",
- „Cross-sectional preservation of musical activities in Sainyabuly", aus welchem mehrere wissenschaftliche Beiträge hervorgegangen sind (z.B. Jähnichen 2006).
- „Local performances, female musicians and media - cultural studies in suburban contexts", das zwei Qualifizierungsarbeiten zur Folge hatte (Schneider 2005, Winter 2005).

Ein zusätzliches Forschungsfeld stellen außerdem Auswertungen der Sammlungen zu Class-Race-Gender-Aspekten dar, die durch die generell einheitliche und langfristig erweiterbare Dokumentation möglich geworden sind. Ergebnisse dieser Forschungen sind kommentierte Videodokumentationen (Jähnichen & Homsombat 2005, Jähnichen 2005).

Das 2004 begonnene Projekt zum laotischen Tanztheater findet einen Etappenabschluss durch die Veröffentlichung notwendigen Lehrmaterials, das aus einer akribischen, gemeinsamen Überarbeitung und einer mit neuen Illustrationen erweiterten Zusammenstellung von Material aus der Zeit vor 1975 entstanden ist (Jähnichen, Hg., 2006).

An dieser Stelle sei nochmals allen Beteiligten und Unterstützern Dank gesagt, die es fortgesetzt ermöglichen, das Archiv weiter zu erhalten, zu entwickeln und in der Region als beispielgebend zu erleben. Ein sehr positives Zeichen ist die Tatsache, dass seit Juli 2005 alle drei fest angestellten Mitarbeiter des Archivs regulär vom Ministerium für Kultur und Information ihr Gehalt beziehen. Für ihre großen Bemühungen um Kultur und Wissenschaft ist die laotische Partnerin Kongdeuane Nettavong 2005 für den Friedensnobelpreis nominiert worden (Abb. 6).

LITERATUR

Jähnichen, Gisa. 2001. "Collecting principles and their obstacles – or: How to collect nothing". *IASA Journal* 18 (December): 15-22.

—, 2005. *Children as Musicians*. Vientiane: National Library of Laos.

—, 2006. "Pray women and their musical duties". In: Ceribašić; Naila & Erica Haskell (eds.). *Shared Musics and Minority Identities. Papers from the Third Meeting of the "Music and Minorities" Study Group of the International Council for traditional Music (ICTM).* Zagreb, Roč: Institute of Ethnology and Folkore Research, Cultural Artistic Society "Istarski željezničar", 93-106.

Jähnichen, Gisa (Hg.). 2006. *Nattasin – Basic styles of Lao Traditional Dance*. Vientiane: National Library of Laos.

Jähnichen, Gisa & Thongbang Homsombat. 2005. *Musical women in Laos*. Vientiane: National Library of Laos.

Krings, Th. 1996. „Politische Ökologie der Tropenwaldzerstörung in Laos". *Petermanns Geographische Mitteilungen* 140/3: 161-175.

—, 1997: "Environmental Awareness at the Governmental and Local Level in Laos". In: Kaufmann-Hayoz, Ruth & Antonietta Di Giulio (Hg.). *Kulturelle Kontexte und umweltethische Diskurse: Proceedings des Symposiums „Umweltverantwortliches Handeln" vom 04.-07.09.1996 in Bern.* (Allgemeine Ökologie zur Diskussion gestellt 3/2). Bern: Universität Bern, 126-131.

Nettavong, Kongdeuane (ed. by Gisa Jähnichen). 2003. *Khen le siangkhen* [Mundorgelbau und Mundorgelspiel]. Vientiane: National Library of Laos.

Schneider, Denise. 2005. *Laotische Popmusikerinnen zwischen Tradition und Moderne*. BA-Abschlussarbeit, Universität Paderborn.

Winter, Beatrice. 2005. *Die aktuelle Präsentation der laotischen Rockband „Cells" und das Konsumverhalten Jugendlicher in Vientiane.* BA-Abschlussarbeit, Universität Paderborn.

August Schmidhofer

Ein Virtuelles Archiv der Musik Madagaskars

Die Digitalisierung von Dokumenten ist ein Bereich, der sich sehr schnell entwickelt. Viele Bibliotheken und Archive haben heute derartige Programme. Bedeutende Sammlungen wurden bereits digitalisiert, insbesondere im Bereiche der Literatur und der Humanwissenschaften. Die Digitalisierung von Klangdokumenten und Filmen ist hingegen noch weniger weit fortgeschritten.

Digitale Bibliotheken und Archive erleichtern den Zugang und verbessern die Arbeitsbedingungen der Wissenschaftler, Studenten, Journalisten etc., vor allem wenn sie Materialien über das Internet zur Verfügung stellen. Eine besondere Bedeutung kommt hier den meist zu einem bestimmten Thema oder Gegenstand angelegten virtuellen Archiven zu, welche geographisch verstreute Quellen referenzieren und verlinken.

Forscher und Studenten richten – wie das immer schon war – ihre Forschungsgebiete und Themen nach der Verfügbarkeit von Quellen aus. Die Materialien jener Archive, Bibliotheken und anderer Eigentümer von Quellen, die ihre Bestände benutzerfreundlich über die neuen Informations- und Kommunikationstechnologien zugänglich machen, werden in stärkerem Maße verwendet. Diese Tendenz ist schon bei Seminararbeiten an der Universität deutlich festzustellen.

Eine Einschränkung verursacht die sogenannte „Informationskluft“: viele Menschen profitieren aufgrund ihrer geographischen oder sozialen Lage in geringerem Maße von den Errungenschaften des digitalen Zeitalters. Leider sind gerade jene Gesellschaften, bei denen eine Verbesserung besonders dringend wäre, davon am stärksten betroffen. Dieses Problem stellt sich vor allem als Nord-Süd-Gefälle dar, wird aber durch die Schaffung von Informatikdiensten mit zeitgemäßer Internet-Anbindung an Universitäten und anderen Einrichtungen zunehmend entschärft.

1. DOKUMENTE ZUR MUSIK MADAGASKARS

Die Quellenlage zur Musik Madagaskars zeigt ein für viele Länder der südlichen Hemisphäre charakteristisches Bild. Schriftliche, ikonographische, Ton- und Filmdokumente, die auf die Arbeit westlicher Forscher zurückgehen, sind in Madagaskar kaum vorhanden. Lediglich ein verschwindend kleiner Prozentsatz des Feldforschungsmaterials (Aufnahmen, Notizen etc.) ist in Kopie hinterlegt worden. In der Folge erschienene Publikationen – Bücher, Artikel, CDs – haben in den wenigsten Fällen den Weg zurück in das Land, in dem die Daten erhoben worden waren, gefunden. Nicht einmal die Nationalbibliothek besitzt Belegexemplare. Eine eigene institutionalisierte Musikwissenschaft gibt es nicht – daher keine Fachliteratur, keine Fachliteratur – daher keine Musikwissenschaft: ein Circulus vitiosus. Von den Tausenden bis in die 1980er Jahre in Madagaskar hergestellten Schallplatten konnte ich einige Exemplare im Rundfunkarchiv aufspüren. Wesentlich mehr aber fand ich auf den Märkten, wo sie zumeist ohne Schutzhülle in der prallen Sonne lagen und zu Schleuderpreisen veräußert wurden. Noch vergänglicher scheint die Musikkassette, die Mitte der 1980er Jahre die Schallplatte abgelöst hat, zu sein. Waren bei der Platte noch strenge Selektionskriterien zur Anwendung gelangt, so vergrößerte sich der Kreis jener Musiker, die durch die billigere Kassettenproduktion Zugang zum Markt erhielten. Durch die vielen künstlerisch mittelmäßigen Produktionen leidet das Image der Musikkassette. Daher ist hier das Bewusstsein, dass es sich um etwas handelt, das wert ist aufbewahrt zu werden, noch weniger entwickelt als bei der Schallplatte. Ein bedeutsamer Teil der madagassischen Popularkultur gerät so in Vergessenheit; es sei denn die alten Platten werden gesammelt und die darauf befindlichen Aufnahmen digitalisiert, um dieses Kulturgut zu konservieren.

Der einheimische Forscher, der sich mit der Kultur seines Landes beschäftigt, muss – wenn er über die Arbeit mit Informanten hinausgehend auch andere Quellen berücksichtigen möchte – nach London, Paris oder vielleicht gar nach Wien reisen. Des einen Leid ist hier aber auch des andern Leid. So begannen auch meine Forschungen zur Musik Madagaskars mit der aufwendigen Suche des über viele Orte verstreuten Materials. Aus dieser Sammeltätigkeit entstand ein kleines Privatarchiv an wissenschaftlicher Literatur, Tonaufnahmen und Filmen. Eine ins Internet gestellte Literaturliste ist zu einer Informationsquelle für andere geworden, die sich ebenfalls mit madagassischer Musik beschäftigten. Einige Personen haben Ergänzungen mitgeteilt. Unter ihnen ist vor allem Claude Razanajao, Bibliothekar an der Université Paul Valéry, Montpellier, zu nennen. Dass er seit Jahren sein Wissen und seine Kenntnis einschlägiger Sammlungen in Frankreich in das Projekt einbringt, ist eine große Bereicherung.

Um die Zugänglichkeit zu erleichtern, wurden Texte und Bilder eingescannt und online zur Verfügung gestellt. Einige Materialien waren bereits in den digitalen

Sammlungen diverser Bibliotheken verfügbar. Sie mussten bloß verlinkt werden. Damit war das „Virtuelle Archiv“ der Musik Madagaskars geboren. Eine Auswahl nach „relevanteren“ und „weniger relevanten“ Quellen wurde nicht gemacht. So entstand eine sehr heterogene Sammlung, die ein breites Spektrum vom Allgemeinen zum Speziellen abdeckt. Die urheberrechtlichen Bestimmungen bildeten allerdings ein sehr enges Korsett. Der überwiegende Teil des Materials durfte nicht ins Internet. Die meisten Dokumente konnten nach wie vor bloß in Wien eingesehen werden. Hier musste etwas getan werden, vor allem, um das Material auch in Madagaskar verfügbar zu machen.

Hier kam die Wiener Firma Online-Teleschulung, die gerade mit einem Internet-Projekt in Madagaskar befasst war, zu Hilfe. Ihr Vertreter vor Ort, Herr Hermann Huber, stellte einen leistungsfähigen Computer zur Verfügung, und nach einer Einschulung wurde am 9. September 2002 das „Archives Virtuelles de la Musique Malgache“ an der Bibliothèque Nationale de Madagascar offiziell eröffnet. Einige Monate später konnte mit Unterstützung durch das VIDC – *Vienna Institute for Development and Cooperation* eine Ausrüstung für die eigenständige Digitalisierung von Schrift- und Tondokumenten übergeben werden. Seither wird die Sammlung durch digitale Kopien madagassischer Quellen erweitert. Bisher handelte es sich dabei um Druckwerke aus dem Besitz der Nationalbibliothek. Eigentümer anderer Bestände haben aber bereits ihr Interesse an einer Teilnahme am Projekt bekundet. Eine breite Zusammenarbeit, in welche das Kulturministerium, die madagassische UNESCO-Kommission und die madagassische Urheberrechtsbehörde eingebunden sind, soll den Fortbestand des Virtuellen Archivs in Madagaskar sichern.

Das Projekt begleitend wurde intensive Öffentlichkeitsarbeit betrieben. Schon bei der ersten Vorstellung in Antananarivo im September 2002 war das Medienecho groß. Dem Projekt kommt die besondere Musikliebe der Madagassen zugute. Mehrmals wurden die österreichischen Projektproponenten von der Kulturministerin empfangen. Der madagassische Botschafter in Deutschland ließ sich vor Ort in Wien über das Projekt informieren und schließlich wurde am 30.11.2003 die Gelegenheit wahrgenommen, dem madagassischen Staatspräsidenten anlässlich seines Österreich-Besuches das Projekt vorzustellen.

2. DIE WIENER SAMMLUNGEN

Den Grundstock des Materials im Virtuellen Archiv der Musik Madagaskars stellen die in Wien vorhandenen Sammlungen dar. Das Material gliedert sich in

- publizierte und unpublizierte Texte
- publizierte und unpublizierte Bilder

- kommerzielle und unpublizierte Tonaufnahmen
- kommerzielle und unpublizierte Filmaufnahmen
- CD-ROMs

Die Madagaskar-Sammlung des Instituts für Musikwissenschaft, eingeschlossen das Privatarchiv Schmidhofer, umfasst 350 Druckwerke, 650 Singles und EPs aus madagassischer Produktion, 350 Schellackplatten, 20 LPs, 170 Musikkassetten (aus madagassischer Produktion), 80 CDs, Filmmaterial im Umfang von 30 Stunden, 500 Fotos und einige Musikinstrumente. Das Phonogrammarchiv der Österreichischen Akademie der Wissenschaften besitzt eine große Sammlung von Feldaufnahmen – insgesamt ca. 1500 Nummern. Es ist die größte derartige Sammlung weltweit. Diese Aufnahmen stammen aus ethnomusikologischen Forschungen. Sie dokumentieren Traditionen, die sich seither zum Teil stark verändert haben oder gar verschwunden sind. Das Wiener Museum für Völkerkunde besitzt eine Zahl von Musikinstrumenten, darunter einige wertvolle Objekte aus dem 19. Jahrhundert.

3. DIGITALISIERUNGSTECHNIK UND FORMATE

Die Textmaterialien werden vom Original gescannt, wobei mit einer angemessenen Auflösung (200-300 dpi) gut lesbare Kopien in durchsuchbarem pdf-Format erzeugt werden. Bilder werden mit höherer Auflösung gescannt. Der Klang wird in 48 kHz, 16 bit wav-Files digitalisiert und sodann auf mp3 bei 128 kbit datenreduziert. Die digitalen (wav-) Master werden auf DVD-ROMs aufbewahrt. Eine weitere Behandlung des Klanges, z.B. durch die Verwendung eines Kompressors oder Filters, wird nicht durchgeführt. Filme werden im avi-Format aufgezeichnet; dem Benutzer werden wegen des großen Speicherbedarfs zurzeit aber lediglich ram- (Real-)Files in mittlerer Qualität (25 Bilder/sec, Videogröße 360x288, Speicherbedarf: ca. 2 MB/min) zur Verfügung gestellt. Eine Umstellung auf das mpeg4-Format ist geplant.

4. ZUGANG

An die digitalen Dokumente gelangt man über Verzeichnisse im html-Format. Innerhalb dieser führen Links zu den einzelnen Files. Die Sammlungen können so mit jedem Standard-Webbrowser durchsucht werden. Die Verzeichnisse – Bibliographie, Diskographie, Filmographie, Bildkatalog – referenzieren jedoch auch Materialien, die über das im Archiv Vorhandene hinausgehen. Sie stellen somit ein allgemeines Quellenverzeichnis zur madagassischen Musik dar.

Die komplette Sammlung von Texten und Klängen ist derzeit nur an der Nationalbibliothek Madagaskars und am Institut für Musikwissenschaft der Universität Wien zugänglich. Die beiden Sammlungen sind abgesehen von den Neuzugängen identisch. Diese werden von Zeit zu Zeit ausgetauscht. Im Internet (www.avmm.org) sind ältere Texte und Bilder, die nicht mehr Copyright-geschützt sind, sowie einige Klangbeispiele (Dank an emap.fm für das Hosting!) verfügbar. Dies wird durch eine Liste von Links zu anderen einschlägigen digitalen Beständen, die über das Internet erreichbar sind, ergänzt.

5. AUSBLICK UND RESÜMEE

Ziel des Projektes ist es, die wichtigsten Dokumente zur Musik Madagaskars „unter einem Dach" zu vereinen und damit Forschern und anderen Interessenten den Zugang zu erleichtern. Dies beginnt bei der Lokalisierung dieser Materialien unterschiedlichsten Formats und deren bibliographischer oder diskographischer Erfassung. Durch die Ausdehnung der Zusammenarbeit mit Institutionen und privaten Sammlern, die einschlägiges Material besitzen, ist der Bestand kontinuierlich zu erweitern. Es zeichnet sich ab, dass derartige Kooperationen nicht leicht zu verwirklichen sind, da insbesondere Archive, welche Dokumente mitunter über 100 Jahre lang aufbewahrt haben, diese nur ungern zur Verfügung stellen. Dies betrifft vor allem die frühen Tonaufnahmen ab dem Beginn des 20. Jahrhunderts. In solchen Fällen muss deren Publikation abgewartet werden.

Die Einbindung des Materials in eine Datenbank ist ein vordringliches Anliegen. Die Bemühungen gehen dahin, das Virtuelle Archiv in den Kontext eines größeren *Content Management Systems* zu bringen. In diesem Zusammenhang muss ein Thesaurus erstellt werden, der in Form eines Wörterbuchs der madagassischen Musik parallel zum digitalen Archiv erarbeitet wird. Dieses soll ebenfalls online zugänglich sein, damit dem Interessenten die Orientierung erleichtert wird.

Um die Zusammensetzung des digitalen Archivs aus verschiedenen Einzelsammlungen (z.B. Madagaskar-Sammlung des Phonogrammarchivs, Sammlung Nationalradio Madagaskar etc.) transparent zu machen und um die Identität der dem digitalen Archiv zur Verfügung gestellten Sammlungen zu bewahren, werden diese jeweils mit einer Beschreibung versehen und sollen im vollen Umfang, getrennt vom übrigen Material, aus der Datenbank abrufbar sein.

Ein besonderes Desideratum ist die Erweiterung der Zugänglichkeit über das Internet. Es wäre wünschenswert, einen kontrollierten Zugang auch zu geschütztem Material für wissenschaftliche Zwecke anbieten zu können. Die Realisierung dieses Ziels ist an die budgetäre Situation des Projektes geknüpft.

Der Nutzen des Virtuellen Archivs liegt in besonderem Maße in der Zugänglichkeit der Dokumente in Madagaskar. In Anbetracht der schlechten Arbeitsbedingungen der Forscher in Madagaskar – ein großer Teil des Materials für die Forschung ist im eigenen Lande nicht verfügbar – und der damit zusammenhängenden Tatsache, dass der Zugang zu den wissenschaftlichen Ressourcen vorwiegend einer kleinen Schicht privilegierter Personen vorbehalten ist, ist dieses Projekt ein Beitrag zu einer Chancengleichheit in der Forschung, zu einer „Demokratisierung der Information".

Neben dem Gewinn für die Forschung ist das Projekt ein wichtiger Schritt zum Schutz und zur Bekanntmachung des musikalischen Erbes Madagaskars. Da alle Regionen der Insel, alle Völker und alle musikalischen Genres, „traditionelle" ebenso wie „moderne", durch die Dokumente berücksichtigt werden, ist das Virtuelle Archiv auch ein Beitrag zu einer Kultur des Dialogs zwischen den verschiedenen Völkern und sozialen Schichten der Insel und zum Recht auf Differenz und kulturellen Pluralismus.

Dietrich Schüller

Zur künftigen Verfügbarkeit wissenschaftlicher Audio- und Videobestände

PRÄAMBEL

Es waren vor allem wissenschaftliche Interessen, die die Entwicklung des Phonographen seit den 1870er Jahren vorantrieben (s. Schuursma 1977, Kylstra 1977). Und es waren konsequenterweise auch die linguistischen, ethnomusikologischen und kulturanthropologischen Disziplinen im weitesten Sinne, die sich seit seiner praktischen Verfügbarkeit um 1890 dem systematischen Einsatz des Phonographen zur Fixierung des zeitlich flüchtigen Schalls widmeten, noch bevor die Erfinder von Phonographen und Grammophon selbst begannen, diese Technik für den Aufbau einer phonographischen Industrie auszunützen. Die wiederholte, zeitversetzte Wiedergabe von Musik oder gesprochener Sprache machte ein systematisches, jederzeit nachvollziehbares Studium akustischer Phänomene erst möglich, womit die Phonographie gleichsam zur Begleittechnik etwa der Phonetik, Ethnolinguistik und insbesondere Ethnomusikologie wurde. Auch die Entwicklung der Kinematographie verdankt der Neugier, Bewegungsabläufe im Detail zu studieren, eine zunächst stärkere Triebkraft als etwa die Vision einer weltumspannenden Unterhaltungsindustrie. Auch entspringen die ersten Schallarchive wissenschaftlichen Initiativen, lange bevor sich die klassischen Archive bzw. Bibliotheken, in jüngerer Zeit vor allem die Rundfunk- und Fernsehanstalten, dieser neuen Quellengattung annahmen.

In der ersten Hälfte des 20. Jahrhunderts war der Einsatz des Phonographen noch mit erheblichen Mühen und Kosten verbunden, sodass, weltweit gesehen, die Herstellung wissenschaftlicher Schallaufnahmen zunächst nicht zur Routine in den relevanten Disziplinen zählte. Mit der Verfügbarkeit transistorisierter und damit netz-unabhängig zu betreibender Tonbandgeräte seit Mitte der 1950er Jahre kam es jedoch weltweit zu einem exponentiellen Anstieg des Einsatzes derartiger Geräte für die Gewinnung einer stetig wachsenden Zahl von Dokumenten, die heute die Basis unseres Wissens in den einschlägigen Disziplinen darstellen (s. Schüller 1990). Im visuellen Bereich wurde durch die Verfügbarkeit tragbarer Videokameras seit den 1980er Jahren eine neue Dimension flächendeckender Dokumentation eröffnet, die zuvor wegen der Umständlichkeit und der finanziellen Implikationen des Einsatzes von Filmkameras nur punktuell möglich war.

Die Beiträge in diesem Sammelband zeigen deutlich die ungebrochene zentrale Stellung der audiovisuellen Feldforschung für die jeweiligen Fragestellungen. Umso wichtiger ist es daher, Überlegungen über die weitere Verfügbarkeit dieser Quellen anzustellen, die keinesfalls voraussetzungsfrei gegeben ist. Vielmehr ist diese Verfügbarkeit an einem Wendepunkt angelangt: Im Gegensatz zu den Erfahrungen der letzten rund 50 Jahre wird es zu einem Verlust der bisher produzierten, aber auch vieler der noch herzustellenden Quellen kommen, sofern es nicht gelingt, sie in eine professionelle Archivumgebung einzubinden.

1. VERLETZLICHKEIT AUDIOVISUELLER DATENTRÄGER UND OBSOLESZENZ DER FORMATE

Dass audiovisuelle Datenträger wesentlich instabiler als traditionelle Textdokumente sind und dass ihre Lebenserwartung im Durchschnitt nur in Jahrzehnten gemessen werden kann, ist mittlerweile hinreichend beschrieben und den betroffenen Benützern derartiger Quellen, wenigstens ansatzweise, auch bekannt. Dass frühe Wachszylinder sowie Selbstschnittfolien verletzlich und instabil sind, ist allgemein einsichtig, weniger bekannt schon ist die inhärente Instabilität insbesondere moderner Magnetbänder (Schüller 1993), die für viele derartige Produkte das Abspielen zunehmend zu einem Problem werden lässt. Ein wesentliches Moment bildet hiebei der Umstand, dass die jeweils moderneren Formate aller Spielarten jeweils höhere Datendichten aufweisen, womit Beschädigungen oder Produktionsfehler der gleichen Größenordnung mit fortschreitender technischer Entwicklung jeweils höhere negative Wirkungen nach sich ziehen, was wiederum die Sorgfaltspflicht erhöht. Noch weithin unbekannt ist das hohe Sicherheitsrisiko, das sich mit der unreflektierten, insbesondere ungetesteten Verwendung von beschreibbaren optischen Platten wie CD-R oder DVD-R verbindet (s. IASA-TC 04 2004: 6.6, Bradley 2006).

Geht man vom klassischen Paradigma der Dokumentenbewahrung, also der möglichst langen Erhaltung der Originale aus, so müssen wir in den nächsten etwa 30 Jahren mit einem nachhaltigen Verlust wenigstens eines Teils der bisheriger Bestände rechnen. Hievon sind insbesondere bedroht: alle schlecht, das heißt zu warm und/oder zu feucht gelagerten Träger, Selbstschnittfolien – selbst auch bei guter Lagerung –, alle historischen Magnetbänder auf Azetatzellulose-Basis, sowie in einem sehr schwer abschätzbaren quantitativen Ausmaß moderne Magnetbänder aller Art seit der Einführung moderner Pigmentbindemittel in den 1970er Jahren.

Inwiefern, entgegen den ursprünglich zurückhaltenden Prognosen selbst der Hersteller, Magnetbänder mit Reineisenpigmenten, und somit fast alle digitalen Videoformate, mehrere Jahrzehnte überdauern, sei dahingestellt. Und auch die bevorstehende Einführung der HD-DVD bzw. der Blu-ray Disc wird die prekäre Situation selbstgebrannter optischer Platten nicht verbessern.

Die Stabilität der Datenträger ist aber bei weitem nicht die einzige Voraussetzung ihrer langfristigen Verfügbarkeit. Als maschinlesbare Dokumente bedürfen sie außer ihrer physischen Unversehrtheit auch der jeweils formatspezifischen Abspielgeräte. Aus der Zeit der Analogtechnik war man an relativ langfristige, über Jahrzehnte stabile Formate gewöhnt. Mit der Einführung digitaler Aufnahmetechniken verband sich aber eine stürmisch fortschreitende technische Entwicklung, die zur Entwicklung stets neuer Formate und damit immer kürzer werdender kommerzieller Formatlebenszyklen führte. Da die hohe technische Komplexität der Geräte an Serienfertigung gebunden ist und einen Nachbau, auch nur ansatzweise, zu einem späteren Zeitpunkt praktisch ausschließt, wäre eine langfristige Strategie, die auf die Erhaltung der Originalträger abzielt, auch mit der unrealistischen Forderung der langfristigen Bewahrung der verschiedensten Abspielgeräte und ihrer Ersatzteile verbunden.

2. PARADIGMENWECHSEL

Es waren zunächst die Schallarchivare, die einsahen, dass das klassische Paradigma der möglichst „ewigen“ Bewahrung der Originale aufgegeben werden musste. Man hatte verstanden, dass eine langfristige Bewahrung nur durch subsequentes Kopieren der Inhalte der jeweiligen Datenträger von einem Speichersystem ins nächste möglich ist. Da dies verlustfrei nur in der digitalen Domäne erfolgen kann, müssen folglich alle analogen Bestände erst digitalisiert werden. Dieses im Bereich der elektronischen Datenverarbeitung eingeführte, für die Welt traditioneller Archive jedoch neue Konzept wurde seit 1989/1990 diskutiert und war wegen der Aufgabe des bis dahin geltenden klassischen Prinzips, nämlich der Bewahrung des Originals, zunächst auch nicht ohne Kontroversen. Es hat sich aber bereits seit 1992/93 mit der Einrichtung automatischer digitaler Massenspeicher-Systeme (DMSS), zunächst in den Archiven der Deutschen Rundfunkanstalten, weltweit durchgesetzt (s. Schüller 1992a, b, 1994, 2001). Es ist mittlerweile auch das gültige Denkmodell der langfristigen Videoarchivierung, dort allerdings erschwert durch die ungleich größeren Datenmengen, die für die Darstellung von Videosignalen notwendig sind.

3. DIGITALISIERUNG: BESTÄNDE UND ZEITFAKTOR

Wenn nun die langfristige Bewahrung audiovisueller Dokumente nur in digitaler Form möglich ist, so ist zur strategischen Konzeption der weiteren Verfügbarkeit dieser für viele Disziplinen unersetzlichen Quellen die systematische Erhebung der vor uns liegenden Aufgaben sowie die Erstellung eines Mengengerüsts der damit verbundenen Aufwendungen notwendig.

Der Gesamtaufwand der Analog-Digital Konversion hängt natürlich von der Gesamtmenge des zu überspielenden Materials sowie in erheblichem Ausmaß auch vom Zeitfaktor der Überspielarbeit ab. Die Summe des Weltbestandes an Audio- und Videoaufnahmen wurde nach den ersten Schätzungen in den späten 1980er Jahre mehrmals kräftig nach oben revidiert.[1] Der überwiegende Teil dieser Bestände befindet sich in den europäischen Rundfunk- und Fernsehanstalten, ein weiterer mächtiger Anteil in Form von Produkten der phonographischen und videographischen Industrie in Bibliotheken, Musiksammlungen etc. der westlichen Welt. Völlig unbekannt ist, auch ansatzweise, der weltweite Bestand an unikalen Forschungsmaterialien, die sich in Archiven, Forschungs- und kulturellen Institutionen, sowie auch in der Hand der Forscher selbst befinden[2].

Der Zeitfaktor, also das Verhältnis der Spieldauer des Dokuments zur erforderlichen Zeit bei der Einspielung analoger Tonbänder in ein digitales Speichersystem einschließlich aller Rüstzeiten und des Dokumentationsaufwandes, wurde seitens der ARD für technisch einigermaßen einwandfreies Material mit 1:3 angesetzt: Eine Stunde Archivmaterial erfordert für einen Operator drei Stunden Arbeit. Konsequenterweise haben sich das Projekt PRESTO und einige Firmen damit beschäftigt, diesen Übertragungsfaktor durch automatische Überwachung mehrerer Parallel-Übertragungen wesentlich zu senken, was für sehr homogenes Ausgangsmaterial in guter technischer Qualität auch gelungen ist. Für Gedächtnisinstitutionen, also Archive im engeren Sinn, die einer absoluten Genauigkeit verpflichtet sind, ebenso wie für wissenschaftliche Archive, eignen sich derartige Verfahren, *factory transfers* genannt, aber wegen des exorbitanten Investitionsaufwandes sowie wegen des inhomogenen Charakters ihrer Bestände nicht oder kaum.

Bis etwa 2000 wurde der riesige Arbeitsaufwand als nicht sehr erschreckend empfunden, da man der Meinung war, durch Optimierung der Lagerbedingungen

---

[1] Nach einem „Zwischenhoch" von je 100 Millionen Stunden Audio und Video wird zuletzt eher ein Gesamtstand (Audio und Video) von knapp unter 100 Millionen Stunden angenommen.

[2] Die *IASA Research Archive Section* sollte sich dringend dieser forschungs- und archivpolitischen Frage widmen. Das EU-Projekt TAPE wird eine Abschätzung des europäischen Bestandes versuchen. Für den österreichische Bestand liegt erstmalig eine gute Abschätzung vor (Pinterits 2006).

jahrzehntelang Zeit zu haben, die Überspielung, gereiht nach Dringlichkeit des Zugriffes und Gefährdung der originalen Träger, durchzuführen. In diesem Sinn erschien auch die Abschätzung der Restlebenszeit der gelagerten Originalbestände, insbesondere der Magnetbänder, von besonderer Dringlichkeit, damit die Reihenfolge der Übertragung mit der Gefährdung der Datenträger in Einklang gebracht werden könnte.[3]

Diese relative Gelassenheit, die noch in Version 2 des *IASA-TC 03* (2001) zum Ausdruck kommt, wurde von den Ereignissen der allerletzten Jahre überrollt. Es war insbesondere die Umstellung der Sendeabwicklung in Rundfunkanstalten von analog auf digital, die weltweit rascher erfolgte als erwartet und die zu einem unerwartet abrupten Rückzug von Geräteherstellern aus der Produktion neuer analoger Tonbandgeräte führte. Gleichzeitig dünnen die Ersatzteillager aus, und es wird zunehmend auch schwierig, Zubehör für den weiteren Umgang mit analogen Tonbändern zu erhalten: Testbänder, Vorspann- und Klebebänder, Klebeschienen, Leerspulen, etc. wurden zur Mangelware, deren Beschaffung oft logistischer Anstrengungen bedarf. Eine ähnlich rasche Rückzugssituation zeichnet sich zur Zeit im Bereich R-DAT ab. Dieses Format, bis vor kurzem noch Zielformat für Digitalisierungen sowie das Format für Feldaufnahmen schlechthin, wird von Festkörperspeicher- und Harddisk-Recordern abgelöst, die außer dem Verzicht auf verletzliche Bänder den Vorteil höherer digitaler Auflösungen haben. Die Situation im Videobereich ist sehr ähnlich: Die ersten digitalen Formate, kaum 20 Jahre alt, sind längst obsolet, und es ist nur eine Frage der Zeit, bis so gängige Formate wie etwa VHS, Video 8 und selbst MiniDV durch die Verbreitung von optischen Platten und Harddisk-Recordern so verdrängt sein werden, dass die breite Verfügbarkeit von Abspielgeräten für die bisherigen Bandformate ernstlich in Frage gestellt ist.

Der Trend ist klar vorgezeichnet und geht weg von den proprietären Formaten hin zu (echten) File-Formaten, die in einer IT-Umgebung für Aufnahme, Postproduktion und Speicherung eingesetzt werden. Im Audiobereich ist dieser Schritt mit der de-facto Standardisierung des Wave-Formats (.wav) vollzogen. Nur in der Massenvervielfältigung halten sich spezifische Audio-Formate wie die CD-Audio. Im Videobereich steht dieser Schritt unmittelbar bevor. Damit werden aber auch dort die derzeitigen video-spezifischen Formate, die heute noch zur Aufnahme und auch Archivierung verwendet werden, sehr rasch – mit allen bedrohlichen Begleit-

[3] Die sich abzeichnende mangelnde Verfügbarkeit von formatspezifischen Abspielmaschinen, über die unten noch zu sprechen sein wird, hat in letzter Zeit die Bestrebungen nach der Entwicklung valider Lebenserwartungstests in den Hintergrund treten lassen. Eine Arbeitsgruppe der Audio Engineering Society (AES) arbeitet zwar an diesem Thema, kommt aber angesichts der Komplexität der Thematik sehr langsam voran (s. hiezu auch Schüller & Kranner 2001).

erscheinungen für die Verfügbarkeit von Abspielmaschinen – verschwinden. Es ist in diesem Zusammenhang auch erstaunlich, wie rasch sich gerade die Vertretungen großer Marken aus dem Servicebereich zurückziehen und damit das Problem von dieser Seite her noch verschärfen.

Vor dem Hintergrund dieser jüngsten Entwicklung gilt die mangelnde Verfügbarkeit von Abspielgeräten als die größere Bedrohung als die Instabilität der Datenträger, der bisher das größere Gefahrenpotential zugemessen wurde. Die Internationale Vereinigung der Fernseharchive FIAT/IFTA schätzt das Zeitfenster, innerhalb dessen eine Überspielung der gegenwärtigen Bestände in digitale Speichersysteme noch stattfinden kann, auf 10-15 Jahre. Alles, was bis dahin nicht überspielt ist, geht verloren, und das könnte dieser Schätzung nach 80 % dessen sein, was zur Zeit in unseren Archiven lagert[4]. Vermutlich ist dieses Szenario für die großen Bestände der Fernseharchive durchaus realistisch, für den Bereich der wissenschaftlichen Archive wird es wohl nicht so knapp werden, weil die einschränkenden kommerziellen Rahmenbedingungen von Rundfunk- und Fernseharchiven weitgehend fehlen. Trotzdem ist es dringlich geboten, die Überspielung der bisher auf analogen und spezifischen digitalen Audio- und Video-Formaten gespeicherten Dokumente in eine mittelfristige Strategie einzubauen.

4. LANGFRISTIGE SICHERUNG: STANDARDS UND KOSTEN

Bei der langfristigen Sicherung von Audio- und Videobeständen liegen nunmehr zwei Problemkreise vor uns: Der Transfer der noch traditionell gespeicherten Inhalte, im IT-Jargon *ingest* genannt, sowie Architektur, Ausbau und permanente Erhaltung digitaler Speichersysteme.

Schon der Transfer der Inhalte der originalen Bestände in mehr oder weniger automatisierte digitale Speichersysteme ist kein triviales Unterfangen. Er hat zunächst prinzipiellen archivalischen Grundsätzen zu folgen, die für Tondokumente im *IASA-TC 03* festgelegt sind. Grundsatz ist die möglichst vollständige und von allen Manipulationen unbeeinflusste Extraktion der Signale von den Originalen sowie deren lineare, also nicht-datenreduzierte Darstellung in digitaler Form. Angesichts des schwindenden Wissens um viele wichtige technische Details der Originale ist die Verfügbarkeit entsprechender Richtlinien (z.B. IASA- TC 04, s. auch Schüller 1998, Schüller & Wallaszkovits 1999) und deren laufender Ergänzungen konstitutiv. Im Videobereich fehlen derartige verbindliche prinzipielle und praktische Richtlinien noch. *IASA-TC 03* kann aber – *mutatis mutandis* – auf den Video-

[4] Emanuel Hoog, Präsident der FIAF, in seinem Eröffnungsreferat des „Tercer Seminario Internacional de Archivos Sonoros y Audiovisuales, Mexico" 21.- 25. November 2005.

bereich extrapoliert werden. Entsprechende praktische Richtlinien werden derzeit im Rahmen des Projekts PrestoSpace entwickelt. Da die Ausbildung von Audio- und Videotechnikern gänzlich auf die neuesten Techniken abgestellt ist, liegt das spezifische Training von Fachleuten für den Umgang mit traditionellen Formaten in der Hand der Archive selbst. Die Dringlichkeit, spezifische Kompetenzen aufrecht zu erhalten, wird mittlerweile vom Dachverband CCAAA (Co-ordinating Council of Audiovisual Archives Association), der unter dem Schirm der UNESCO steht, als international vorrangiges Ziel angesehen. Erhebliche Mühen macht die Beschaffung und Instandhaltung von modernen Abspielmaschinen. Hiebei ist die laufende Beobachtung des Marktes von Gebrauchtgeräten unerlässlich[5]. Der Zeitfaktor als bestimmendes Element der finanziellen Dimension des Transfers wurde bereits besprochen.

Entgegen einer insbesondere unter Politikern und Administratoren weit verbreiteten Meinung ist aber mit diesem Transfer, der „Konversion", dem *ingest*, meist auch „Digitalisierung" genannt, die angestrebte nachhaltige Basis für die weitere digitale Verfügbarkeit, insbesondere für den leichten Zugang zu den digitalisierten Daten als Triebfeder vieler Projekte, noch keinesfalls gegeben: Es waren die Schallarchive, die mit ihren digitalen Massenspeichersystemen zu Beginn der 1990er Jahre in die Computerwelt eingebrochen sind. Permanente, subsequente Migration der Daten war immer schon ein bewährtes Mittel der langfristigen Bewahrung digitaler Daten. Der neue Aspekt, den audiovisuelle Daten mit sich brachten, war aber die gegenüber der Verwaltung etwa von Bankkonten oder Versicherungsdaten ungewöhnlich hohe Datenmenge. So benötigt eine Stunde Audiosignal je nach Auflösung 1-2 GB Speicherplatz, eine Stunde Video zwischen 25 und 85(!) GB. Welchen Speicherplatz der Transfer des nationalen oder gar internationalen Bestandes benötigen würde, lässt sich daraus leicht errechnen.

Da der Fernzugriff auf die Daten vor allen Bewahrungsstrategien die treibende Kraft für die Digitalisierung der Rundfunkbestände war, und da mit dem Überschreiten einer kritischen Größe digitale Daten nicht ohne automatische Ordnungs-, Steuerungs- und Zugriffssysteme gehandhabt werden können, waren Digitale Massenspeicher von Anbeginn das klassische Szenarium der digitalen Langzeitbewahrung zunächst von Audio-, mittlerweile auch von Videomaterialien. Derartige Systeme sind aber trotz dramatisch fallender Hardware- und Medienkosten immer noch teuer, weil die Softwarepreise für das Systemmanagement, ein-

[5] Das Phonogrammarchiv verfügt über einen Tonbandgerätebestand, der über den Eigenbedarf hinausgeht. Diese Geräte kommen in Kooperationen mit anderen Schallarchiven, insbesondere in Osteuropa, zum Einsatz. Zur Zeit laufen drei größere Projekte mit Archiven der Rumänischen, der Albanischen und der Russischen Akademien der Wissenschaften.

schließlich der permanenten Überwachung der Datenintegrität, immer noch hoch sind und mittlerweile einen überproportionalen Anteil der Gesamtkosten betragen. Es ist jedoch abzusehen, dass die Softwareindustrie dem stetig steigenden Bedarf an automatisierten digitalen Speichersystemen auch außerhalb der engeren IT-Welt Rechnung tragen wird, zumal in zahlreichen Berufszweigen erhebliche Datenmengen anfallen und nicht zuletzt die digitale Fotografie auch für Privatpersonen Speicherbedürfnisse in Größenordungen wecken wird, die sich konventionell-manuell nicht gut verwalten lassen.[6] Das Phonogrammarchiv hat sich seit seinem Einstieg in die digitale Audio- und Videoarchivierung der Entwicklung von Low-cost-Modellen angenommen, die einen langsamen, manuellen Einstieg in digitale Archivierung unter sicheren Rahmenbedingungen ermöglichen und mit dem Anstieg der digitalen Sammlung einen schrittweisen Übergang in automatisierte Systeme gestatten (IASA-TC 04 2004: 6.5).

Eine wesentliche Rolle zur Senkung der Kosten und Erhöhung der Effizienz in der Organisation des Zuganges zu und der Bewahrung von audiovisuellen Daten könnte in einer verstärkten Arbeitsteiligkeit liegen. Wohl haben bis jetzt insbesondere die Rundfunkanstalten ihre Speicherprobleme eigenständig im Haus gelöst. Auch bei den nationalen und wissenschaftlichen Archiven, die tiefer in die digitale Archivierung einsteigen, ist dieser Drang zur Autonomie immer noch deutlich. Aber die völlige Selbstständigkeit ist gerade bei kleineren Institutionen aus Kostengründen sowie wegen mangelndem Know-how nicht anzustreben. Tatsächlich sehen wir bereits Organisationsmodelle, in denen Großrechenzentren die reine Speicherung der Daten vornehmen. Dies könnte ein attraktives Modell für neu gewonnenes Audio- und Videomaterial sein, indem einzelne Forschungsinstitute ihre Archivfiles selbst herstellen und einem zentralen Rechenzentrum die Bewahrung überlassen. Das klassische Szenario des Transfers analoger sowie digitaler Streaming-Formate in ein Archiv-File wird hingegen wegen des hohen Anspruchs an eine möglichst vollständige Signalextraktion im Aufgabenbereich der audiovisuellen Archive bleiben müssen.

5. WISSENSCHAFTLICHE ARCHIVE, SAMMLUNGEN IN BIBLIOTHEKEN UND FORSCHUNGSINSTITUTIONEN

Ein weiterer Aspekt betrifft insbesondere die wissenschaftlichen Schallarchive. Viele Archive mit engen thematischen Bereichen, insbesondere auf dem Gebiet der Linguistik, sind an Forschungsinstitute angeschlossen, denen die tiefe Erschließung

[6] Im Rahmen der UNESCO finden derzeit Bestrebungen statt, durch Stimulation diese Softwarepreise zu senken, damit digitale Konservierung auch für die Entwicklungsländer leistbar wird (s. hiezu auch Schüller 2000).

der Materialien einschließlich der Transkription und Analyse von Texten ein wichtiges Anliegen darstellt. Derartige Archive kreieren eigentlich Datenbanken, zumal ihre Erschließung weit über das hinausgeht, was man von einem Archiv im engeren Sinne erwarten kann. Solange derartige Archive ihre bewahrende Tätigkeit nach archivalischen Grundsätzen nicht vernachlässigen, ist dagegen nichts einzuwenden. Es entstehen andererseits viele höchst elaborierte Datenbanken, die sich Archive nennen, es aber im engeren Sinne deshalb nicht sind, weil sie archivalische Grundsätze nicht einhalten und an einer langfristigen Bewahrung der Daten oft gar nicht interessiert sind. Eine sinnvolle Arbeitsteiligkeit zwischen Archiven im engeren Sinne und spezialisierten Datenbanken, die sich auf thematische und/oder regionale Aspekte konzentrieren, zeichnet sich ebenfalls bereits deutlich ab.[7]

Noch ein weiteres, gravierendes Problem tritt im wissenschaftlichen Bereich auf. Selbst wenn alle Archive und Sammlungen wissenschaftlicher Audio- und Videodokumente ihre Probleme rechtzeitig und professionell lösen, so ist doch der weitaus größere Teil des Quellenmaterials, auf den wir unser linguistisches, ethnomusikologisches und kulturanthropologisches Wissen im weitesten Sinne aufbauen, dem sicheren Untergang geweiht. Denn es befindet sich gar nicht in archivalischer Obhut, sondern in Sammlungen an notorisch unterdotierten Forschungs- und Kulturinstitutionen, in denen sinkende Budgets zuallererst zur Vernachlässigung der Quellensammlungen führen. Ein besonderes Problem bilden die nicht unerheblichen Bestände der osteuropäischen und vormals sowjetischen Forschung, die in Institutionen überleben, die kaum mehr über ein Budget verfügen, oder die infolge der Auflösung ihrer Mutterinstitutionen im wahrsten Sinn des Wortes obdachlos geworden sind. Überdies befinden sich zahlreiche originale Audio- und Videobestände im Besitz der Forscher, die sie hergestellt haben. Trotz unsorgfältiger Bewahrung und Behandlung haben die meisten dieser Bestände bis heute halbwegs überlebt.

Der Verfasser schätzt, dass sich etwa 80% des linguistischen, musikethnologischen und ethnographischen Audio- und Videomaterials außerhalb archivalischer Betreuung im engeren Sinne befindet. Auf Grund der eingangs geschilderten gegenwärtigen und unmittelbar bevorstehenden Situation werden aber alle diese Sammlungen innerhalb der nächsten 10 bis 30 Jahre verloren gehen, wenn sie nicht systematisch erfasst und einer langfristigen digitalen Sicherung zugeführt werden. Das Projekt TAPE widmet sich genau diesem Themenkreis und hat es sich zur

[7] Das Phonogrammarchiv beteiligt sich an solchen arbeitsteiligen Modellen, wie z. B. dem EU-Projekt ECHO, am Semitischen Spracharchiv der Universität Heidelberg, oder an dem Corpus „Wiener Quellen zur Musikwissenschaft“ des WWTF (Wiener Wissenschafts- und Technologiefonds).

Aufgabe gemacht, insbesondere Sammlungen außerhalb der bekannten Archivwelt aufzuspüren, die Verantwortlichen entsprechend zu schulen und Modelle zu entwerfen, wie durch Kooperation die für den Einzelnen nicht zu bewältigenden Probleme doch einer Lösung zugeführt werden könnten. Das Phonogrammarchiv ist Partner in diesem, von der EU geförderten Projekt.

6. AUSBLICK

Beim Blick in die Zukunft kann zusammenfassend nicht genug darauf hingewiesen werden, dass die wesentliche politische Aufgabe der bewahrenden Institutionen in der Aufklärungsarbeit gegenüber Entscheidungsträgern und Administratoren liegt:

Digitale Verfügbarkeit und digitale Konservierung als unabdingbare Voraussetzung zur nachhaltigen Verfügbarkeit bedürfen einer permanenten logistischen, personellen und finanziellen Widmung in Größenordnungen, wie sie bisher für Erhalt und Bereithaltung traditioneller Dokumente im Bibliotheks- und Archivwesen nicht notwendig waren und daher noch nicht zur Verfügung stehen. Der wesentlich höhere finanzielle Einsatz für den Erhalt des Dokumenten- und Wissenserbes eröffnet aber einen demokratischen Zugang zu Bildung und Kultur in Dimensionen, wie wir sie bisher nicht annähernd erfahren haben. Dieser Zugang ist die Voraussetzung für die Transformation unserer Gesellschaft in eine *knowledge society*, deren Schaffung das erklärte Ziel der Internationalen Staatengemeinschaft ist.

LITERATUR

Boston, George (ed). 1998. *Safeguarding the Documentary Heritage: A guide to Standards, Recommended Practices and Reference Literature Related to the Preservation of Documents of All Kinds.* Paris: UNESCO.
[Online version: http://www.unesco.org/webworld/mdm/administ/en/guide/guidetoc.htm. Extended CD-ROM version (UNESCO, Paris 2000) available from a.abid@unesco.org]

Bradley, Kevin. 2006. *Risks Associated with the Use of Recordable CDs and DVDs as Reliable Storage Media in Archival Collections – Strategies and Alternatives.* Paris: UNESCO.
[Online version: http://unesdoc.unesco.org/images/0014/001477/147782E.pdf]

Breen, Majella et al. (eds.). 2004. *Task Force to establish selection criteria of analogue and digital audio contents for transfer to data formats for preservation purposes.* o.O.: International Association of Sound and Audiovisual Archives (IASA). [Online version: http://www.iasa-web.org/taskforce.pdf]

IASA-TC 03 = Schüller, Dietrich (ed.). 2001 (version 2), 2005 (version 3). *The Safeguarding of the Audio Heritage: Ethics, Principles and Preservation Strategy.* (IASA Technical Committee – Standards, Recommended Practices and Strategies). o.O.: International Association of Sound and Audiovisual Archives (IASA).
[Online version: http://www.iasa-web.org/TC 03 Version 3 (2).pdf]

IASA-TC 04 = Bradley, Kevin (ed.). 2004. *Guidelines on the Production and Preservation of Digital Audio Objects.* (IASA Technical Committee – Standards, Recommended Practices and Strategies). o.O.: International Association of Sound and Audiovisual Archives (IASA).

Kunej, Drago. 2001. "Instability and Vulnerability of CD-R Carriers to Sunlight". In: *The Proceedings of the AES 20th International Conference: Archiving, Restoration, and New Methods of Recording, Budapest, Hungary, 2001 October 5-7.* New York: AES, 18-25.

Kylstra, Peter H. 1977. "The Use of the Early Phonograph in Phonetic Research". *Phonographic Bulletin* 17: 3-12.

Pinterits, Sabine. 2006. *Audiovisuelle Bestände in Österreich: Eine Bestandserhebung unter Berücksichtigung von Sammlungen außerhalb spezifischer Archive.* Diplomarbeit, FH Eisenstadt.

Schüller, Dietrich. 1990. „Die Schallaufzeichnung als historisches Dokument". In: Deutsche Arbeitsgemeinschaft für Akustik (DAGA) (Hg.). *Fortschritte der Akustik: Plenarvorträge und Kurzreferate der 16. Gemeinschaftstagung der Deutschen Arbeitsgemeinschaft für Akustik DAGA '90.* Teil A. Bad Honnef: DPG-GmbH; Wien: IAP-TU, 71-87.

—, 1992a. "Towards the Automated 'Eternal' Sound Archive". In: Boston, George (ed.). *Archiving the Audiovisual Heritage: Third Joint Technical Symposium, May 3-5, 1990 ... Ottawa, Canada.* o.O.: Technical Coordinating Committee and UNESCO, 106-110.

—, 1992b (1993). „Behandlung, Lagerung und Konservierung von Audio- und Videoträgern". *Das audiovisuelle Archiv* 31/32: 21-62.

—, 1993. „Auf dem Wege zum ‚ewigen', vollautomatischen Schallarchiv". In: Bildungswerk des Verbandes Deutscher Tonmeister (Hg.). *17. Tonmeistertagung, Karlsruhe 1992: Bericht.* München: Saur, 384-391.

—, 1994. "Strategies for the Safeguarding of Audio and Video Materials in the Long Term". *IASA Journal* 4: 58-65.

—, 1997a. „Zur Problematik des Transfers analoger Archivbestände". In: Bildungswerk des Verbandes Deutscher Tonmeister (Hg.). *19. Tonmeistertagung, Karlsruhe 1996: Bericht.* München: Saur, 732-740.

—, 1997b. „Analoge Magnetbandaufnahmen in technisch-quellenkritischer Betrachtung". *Systematische Musikwissenschaft* V/1: 193-206.

—, 2000. " 'Personal' Digital Mass Storage Systems – a viable solution for small institutions and developing countries". *IASA Journal* 16: 52-55.
[Online version: http://www.unesco.org/webworld/points_of_views/schuller.shtml]

—, 2001. "Preserving the Facts for the Future: Principles and Practices for the Transfer of Analog Audio Documents into the Digital Domain". *Journal of the Audio Engineering Society* (AES) 49 (7/8): 618-621.

—, 2005. "What is an Archive - and What is a Database? A plea for a two-tier structured labour division of audiovisual research repositories". *IASA Journal* 26: 31-34.

Schüller, Dietrich & Leopold Kranner. 2001. "Life Expectancy Testing of Magnetic Tapes - A Key to a Successful Strategy in Audio and Video Preservation". In: *The Proceedings of the AES 20th International Conference: Archiving, Restoration, and New Methods of Recording, Budapest, Hungary, 2001 October 5-7.* New York: AES, 11-14.

Schüller, Dietrich & Nadja Wallaszkovits. 1999. „Transfer analoger Audio-Magnetbänder in die digitale Domäne". *Systematische Musikwissenschaft* VII/3: 203-221.

Schuursma, Rolf. 1977. "The world in which the phonograph was born". *Phonographic Bulletin* 19: 17-21.

ZITIERTE PROJEKTE

Presto and PrestoSpace: http://presto.joanneum.ac.at/index.asp, http://prestospace-sam.ssl.co.uk/
TAPE – Teaching Audiovisual Preservation in Europe: http://www.knaw.nl/ecpa/TAPE/

Autorinnen und Autoren

Regine Allgayer-Kaufmann: Professorin für Vergleichende Musikwissenschaft am Institut für Musikwissenschaft der Universität Wien.

Ingeborg Baldauf: Professorin für Sprachen und Kulturen Mittelasiens am Zentralasien-Seminar der Humboldt-Universität zu Berlin.

Bernd Brabec de Mori: Ethnomusikologe, freie Forschungstätigkeit v.a. in Amazonien

Rudolf M. Brandl: Professor für Systematische Musikwissenschaft und Musikethnologie am musikwissenschaftlichen Seminar der Georg-August-Universität Göttingen.

Norbert Cyffer: Professor am Institut für Afrikanistik der Universität Wien.

Andre Gingrich: Professor am Institut für Kultur- und Sozialanthropologie der Universität Wien, Direktor der Forschungsstelle für Sozialanthropologie, Zentrum für Asienwissenschaften und Sozialanthropologie (Z.A.S.), Österreichische Akademie der Wissenschaften.

Emo Gotsbachner: Politologe, Lektor am Institut für Politikwissenschaft der Universität Wien.

Ernst Halbmayer: Kulturanthropologe und Soziologe, Lektor am Institut für Kultur- und Sozialanthropologie und am Institut für Soziologie der Universität Wien.

Walter Hödl: Zoologe, Ao. Professor am Department für Evolutionsbiologie der Universität Wien.

Christian Huber: Sprachwissenschaftler, Mitarbeiter am Phonogrammarchiv, Zentrum für Sprachwissenschaften, Bild- und Tondokumentation (SBT), Österreichische Akademie der Wissenschaften.

Gisa Jähnichen: Universitätsdozentin am Institut für Musikwissenschaft und Musikpädagogik der Johann Wolfgang Goethe-Universität Frankfurt am Main, Lehrbeauftragte an der Universität Wien, Wissenschaftliche Projektleiterin in der Medienabteilung an der Laotischen Nationalbibliothek in Vientiane.

Christian Jahoda: Kultur- und Sozialanthropologe, Mitarbeiter an der Forschungsstelle für Sozialanthropologie, Zentrum für Asienwissenschaften und Sozialanthropologie (Z.A.S.), Österreichische Akademie der Wissenschaften.

Helmut Kowar: Musikwissenschaftler, Mitarbeiter am Phonogrammarchiv, Zentrum für Sprachwissenschaften, Bild- und Tondokumentation (SBT), Österreichische Akademie der Wissenschaften.

Wolfgang Kraus: Ao. Professor am Institut für Kultur- und Sozialanthropologie der Universität Wien.

Gerhard Kubik: Afrikanist, Musikethnologe und Kulturanthropologe, weltweite Lehr- und Vortragstätigkeit.

Vesa Kurkela: Professor für Popularmusik an der Sibelius Akademie in Helsinki.

Jürgen-K. Mahrenholz: Musikethnologe, Altamerikanist und Ethnologe, Mitarbeiter am Berliner Lautarchiv der Humboldt-Universität zu Berlin.

Moya Aliya Malamusi: Ethnologe, Musikethnologe, Lektor am Institut für Musikwissenschaft der Universität Wien.

Cornelia Pesendorfer: studierte Konzertfach Oboe an der Konservatorium Wien Privatuniversität und Ethnologie und Musikwissenschaft an der Universität Wien.

Tamara Prischnegg: Afrikanistin, Lektorin am Institut für Afrikanistik der Universität Wien.

John Rennison: Ao. Professor für allgemeine Sprachwissenschaft am Institut für Sprachwissenschaft der Universität Wien.

Wilfried Schabus: Germanist und Anglist, Mitarbeiter am Phonogrammarchiv, Zentrum für Sprachwissenschaften, Bild- und Tondokumentation (SBT), Österreichische Akademie der Wissenschaften.

August Schmidhofer: Assistenzprofessor für vergleichende Musikwissenschaft am Institut für Musikwissenschaft der Universität Wien.

Thomas Schöndorfer: studiert Theaterwissenschaft an der Universität Wien, zur Zeit Regieassistent am Wiener Volkstheater.

Peter Schreiner: studiert Geschichte an der Universität Wien.

Leo Schwärz: studiert Soziologie an der Universität Wien.

Dietrich Schüller: Ethnologe, Direktor des Phonogrammarchivs, Zentrum für Sprachwissenschaften, Bild- und Tondokumentation (SBT), Österreichische Akademie der Wissenschaften.

Herausgeberinnen

Julia Ahamer: Afrikanistin, **Gerda Lechleitner**: Musikwissenschaftlerin, Mitarbeiterinnen am Phonogrammarchiv, Zentrum für Sprachwissenschaften, Bild- und Tondokumentation (SBT), Österreichische Akademie der Wissenschaften.